“十二五”普通高等教育本科规划教材
21 世纪全国本科院校土木建筑类创新型应用人才培养规划教材

土建工程制图(第 2 版)

主　编　张黎骅　鲍安红　邹祖银
副主编　胡　建　谭雪松　陈　霖
　　　　张建栋

内容简介

“土建工程制图”作为土建类专业工程技术人员必须掌握的技术语言，是土建类学科的一门技术基础课程。

本书是按最新颁布的《技术制图》和《工程制图》国家标准，结合近几年教学改革的经验，并参考国内外同类教材编写而成的。本书以土建工程图样的绘制和识读为主线，深入浅出地介绍了工程图样的绘制和识读的基本方法及理论，以帮助读者学会工程图样的绘制和阅读。

本书分为画法几何、制图基础和专业制图三部分，共12章。本书主要内容有制图基本知识与技能，正投影基础，立体投影，轴测投影，组合体的三面投影图，标高投影，工程形体的图样画法，建筑施工图，结构施工图，建筑设备图，水利工程图，道路、桥梁、涵洞、隧道工程图。

本书适合作为高等学校土建、水利类各本科专业工程制图课程的教材，也可作为其他类型学校相关专业本、专科学生的参考用书。本书还配有《土建工程制图习题集》，与本书同时出版。

图书在版编目(CIP)数据

土建工程制图/张黎骅，鲍安红，邹祖银主编．—2版．—北京：北京大学出版社，2015.8
（21世纪全国本科院校土木建筑类创新型应用人才培养规划教材）
ISBN 978-7-301-25685-5

Ⅰ.①土…　Ⅱ.①张…②鲍…③邹…　Ⅲ.①土木工程—建筑制图—高等学院—教材
Ⅳ.①TU204

中国版本图书馆CIP数据核字（2015）第084355号

书　　名　土建工程制图（第2版）
著作责任者　张黎骅　鲍安红　邹祖银　主编
策划编辑　童君鑫
责任编辑　宋亚玲
标准书号　ISBN 978-7-301-25685-5
出版发行　北京大学出版社
地　　址　北京市海淀区成府路205号　100871
网　　址　http://www.pup.cn　新浪官方微博：@北京大学出版社
电子信箱　pup_6@163.com
电　　话　邮购部 62752015　发行部 62750672　编辑部 62750667
印 刷 者　北京富生印刷厂
经 销 者　新华书店
787毫米×1092毫米　16开本　19印张　443千字
2011年1月第1版
2015年8月第2版　2018年9月第3次印刷
定　　价　38.00元

第 2 版前言

《土建工程制图》(2011 年 1 月出版)是 21 世纪全国本科院校土木建筑类创新型应用人才培养规划教材。为了进一步提高教材的质量，满足不同专业教学的需要，本书在继承第 1 版特色和基本构架的基础上，结合各有关院校近几年来的教学实践和教改成果进行了修订。

本书主要在以下几方面进行了修订：

1. 全面校正和改进了第 1 版图及文中某些遗漏或不足之处，修改并完善了文字和插图，使文字阐述更准确、严谨，语句更通顺、易理解，确保插图的图形和尺寸正确，并对全书的英文重新进行了校译。

2. 补充了第 12 章，即关于道路、桥梁、涵洞、隧道工程图的相关内容。因为交通建设在国家经济发展中起着十分重要的作用，在公路、铁路和城市交通建设中，为了跨越江河、深谷和海峡，穿越山岭、水底，都需要建造各种桥梁、涵洞、隧道等结构构造物。

3. 采用最新颁布的有关制图标准，如 2010 年发布的有关房屋建筑制图的相关国家标准《房屋建筑制图统一标准》(GB/T 50001—2010)、《混凝土结构设计规范》(GB 50010—2010)等。

本书由四川农业大学张黎骅、西南大学鲍安红和四川农业大学邹祖银担任主编，四川农业大学胡建、谭雪松、陈霖和张建栋担任副主编，全书由张黎骅统稿。参加编写的人员为：重庆大学李伟(第 1 章)，四川农业大学张黎骅和银峰(第 2 章)、曾赟(第 3 章)、张建栋(第 4 章)，浙江林学院赵超(第 5 章)，滁州学院吕小莲(第 6 章)，西南大学鲍安红(第 7 章)，四川农业大学胡建和冯未俊(第 8 章)、谭雪松和陈霖(第 9 章)、邹祖银(第 10 章)、陈伟(第 11 章)、易亚敏(第 12 章)。此外，四川农业大学的王博、刘棋、张灵琳、罗林峰、付犹龙、权德豪、杨建攀、耿胤等同学在稿件整理和计算机绘图方面做了大量工作，全书所有英文由四川农业大学张梅翻译。

本书在编写过程中，得到了同行专家的热情帮助，也参考、借鉴了许多国内同类教材，在此特向有关作者致谢。

由于编者水平有限，本书难免会存在一些不足和缺点，恳请广大读者和同行批评指正。

编者

2015 年 4 月

目　　录

绪论(Introduction)

“工程制图”是研究绘制工程图样的一门专业基础课程。工程图样是指工程技术中，根据投影原理，遵循国家标准规定，用于表达工程对象的形状、大小及技术要求的图样。工程图样是工程和产品信息的载体，是工程界进行技术交流的语言，是指导生产、管理施工等必不可少的技术文件。它以投影法为理论基础，以图示为手段，以工程对象为表达内容。本节主要介绍土建工程制图课程的研究对象、目的与任务、内容与要求及学习方法。

1. 本课程的研究对象

在工程中，常需要用一种简明、直观的方法来表达建筑、设备及机器等物体的形状、大小、结构以及材料等内容，通常人们采用图样来描述这些内容。图 0.1 所示为某办公楼的效果图。

图 0.1　某办公楼的效果图

图 0.2 是图 0.1 所示某办公楼的一张建筑施工图。从图中的立面图、平面图和剖面图可以看到办公楼的长、宽、高尺寸，南立面形状，内部间隔，房间大小，楼层高度，门窗楼梯的位置等主要施工资料。但还需有总平面图来表示教学楼的位置、朝向、四周地形和道路等，有建筑详图来表示门、窗、栏板等配件的具体做法。除了建筑施工图之外，还需要一套结构施工图来表示屋面、楼面、梁、柱、楼梯、地基等承重构件的构造。此外还需有设备施工图来表示室内给水、排水、电气等设备的布置情况。只有这样，才能满足施工的要求。上述这些表示建筑物及其构配件的位置、大小、构造和功能的图，称为图样(draft)。在绘图纸上绘出图样，并加上图标和必要的技术说明，能起指导施工的作用，称为图纸(drawing)。我们把工程上使用的图样称为工程图样，它是将物体按一定的投影方法和技术规定表达在图纸上而形成的。

工程图样是表达设计思想、交流技术的重要依据。在工程上，从表达设计思想、施工方案以及施工过程中技术人员的交流沟通到方案的修改、后期的维护，都是以图样为依据的。凡是从事工程设计、施工、管理的技术人员都离不开工程图纸。因此，工程图样被认为是工程界的一种技术“语言”。从事土建相关工作的技术及施工人员必须熟练掌握阅读和绘制工程图样的基本技能。

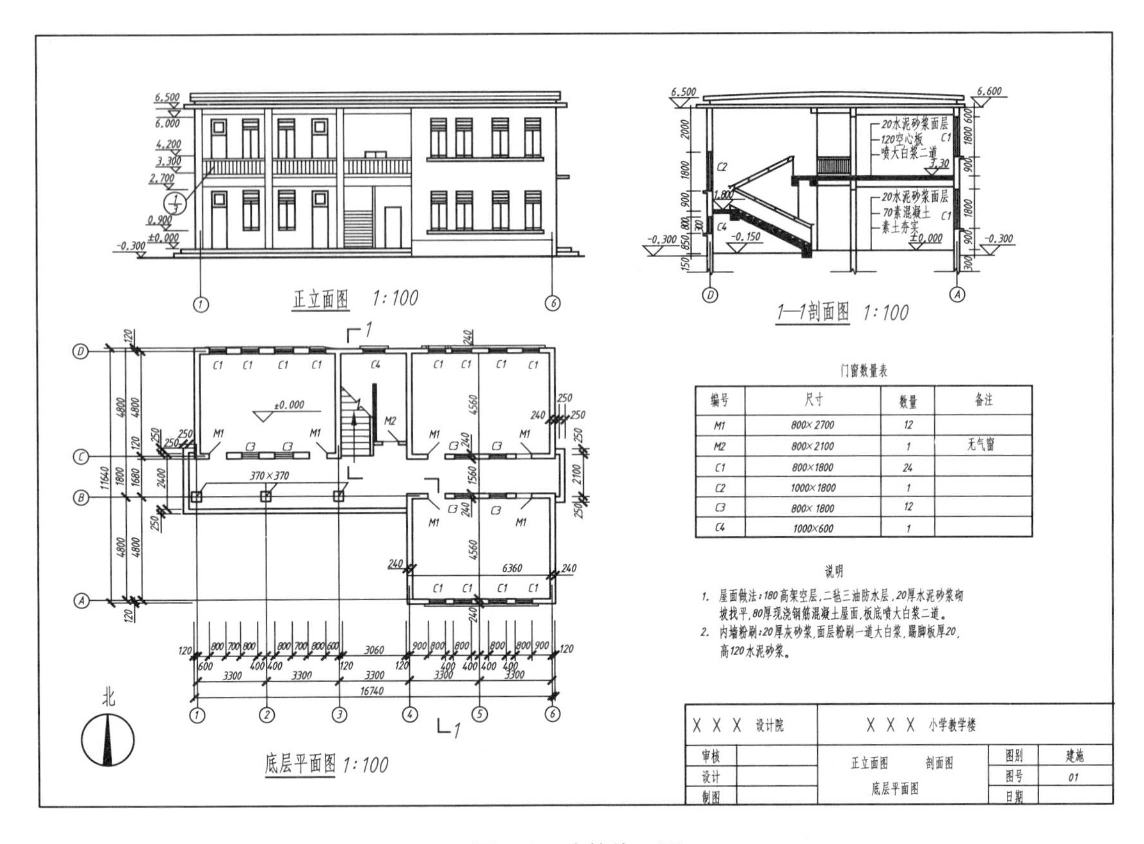

图 0.2 建筑施工图

2. 本课程的目的和任务

本课程是土建类专业的一门既有理论，又有实践的重要学科基础课。该课程是主要研究工程图样的绘制和阅读的一门学科。它研究解决空间几何问题以及绘制、阅读土建工程图样的理论和方法。其主要目的是培养学生的绘图和读图的能力，并通过实践，培养他们的空间想象能力。

本课程的主要任务如下：

(1) 学习投影法(主要是正投影法)的基本理论及其应用。

(2) 培养空间想象能力和空间几何问题的图解能力。

(3) 学习、贯彻工程制图的有关国家标准，培养绘制和阅读土建类工程图样的初步能力。

(4) 培养认真负责的工作态度和严谨细致的工作作风。

此外，在学习过程中还必须有意识地培养自学能力、分析问题和解决问题的能力。

3. 本课程的内容与要求

本课程包括画法几何、制图基础和专业制图，具体内容与要求如下。

(1) 画法几何是土建工程制图的理论基础。通过学习投影法，掌握表达空间几何形体(点、线、面、体)和图解空间几何问题的基本理论和方法。

(2) 制图基础要求学生学会正确使用绘图工具和仪器的方法，贯彻国家标准中有关土建工程制图的基本规定，掌握工程形体投影图的画法、读法和尺寸标注，培养用仪器和徒手绘图的能力。

(3) 通过专业制图的学习，应逐步熟悉有关专业的一些基本知识，了解土建专业图(如房屋、给水排水、水利工程等图样)的内容和图示特点，遵守有关专业制图标准的规定，初步掌握绘制和阅读专业图样的方法。

4. 本课程的学习方法

(1) 本课程的理论基础是画法几何，其基本任务是研究空间的几何元素和物体与其投影之间的关系。在学习过程中要注意把投影分析和空间想象结合起来，发展空间想象能力不仅是一个必不可少的学习手段，也是一个重要的学习目的，在听课和解题过程中，注意把实物、模型或立体图与二维的平面图形(投影图)联系起来思考，并且学会根据物体的投影图想象它的空间形状的基本方法。学习时要下工夫培养空间思维能力，由浅入深，逐步理解三维空间物体和二维平面图形(投影图)之间的对应关系，并要坚持反复练习。

(2) 本课程是一门实践性较强的课程，在学习中认真地完成一定数量的习题和作业是非常必要的。通过习题和作业，将理解和应用投影法的基本理论、贯彻制图标准的基本规定、熟悉初步的专业知识、训练手工绘图的操作技能，与培养对三维形体相关位置的空间逻辑思维和形象思维能力、绘图和读图能力紧密地结合起来。完成每个作业都必须认真理解，认真地用三角板、圆规、铅笔来完成。在做作业过程中肯定会遇到困难，应独立思考，独自完成作业。实在解决不了时，可求助于老师或同学，但绝不能抄袭。

(3) 学习制图基础，应了解、熟悉和严格遵守国家标准的有关规定。逐步培养自己遵守国家制图标准来绘制图样的习惯，小到一条线、一个尺寸，大到图样的表达，都要严格按制图标准中的规定来绘制，绝对不能自己想怎样画就怎样画。只有按国家制图标准来绘制的工程图样才有可能成为工程界技术交流的语言。

(4) 本课程也是一门培养严谨、细致学风的课程。工程图纸是施工的依据，往往由于图纸上一条线的疏忽或一个数字的差错，结果造成严重的返工、浪费，甚至导致重大工程事故。所以，从初学制图开始，就应严格要求自己，培养自己认真负责的工作态度和严谨细致的良好学风，一丝不苟，力求所绘制的图样投影正确无误，尺寸齐全合理，表达完善清晰，符合国家标准和施工要求。

(5) 更重要的是注意培养自学能力。在自学中要循序渐进和抓住重点，把基本概念、基本理论和基本知识掌握好，然后深入理解有关理论内容和扩展知识面。

思　考　题

1. 为什么要学习工程制图？
2. 什么是工程图样？工程图样在实际生产中有什么作用？
3. 工程制图课程包括哪些内容？
4. 如何才能学好工程制图？

第1章 制图基本知识与技能 (Basic Knowledge and Skills of Drafting)

教学提示： 图样作为工程界的共同语言，是工程设计和信息交流的重要技术文件。为便于绘制、阅读和管理工程图样，绘制工程图样必须严格遵守相关制图标准。本章主要介绍建筑制图标准中的图线、字体、图线幅面和格式、比例等制图基本规定、尺寸注法、手工绘图工具和仪器的使用，以及平面图形的画法。

教学要求： 通过本章学习，重点熟悉技术制图和工程制图国家标准的基本规定和制图基本知识；掌握手工作图的绘图方法和平面图形的画图步骤。

1.1 制图国家标准的基本规定(The Basic Rules of Drafting)

图样作为工程界的共同语言，是工程设计和信息交流的重要技术文件。为便于绘制、阅读和管理工程图样，世界各国对各种工程制图都制定和颁布了相关的制图标准。标准有许多种，制图标准只是其中的一种。各个国家都有自己的国家标准，如代号“JIS”“ANSI”“GOST”分别表示日本、美国、俄罗斯的国家标准。我国国家标准的代号为“GB”。20世纪40年代成立的国际标准化组织，代号为“ISO”，它也制定了若干国际制图标准。

我国由国家职能部门制定、颁布的制图标准，如《技术制图　图线》(GB/T 17450—1998)、《房屋建筑制图统一标准》(GB/T 50001－2010)、《建筑结构制图标准》(GB/T 50105—2010)、《建筑给水排水制图标准》(GB/T 50106—2010)等。这里，代号“GB/T”为推荐性国标，代号后面的第一组数字表示标准被批准的顺序号，第二组数字表示标准被批准发布的年份，例如《技术制图　图线》的制图标准发布年份为1998年。某些部门，根据本行业的特点和需要，还制定了部颁的行业标准，简称“行标”，如水利部批准、颁布的行标《水利水电工程制图标准　基础制图》(SL 73.1—2013)。工程技术人员应熟悉并严格遵守国家标准的有关规定。

1.1.1 图线(Lines)

1. 线型

《建筑制图标准》(GB/T 50104—2010)规定了绘制工程图样所用的线型及其用途，其中常用的线型及用途见表1-1。

表 1-1　土建工程常用线型及其用途

名称	线型	线宽	主要用途
粗实线		b	(1) 平、剖面图中被剖切的主要建筑构造(包括构配件)的轮廓线 (2) 建筑立面图或室内立面图的外轮廓线 (3) 建筑构造详图中被剖切的主要部分的轮廓线 (4) 建筑构配件详图中的外轮廓线 (5) 平、立、剖面图的剖切符号
中实线		$0.5b$	(1) 平、剖面图中被剖切的次要建筑构造(包括构配件)的可见轮廓线 (2) 建筑平、立、剖面图中建筑构配件的轮廓线 (3) 建筑构造详图及建筑构配件详图中的一般轮廓线
细实线		$0.25b$	可见轮廓线、尺寸线、尺寸界线、图例线、索引符号、标高符号、引出线、较小图形中的中心线等
中虚线		$0.5b$	(1) 建筑构造详图及建筑构配件的不可见轮廓线 (2) 平面图中的起重机(吊车)轮廓线 (3) 拟扩建的建筑物轮廓线
细虚线		$0.25b$	不可见轮廓线、图例线等
点画线(单点长画线)		$0.25b$	中心线、对称线等
双点画线(双点长画线)		0.25	假想轮廓线、成型前原始轮廓线
双折线	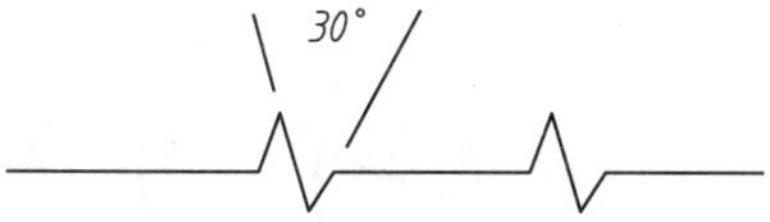 30°	$0.25b$	断开界线
波浪线		$0.25b$	断开界线

注：1. 地平线的线宽可用 $1.4b$。
　　2. 表中各种图线可以是直线或曲线。

2. 图线宽度

建筑工程图样中各种线型分粗、中、细三种图线宽度，线宽比率为 4∶2∶1(表 1-1)。

绘图时，应根据图样的复杂程度与比例大小，先从下列线宽系列中选取粗线宽度 b：2.0mm、1.4mm、1.0mm、0.7mm、0.50mm、0.35mm，常用的 b 值为 0.5～1.0mm。

3. 图线的画法

工程图样中的图线要做到：清晰整齐、均匀一致、粗细分明、交接正确。同一张图纸内，相同比例的各个图样，应选用相同的线宽组。同一种线型的图线宽度应保持一致。虚线、点画线的线段长度和间隔宜各自相等。虚线的画线长 2～6mm，间隔 1～2mm；单点长画线或双点长画线长为 15～20mm，如图 1.1 所示。图线不得与文字、数字或符号重叠、混淆，不可避免时，应首先保证文字的清晰。

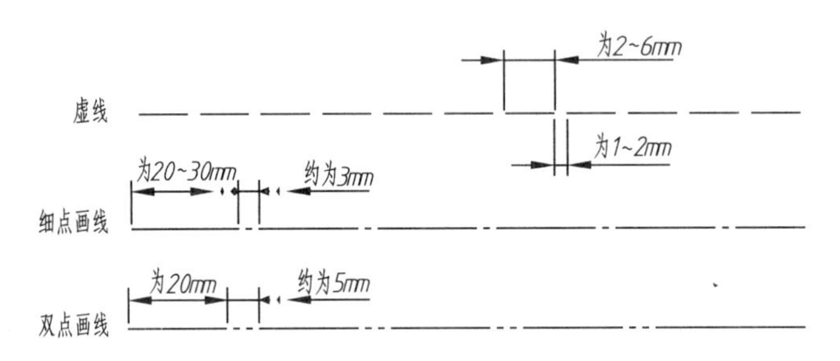

图 1.1　虚线、细点画线及双点画线的画法

虚线、点画线、双点画线与同种线型或其他线型相交时，均应相交于“画线”处，如图 1.2 所示。中心线的绘制方法如图 1.3 所示。

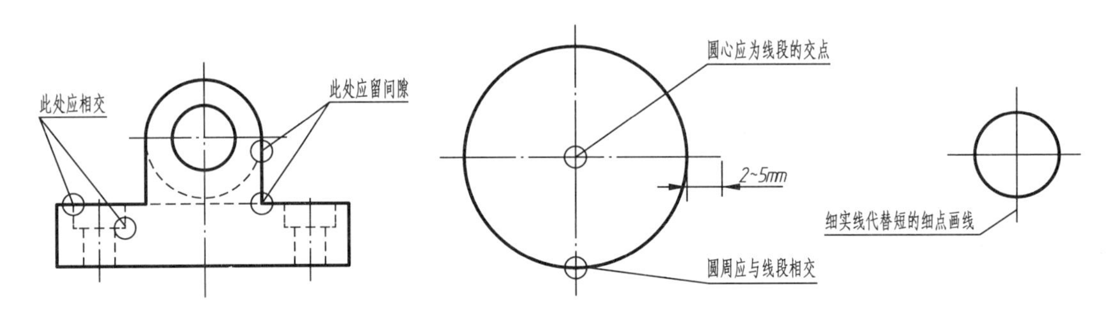

图 1.2　虚线相交的画法　　　　图 1.3　绘制中心线的方法

土建工程图样中所用的线型及其用途的示例如图 1.4 所示。

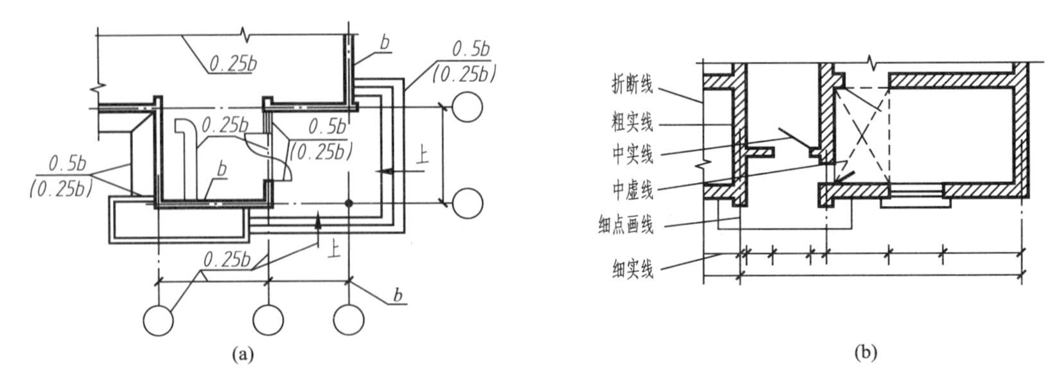

图 1.4　各种线型的用法

1.1.2 字体(Lettering)

国家标准(GB/T 50001—2010)中规定了技术图样中字体(汉字、字母和数字)的结构形式及基本尺寸。书写字体必须做到：字体工整、笔画清楚、间隔均匀、排列整齐。字体的大小以号数(字体的高度，单位为 mm)表示，其允许的尺寸系列为：1.8mm、2.5mm、3.5mm、5mm、7mm、10mm、14mm、20mm。

图样及其说明的文字应写成长仿宋体字，其高度 h 不应小于 3.5mm，字宽一般为 $h/\sqrt{2}$。

长仿宋体字的书写要领是横平竖直、起落带锋、结构均匀、填满方格。图 1.5 所示为长仿宋体字示例。

图 1.5 长仿宋体字示例

字母、数字可以写成直体或斜体(逆时针向上倾斜 75°)，与汉字写在一起时，宜写成直体。书写的数字和字母不应小于 2.5mm。字母和数字的书写字例如图 1.6 所示。

图 1.6 数字及字母的斜体和直体

1.1.3 图纸幅面和格式(Sizes and Formats of Drawing)

为了便于图纸的装订、保管以及合理地利用图纸，国家标准(GB/T 50001—2010)中对绘制工程图样的图纸幅面和格式作了规定。图纸幅面是指图纸的大小规格，表 1-2 所示为图纸基本幅面和图框的尺寸(必要时，图纸幅面可按规定加长)。图框是图纸上绘图区的边界线。图框的格式有横式和竖式两种，在图纸上必须用粗实线画出图框，如图 1.7 所示。

表 1-2 图纸幅面及图框尺寸（GB/T 50001—2010） （单位：mm）

幅面代号	A0	A1	A2	A3	A4
尺寸（$b\times l$）	841×1189	594×841	420×594	297×420	297×210
c	10			5	
a	25				

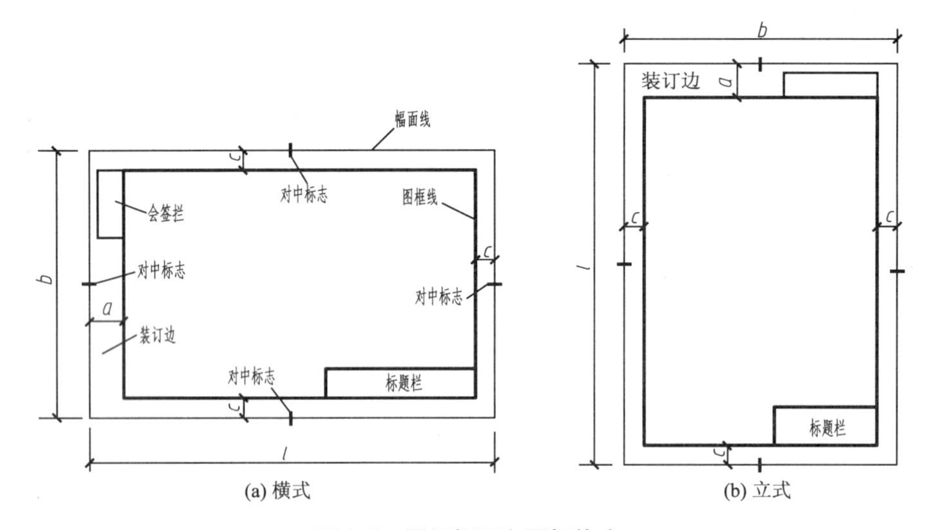

图 1.7 图纸幅面和图框格式

标题栏主要用于标明工程名称、图名、图纸编号、日期、设计单位、设计人、校核人、审定人等内容，其位置一般在图框的右下角，标题栏中文字的方向代表看图的方向。在本课程作业中建议采用图 1.8 所示的标题栏样式，其中图名用 10 号字，校名用 7 号字，其余用 5 号字。

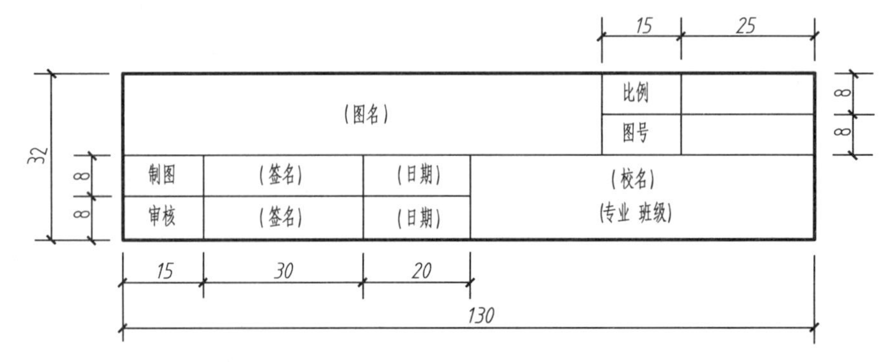

图 1.8 标题栏的格式

1.1.4 比例(Proportion)

比例为图中图形与其实物相应要素的线性尺寸之比，如图 1.9 所示。比值为 1 的比例，即 1∶1，称为原值比例；比值大于 1 的比例，如 2∶1 等，称为放大比例(enlargement proportion)；比值小于 1 的比例，如 1∶2 等，称为缩小比例(reduction proportion)。

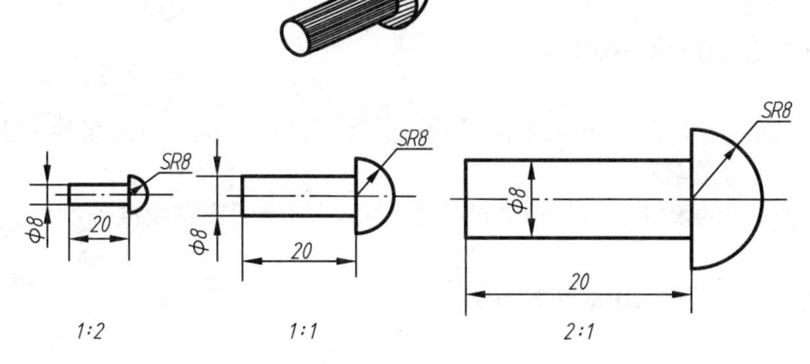

图 1.9 比例的概念

绘图时所选用的比例是根据图样的用途和被绘对象复杂程度按表 1-3 规定的系列中选取适当的比例。优先选择第一系列，必要时也允许选取第二系列。

表 1-3 常用比例(GB/T 4690—1993)

种类		比　例
原值比例		1∶1
放大比例	第一系列	2∶1，5∶1，1×10^n∶1，2×10^n∶1，5×10^n∶1
	第二系列	2.5∶1，4∶1，2.5×10^n∶1，4×10^n∶1
缩小比例	第一系列	1∶2，1∶5，1∶1×10^n，1∶2×10^n，1∶5×10^n
	第二系列	1∶1.5，1∶2.5，1∶3，1∶4，1∶6，1∶1.5×10^n，1∶2.5×10^n，1∶3×10^n，1∶4×10^n，1∶6×10^n

注：n 为正整数。

比例一般应标注在标题栏中的比例栏内。必要时，可在视图名称的下方或右侧标注比例，如：

$$\frac{\text{I}}{2:1}\quad\frac{A}{1:100}\quad\frac{B—B}{2.5:1}\quad\frac{\text{墙板位置图}}{1:200}\quad\frac{\text{平面图}}{1:100}$$

必要时，允许在同一视图中的铅垂和水平方向标注不同的比例(但两种比例的比值一般不超过 5 倍)，如：

$$\underline{\text{河流断面图}}\begin{matrix}\text{铅垂方向 } 1:1000\\ \text{水平方向 } 1:2000\end{matrix}$$

必要时，也可用比例尺的形式标注比例。一般可在图样中的竖直或水平方向加画比例尺。

1.2 尺寸标注(Dimensioning)

图样中，图形只能表达形体的形状，而形体的大小则必须依据图样上标注的尺寸来确定。尺寸标注是绘制工程图样的一项重要内容，应严格遵照国家标准中的有关规定，做到正确、齐全、清晰。尺寸注法的依据是 GB/T 50001—2010。

1.2.1 基本规定(Basic Rules)

(1) 图样中的尺寸，以 mm 为单位时，不需注明计量单位代号或名称，否则必须注明相应计量单位的代号或名称。

(2) 图样中所注的尺寸数值是形体的真实大小，与绘图比例及准确度无关。

1.2.2 尺寸要素(Elements of Sizes)

一个完整的尺寸，包含下列四个尺寸要素，即尺寸界线、尺寸线、尺寸起止符号和尺寸数字。其用法如图 1.10(a)所示。

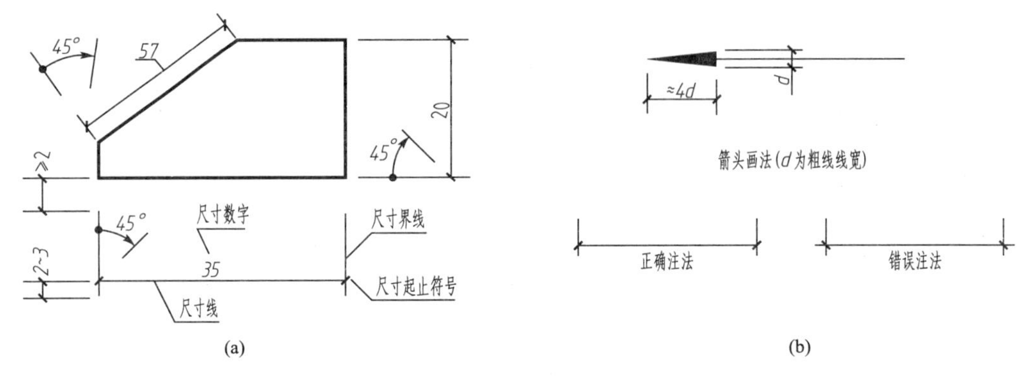

图 1.10 尺寸的组成

(1) 尺寸界线。尺寸界线用细实线绘制，一般应从被标注线段垂直引出，必要时允许倾斜，起始端需离开被注部位不小于 2mm，另一端宜超出尺寸线 2～3mm。尺寸界线有时可用轮廓线、轴线或对称中心线代替。

(2) 尺寸线。尺寸线用细实线绘制，应与被标注的线段平行并与尺寸界线相交，相交处尺寸线不能超出尺寸界线。尺寸线必须单独画出，不能与其他图线重合或画在其延长线上。相同方向的各尺寸线的间距要均匀，间隔应大于 5mm，以便注写尺寸数字和有关符号。

(3) 尺寸起止符号。尺寸起止符号有两种形式：箭头和中粗斜短线。箭头的尖端必须与尺寸界线接触，但不能超出 [图 1.10(b)]。斜短线的倾斜方向应与尺寸界线成顺时针 45°角，长度为 2～3mm[图 1.10(a)]。

当尺寸起止符号采用斜短线形式时，尺寸线与尺寸界线必须相互垂直，并且同一图样中除标注直径、半径、角度可用箭头外，其余只能采用这一种尺寸起止符号形式。

(4) 尺寸数字。线性尺寸的数字一般注写在尺寸线上方或尺寸线中断处。同一图样中字号大小一致，位置不够可引出标注。尺寸数字前的符号区分不同类型的尺寸。如："ϕ"表示直径，"R"表示半径，"□"表示正方形等。

尺寸数字的书写位置及字头方向应按图 1.11(a)的规定注写；30°斜线区内应避免注写，不可避免时，应按图 1.11(b)的方式注写；任何图线不得穿过尺寸数字，不可避免时，应将图线断开；尺寸数字也不得贴靠在尺寸线或其他图线上，如图 1.11(c)和图 1.11(d)所示；如果尺寸界线较密，注写尺寸数字的间隙不够时，可如图 1.11(e)所示方式注写。

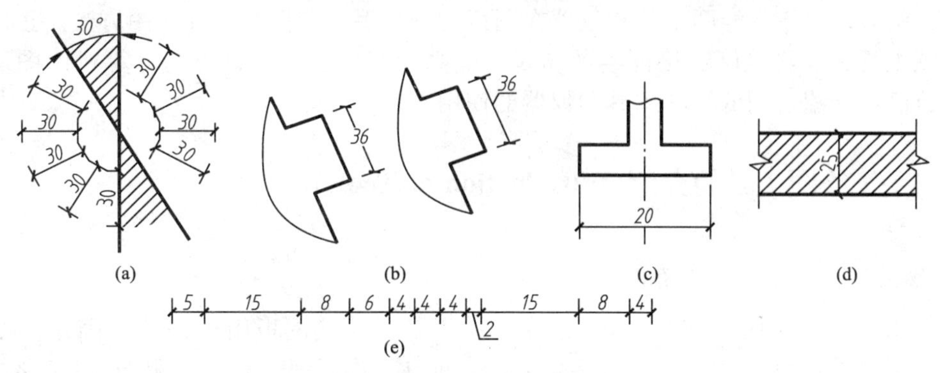

图 1.11 尺寸数字的书写

1.2.3 直径、半径、角度、弧长、弦长的注法(Diameter, Radius, Angle, Arc Length, Chord Length of Dimensioning)

大于半圆的圆弧或圆应标注直径，半圆或小于半圆的圆弧标注其半径。标注角度时，尺寸数字一律要水平书写。标注直径、半径、角度、弧长时尺寸起止符号宜用箭头(图 1.12)。

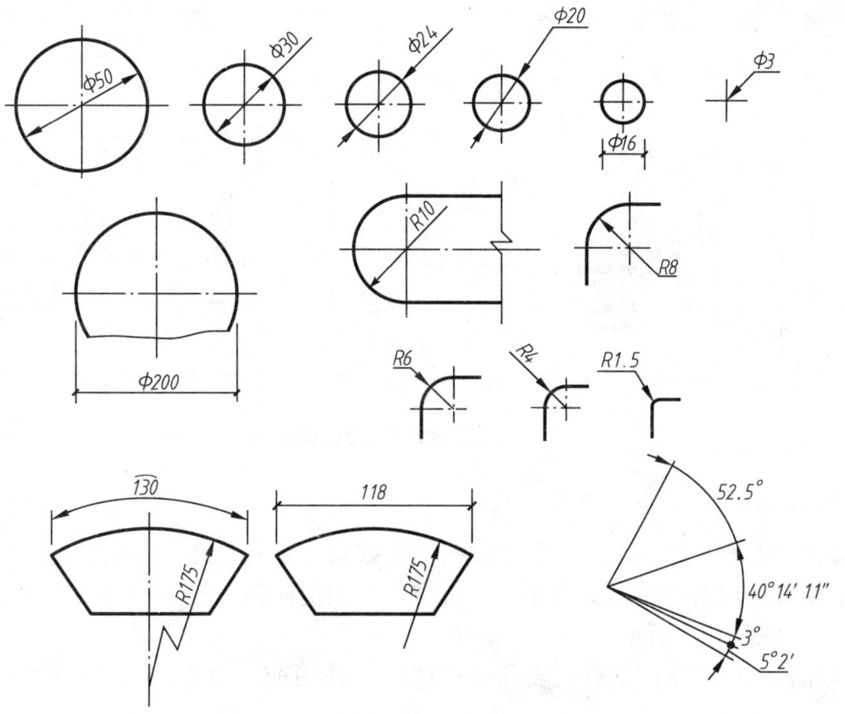

图 1.12 直径、半径、角度、弧长、弦长的标注

1.3 手工绘图工具和仪器的使用 (Tools of Handmade Drafting and Using of Instruments)

绘制图样有三种方法：尺规绘图、徒手绘图和计算机绘图。尺规绘图是借助丁字尺、三角板、圆规、铅笔等绘图工具和仪器在图板上进行手工操作的一种绘图方法。正确使用各种绘图工具和仪器不仅能保证绘图质量、提高绘图速度，而且可为计算机绘图奠定基础。本节简要介绍常用的绘图工具和仪器的使用方法。

1.3.1 手工绘图工具的介绍(Introduction of Tools)

1. 绘图板、丁字尺、三角板

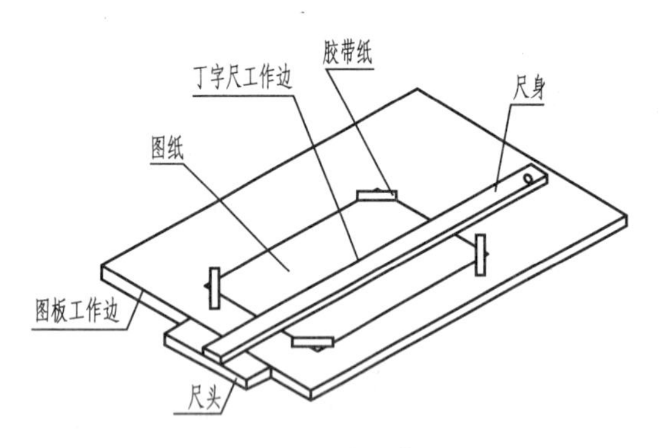

图 1.13 手工绘图常用工具

(1) 绘图板用于铺放、固定图纸。板面应平滑光洁，左侧导边必须平直(图 1.13)。

(2) 丁字尺用于画水平线。作图时，用左手将尺头内侧紧靠图板导边，上下移动丁字尺到画线位置，自左向右画水平线。

(3) 三角板与丁字尺配合用于画铅垂线[图 1.14(a)]，与水平方向成 30°、45°、60°、15°、75°的线 [图 1.14(b)]。

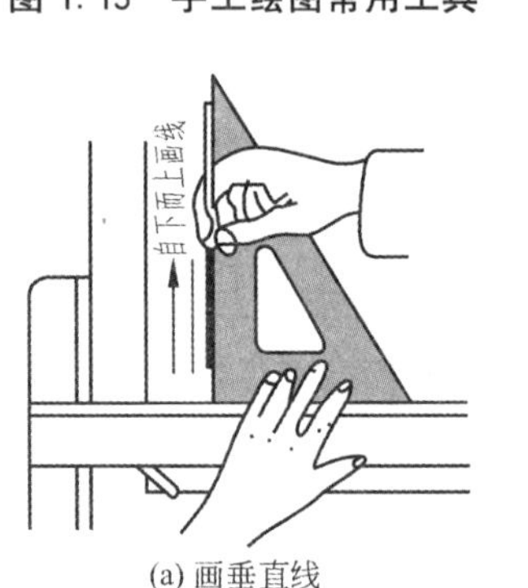

(a) 画垂直线

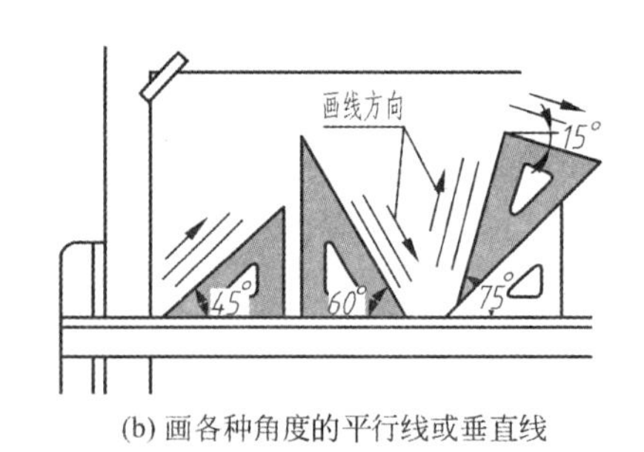

(b) 画各种角度的平行线或垂直线

图 1.14 丁字尺和三角板的使用

2. 圆规和分规

(1) 圆规用于画圆和圆弧。画图时按顺时针方向绘制，并且应尽量使钢针和铅芯都垂直于纸面，钢针的台阶与铅芯尖应平齐，针方向略向前倾斜、用力均匀地一笔画出圆或圆弧，使用方法如图 1.15 所示。

(2) 分规有两种用途：量取线段和等分线段。使用前，分规的两个针尖要调整平齐。

分规通常采用试分法等分直线段或圆弧(图 1.16)。

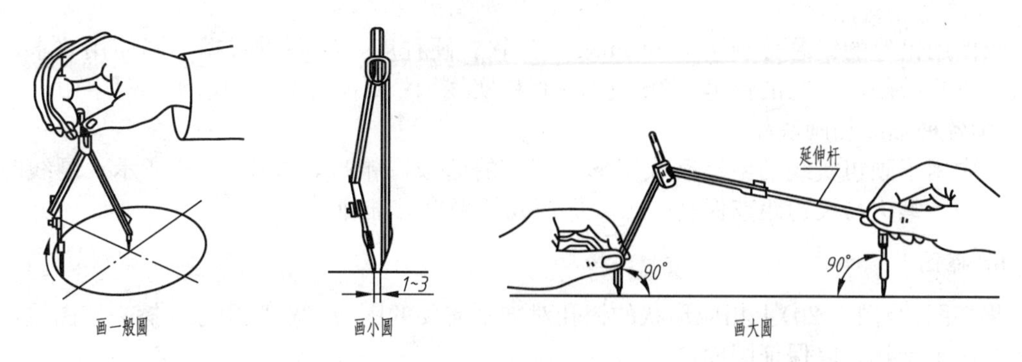

图 1.15 圆规的使用

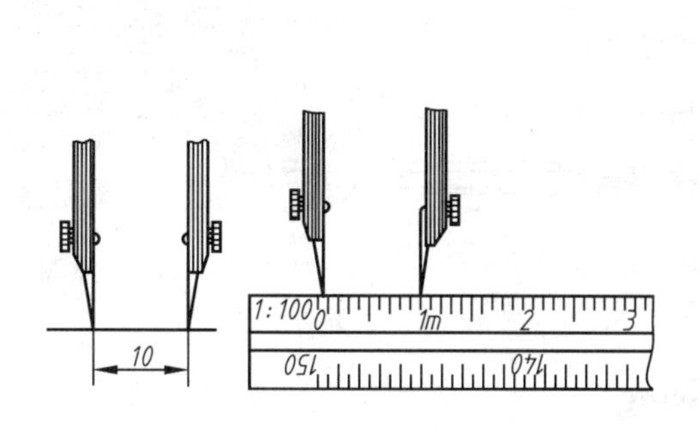

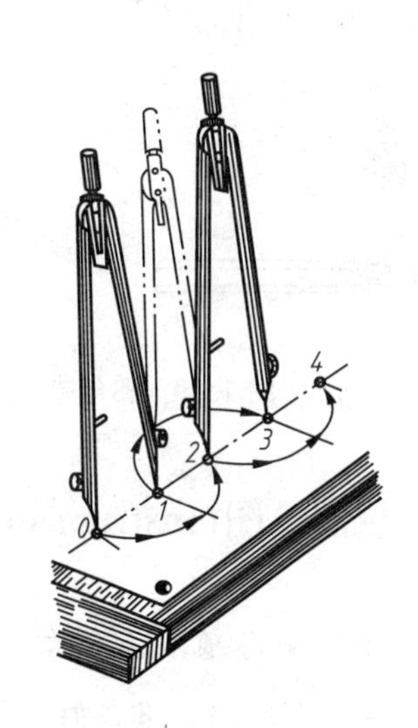

图 1.16 分规的使用

3. 比例尺

常用的比例尺是三棱尺(图 1.17)，三个尺面上分别刻有 1∶100、1∶200、1∶400、1∶500、1∶600六种比例尺标，用来缩小或放大尺寸。若绘图比例与尺上比例不同，则选取尺上最相近的比例折算。

4. 曲线板

曲线板用于绘制非圆曲线。作图时应先求出非圆曲线上的一系列点，然后用曲线板按“首尾重叠”“连四画三”(连接四个点画三个点)的方法逐步、光滑地连接出整条曲线，如图 1.18 所示。

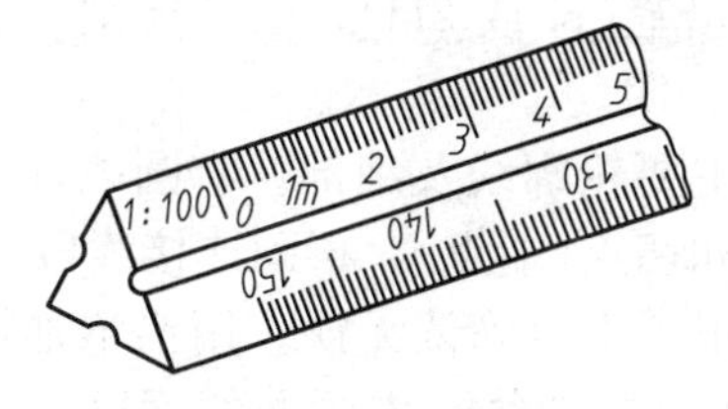

图 1.17 比例尺

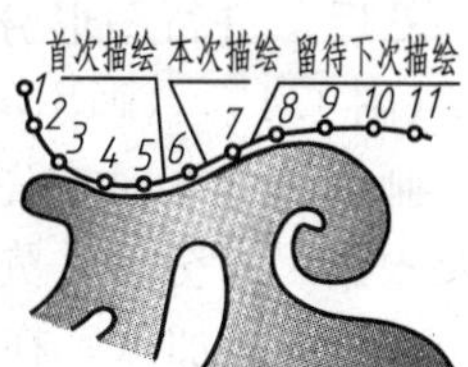

图 1.18 曲线板的用法

5. 铅笔

绘图用铅笔的铅芯分别用 B 和 H 表示其软、硬程度，绘图时根据不同使用要求，应准备以下几种硬度不同的铅笔：2B 或 B，画粗实线用；HB 或 H，画箭头和写字用；H 或 2H，画各种细线和画底稿用。

其中用于画粗实线的铅笔磨成矩形，其余的磨成圆锥形，如图 1.19 所示。画线时用力要均匀，笔尖与尺边距离保持一致，保证线条平直、准确。

6. 擦图片

将擦图片(图 1.20)上相应形状的镂孔对准不需要的图线，然后用橡皮擦去该图线，使图线之间不干扰，以保证图面清洁。

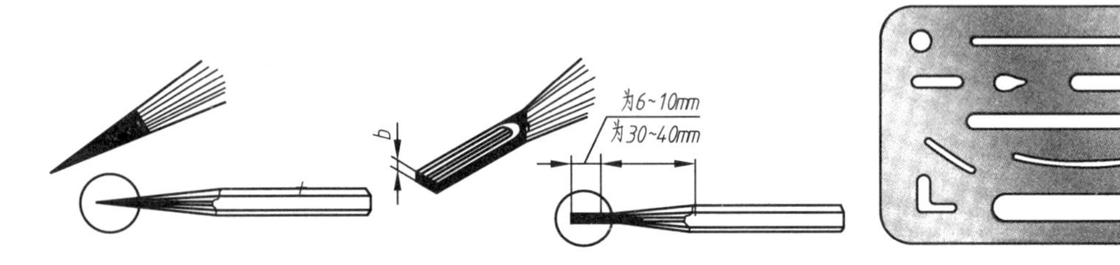

图 1.19　铅笔芯的形状及削法

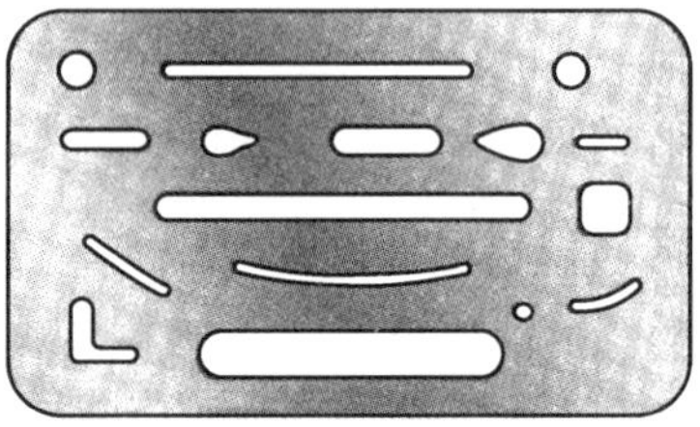

图 1.20　擦图片

1.3.2　仪器绘图(Instrumental Drawing)

1. 充分做好各项准备工作

布置好绘图环境，准备好圆规、三角板、丁字尺、比例尺、铅笔、橡皮等绘图工具和用品；所有的工具和用品都要擦拭干净，不要有污迹，要保持两手清洁。

2. 绘图的一般步骤

(1) 固定图纸。将平整的图纸放在图板的偏左下部位，用丁字尺画最下一条水平线时，应使大部分尺头在图板的范围内。摆放图纸使其下边与尺身工作边平行，用胶带纸将图纸四角固定在图板上。

(2) 绘制底稿。

首先，按要求画图框线和标题栏。

其次，布置图面。一张图纸上的图形及其尺寸和文字说明应布置得当，疏密均匀。周围要留有适当的空白，各图形位置要布置得均匀、整齐、美观。

然后，进行图形分析，绘制底稿。画底稿要用较硬的铅笔(H 或 2H)，铅芯要削得尖一些(图 1.19)，画出的图线要细而淡，但各种图线区分要分明。

画每一个图时应先画轴线或中心线或边线定位，再画主要轮廓线及细部。有圆弧连接时要根据尺寸分析，先画已知线段，找出连接圆弧的圆心和切点(端点)，再画连接线段。

(3) 铅笔加深。在加深前必须对底稿做仔细检查、改正，直至确认无误。用铅笔加深(2B)底图的顺序是：自上而下、自左至右依次画出同一线宽的图线；先画曲线后画直线(因直线位置好调整)；对于同心圆宜先画小圆后画大圆；各种图线应符合制图标准。

(4) 遵照标准要求注写尺寸、书写图名、标出各种符(代)号，填写标题栏和其他必要的说明，完成图样。

(5) 最后，检查全图并清理图面。

1.3.3 徒手绘图(Freehand Drafting)

草图(sketch)是以目测估计图形与实物的比例，按一定画法要求，徒手(或部分使用绘图仪器)绘制的图。由于绘制草图迅速简便，有很大的实用价值，是技术人员交流、记录、构思、创作的有力工具。为了便于控制尺寸大小，经常在网格纸上徒手画草图，网格纸不要固定在图板上，作图时可任意转动或移动。

绘制方法如下：

(1) 画直线。水平线应自左向右，铅垂线应自上而下画出，目视终点，小指压住纸面，手腕随线移动，如图 1.21 所示。

(2) 画圆。画圆应先画出圆的外切正方形及其对角线，然后在正方形边上定出切点和在对角线找到其三分之二分点，过这些点连接成圆，如图 1.22 所示。

图 1.21 徒手画线

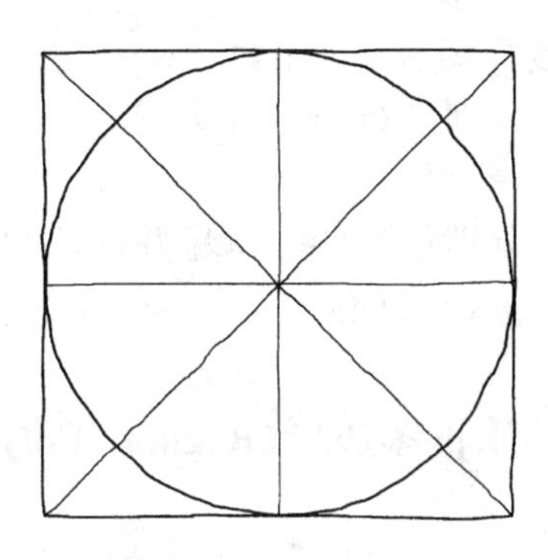

图 1.22 徒手画圆

1.4 平面图形的画法(Drafting of Plane Figures)

工程形体形状是多种多样的，但它们基本上都是由直线、圆弧和其他一些曲线所组成的几何图形，因而在绘制图样时，经常要运用一些最基本的几何图形的作图方法。

1.4.1 圆弧连接(Connection of Arcs)

在画平面图形时，常遇到圆弧连接问题，即用已知半径的圆弧连接两直线，或一直线一圆弧，或两圆弧。为了确保光滑相切，在作图时，不仅要用作图方法找到连接圆弧的圆心，还要准确找到其连接点，即连接圆弧的端点(切点)。

圆弧与直线连接的几何作图方法，如图 1.23 所示。

主要作图步骤如下：

(1) 在与已知线段 AB 距离 R 处分别作平行线。

(2) 以 O_1 为圆心，$R+R_1$ 为半径画弧，与平行线段交于 O 点。

(3) 作 $OB \perp AB$，垂足为点 B，并连接 O_1 点和 O 点交圆弧于 M 点。

(4) 以 O 点为圆心，R 为半径连接点 M、B，则 $\overset{\frown}{MB}$ 即为所求。

圆弧与两圆弧同时连接的几何作图方法，如图 1.24 所示。

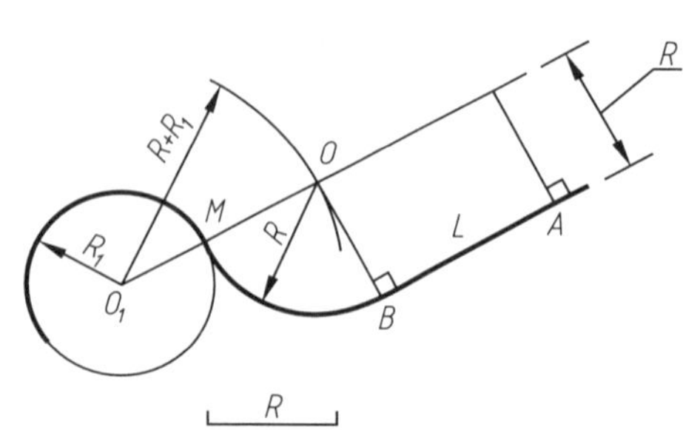

图 1.23 圆弧与直线和圆弧相连

图 1.24 圆弧与两圆弧相连

主要作图步骤如下：

(1) 分别以 O_1 和 O_2 为圆心，$R+R_1$ 和 R_2-R 为半径作弧，两弧交点 O 即为连接圆弧圆心。

(2) 分别作连心线 OO_1 并延长 OO_2，得切点 M、N。

(3) 以 O 为圆心，R 为半径作弧从 M 画至 N，$\overset{\frown}{MN}$ 即为所求。

1.4.2 作正多边形(Regular Polygon Drawing)

图 1.25(a)和图 1.25(b)分别表示已知外接圆作正五边形和正六边形。

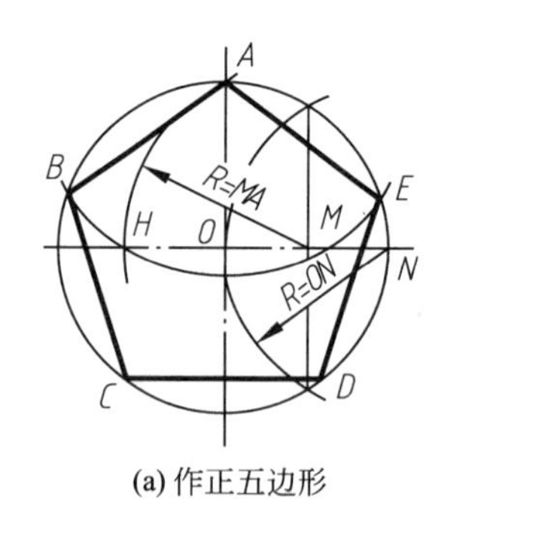

(a) 作正五边形

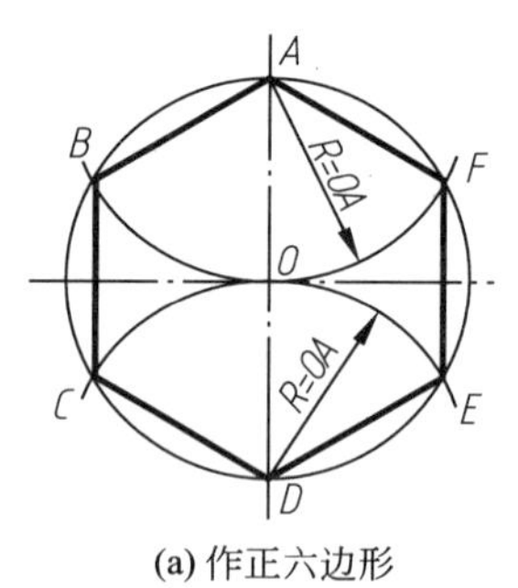

(a) 作正六边形

图 1.25 正多边形的画法

(1) 作正五边形。作 ON 的中点 M，以 M 为圆心，MA 为半径作圆弧，交 ON 的反向延长线于点 H，HA 即为圆内接正五边形的边长。

(2) 作正六边形。分别以直径 AD 的两端点 A、D 为圆心，以 OA 为半径作圆弧，得四个交点 B、C、E、F，$ABCDEF$ 即为圆内接正六边形。

1.4.3 椭圆的近似画法(Approximate Drafting of Ellipse)

图 1.26(a)和图 1.26(b)分别为已知椭圆的长短轴，用同心圆法和四心法作椭圆。

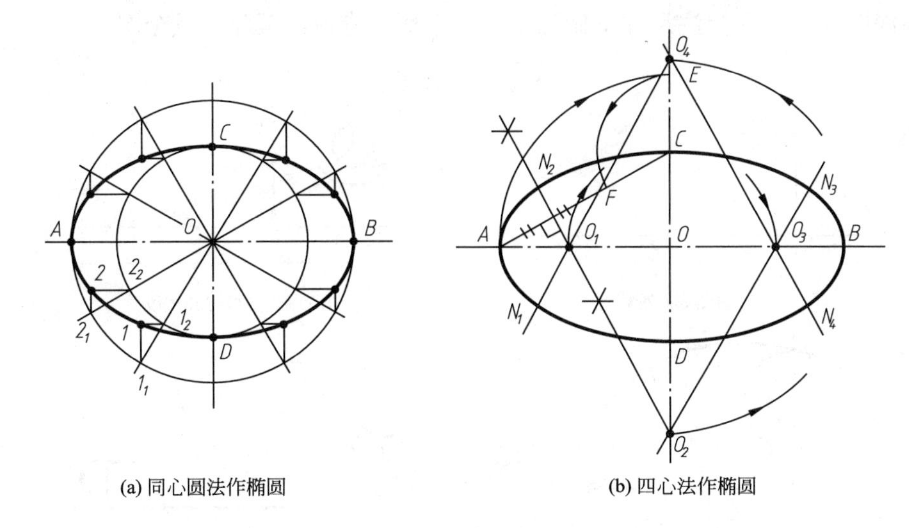

(a) 同心圆法作椭圆　　(b) 四心法作椭圆

图 1.26　椭圆的画法

(1) 同心圆法。以点 O 为圆心，分别以长轴 AB、短轴 CD 为直径作圆；过圆心 O 作若干条射线与两圆相交，由各交点分别作长、短轴的平行线，得一系列交点；过这些交点即可用曲线板连成椭圆。

(2) 四心法。连接长、短轴的端点 A、C，取 $CF=CE=OA-OC$；作 AF 的中垂线与长、短轴分别交于点 O_1、O_2；作出 O_1 对短轴 CD 的对称点 O_3，O_2 对长轴 AB 的对称点 O_4；分别以 O_1、O_2、O_3、O_4 为圆心，以 O_1A、O_2C、O_3B、O_4D 为半径作圆弧；这四段圆弧即连成一个近似的椭圆。

1.4.4 综合举例(Examples)

例　按比例 1∶1 绘制如图 1.27 所示图形。

分析：平面图形下方的水平轮廓线和通过圆心的垂直中心线即为水平方向和垂直方向的尺寸基准。由平面图形的线段分析可知，平面图形绘制时，首先可画出已知线段，然后画出中间线段，最后画出连接线段。在作图过程中，必须准确求出中间圆弧和连接圆弧的圆心和切点的位置。

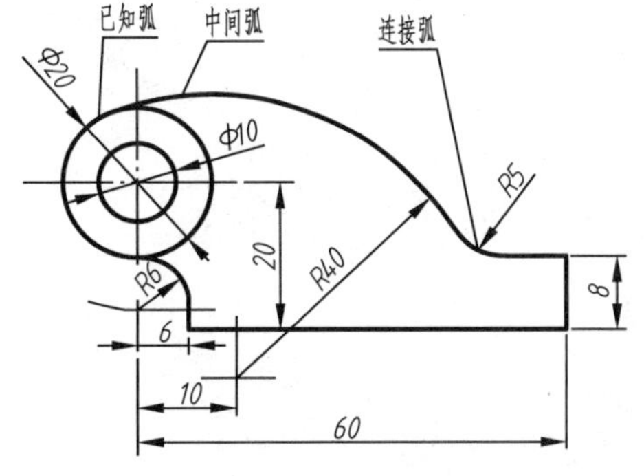

图 1.27　平面图形的尺寸与线段分析

图 1.28 所示图形的主要作图步骤如下。

(1) 画平面图形的作图基准线，如图 1.28(a)所示。

(2) 画已知线段，尺寸为 54(60－6)和 8 的直线段及 $\phi10$ 和 $\phi20$ 的圆，如图 1.28(b)所示。

(3) 作中间线段半径为 $R40$ 的圆弧。$R40$ 弧的一个定位尺寸是 10，另一个定位尺寸由 $R40$ 减去 $R10$(已知圆 $\phi20$ 的半径)后，通过作图得到，如图 1.28(c)所示。

(4) 画出连接线段 $R5$ 和 $R6$ 圆弧，如图 1.28(d)所示。

(5) 最后检查、加深、标注尺寸。检查各尺寸在运算及作图过程中有无错误，若无差错即可加深图线。最后标注尺寸，做到正确、完整、清晰，至此完成全图。

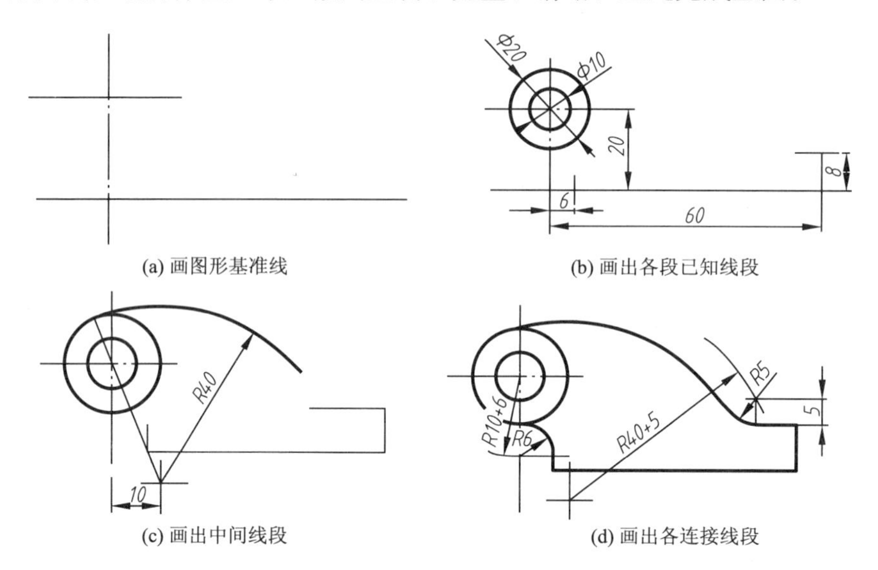

(a) 画图形基准线　(b) 画出各段已知线段

(c) 画出中间线段　(d) 画出各连接线段

图 1.28　平面图形的绘制

思　考　题

1. 简述在工程图样中粗实线的用途。
2. 简述绘制工程图样时如何选择和标注比例。
3. 简述工程图样中尺寸标注的基本规则。
4. 简述尺规画图的基本步骤。
5. 简述加深图样的基本方法。

第2章 正投影基础 (Basic Knowledge of Orthographic Projections)

教学提示：我们知道，要认识一个结构复杂的物体必须从各个不同的角度来了解其全貌，观察者所站的角度不同，观察到的结果也不一样。工程图样就是按照正投影原理从不同角度采用投影法观察模型获得的图样，正投影是绘制和阅读工程图样的理论基础，也是提高识图和绘图能力的关键。本章主要介绍投影法的形成、分类，点、直线、平面的投影规律，以及点、直线、平面之间相对位置的投影规律等。

教学要求：通过本章的学习，主要掌握三面投影图中点、线、面的投影规律，以及点、线、面之间相对位置的投影规律，并能根据投影图判别其空间位置；学会两直线相交时交点的求法以及两平面相交时交线的求法及可见性的判断；掌握根据物体上直线、平面的两个投影求作其第三个投影的方法。

2.1 投影法概述(Summarize of Projection Methods)

2.1.1 投影法(Projection Methods)

如图2.1所示，P为平面，S为平面外一光源，现有空间点A，由S向A作射线交平面P于点a，平面P称为投影面(projection plane)，点S称为投射中心，SA称为投射线(projector)，点a为空间点A在投影面P上的投影。这种令投射线通过点或其他形体，向选定的投影面进行投射，并在该面上得到投影的方法称为投影法(projection method)。

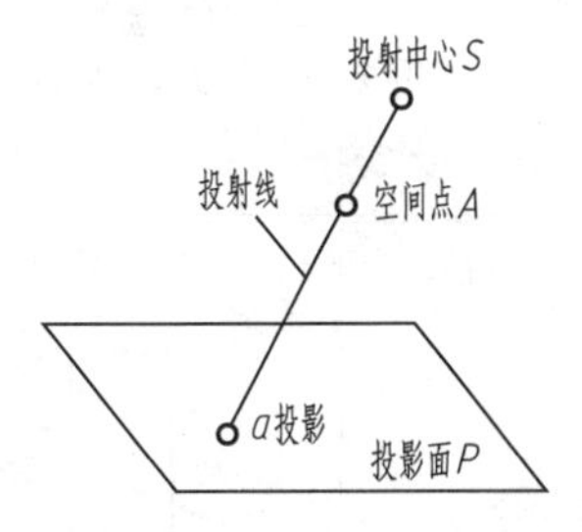

图2.1 投影法的概念

2.1.2 投影法的分类(Classification of Projection Methods)

按照投影射线是否平行，投影法分为中心投影法(central projection method)和平行投影法(parallel projection method)。

(1) 中心投影法。投射中心距投影面有限远，投射线汇交于投射中心的投影法(图2.2)。

(2) 平行投影法。当投射中心移至无限远处，投影线即可视为相互平行。投射线相互平行的投影法称为平行投影法(图2.3)。根据投射方向与投影面之间的几何关系，即两者是倾斜还是垂直，又可分为斜投影法(oblique projection method)［图 2.3(a)］和正投影法［图 2.3(b)］。

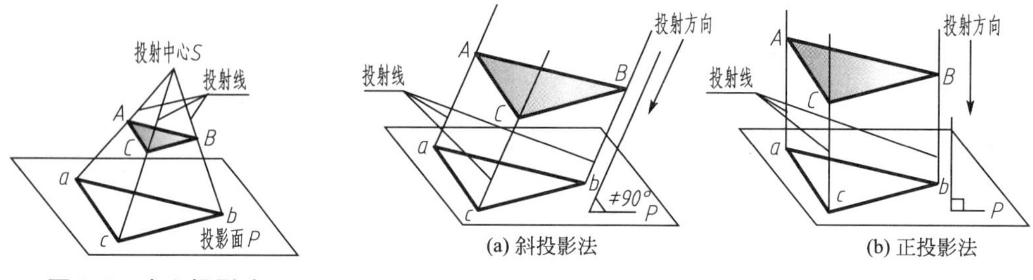

(a) 斜投影法　(b) 正投影法

图 2.2　中心投影法　　图 2.3　平行投影法

2.1.3　正投影法的基本特性(Orthographic Projection Methods and Their Characteristics)

表 2-1 所示为正投影法的基本特性，是我们绘图和读图的重要依据。

表 2-1　正投影法的基本特性

特性	实形性	积聚性	类似性
图例			
特性说明	空间直线或平面平行于投影面，则其投影反映直线的实长或平面的实形	空间直线、平面、曲面垂直于投影面，则其投影分别积聚为点、直线、曲线	空间直线或平面倾斜于投影面，则直线的投影仍为直线(比实长短)；平面的投影与原平面图形类似
特性	**平行性**	**从属性**	**定比性**
图例			
特性说明	空间相互平行的直线，其投影一定平行；空间相互平行的平面，其积聚性的投影相互平行	直线或曲线上的点，其投影必在直线或曲线上，平面或曲面内的点或线，其投影必在该平面或曲面的投影上	属于直线上的点，其分割线段的比在投影上保持不变；空间两平行线段长度之比，投影后保持不变

注：类似性指平面的投影图形与原平面图形保持基本特征不变，即保持特定性：边数相等，凹凸形状、平行关系、曲直关系保持不变。

2.1.4 工程上常用的投影图(Gebraeuchlich Projection Methods in Engineering)

工程上常用的投影图及特点见表 2-2。

表 2-2 工程中常用的几种投影

类型	投影原理图	投影特点与应用图例
正投影	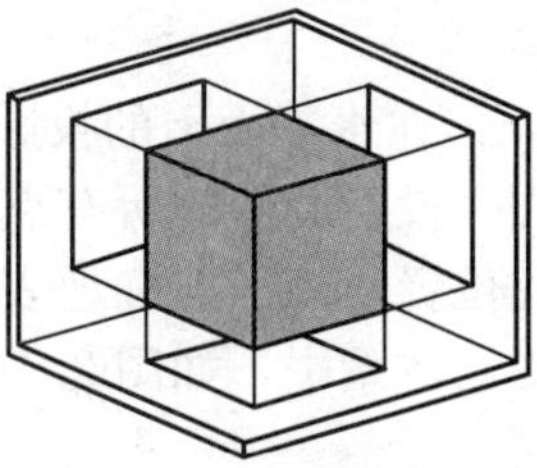 将形体投射到互相垂直的两个或多个投影面上，将投影面连同它上面的投影一起展开铺平至同一平面上所得到的投影图	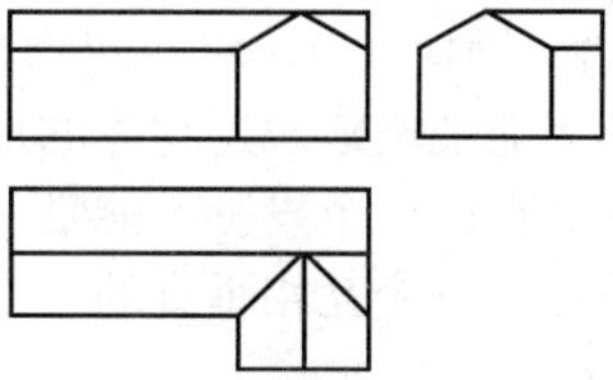 能够反映形体的实际形状和大小，度量性好，作图简便，但直观性差
轴测图	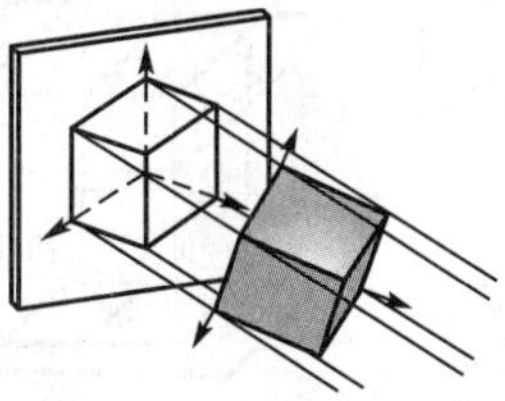 用平行投影法将形体连同确定其空间位置的直角坐标系，沿不平行于任一坐标面的方向，投影到单一投影面上所得到的图形称为轴测投影图	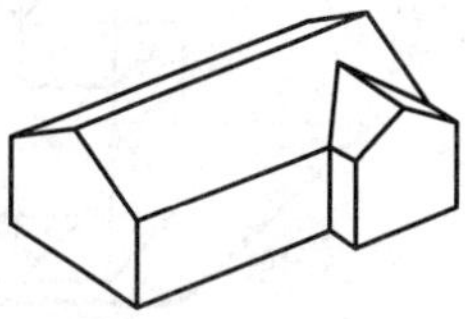 轴测图作图较繁且度量性差，但它直观性较好、容易看懂，所以在工程中常作为辅助图样使用
标高投影图	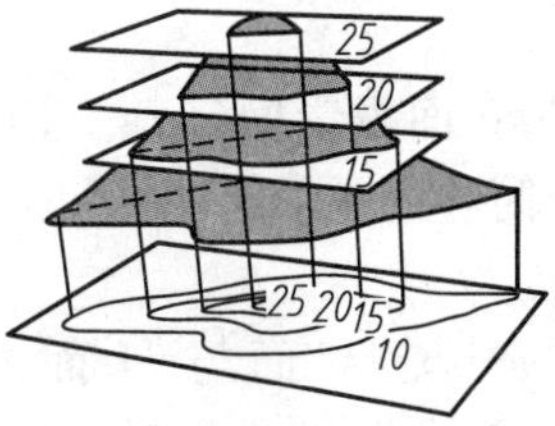 25 20 15 25 20 15 10 用正投影法将物体表面的一系列等高线投射到水平的投影面上，并标注出各等高线的高程数值的单面正投影图	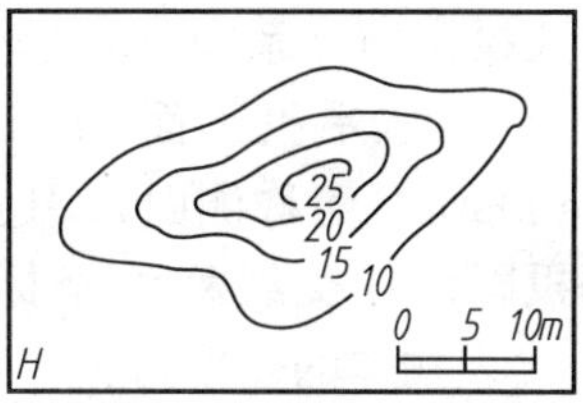 25 20 15 10 0 5 10m H 一般用于不规则曲面的表达
透视图	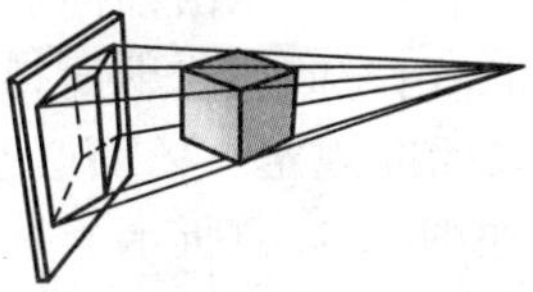 用中心投影法将形体投射在单一投影面上所得到的图形称为透视投影图，简称透视图	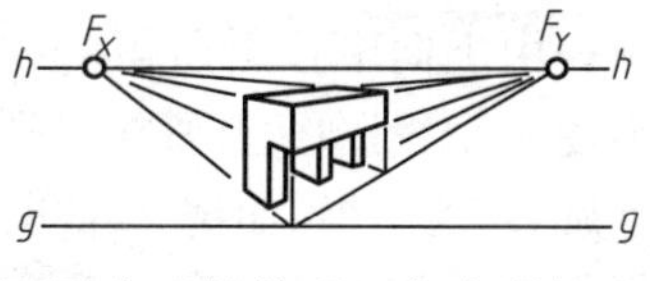 h F_X F_Y h g g 透视图直观性较强，但度量性差，作图复杂，所以一般用于绘画和建筑设计中

2.2 三面投影图的形成及其投影规律 (Formation and Regular Patterns of Three - Plane Projection)

2.2.1 三面投影图的形成(Formation of Three - Plane Projection)

在图 2.4(a)中，甲乙两物体的形状不同，但在水平面上的投影是相同的，这说明仅一个投影不能准确地表达物体的形状。因为在同一投射线上的所有点在同一投影面上有相同的投影。点的一个投影不能唯一确定点的空间位置。为了准确地表达物体的形状，通常把物体放在由三个互相垂直的平面组成的三投影面体系中，如图 2.4(b)所示。

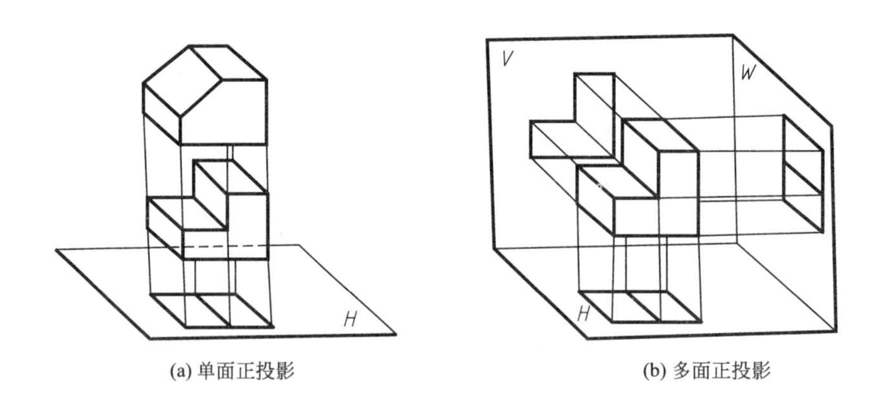

(a) 单面正投影　　(b) 多面正投影

图 2.4　单面投影与多面投影

按照国家标准的规定，采用第一分角画法，分别从三个方向向三个投影面作正投影，从而得到物体的三面投影图。

在三投影面体系中，三个投影面分别称为正面投影面(frontal plane)(简称正面，用字母 V 表示)、水平投影面(horizontal plane)(简称水平面，用字母 H 表示)、侧面投影面(profile plane)(简称侧面，用字母 W 表示)。

两投影面的交线称为坐标轴(coordinate axis)，V 面与 H 面的交线为 X 坐标轴(X axis)，代表物体的长度方向；W 面与 H 面的交线为 Y 坐标轴(Y axis)，代表物体的宽度方向；V 面与 W 面的交线为 Z 坐标轴(Z axis)，代表物体的高度方向。三根坐标轴线的交点称为原点(origin)，用字母 O 表示。

用正投影法所绘制出的物体的图形称为视图(view)。由前向后投射所得的视图称为正立面图；由上向下投射所得的视图称为平面图；由左向右投射所得的视图称为左立面图。

为使三个投影图能画在一张图纸上，国家标准规定：V 面必须保持不动，H 面绕 X 轴向下旋转 90°，W 面绕 Z 轴向后旋转 90°，如图 2.5(b)所示。从而将三面投影图摊平在一个平面上，如图 2.5(c)所示。工程图样中的三面投影图一般不画坐标和边框线，如图 2.5(d) 所示。

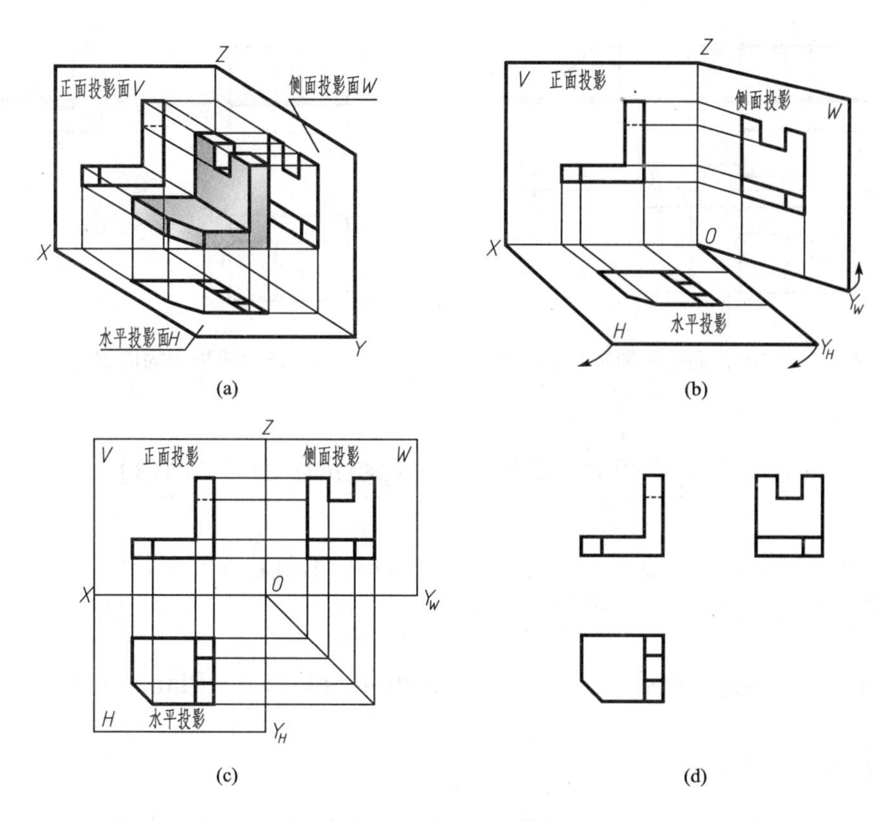

图 2.5　三面投影的形成

2.2.2　三面投影图的投影规律(Regular Patterns of Three - Plane Projection)

三面投影图是将一个物体分别沿三个不同方向投射到三个相互垂直的投影面而得到的三个投影图，所以三个投影图之间、每个投影图与实物之间都有严格的对应关系。

三面投影图的投影规律，具体来讲就是三个投影图两两之间的投影对应关系，如图 2.6 所示，可以看出三面投影图之间存在的“长对正、高平齐、宽相等”的投影规律，揭示了物体各投影图之间的内在关系，不仅三个投影图在整体上要保持这个投影规律，而且每个投影图中的组成部分也要保持这个投影规律。这个投影规律是绘制物体的投影图和读物体的投影图时应遵循的最基本准则和方法。

在“三等”关系中，“长对正”和“高平齐”这两条在图纸上是直接表现出来的。而“宽相等”这一条，由于平面图和左立面图在图纸上没有直接对应在一起，不能明显地表现出来。但画图时不能违反这一条，具体作图时，可以利用分规或一条 45°的辅助线或圆弧来保证宽的相等，如图 2.6 所示。

三面投影图中各投影的方位关系如图 2.7 所示。在平面图和左立面图中，靠近正立面图的面为后面，反之为前面。

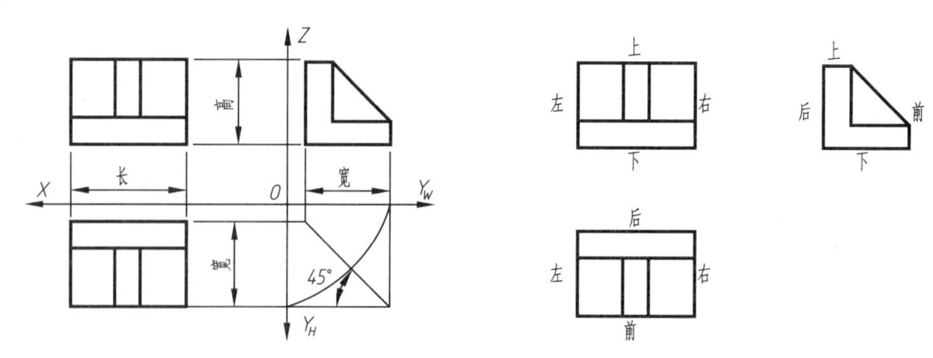

图 2.6　物体的三面投影图及投影规律　　图 2.7　三面投影图的位置方位关系

2.3 点的投影(Projection of Points)

组成物体的基本元素是点、线、面，点是组成形体的最基本元素，为了表达各种物体的结构，必须首先掌握几何元素的投影特性。

2.3.1　点在两投影面体系中的投影(Projections of Two - Plane on Points)

1. 两投影面体系的建立

在图 2.8(a)中，将空间点 A 向正立投影面和水平面投影面进行正投影，即由点 A 分别向 V 和 H 面作垂线，得垂足 a'和 a，则 a'和 a 称为空间点 A 的正面投影和水平投影。

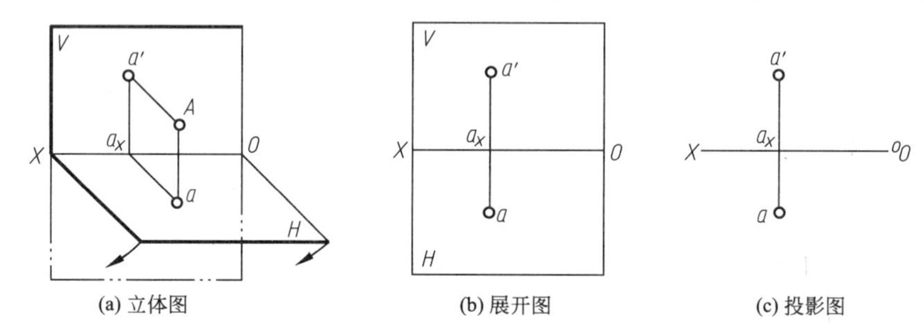

(a) 立体图　(b) 展开图　(c) 投影图

图 2.8　点的两面投影

在图 2.8(a)中，由于 $Aa' \perp V$ 面，$Aa \perp H$ 面，所以 OX 垂直于平面 $a'Aaa_X$，于是 $OX \perp a'a_X$、$O_X \perp aa_X$(a_X 为平面 $a'Aa$ 与 OX 轴的交点)。

为使两个投影 a'和 a 画在同一平面上，规定 V 面不动，将 H 面绕 OX 轴按图 2.8(a) 所示箭头方向旋转 90°，使之与 V 共面，此时 aa_X 随之也旋转 90°与 $a'a_X$ 在同一条直线上 [图 2.8(b)]。为简化作图可不画投影面的外框线 [图 2.8(c)]，$a'a$ 连线画成细线，称为投影连线(projection link)。

特别提示

一般规定空间点用大写字母表示，如 A、B、C 等；点的水平投影用相应的小写字母表示，如 a、b、

c 等，点的正面投影用相应的小写字母加一撇表示，如 a'、b'、c'等。

2. 点的两面投影规律

(1) 点的投影连线垂直于投影轴。

(2) 点的水平投影到投影轴的距离反映空间点到 V 面的距离；点的正面投影到投影轴的距离反映空间点到 H 面的距离。

2.3.2 点在三投影面体系中的投影(Projections of Three-Plane on Points)

1. 三投影面体系的建立

如图 2.9 所示，在 V/H 两投影面体系的基础上，再增加一个与 V 面、H 面都垂直的侧面投影面 W，构成三投影面体系。图中 V 面与 W 面的交线为 OZ 轴，H 面与 W 面的交线为 OY 轴。X、Y、Z 轴交于原点 O。

2. 点的三面投影规律

在图 2.10(a)中，空间点 A 在 V/H 投影基础上再向 W 面作正投影，得投影 a''。将 W 面按图 2.10(a)所示箭头方向旋转 90°，使之与 V 共面。此时 Y 轴出现了两次，属于 H 面上的 Y 轴用 Y_H 表示，属于 W 面上的 Y 轴用 Y_W 表示。

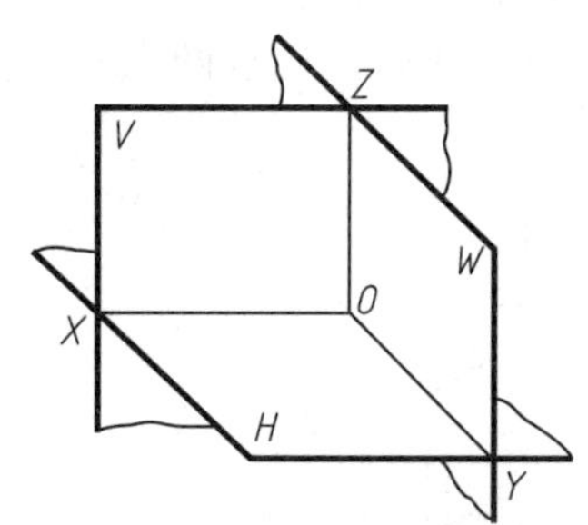

图 2.9 三面投影体系的形成

(a) 立体图

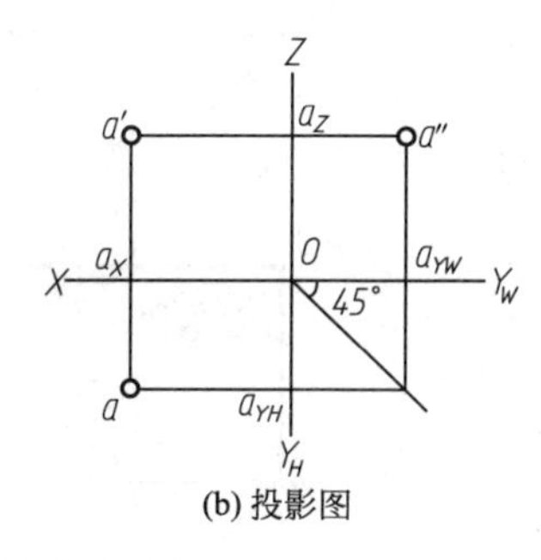

(b) 投影图

图 2.10 点的三面投影

根据点在两投影面体系中的投影规律，可得出点在三投影面体系的投影规律是：①点的两投影连线垂直于相应的投影轴，即有：$a'a \perp OX$，$a'a'' \perp OZ$，$aa_{YH} \perp OY_H$，$a''a_{YW} \perp OY_W$。②点的投影到投影轴的距离，反映该点到相应投影面的距离，即有 $a'a_X = a''a_{YW} = Aa$；$aa_X = a''a_Z = Aa'$；$aa_{YW} = a'aZ = Aa''$。

特别提示

一般规定空间点用大写字母表示，如 A、B、C 等；点的水平投影用相应的小写字母表示，如 a、b、c 等，点的正面投影用相应的小写字母加一撇表示，如 a'、b'、c'等。点的侧面投影用相应的小写字母加两撇表示，如 a''、b''、c''等。

为了作图方便，一般自原点 O 作 45°辅助线或作圆弧，以实现 $aa_X = a''a_Z$ 的关系，如图 2.10(b)所示。

例 2-1 如图 2.11(a)所示，已知点 A 的正面投影 a'和侧面投影 a''，求作该点的水平投影。

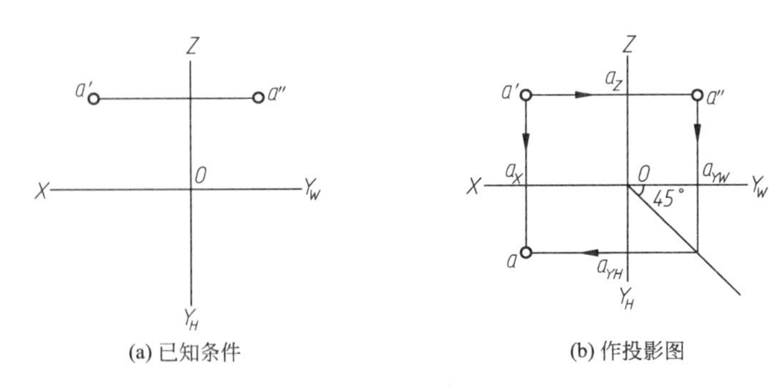

(a) 已知条件　　(b) 作投影图

图 2.11　求点的第三面投影

解： 在图 2.11(b)中，先作 45°辅助线，然后，自 a' 向下作 OX 轴的垂线，自 a'' 向下作 OY_W 轴的垂线与 45°辅助线交于一点，过该交点作 OY_H 轴的垂线，与过 a' 垂线交于 a，即为点 A 的水平投影。

2.3.3　两点的相对位置(Relationship of Two Points)

1. 两点间的相对位置

两点的相对位置是指空间两点上下、左右、前后的位置关系。如图 2.12 所示，比较两点的 X 坐标，可判断两点的左右关系，X 值大的点在左，X 值小的点在右；比较两点的 Y 坐标，可判断两点的前后关系，Y 值大的点在前，Y 值小的点在后；比较两点的 Z 坐标，可判断两点的上下关系，Z 值大的点在上，Z 值小的点在下。

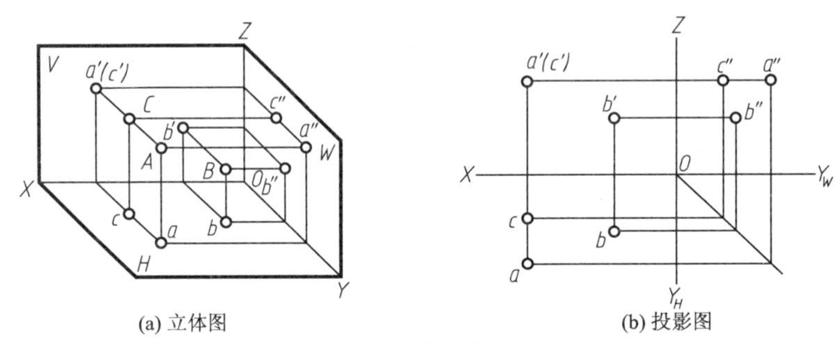

(a) 立体图　　(b) 投影图

图 2.12　两点的相对位置

如图 2.12(b)所示的 A、B 两点，对应的 $X_A \neq X_B$，且 $X_A > X_B$；$Y_A \neq Y_B$，且 $Y_A > Y_B$；$Z_A \neq Z_B$，且 $Z_A > Z_B$；说明点 A 在点 B 的左、前、上方。

2. 重影点

如图 2.12(b)所示的 A、C 两点，对应的 $X_A = X_C$；$Z_A = Z_C$；只有 $Y_A \neq Y_C$，且 $Y_A > Y_C$，说明 A 点在 C 点的正前方。此时 A、C 处于 V 面的同一条投射线上，这两点在该投影面上的投影将重合为一点，空间的这样两点称为重影点。向 V 面作投射时点 A 把点 C 挡住，点 A 可见，点 C 不可见，不可见点的投影加括号表示。

特别提示

判别在某投影面上重合投影的可见性，用不相等的那个坐标值判定，坐标值大的点可见。

2.4 直线的投影(Projection of Lines)

直线的投影一般仍为直线，特殊情况下积聚为一点。直线一般用线段表示，连接线段两端点的同面投影即得直线的三面投影(图 2.13)。

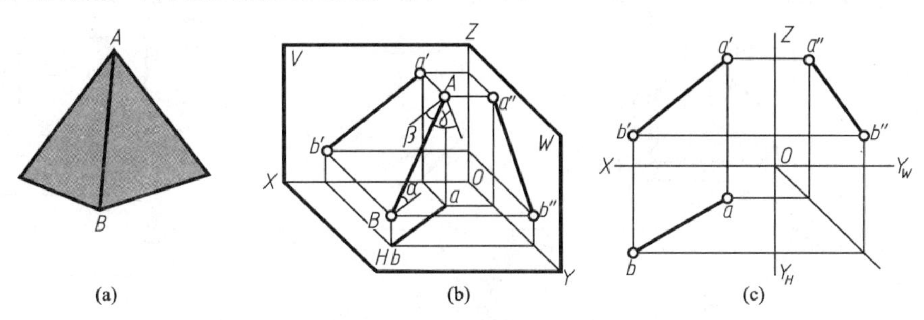

图 2.13 一般位置直线的投影

2.4.1 各种位置的直线(Different Position Lines)

1. 一般位置直线

一般位置直线与三个投影面都倾斜。这种直线的三个投影均为倾斜的直线。空间直线与投影面倾斜的角度称为直线与投影面的倾角。直线对投影面 H、V、W 的倾角分别用 α、β、γ 表示［图 2.13(b)］。倾角由直线与该投影面上投影的夹角来度量。

2. 投影面平行线

直线平行于某一投影面，对另外两个投影面都倾斜，如表 2－3 所示。平行于 H 面的直线称为水平线；平行于 V 面的直线称为正平线；平行于 W 面的直线称为侧平线。

3. 投影面垂直线

直线垂直于某一投影面，对另外两个投影面都平行，如表 2－4 所示。垂直于 H 面的直线，称为铅垂线；垂直于 V 面的直线，称为正垂线；垂直于 W 面的直线，称为侧垂线。

特别提示

投影面平行线和投影面垂直线都称为特殊位置直线。

2.4.2 各种位置直线的投影特性(Different Position Lines and Their Projections Characteristics)

1. 一般位置直线

一般位置直线的三个投影都倾斜于投影轴，每个投影既不直接反映线段的实长(线段的投影长度小于实际长度)，也不直接反映倾角的大小［图2.13(b)］。

2. 投影面平行线

投影面平行线的立体图、投影图、投影特性见表2-3。

表2-3　投影面平行线的投影特性

名称	正平线	水平线	侧平线
立体图	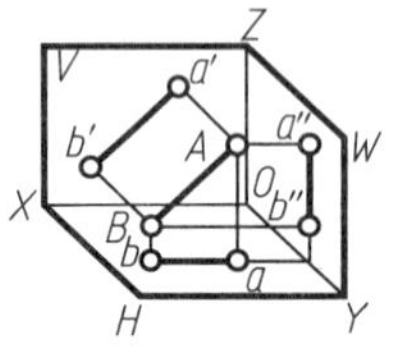 Z V a' b' A a'' W X B b'' O b a H Y	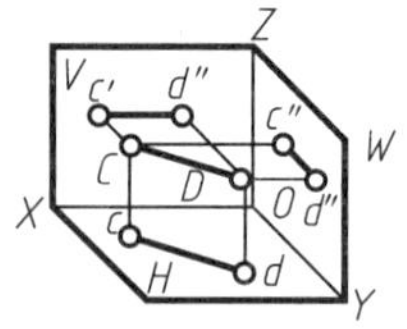 Z V c' d'' c'' W C D X O d'' c H d Y	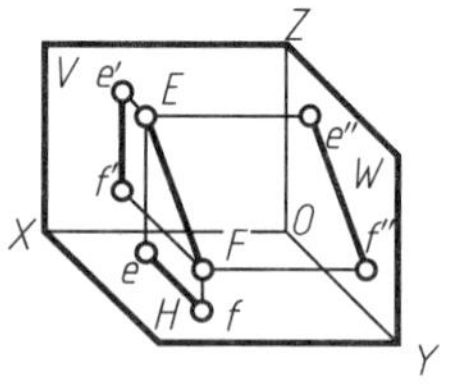 Z V e' E e'' W f' X F O f'' e H f Y
投影图	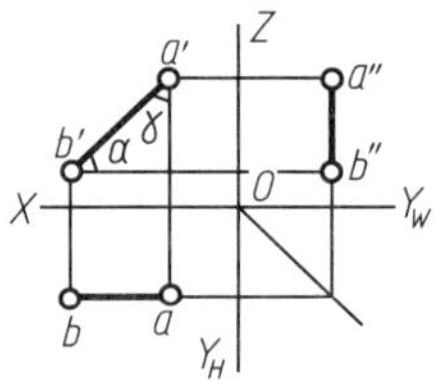 Z a' a'' b' α γ b'' X O Y_W b a Y_H	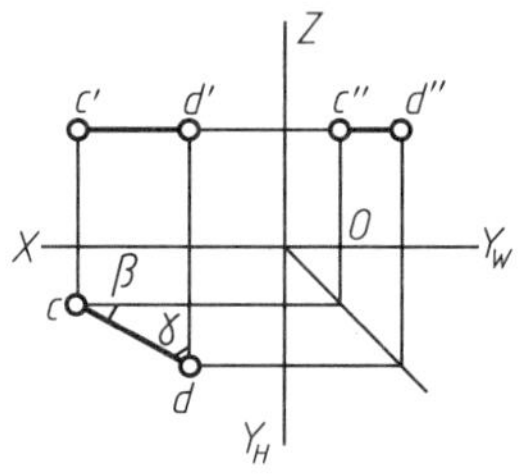 Z c' d' c'' d'' X O Y_W β c γ d Y_H	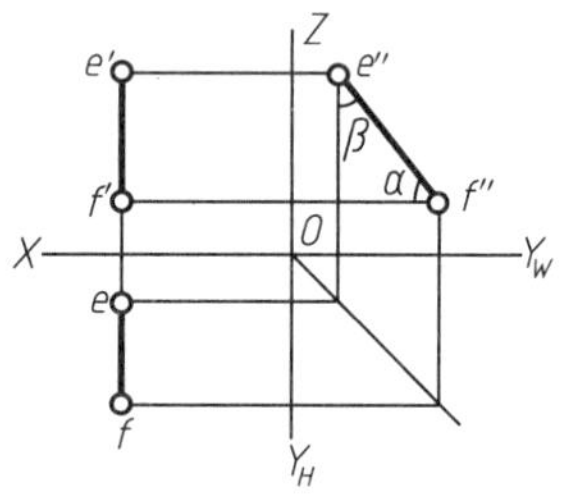 Z e' e'' β f' α f'' X O Y_W e f Y_H
投影特性	(1) 投影面平行线的三面投影都是直线 (2) 在直线所平行的投影面上，投影反映线段的实长，且该投影与相邻投影轴的夹角反映该直线对另外两个投影面的倾角大小 (3) 在另外两个投影面上的投影为缩短的线段，且分别平行于平行投影面所包含的两条投影轴		

3. 投影面垂直线

投影面垂直线的立体图、投影图、投影特性见表2-4。

表2-4　投影面垂直线的投影特性

名称	正垂线	铅垂线	侧垂线
立体图	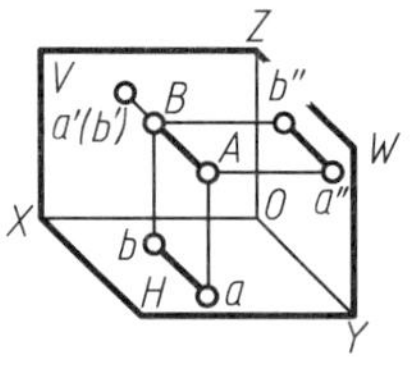 Z V b'' a'(b') B A W X O a'' b H a Y	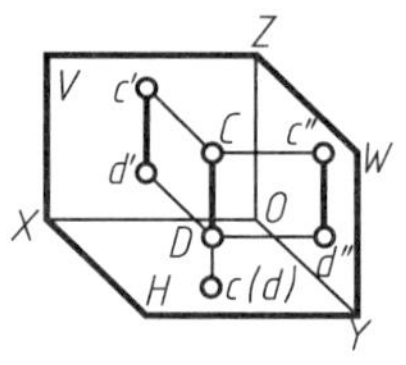 Z V c' C c'' W d' X O D d'' H c(d) Y	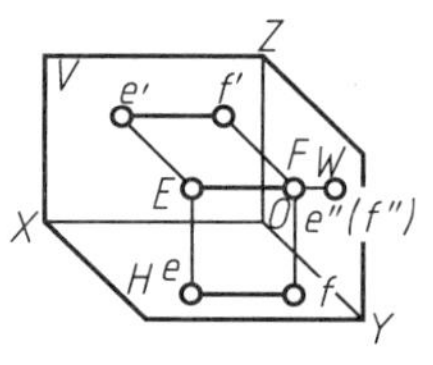 Z V e' f' F W E X O e''(f'') H e f Y
投影图	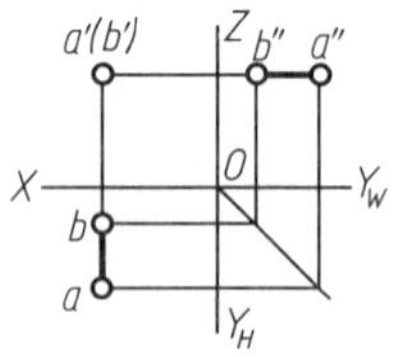 a'(b') Z b'' a'' X O Y_W b a Y_H	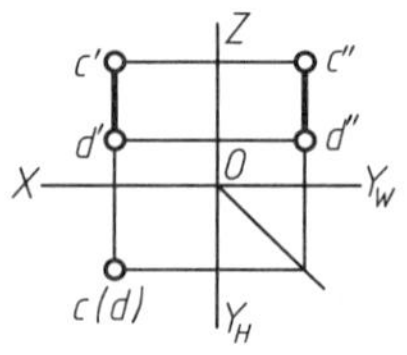 c' Z c'' d' d'' X O Y_W c(d) Y_H	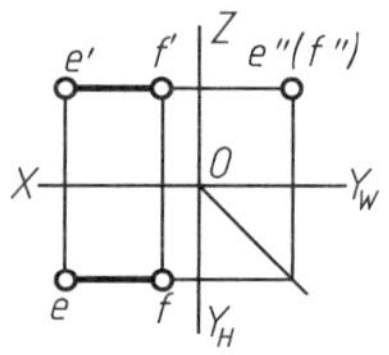 e' f' Z e''(f'') X O Y_W e f Y_H
投影特性	(1) 在直线所垂直的投影面上，直线的投影积聚为一点 (2) 在另外两个投影面上，直线的投影反映实长，且分别垂直于跟直线垂直的投影面上的两条投影轴		

2.4.3 一般位置直线的线段实长及其对投影面的倾角(True Length and Slope Angle of General Line Segments)

如前所述，一般位置直线对投影面的三个投影都倾斜于投影轴，每个投影既不反映线段的实长也不反映倾角的大小，对此，常采用直角三角形法求线段实长及其对投影面的倾角。

在图 2.14(a)中，AB 为一般位置直线，过点 A 作 $AA_0 /\!/ ab$，得直角三角形 BA_0A，其中直角边 $AA_0=ab$，$BA_0=Z_B-Z_A$，斜边 AB 就是所求的实长，AB 和 AA_0 的夹角就是 AB 对 H 面的倾角 α。同理，过点 B 作 $BB_0 /\!/ a'b'$ 得直角三角形 AB_0B，AB 与 BB_0 的夹角就是 BB 对 V 面的倾角 β。

在投影图上的作图方法如图 2.14(b)所示。直角三角形画在图纸的任何地方都可以。为作图简便，可以将直角三角形画在图 2.14(b)中的正面投影或水平投影的位置。直角三角形法的作图要领可归结如下：

(1) 以线段一个投影的长度为一条直角边。

(2) 以线段的两端点相对于该投影面的坐标差作为另一直角边(坐标差在另一投影面上量取)。

(3) 所作直角三角形的斜边即为线段的实长。

(4) 斜边与该投影的夹角即为线段与该投影面的倾角。

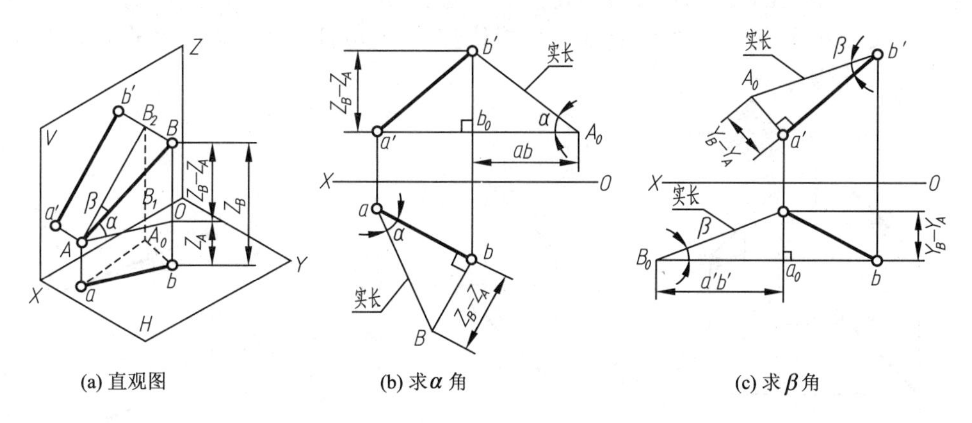

(a) 直观图　(b) 求α角　(c) 求β角

图 2.14 用直角三角形法求实长和倾角

例 2-2 已知直线 AB 对 H 面的倾角 $\alpha=30°$，并知 AB 的正面投影 $a'b'$ 及点 A 的水平投影 a [图 2.15(a)]。试作出线段 AB 的水平投影。

解：由于点 A 和 B 的坐标差 ΔZ_{AB} 和水平投影 a 已知，所以采用图 2.15(b)所示正面投影作直角三角形求实长的作图方法。在图 2.15(b)中，直角边 $b'k=\Delta Z_{AB}$ 和倾角 α 为已知，可作出该

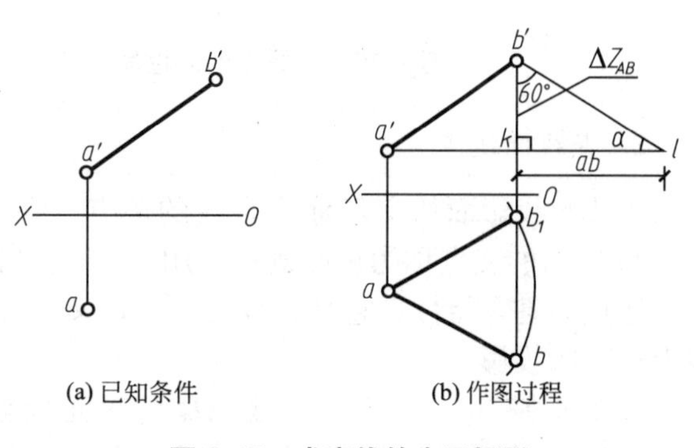

(a) 已知条件　(b) 作图过程

图 2.15 求直线的水平投影

直角三角形，另一直角边 kl 为直线水平投影 ab 的长，再以 a 为圆心、kl 为半径作弧，交 $b'k$ 的延长线于点 b 和 b_1，连接 ab 或 ab_1 即为 AB 的水平投影。本题有两解。

2.4.4 直线上的点(Points on Lines)

1. 直线上的点的投影特性

根据正投影法投影特性可知，直线上点的投影特性如下：

(1) 从属性(subordination)：直线上的点的投影，必在直线的同面投影上，反之如果点的三面投影都在直线的同面投影上，则该点在直线上。如果点的投影不都在直线上，点一定不在直线上。

(2) 定比性(proportionality)：不垂直于投影面的直线上的点，分割直线段之比，在投影后仍保持不变。

如果点的各投影均在直线的各同面投影上，且分割直线各投影长度成相同比例，则该点必在此直线上，如图 2.16(a)所示，点 C 在直线 AB 上。如图 2.16(b)所示，点 C 不在直线 AB 上，点 D 在直线 AB 上。

例 2-3 已知直线 AB 的两面投影，点 K 属于直线 AB，且 $AK:KB=1:2$。试求点 K 的两面投影。

解： 过 AB 的任一投影的任一端点如 a'，以适当的方向作一条辅助直线，并在其上从点 a' 起量取 3 个单位的长度(图 2.17)得点 m。连接 mb'，并过 1 个单位长的分点 n 作 mb' 的平行线，交 $a'b'$ 于点 k'。然后由点 k' 作投影连线交 ab 于点 k，点 k 和点 k' 即为点 K 在 H 和 V 面上的投影。

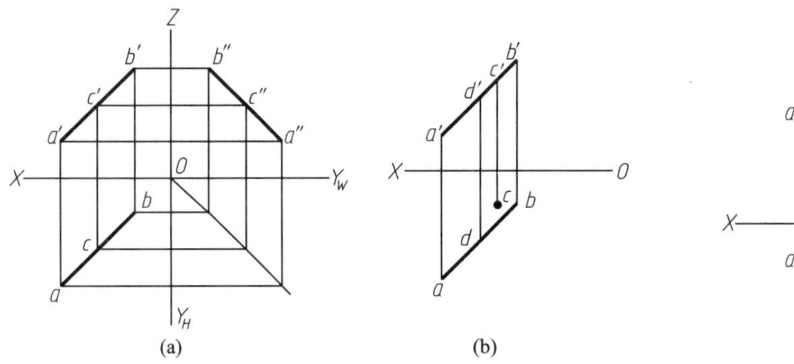

图 2.16 直线上的点性质

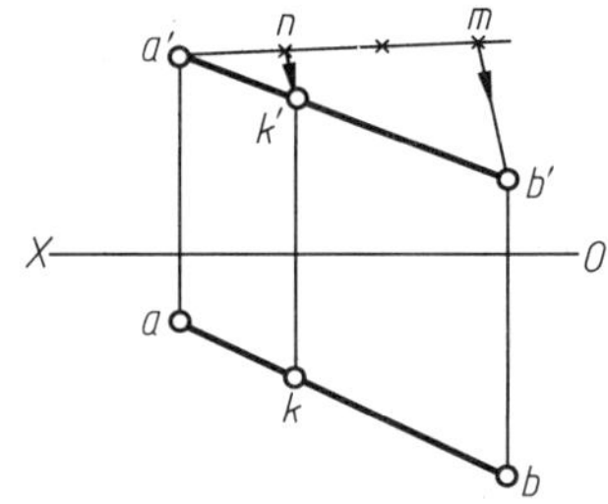

图 2.17 求直线上点的投影

2. 直线的迹点

直线与投影面的交点称为直线的迹点。直线与 H 面的交点称为水平迹点，用 M 标记；与 V 面的交点称为正面迹点，用 N 标记 [图 2.18(a)]。

迹点的基本特性：它是直线上的点，又是投影面上的点。根据这一特性就可以作出直线上迹点的投影。

在图 2.18(b)中，已知直线 AB 的正面投影 $a'b'$ 和水平投影 ab，求作其迹点的方法是：延长 $a'b'$ 与 OX 轴相交得水平迹点 M，其正面投影为 m'。自 m' 引 OX 轴的垂线与 ab

的延长线相交于m，即为水平迹点M的水平投影m。

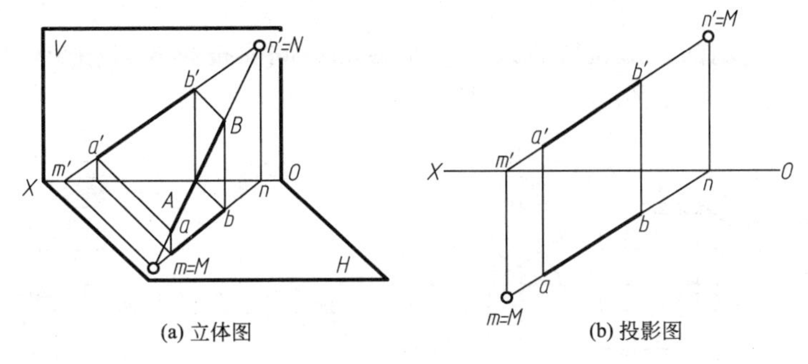

(a) 立体图　　(b) 投影图

图 2.18　直线的迹点

同理，延长ab与OX轴相交得正面迹点N的水平投影n。自n引OX轴的竖直线与$a'b'$延长线相交于n'，即得正面迹点N的正面投影n'。

2.4.5　两直线的相对位置(Relationship of Two Lines)

1. 两直线平行

空间两直线平行，其同面投影彼此平行。图 2.19(a)、(b)所示为平行的两直线，其所有的同面投影彼此平行。

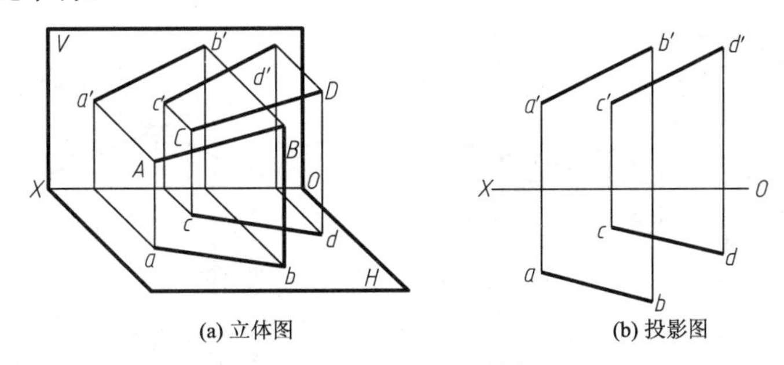

(a) 立体图　　(b) 投影图

图 2.19　两直线平行的投影

2. 两直线相交

如图 2.20 所示，空间两直线相交，产生唯一的交点。交点是两直线的共有点，表现在投影图上两直线的各同面投影都相交，且交点满足不同点的投影规律。

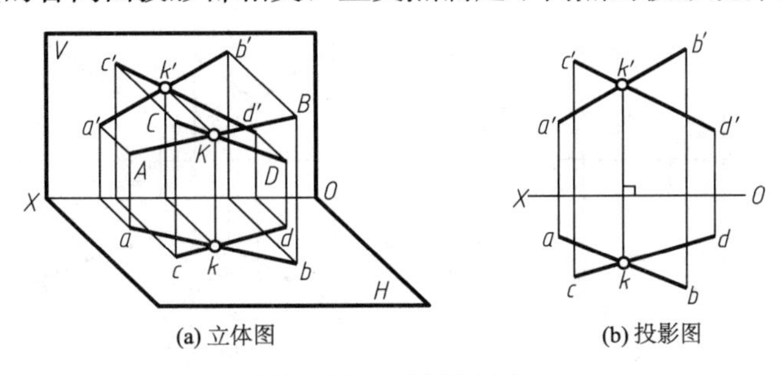

(a) 立体图　　(b) 投影图

图 2.20　两直线相交

如图 2.21(a)所示的两一般位置直线的三面投影都相交，且交点符合点的投影规律，所以两直线相交。

如图 2.21(b)所示的一般位置直线与侧平线的各同面投影各自相交，但各同面投影的交点不是同一点的投影，所以两直线不相交。

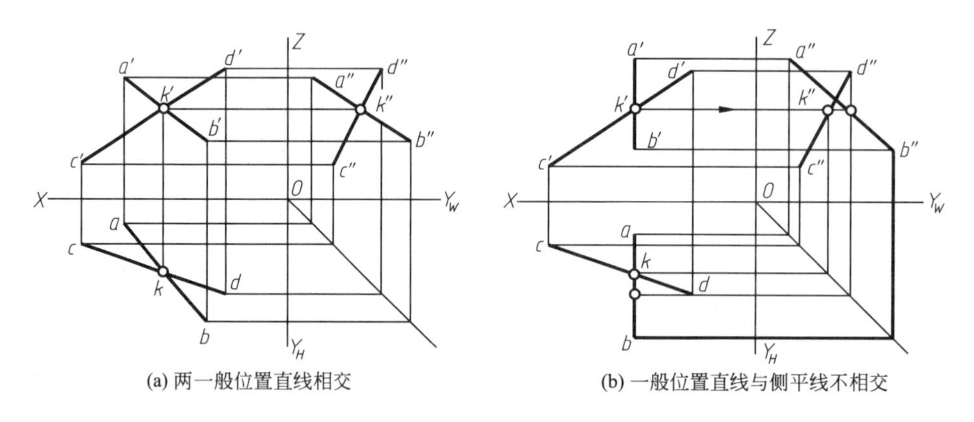

(a) 两一般位置直线相交　　(b) 一般位置直线与侧平线不相交

图 2.21　判断两直线是否相交

3. 两直线交叉

空间既不平行也不相交的两直线为交叉直线。图 2.22 为交叉直线的投影情况。必要时，交叉直线要进行重影点的可见性判断。

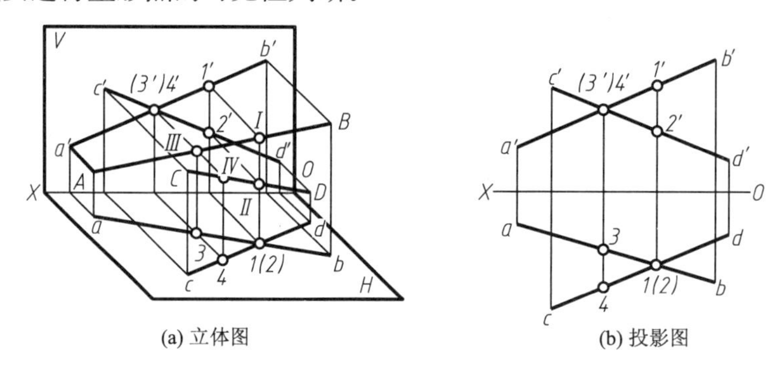

(a) 立体图　　(b) 投影图

图 2.22　两直线交叉

例 2-4　如图 2.23(a)所示，试作直线 KL 与已知直线 AB、CD 都相交，并平行于已知直线 EF。

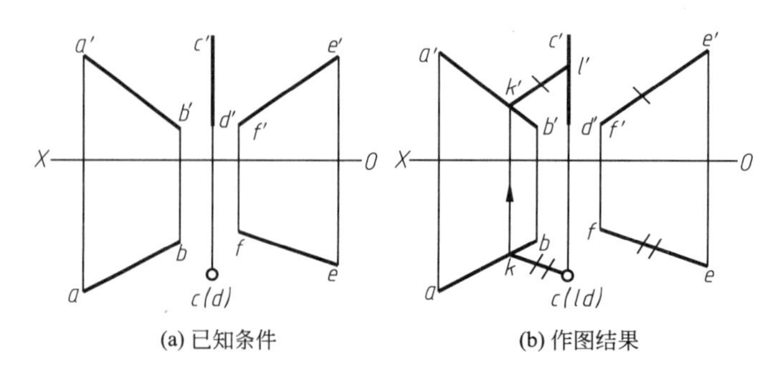

(a) 已知条件　　(b) 作图结果

图 2.23　作直线与已知直线平行且与另外两已知直线相交

解：由图 2.23(a)可知，直线 CD 是铅垂线。因所求直线 KL 与 CD 相交，其交点 L 的水平投影 l 应与 $c(d)$ 重合。又因 $KL /\!/ EF$，所以 $kl /\!/ ef$ 并与 ab 交于 k 点。再根据点线从属关系和平行直线的投影特性求 k'，作 $k'l' /\!/ e'f'$，即为所求。作图结果如图 2.26(b)所示。

4. 两直线垂直

两直线垂直的几何条件：当互相垂直的两直线中至少有一条平行于某个投影面时，它们在该投影面上的投影互相垂直。

图 2.24(a)中，AB 与 CD 垂直相交，其中直线 AB 为水平线，另一条直线 CD 为一般位置直线，可证明其 H 面投影 $ab \perp cd$。

因为 $AB \perp CD$、$AB \perp Bb$，所以 $AB \perp$ 平面 $BbcC$；由于 $AB /\!/ ab$，所以 $ab \perp$ 平面 $BbcC$，由此得 $ab \perp cd$。

反之，若已知 $ab \perp cd$，直线 AB 为水平线，则有 $AB \perp CD$ 的关系(请读者自己证明)。

上述直角投影法则，也适用于垂直交叉的两直线，图 2.24(a)中直线 $MN /\!/ AB$，但 MN 与 CD 不相交，为垂直交叉的两直线，在水平投影中仍保持 $mn \perp cd$。

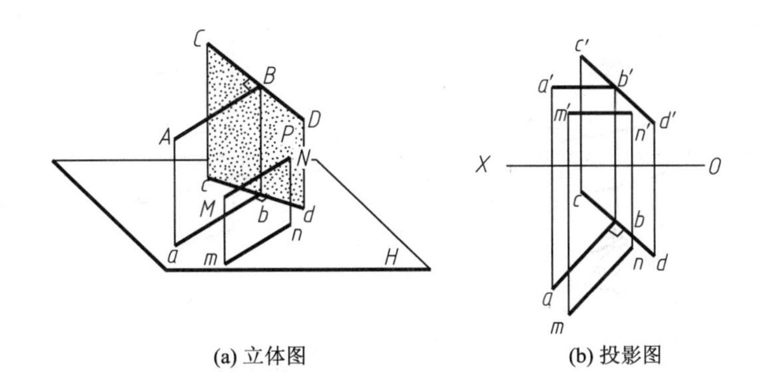

(a) 立体图　(b) 投影图

图 2.24　垂直两直线投影

当垂直两直线之一为某投影面垂直线时，则另一直线为该投影面的平行线。

例 2-5　如图 2.25(a)所示，已知矩形 $ABCD$ 的不完全投影，且 AB 为正平线。补全该矩形的两面投影。

解：由于矩形的邻边互相垂直相交，又已知 AB 为正平线，故可根据直角投影法则作 $d'a' \perp a'b'$，得出 d'。又由于矩形的对边平行且相等，由平行线性质作出 $d'c' /\!/ a'b'$，$a'd' /\!/ b'c'$ 得出 c'，同理，$ab /\!/ cd$，$ad /\!/ bc$ 得出 c，如图 2.25(b)所示。

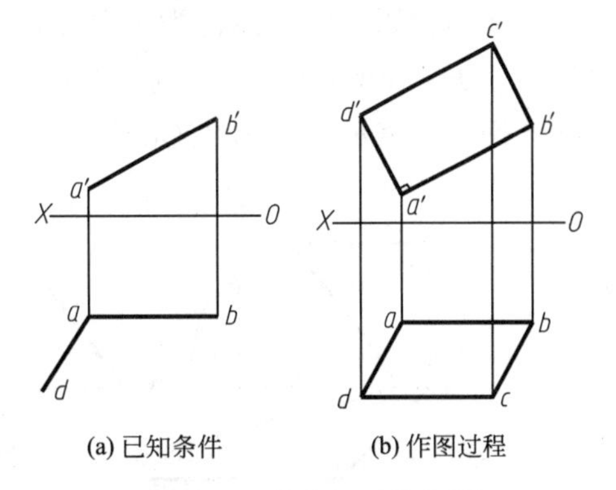

(a) 已知条件　(b) 作图过程

图 2.25　补全矩形的投影

2.5 平面的投影(Projection of Planes)

2.5.1 平面的投影表示法(Representations of Plane Projections)

1. 几何元素表示法

平面的空间位置可用下列五种形式确定：

(1) 不在一直线上的三点。

(2) 一直线和直线外的一点。

(3) 相交两直线。

(4) 平行两直线。

(5) 任意平面图形。

如图 2.26 所示为其投影图，这五种确定平面的形式是可以相互转化的。

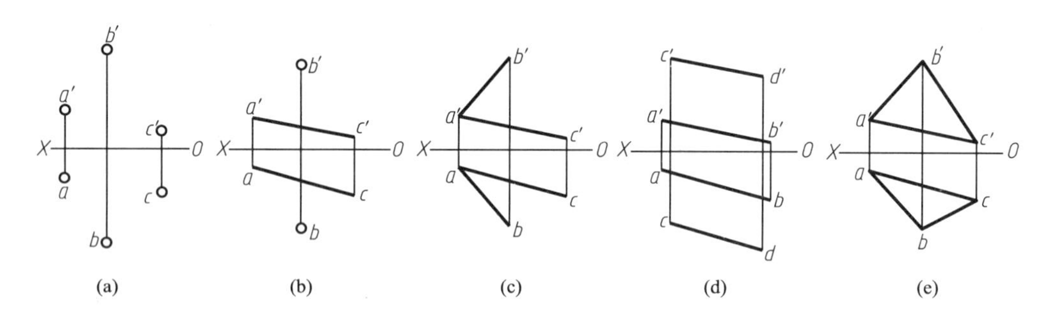

图 2.26 平面的几何元素表示法

2. 迹线表示法

平面与投影面的交线称为平面在该投影面上的迹线。平面 P 与 V 面的交线称为正面迹线，用 P_V 表示；与 H 面的交线称为水平迹线，用 P_H 表示；与 W 面的交线称为侧面迹线，用 P_W 表示。图 2.27(a)为一般位置平面的迹线表示法，图 2.27(b)为铅垂面的迹线表示法。

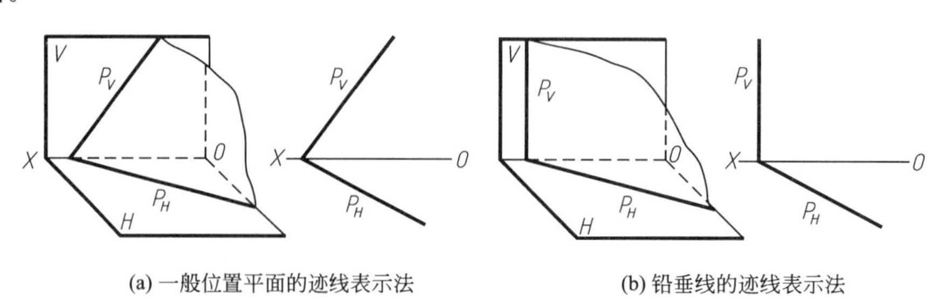

(a) 一般位置平面的迹线表示法　(b) 铅垂线的迹线表示法

图 2.27 平面的迹线表示法

2.5.2　各种位置的平面(Different Position Planes)

1. 一般位置平面

与三个投影面都倾斜的平面称为一般位置平面。图 2.28 为用△*ABC* 表示的一般位置平面。

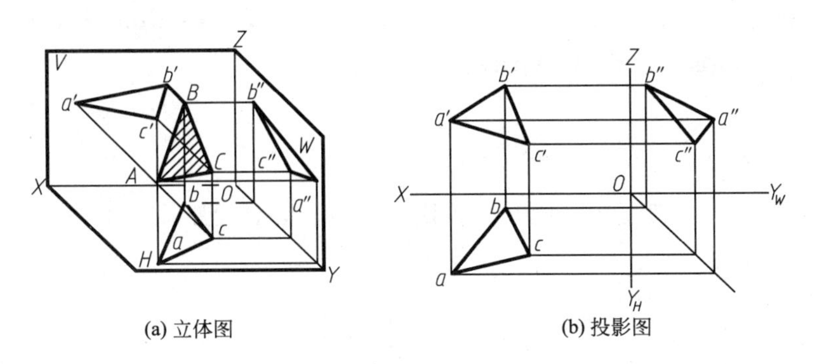

(a) 立体图　　(b) 投影图

图 2.28　一般位置平面

2. 投影面垂直面

垂直于一个投影面与另外两个投影面都倾斜的平面称为投影面垂直面。垂直于 *H* 面的平面称为铅垂面；垂直于 *V* 面的平面称为正垂面；垂直于 *W* 面的平面称为侧垂面。投影面垂直面的投影特性见表 2-5。

表 2-5　投影面垂直面的投影特性

名称	铅垂面	正垂面	侧垂面
直观图			
投影图			
投影特性	(1) 在平面所垂直的投影面上，投影积聚为一直线。该直线与相邻投影轴的夹角反映该平面对另两个投影面的倾角 (2) 在另外两个投影面上的投影均为类似形		

3. 投影面平行面

平行于一个投影面的平面称为投影面平行面。平行于 H 面的平面称为水平面；平行于 V 面的平面称为正平面；平行于 W 面的平面称为侧平面。投影面平行面的投影特性见表 2-6。

投影面垂直面和投影面平行面总称为特殊位置平面。

2.5.3 各种位置平面的投影特性(Different Position Planes and Their Projections Characteristics)

1. 一般位置平面

如图 2.28 所示，一般位置平面与各投影面都倾斜，其投影均为类似形。

2. 投影面垂直面

投影面垂直面的直观图、投影图、投影特性见表 2-5。

3. 投影面的平行面

投影面的平行面的直观图、投影图、投影特性见表 2-6。

表 2-6 投影面平行面的投影特性

名称	正平面	水平面	侧平面
直观图	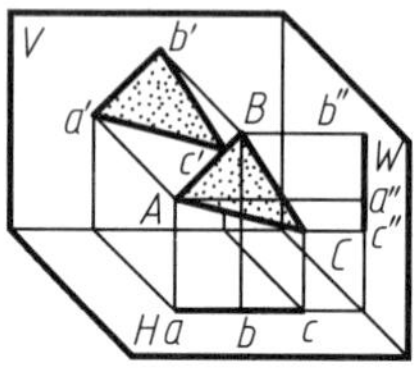 V b′ a′ B b″ W a″ A c′ c″ C H a b c	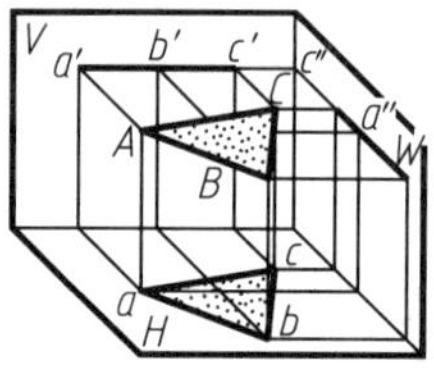 V a′ b′ c′ c″ a″ W b″ A B C a H b	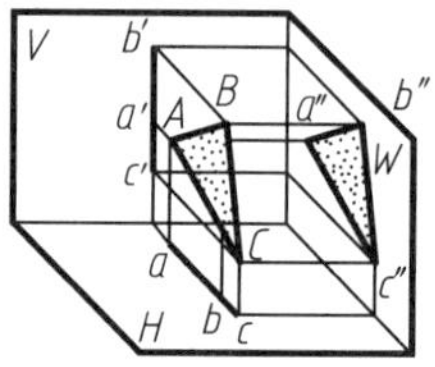 V b′ a′ A B a″ b″ W c′ C a c″ H b c
投影图	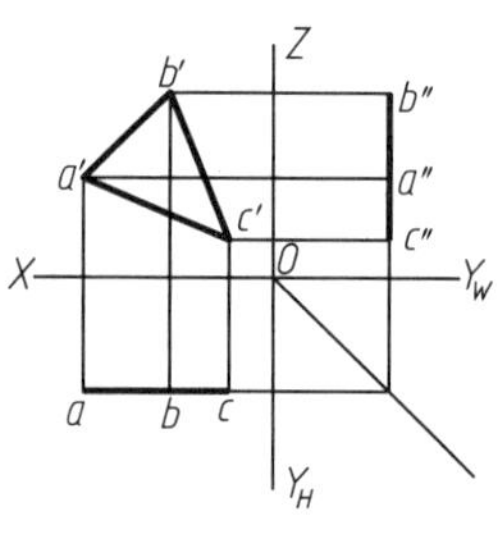 Z b′ b″ a′ a″ c′ c″ X O Y_W a b c Y_H	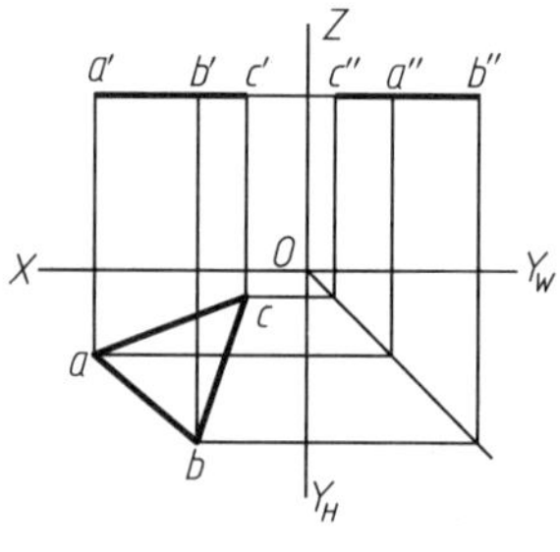 Z a′ b′ c′ c″ a″ b″ X O Y_W c a b Y_H	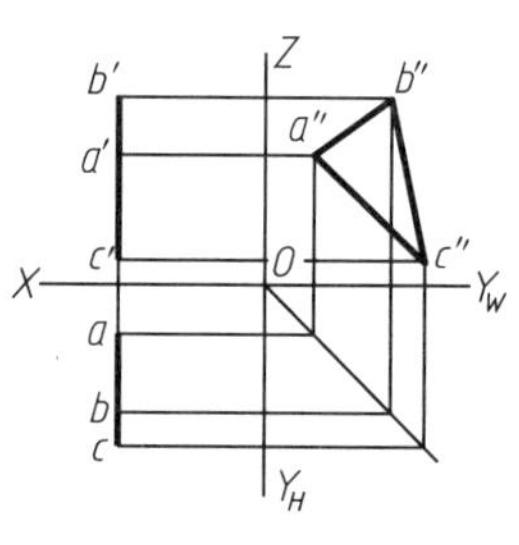 b′ Z b″ a″ a′ c′ O c″ X Y_W a b c Y_H
投影特性	(1) 在平面所平行的投影面上，其投影反映平面图形的实形 (2) 在另外两个投影面上的投影积聚为直线，且分别平行于该平面平行的投影面所包含的两个投影轴		

2.5.4　平面内的点和直线(Lines and Points on Planes)

1. 平面内作点的投影

过平面内一个点可以在平面内作无数条直线，取过该点且属于该平面的一条直线，则点的投影一定落在该直线的同面投影上。

在图 2.29(a)中已知△ABC 平面内点 K 的水平投影 k，作其正面投影 k'。可以过点 K 作辅助线，常取以下两类直线：

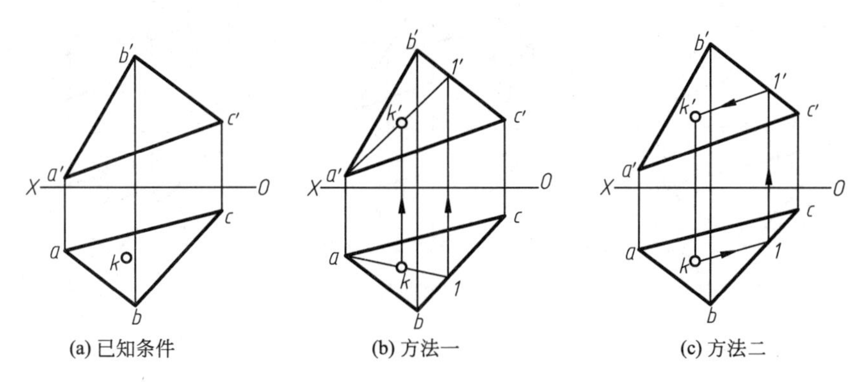

图 2.29　作平面内点的投影

(1) 过△ABC 的某顶点与点 K 作一直线如 AⅠ，k'在直线 AⅠ的正面投影上[图 2.29(b)]。

(2) 过点 K 作△ABC 某边的平行线如 KⅠ∥AC，k'在直线 KⅠ的正面投影上[图 2.29(c)]。

例 2-6　如图 2.30(a)所示，已知四边形 $ABCD$ 的水平投影及 AB、BC 两边的正面投影，试完成该四边形的正面投影。

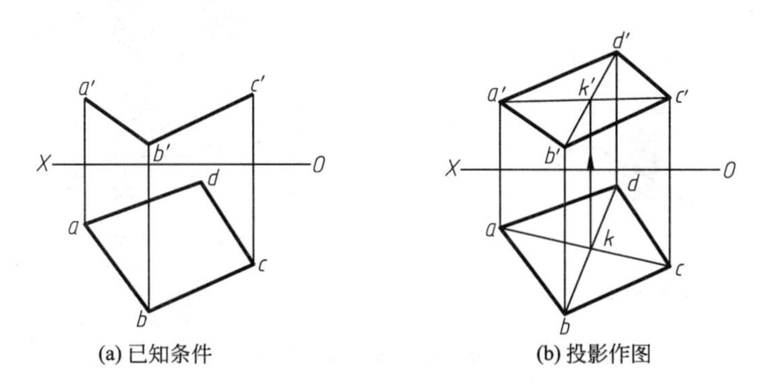

图 2.30　补全平面的投影

解：由于四边形 $ABCD$ 两相交边线 AB、BC 的投影已知，即平面 ABC 已知，所以本题实际上是求属于平面 ABC 上的点 D 的正面投影 d'。于是在图 2.30(b)中连 $abcd$ 的对角线得交点 k，过 k 作 kk'⊥OX 轴交 $a'c'$于 k'，延长 $b'k'$交过 d 向上所作的投影线于 d'，连接 $a'd'$、$c'd'$，即得所求平面四边形 $ABCD$ 的正面投影。

2. 平面内作直线的投影

由初等几何可知，确定一条属于已知平面的直线的几何条件是：该直线通过平面内的两个点，或该直线过已知平面上的一个点，且平行于该平面内的一条已知直线。在图 2.31(a)中，已知直线 EF 在$\triangle ABC$ 所确定的平面内，要根据 $e'f'$求其水平投影 ef。首先延长直线 EF 的正面投影$e'f'$，交$a'b'$于$1'$，交$a'c'$于$2'$，求出对应的水平投影 1、2 [图 2.31(b)]，连接 1、2，由$e'f'$作投影连线，在 12 上求得 ef，完成作图 [图 2.31(c)]。

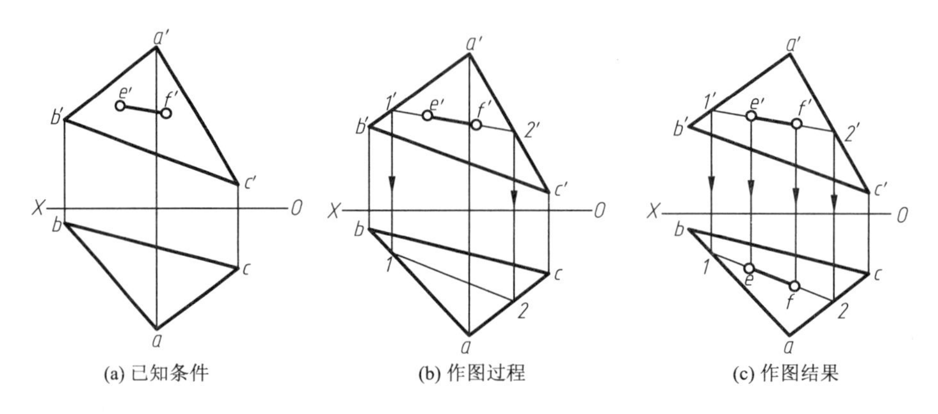

(a) 已知条件　　(b) 作图过程　　(c) 作图结果

图 2.31　平面内作直线的投影

对于特殊位置平面内的点和线，可利用其积聚性直接求出点、线的投影。

例 2-7　如图 2.32(a)所示，已知铅垂面内的点 A 和直线 BC 的正面投影，求其水平投影和侧面投影。

解： 利用铅垂面的积聚性，直接作出其水平投影。然后，根据点的投影规律，分别求出 a''和 $b''c''$ [图 2.32(b)]。

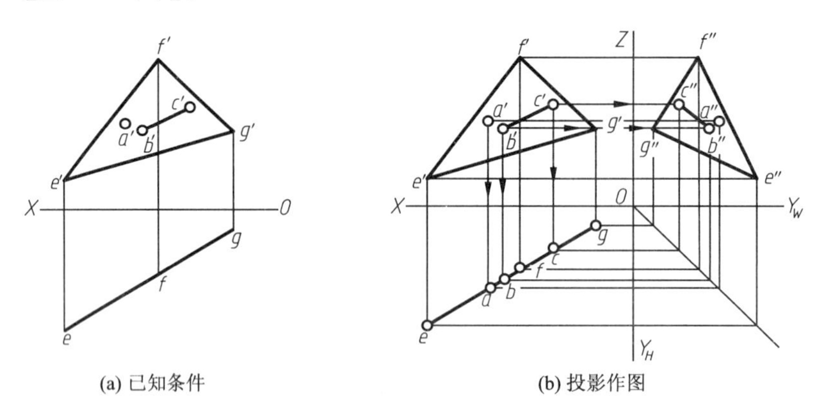

(a) 已知条件　　(b) 投影作图

图 2.32　求垂直面内的点、线

3. 平面内作投影面平行线

在一般位置平面内总可以作出相对每个投影面的一簇平行线。它们既有投影面平行线的投影特性，又有与平面的从属关系。如图 2.33 所示，欲在$\triangle ABC$ 平面内作两条水平线。可先过 a'作 $a'1'/\!/OX$，交 $b'c'$于 $1'$。由从属性求得 1，连接 $a1$，得水平线 AI的水平投影 $a1$。又作 $m'n'/\!/a'1'$，由从属性求得 m、n 点。连接 mn，得水平线 MN 的水平投影 mn。

用同样方法，可作出平面内正平线的投影 $a'1'$、$a1$(图 2.34)。

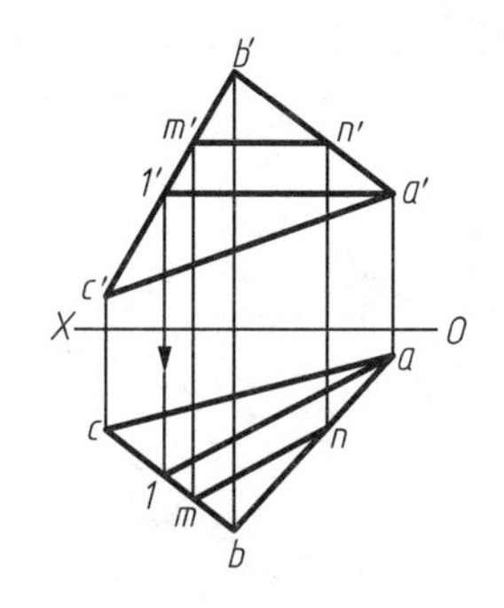

图 2.33 平面内作水平线

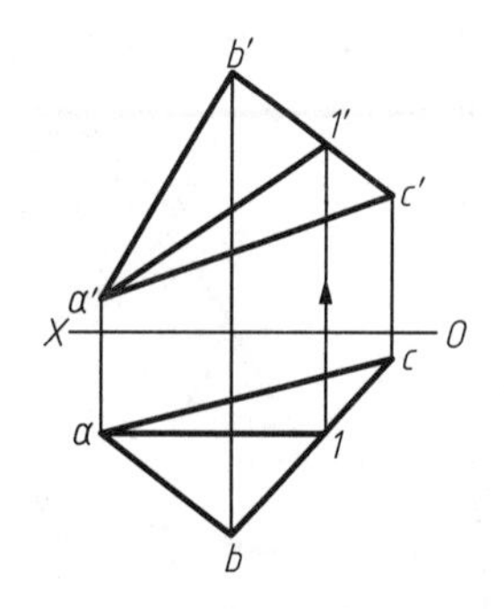

图 2.34 平面内作正平线

4. 平面内的最大斜度线

属于平面并垂直于该平面内的投影面平行线的直线，称为该平面对投影面的最大斜度线。属于平面且垂直于平面内水平线的直线，称为对 H 面的最大斜度线；属于平面且垂直于平面内正平线的直线，称为对 V 面的最大斜度线；属于平面且垂直于平面内侧平线的直线，称为对 W 面的最大斜度线。

最大斜度线的几何意义是：平面对某一投影面的倾角就是平面内对该投影面的最大斜度线的倾角。

例 2-8 如图 2.35 所示，已知△ABC 的两个投影，试求△ABC 平面对 H 面的倾角 α。

解：(1) 先在平面内任作一条水平线，如 CL($c'l'$，cl)。

(2) 在△ABC 内作一条该水平线的垂线，即对 H 面的一条最大斜度线，根据直角投影法则，作 $be \perp cl$，由 e 向上求出 e'，连 $b'e'$。

(3) 用直角三角形法，以 be 为一直角边，$b'e'$的高度差 ΔZ 为另一直角边构造直角三角形，得最大斜度线与 H 面的倾角 α，即为平面△ABC 与 H 面的倾角。

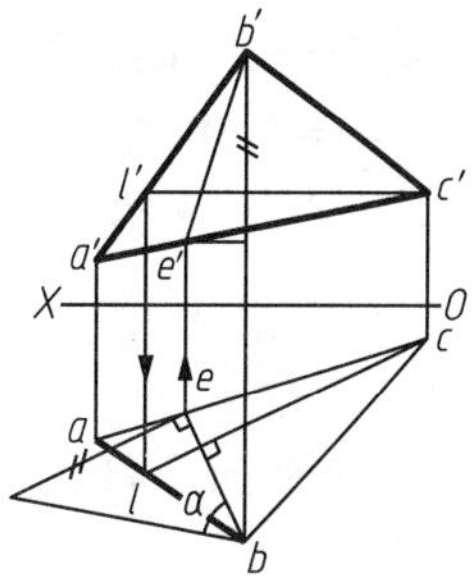

图 2.35 H 面的最大斜度线

2.6 直线与平面、平面与平面的相对位置 (Relationships of Lines to Planes, Planes to Planes)

直线与平面、平面与平面的相对位置有平行、相交两种情况，其中垂直是相交的特殊情况。

2.6.1 直线与平面、平面与平面平行(Parallelism of Lines to Planes, Planes to Planes)

1. 直线与平面平行

直线与平面平行的几何条件：若直线平行于平面内的一条直线，则该直线与平面平行。通常在已知平面内找到与平面外直线平行的直线，用于作图和判断。

例 2-9 已知平面△ABC 和平面外一点 M，如图 2.36(a)所示，试过点 M 作一正平线，平行于△ABC。

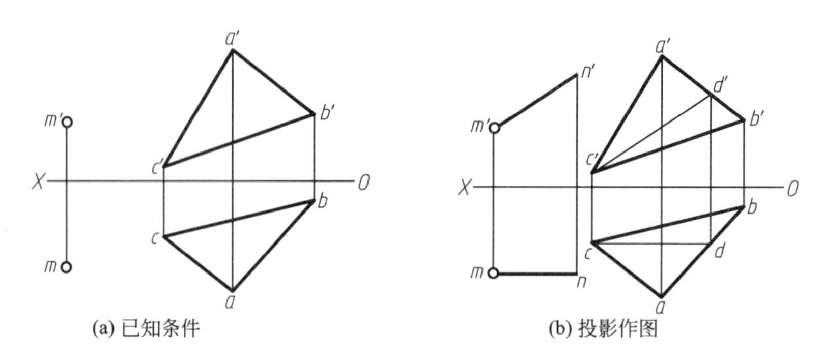

图 2.36 作正平线与已知平面平行

解： 平面△ABC 内有一簇互相平行的正平线。任意作出一条后，再过 M 作此正平线的平行线即为所求。

(1) 在△ABC 内作一正平线，如 CD($c'd'$，cd)。

(2) 过 M 作 $MN /\!/ CD$，即过 m'作 $m'n' /\!/ c'd'$，过 m 作 $mn /\!/ cd$，N 为任取，则直线 MN 即为所求［图 2.36(b)］。

例 2-10 如图 2.37 所示，试判断直线 MN 与△ABC 是否平行。

解： 要判断直线 MN 与△ABC 平面是否平行，实际上是要看在△ABC 内能否作出一条与直线 MN 平行的直线。因此在图 2.37 中，先在△ABC 内取一直线 CD，令其正面投影 $c'd' /\!/ m'n'$，再求出 CD 的水平投影 cd，在本例中由于 cd 不平行于 mn，即在△ABC 内找不到与 MN 平行的直线，所以直线 MN 与△ABC 不平行。

2. 两平面平行

两平面平行的几何条件是：若一平面内的两相交直线对应地平行于另一平面内的两相交直线，则这两平面互相平行。

例 2-11 如图 2.38 所示，试过点 D 作一平面平行于△ABC 平面。

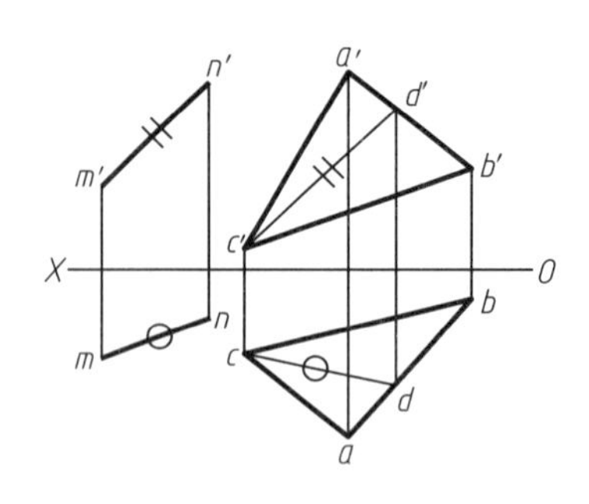

图 2.37 判断直线与平面是否平行

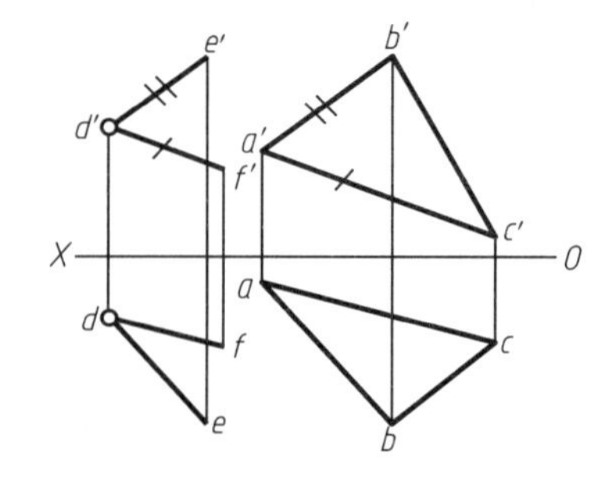

图 2.38 作平面与已知平面平行

解： 根据两平面平行的几何条件，只要过点 D 作两相交直线对应平行于△ABC 内任意两相交直线即可。

在图中作 $d'e' /\!/ a'b'$、$d'f' /\!/ a'c'$、$de /\!/ ab$、$df /\!/ ac$，则 DE 和 DF 所确定的平面即为

所求。

判断两一般位置平面是否平行，实际上就是看在一平面内能否作出两条与另一平面分别平行的直线，若这样的直线存在则两平面平行，否则就不平行。

判断特殊位置平面是否平行，可直接看两平面的积聚的同面投影是否平行即可。

例 2-12 如图 2.39 所示，判断两平面 $ABCD$ 和 EFG 是否平行。

解：在图 2.39 中，在四边形 $ABCD$ 的正面投影上作 $a'1' /\!/ e'f'$，作出其水平投影 $a1$，观看水平投影 $a1$ 不平行于 ef，又 $a'b' /\!/ f'g'$，而 ab 不平行于 fg，说明在四边形 $ABCD$ 内不存在与△EFG 平面平行的相交的两条直线，所以两平面不平行。

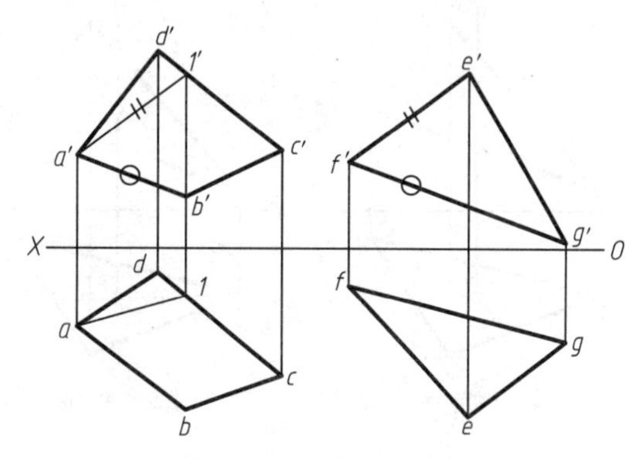

图 2.39 判断两平面是否平行

2.6.2 直线与平面、平面与平面相交(Intersection of Lines and Planes, Planes and Planes)

直线与平面、平面与平面若不平行，则必相交。

直线与平面相交的交点是直线与平面的共有点，它既在直线上又在平面上。两平面相交的交线是两平面的共有线，它既属于第一个平面又属于第二个平面。

画法几何规定平面图形是不透明的。当直线与平面相交时，直线的某一段可能会被平面部分遮挡，于是在投影图中以交点为界将直线分为可见部分和不可见部分。同理，两平面图形相交时在投影重叠部分可能会互相遮挡，于是在同一投影面上，交线是平面图形可见性的分界线，即一侧可见，另一侧不可见。

1. 相交两元素有积聚投影的情况

当参与相交的直线或平面至少有一个投影具有积聚性时，可利用积聚投影直接确定交点或交线的一个投影；另一个投影，可利用从属性求出。

可见性的判断原则：在投影有积聚性的投影面上，可见性无需判别，另一投影面上投影的可见性可通过观察相交线面或相交平面的积聚投影的相对位置来确定。

1) 投影面垂直线与一般位置平面相交

图 2.40(a)中直线 AB 为铅垂线，△CDE 为一般位置平面。由于直线水平投影积聚为一点，则交点 K 的水平投影也重合在这里，另一投影 k' 利用点与面的从属关系，通过作辅助线作出，如图 2.40(b)所示。

可见性的判断：直线上位于平面图形边界以内的部分，以交点 K 为界将直线分为可见与不可见两段，如图 2.40(b)所示，由于直线 AB 具有积聚性，在水平投影中不用判断 ab 的可见性。至于正面投影的可见性，由于 CD 与 AB 为交叉直线，从水平投影可看出，重影点Ⅰ在Ⅱ之前，所以正面投影中 cd 边上的 $1'$ 为可见，在 $a'b'$ 边上的 $(2')$ 为不可见，故 $(2')k'$ 段不可见，$b'k'$ 段可见。

2) 一般位置直线与特殊位置平面相交

在图 2.41 中△CDE 是铅垂面，其水平投影积聚为直线 ce。根据交点的共有性，投影

ab 与 ce 的交点就是直线与平面的交点 K 的水平投影，对应在 $a'b'$ 上的点 k'，即得所求交点的正面投影。

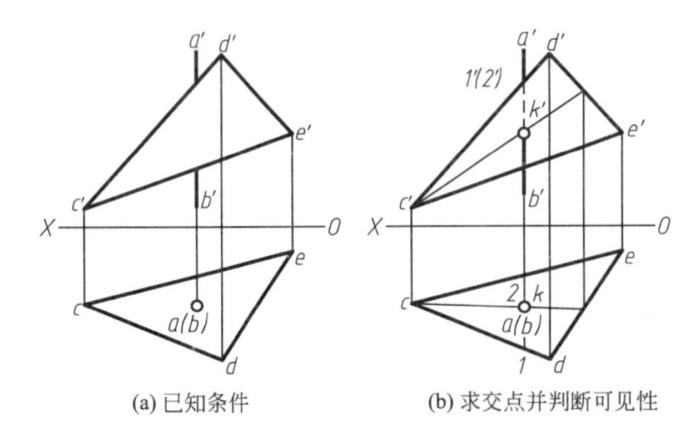

(a) 已知条件　　(b) 求交点并判断可见性

图 2.40　铅垂线与一般位置平面相交

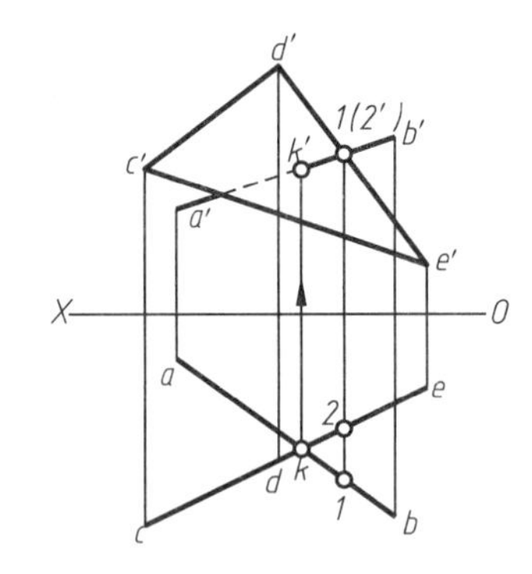

图 2.41　一般位置直线与铅垂面相交

可见性判断：直线在平面图形积聚的投影面上不用判断可见性。只在平面投影为非积聚的图形的投影面上投影才需要判断可见性。如图 2.41 所示，在水平投影中由于△CDE 平面投影具有积聚性，不用判断可见性。至于正面投影直线的可见性，由于直线的水平投影是 bk 段在铅垂面可见面一侧，故正面投影 $b'k'$ 可见，画成粗实线。另一部分则不可见，画成虚线。也可以利用重影点投影，从水平投影可看出，重影点的水平投影 1 在 2 之前，正面投影中在 $a'b'$ 上的 $1'$ 为可见，故 $1'k'$ 段可见。

3）两特殊位置平面相交

图 2.42 所示为两正垂面相交，其正面投影积聚为两条直线。交线是两平面的共有线，投影的公共点即是交线 MN 的正面投影 $m'(n')$。此时，交线 MN 为正垂线，交线的水平投影应在两平面图形的公共区域的边线 de 和 ac 之间。

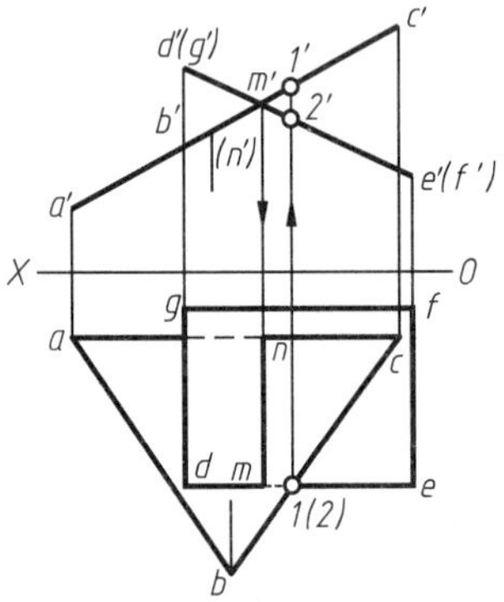

图 2.42　两正垂面相交

可见性判断：在相交两平面的投影公共区域，以交线 MN 为界，将平面图形分为可见与不可见部分。如图 2.42 所示，由于正面投影积聚，故正面投影可见性不需判断。至于水平投影的可见性，由交线的端点所在的边与另一平面的位置关系来完成。

从正面投影看，边 MD 在正垂面△ABC 之上，边 NC 在矩形 $DEFG$ 面之上，故水平投影 md、nc 段是可见的，画成粗实线。根据同一平面的各边在公共区域以交线分界，同一侧可见性相同的原则，得出 cn 和 cb 在公共区域内均为可见，画成粗实线。同理，dg 是可见的。

4）特殊位置平面与一般位置平面相交

图 2.43 所示为特殊位置平面与一般位置平面相交，图中矩形平面 $ABCD$ 是铅垂面，其水平投影积聚为一条直线。根据交线的共有性，矩形 $ABCD$ 与△EFG 的公共线段 mn 即是交线 MN 的水平投影，交线的两端点 M 和 N 分别在△EFG 的 EG、FG 边上，对应求出正面投影 m' 和 n'，连线即得交线的正面投影。

可见性判断：由于相交两平面之一的水平投影积聚，故水平投影的可见性不需判断。

至于另一投影，由于 em、fn 在铅垂的矩形平面之前，故正面投影 $e'm'$、$f'n'$ 可见。△EFG 在交线的另一侧的部分不可见，画成虚线。

2. 相交两元素中无积聚投影的情况

当参与相交的直线与平面、平面与平面均无积聚投影时，交点或交线的投影不能直接确定，通常要用辅助平面法求作交点、交线。

1）一般位置直线与一般位置平面相交

图 2.44 所示是一般位置直线与一般位置平面相交，利用辅助平面求交点的方法：过直线 MN 作一辅助平面，例如铅垂面 P，则 P 与△ABC 平面相交，交线为ⅠⅡ，此交线与同属于辅助平面 P 的已知直线 MN 相交于点 K，点 K 就是所求的直线与平面的交点。

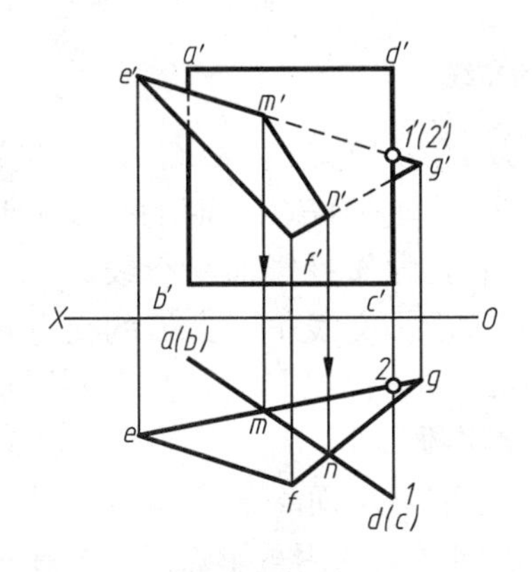

图 2.43　铅垂面与一般位置平面相交

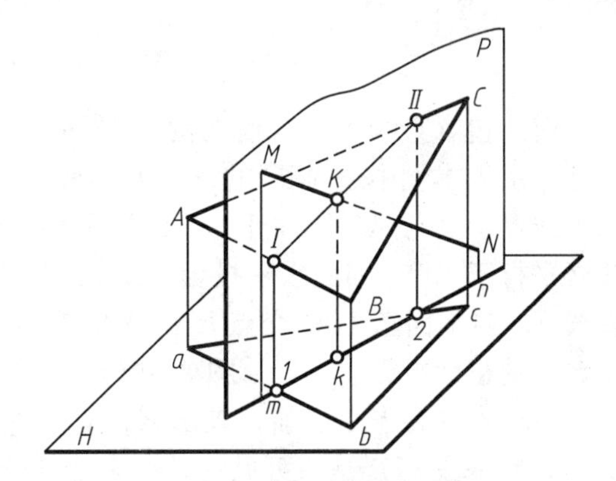

图 2.44　辅助平面法的形成

图 2.45 所示为求直线 DE 与△ABC 平面交点 K 的作图过程。首先过已知直线 DE 作辅助的正垂面 P(也可以作辅助的铅垂面)，然后求辅助平面 P 与△ABC 平面的交线ⅠⅡ（12、$1'2'$），ⅠⅡ与已知直线 DE 的交点 K(k，k')即是所求的交点［图 2.45(b)］。最后利用重影点Ⅰ、Ⅲ［图 2.45(c)］的水平投影 1、3 判断出正面投影上直线各段的可见性。

用同样方法判断水平投影中直线各段的可见性，完成作图。

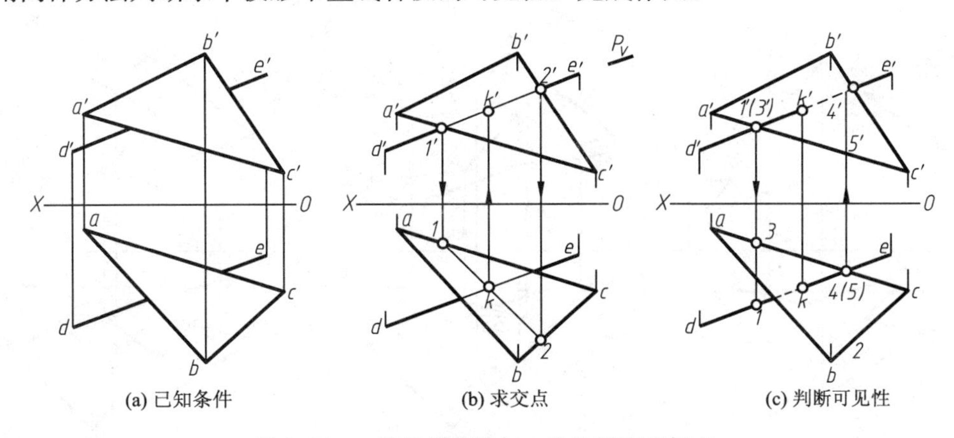

图 2.45　一般位置直线与一般位置平面相交

例 2－13　求直线与平面相交，并判断可见性(图 2.46)。

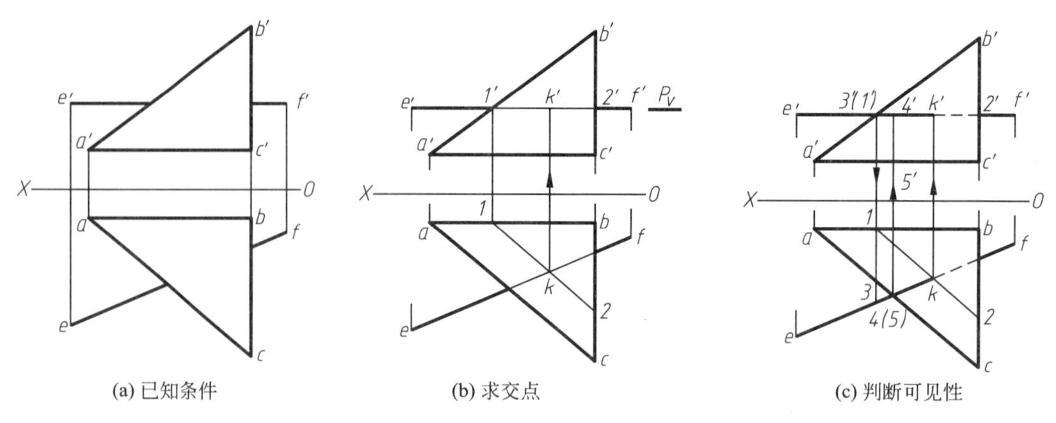

(a) 已知条件　(b) 求交点　(c) 判断可见性

图 2.46　求直线与平面的交线

解：包含直线 EF 作辅助的水平面 P（正面迹线为 P_v），它与△ABC 平面的交线为ⅠⅡ，由于本例中△ABC 的 AC 边为水平线，辅助平面 P 与△ABC 平面的交线ⅠⅡ也为水平线，ⅠⅡ与 AC 同属于△ABC 平面，根据前述“平面内作投影面平行线”可知，ⅠⅡ必平行于 AC，因此水平投影 $12/\!/ac$，如图 2.46(b)所示，交线 12 与 ef 的交点 k 即是直线 EF 与平面△ABC 交点 K 的水平投影，由 k 作出 K 的正面投影 k'。然后利用重影点Ⅰ、Ⅲ的正面投影 $1'$、$3'$［图 2.46(c)］，作出相应的水平投影 1、3。

由于点 3 在点 1 之前，表示 KE 段在平面△ABC 之前，从而 $k'e'$ 段是可见的，画成实线。另一段 $k'f'$ 是不可见的，在重叠部分画成虚线。同样，利用重影点Ⅳ、Ⅴ在水平投影面上的投影 4、5 判断直线 EF 的水平投影可见性，作出 $4'$、$5'$，由此可知，$4'$ 在 $k'e'$ 上，KE 段在平面△ABC 上，所以 ke 段可见，画成粗实线。

2）两一般位置平面相交

两平面的交线是一条直线，因此求出交线上的两点，连线即得所求交线。作图时，可在一平面内取两条直线使之与另一平面相交，求交点；也可以在两平面内各取一条直线，求其与另一平面的交点。这样便把求两平面交线的问题，转化为求直线与平面交点的问题。

图 2.47 所示为求△ABC 平面与△DEF 平面的交线 MN 的作图过程。先包含△DEF 的

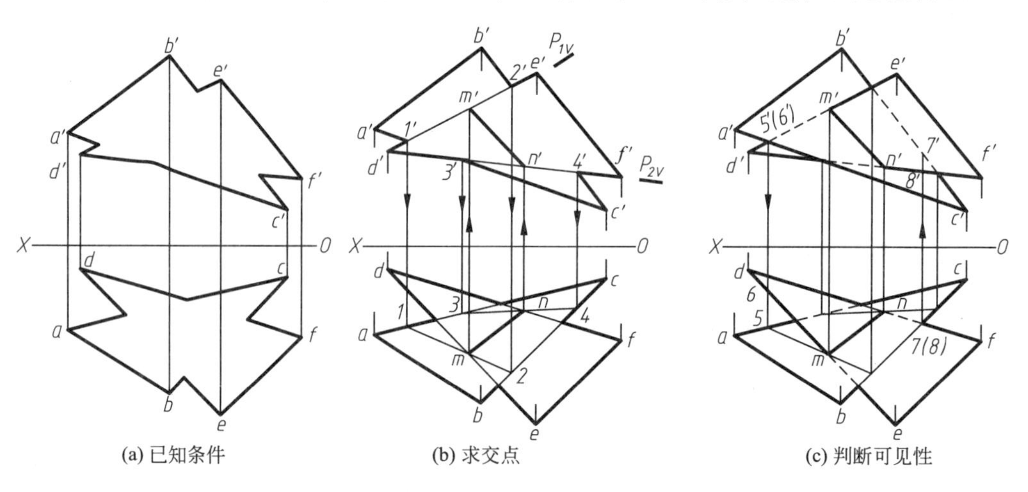

(a) 已知条件　(b) 求交点　(c) 判断可见性

图 2.47　两一般位置平面相交

两边 DE、DF 分别作辅助正垂面 P_{1V} 和 P_{2V}，求 DE、DF 与△ABC 平面的两个交点 $M(m, m')$、$N(n, n')$，连接 $MN(mn, m'n')$ 即得所求交线［图 2.47(b)］；再利用一对重影点Ⅴ、Ⅵ的投影 $5'$、$(6')$，5、6 和一对重影点Ⅶ、Ⅷ的投影 7、(8)，$7'$、$8'$，分别判断△ABC 与△DEF 在正立投影面和水平投影面中平面投影重叠部分的可见性［图 2.47(c)］。

通常在求两一般位置平面相交问题时，首先用排除法去掉两平面投影在公共区域之外的边。然后求一个平面上的边与另一平面相交的交点。在求直线与平面的交点时，所选择的两条直线是位于同一平面上还是分别在两个平面上，对最后结果没有影响。判断各投影的可见性时，需分别进行，各投影中皆以交线投影为可见与不可见的分界线；在交线的端点所在的任何一边只需选一对重影点(投影重合的点)，判断它们的可见性即可。在每个投影面上，同一平面图形在交线同一侧可见性相同，即一侧可见另一侧不可见。另外，由于作图线较多，为避免差错，对作图过程中的各点最好加以标记。

求相交两平面的共有点时，除利用求直线与平面的交点外，还可利用三面共点的原理来作出属于两平面的共有点。如图 2.48(a)所示，作辅助平面 P，此平面与两已知平面交出直线 AB 和 CD，它们的交点 M 就是已知两平面的共有点。同法可作出另一共有点 N。直线 MN 就是两已知平面的交线。为作图简便起见，通常以水平面或正平面作为辅助平面。图 2.48(b)所示是在投影图中作交线的情形，作图步骤用箭头表示出来，此图无需判断可见性。

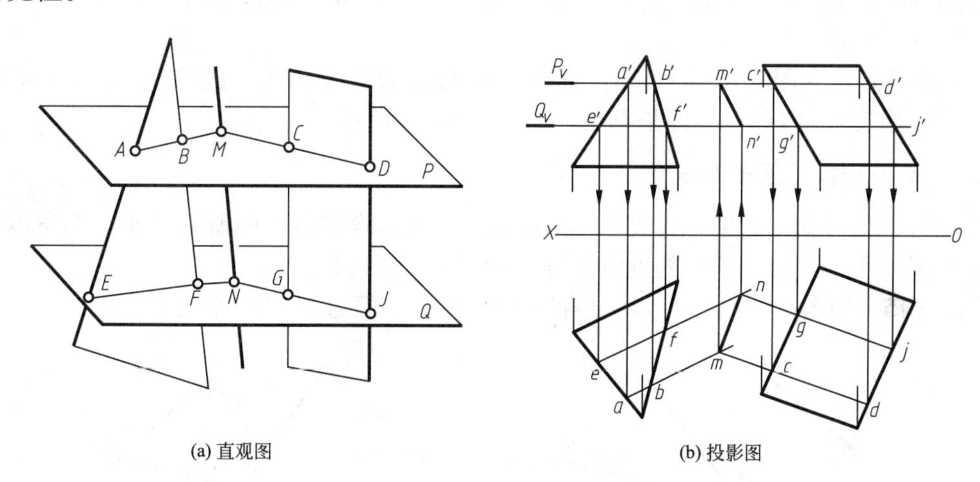

(a) 直观图　　(b) 投影图

图 2.48　利用平行面求两平面的交线

2.6.3　直线与平面、平面与平面垂直(Perpendicularity of Lines to Planes, Planes to Planes)

1. 直线与一般位置平面垂直

由初等几何可知，如果一直线垂直于平面内的任意两相交直线，则直线与平面互相垂直。反过来一直线垂直于一平面，则直线垂直于平面内的所有直线。

为了作图方便，在作直线垂直于平面时，通常使用平面内的正平线和水平线。根据直角投影法则，与平面垂直的直线，其水平投影与平面内水平线的水平投影垂直；其正面投影与平面内正平线的正面投影垂直。

例 2-14 如图 2.49(a)所示，过点 M 作直线 MN 垂直于△ABC 平面，并求其垂足。

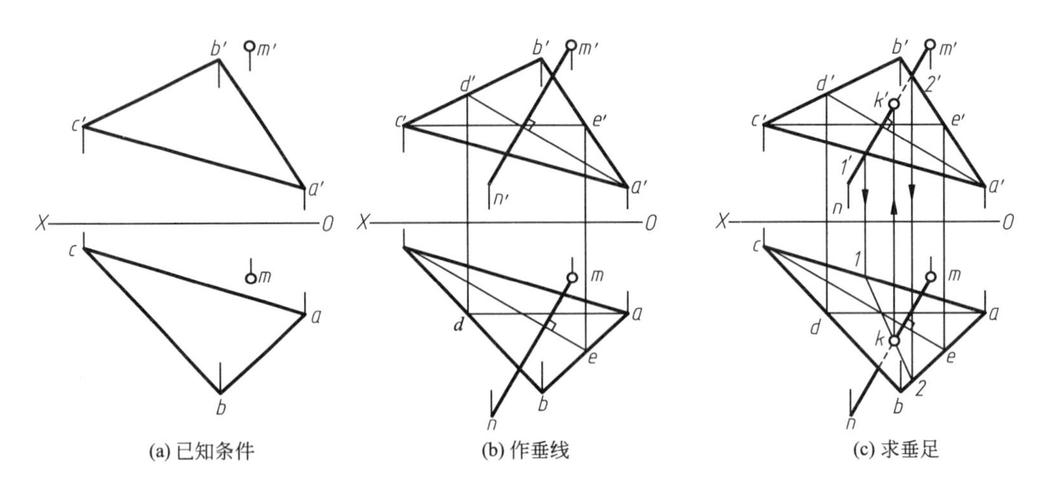

图 2.49 过点 M 作平面垂线

解：(1) 在平面△ABC 内作一水平线 CE(ce，$c'e'$)和正平线 AD(ad，$a'd'$)并过 m、m'分别作 $mn\perp ce$，$m'n'\perp a'd'$，点 N 任意取。则直线 MN(mn，$m'n'$)为所求垂线，如图 2.49(b) 所示。

(2) 求垂足，由图 2.49(b)可知，直线 MN 与△ABC 平面为一般位置直线与一般位置平面相交，求交点 K(k，k')即是垂足，如图 2.49(c)所示。

2. 平面与一般位置平面垂直

由初等几何可知，如果一直线与一平面垂直，则包含该直线的所有平面，都与该平面垂直。如果一平面与另一平面的垂线平行，则两平面也垂直。

例 2-15 如图 2.50(a)所示，过直线 MN 作一平面与△ABC 平面垂直。

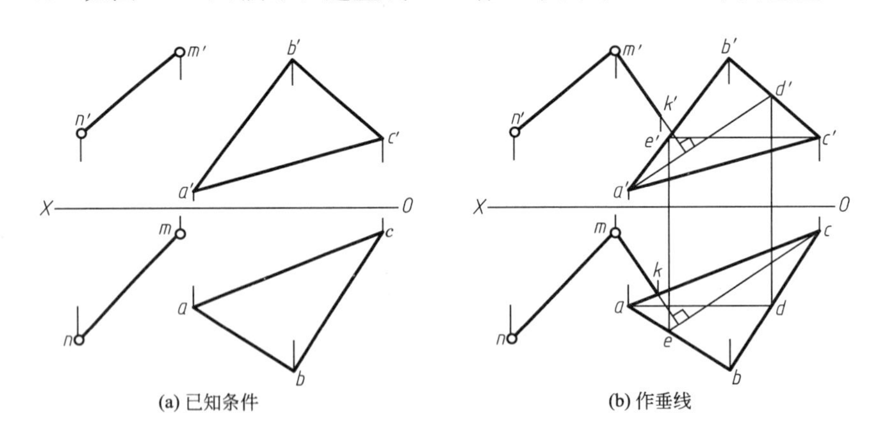

图 2.50 作一平面与已知平面垂直

解：过直线 MN 上任意一点，作一直线与△ABC 平面垂直，则这两相交直线所决定的平面必与△ABC 平面垂直。

(1) 在平面△ABC 内，分别作一水平线 CE(ce，$c'e'$)和正平线 AD(ad，$a'd'$)。

(2) 过点 $M(m, m')$，分别作 $mk \perp ce$，$m'k' \perp a'd'$，则 $MN(mn, m'n')$ 和 $MK(mk, m'k')$ 两相交直线所决定的平面与△ABC 平面垂直，如图 2.50(b)所示。

3. 直线与特殊位置平面垂直

若直线与特殊位置平面垂直，则平面的积聚投影与直线的同面投影垂直，且直线为该投影面的平行线。

在图 2.51(a)中，判断直线 EF 是否与铅垂面△ABC 垂直。由于平面为铅垂面，所以直线与铅垂面垂直要同时满足直线为水平线，且平面水平投影与直线的水平投影垂直。这里由于 EF 不是水平线，所以直线与平面不垂直。

在图 2.51(b)中，拟过点 M 作直线与铅垂面△ABC 垂直。由于平面为铅垂面，所以，实质就是过 M 作水平线，具体步骤是：

(1) 过 M 的水平投影 m 作直线 mk 与铅垂面的积聚投影(水平投影)垂直；

(2) 过 M 的正面投影 m' 作 $m'k'$ 与 X 轴平行。

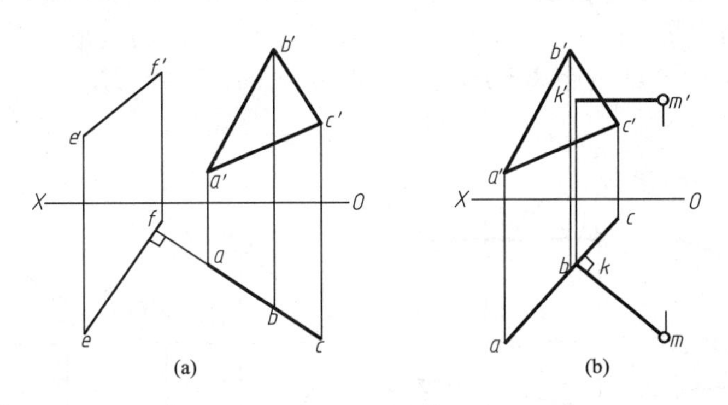

图 2.51 直线与特殊位置平面垂直

4. 平面与特殊位置平面垂直

若一般位置平面与特殊位置平面垂直，则一般位置平面内必有直线与特殊位置平面垂直。即该直线同时满足直线投影与平面积聚的同面投影垂直，且直线为该投影面的平行线。如图 2.52(a)所示，一般位置平面△ABC 与铅垂面 P 垂直，则平面△ABC 内必有水平线 AE 垂直于铅垂面，即 ae 垂直于平面 P 的水平投影 p。

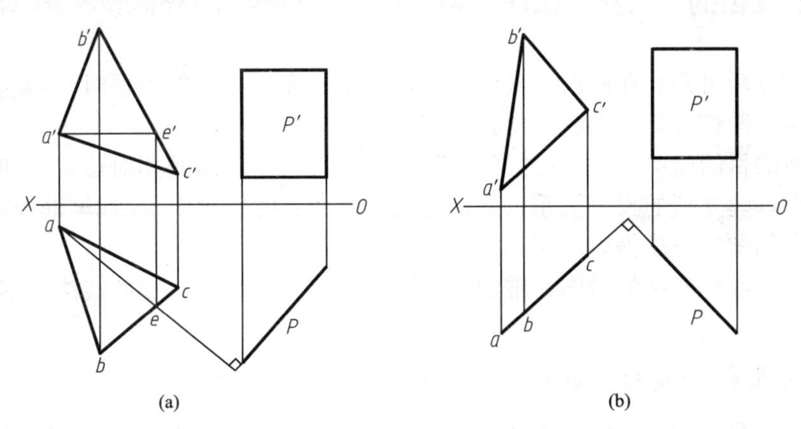

图 2.52 平面与特殊位置平面垂直

若两投影面垂直面互相垂直，且同时垂直于同一投影面，则在积聚的投影面上两平面的投影垂直。如图 2.52(b)所示，两铅垂面垂直，则 H 面上两平面的投影垂直。

2.7 投影变换(Projection Transformation)

从前面章节可知，当直线或平面平行于某投影面时，它在该投影面上的投影必定反映它的某种度量特性(如实长、实形、夹角等)，如果处于一般位置时则不能。同时还知道，在求作直线与平面的交点以及两个平面的交线时，如果所给的直线或平面垂直于投影面，则可以利用其投影的积聚性来解题，而无需其他的辅助作图。可见，对于解决几何元素的定位和度量问题来说，特殊位置是有利的。

如图 2.53 所示的直线与平面，由于它们处于特殊位置，故根据其特殊位置的投影特性，可以直接从其投影图中读出实长、实形、距离或夹角。不难看出，图 2.53(a)中 $a'b'$ 反映了线段 AB 的实长，图 2.53(b)中$\triangle abc$ 反映了$\triangle ABC$ 的实形，图 2.53(c)中 $k'l'$ 反映了交叉两直线AB、CD 的距离KL，图 2.53(d)中的正面投影反映了平面$\triangle ABC$ 与平面$\triangle BCD$ 的夹角θ。

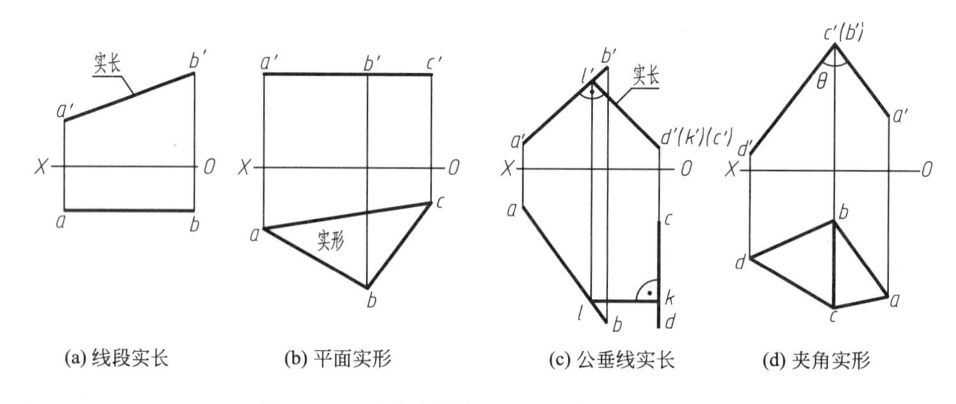

(a) 线段实长　(b) 平面实形　(c) 公垂线实长　(d) 夹角实形

图 2.53　反映直线与平面度量特性的投影

2.7.1 投影变换的目的和方法(Purpose and Methods of Projection Transformation)

从以上的分析可知，在解决一般位置几何元素的度量或定位问题时，如能把它们由一般位置变换为特殊位置，问题就容易得到解决。

投影变换的目的就在于改变已知的空间几何元素与投影面的相对位置，即在原有投影体系的基础上，建立新的投影关系，并借此获得改变后的新投影(或称辅助投影)，以使定位问题或度量问题的解决得以简化。

为达到上述投影变换的目的，常用的投影变换方法有换面法和旋转法，本节仅介绍换面法。

1. 变换投影面法(简称换面法)

令空间几何元素的位置保持不动，用一个新的投影面来代替一个原有的投影面，使空间几何元素对新投影面处于有利于解题的位置，然后找出它在新投影面上的投影，以达到解题方便的目的，这种方法称为换面法。如图 2.54(a)所示为一铅垂的三角形平面，它在原 V/H 体系中的两面投影都不反映实形。现作一个既平行于三角形平面，又与 H 面垂直的新投影面 V_1，组成新的投影体系 V_1/H，再将三角形平面向 V_1 面进行投射，这时三角形平面在 V_1 面上的投影就会反映该平面的实形。

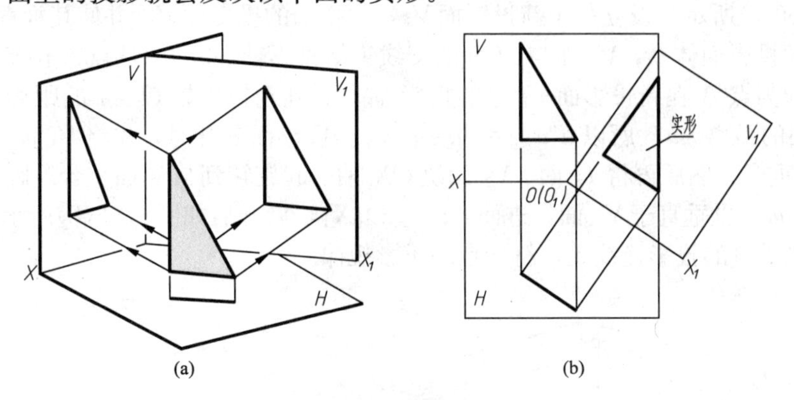

图 2.54 投影换面法

换面法中新投影面选择的基本条件：如图 2.54 所示，为了使空间几何元素在新投影面上的投影能够有利于解题，新投影面的选择必须符合以下两个基本条件。

(1) 新投影面必须与空间几何元素处在有利于解题的位置。出于解题的需要，通常是使它们相互平行或相互垂直。

(2) 新投影面必须垂直于原投影体系中的某一个投影面，构成一个新的两投影面体系(简称新投影体系)，以便能利用前面各章所介绍的正投影原理作出新的投影图来。

2. *旋转法*

令投影面保持不动，将空间几何元素以某一直线为轴旋转到对投影面处于有利于解题的位置，然后作出它旋转后的新投影，以达到解题方便的目的。这种方法称为旋转法(revolution method)。如图 2.55(a)所示的是应用旋转法将一个铅垂面变换为正平面的过程。即令△ABC 绕一铅垂轴旋转一个角度，直到平行于 V 面。使△ABC 的正面投影反映出它的真实形状。如图 2.55(b)所示是其投影作图过程。

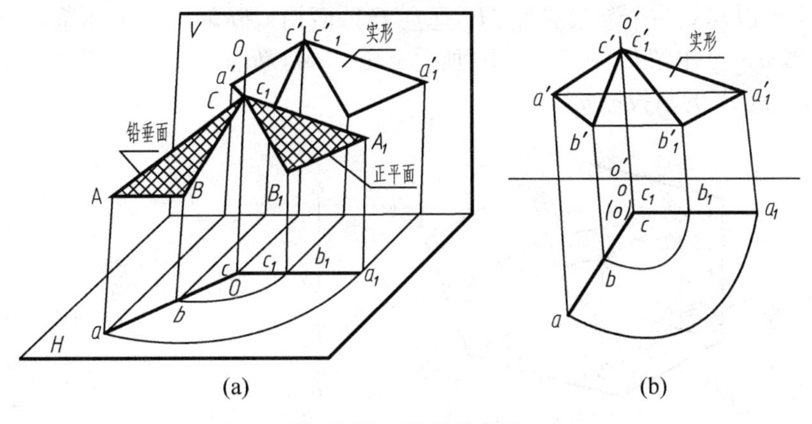

图 2.55 投影旋转法

2.7.2 一次换面法(One Substitution Method)

1. 点的一次换面

如图 2.56(a)所示，设立一个新投影面 V_1，代替旧的投影面 V，并使其垂直于 H 面，构成一个新的两投影面体系，V_1 面与 H 面的交线为新投影轴 O_1X_1。从点 A 向新投影面 V_1 作垂线，垂足即为点 A 在新投影面 V_1 上的投影 a_1'，a_1'到新投影轴 O_1X_1 的距离 $a_1'a_{X_1}$，反映点 A 到 H 面的距离 Aa，所以 $a_1'a_{X_1}=Aa=a'a_X$。投影面展开时，先将 V_1 面绕 O_1X_1 轴旋转到与 H 面重合，然后再将 H 面、V_1 面绕 OX 轴一起旋转到与 V 面重合。因为Aa_1'垂直于 V_1 面，所以 aa_{X_1}也垂直于 V_1 面，进而 $aa_{X_1}\perp O_1X_1$，展开后如图 2.56(b)所示，a、a_1'在一条与 O_1X_1 轴垂直的投影连线上，符合点的投影规律。

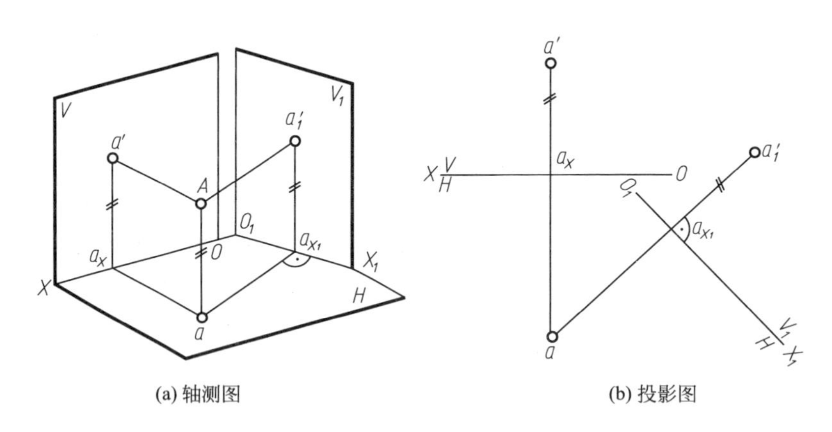

(a) 轴测图　　(b) 投影图

图 2.56　点的一次变换(变换 V 面)

这里称 V_1 面为新投影面，点 A 在 V_1 面上的投影 a_1'为新投影；V 面为被代替的旧投影面，点 A 在 V 面上的投影 a'为被代替的旧投影；称 H 面为保留的不变投影面，称点 A 在 H 面上的投影 a 为保留的不变投影。于是可得出点的一次换面的作图规律，即：

(1) 点的新投影与不变投影的连线垂直于新轴，即 $aa_{X_1}\perp O_1X_1$。

(2) 点的新投影到新轴的距离等于被代替的旧投影到旧轴的距离，即 $a_1'a_{X_1}=a'a_X$。

同理，也可以建立一个新投影面 H_1 垂直于 V 面构成新的两投影体系，如图 2.57(a)所示，新投影 a_1 的作法如图 2.57(b)所示，过 a'向新轴 O_1X_1 作垂线，量取 $aa_X=a_1a_{X_1}$，即可得点 A 的新投影 a_1。

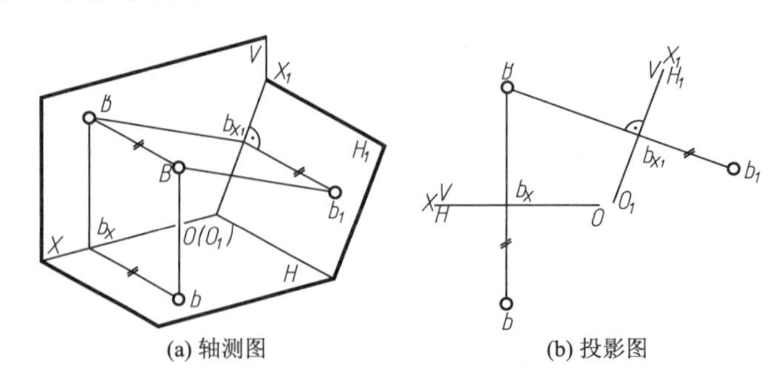

(a) 轴测图　　(b) 投影图

图 2.57　点的一次变换(变换 H 面)

2. 直线的一次换面

1）把一般位置直线变换成投影面平行线

如图 2.58(a)所示，直线 AB 为一般位置直线，要将直线 AB 变换成投影面平行线，必须用平行于直线 AB 的新投影面 V_1 面代替旧投影面 V 面，并使 V_1 面与保留的不变投影面 H 面垂直，这时直线 AB 就成为 V_1 面的平行线。作图步骤如图 2.58(b)中所示，作新轴 $O_1X_1 // ab$，分别过 a、b 作 O_1X_1 轴的垂线，量取 $a'a_X=a'_1a_{X_1}$，$b'b_X=b'_1b_{X_1}$，连接 a'_1、b'_1 即为直线 AB 的实长，$a'_1b'_1$ 与 O_1X_1 的夹角即为直线 AB 对水平投影面的倾角 α。

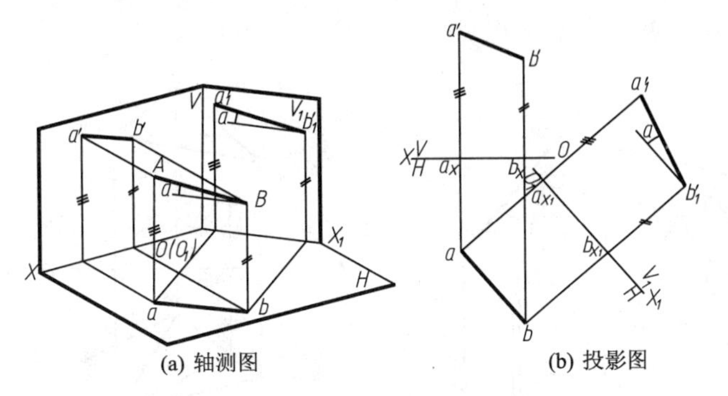

图 2.58 将一般位置直线变换成正平线

同理，也可以用平行于直线 AB 的新投影面 H_1 面代替旧投影面 H 面，并使 H_1 面与保留的不变投影面 V 面垂直，这时直线 AB 就成为 H_1 面的平行线，作法如图 2.59 所示。

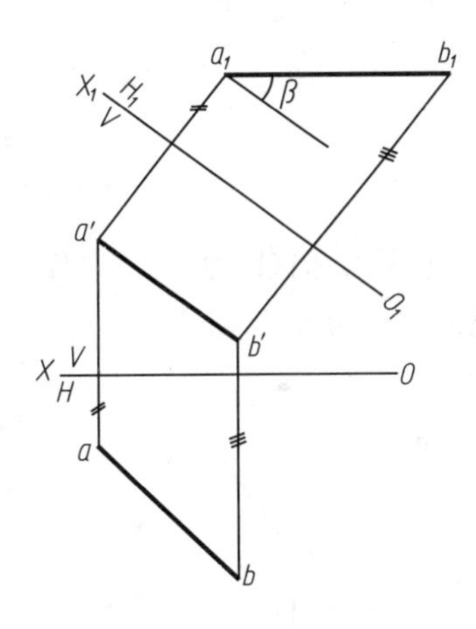

图 2.59 将一般位置直线变换成水平线

2）把投影面平行线变换成投影面垂直线

图 2.60(a)中，直线 AB 为正平线。为把它变换成新投影面体系中的投影面垂直线，必须用垂直于直线 AB 的新投影面 H_1 面代替旧投影面 H 面，H_1 面必然与保留的不变投影面 V 面垂直，这时直线 AB 就成为 H_1 面的垂直线，其新投影积聚成一点 $(a_1)b_1$。

如图 2.60(b)所示，作新轴 $O_1X_1 \perp a'b'$，过 $a'b'$ 作新轴 O_1X_1 的垂线，量取 $a_1a_{X_1}=aa_{X_1}$，即得直线 AB 的新投影 $(a_1)b_1$。

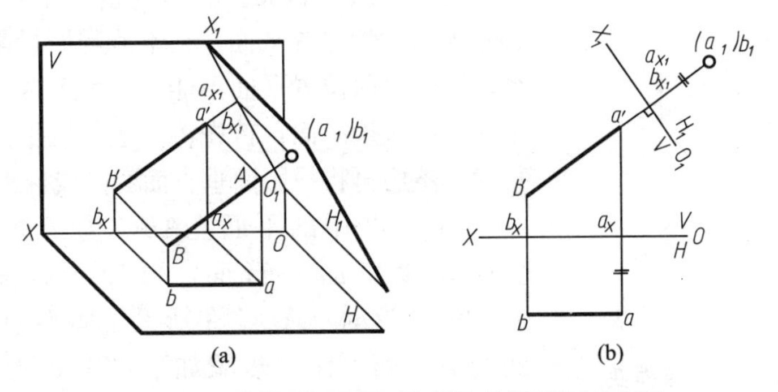

图 2.60 将投影面平行线变换成投影面垂直线

3. 平面的一次换面

1）把一般位置平面变换成投影面垂直面

把一般位置平面变换成投影面垂直面，就是使该平面的某个新投影具有积聚性，从而简化有关平面的定位和度量问题的解决。要将一般位置平面变换成新投影面的垂直面，必须使平面内的某一条直线垂直于新投影面。如图 2.61(a)所示，平面 ABC 是一般位置平面，为了将一般位置平面变换成新投影面的垂直面，设新投影面 V_1 垂直于被保留的不变投影面水平投影面 H，同时又垂直于△ABC 内的一条水平线 AD；于是△ABC 在新投影面 V_1 的投影积聚成一条直线 $a_1'b_1'c_1'$。

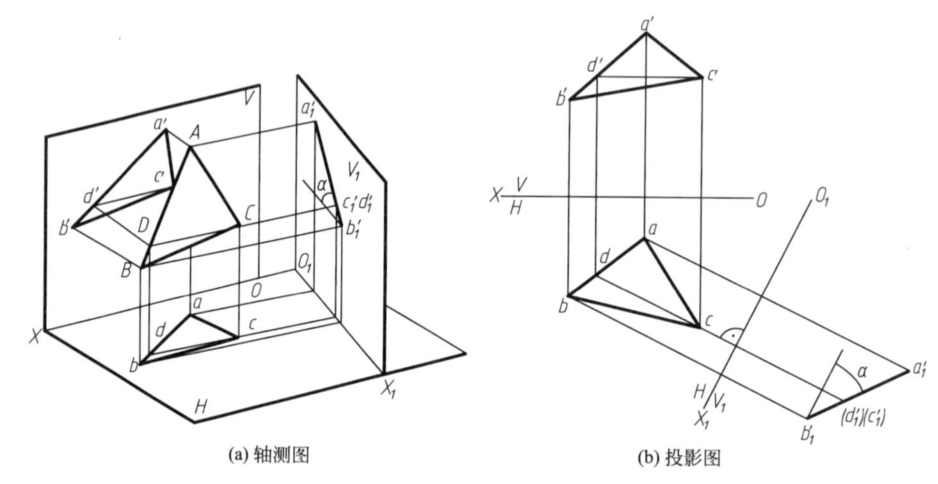

(a) 轴测图　　　(b) 投影图

图 2.61　将一般位置平面变换成投影面的垂直面

如图 2.61(b)所示，先作△ABC 内水平线 CD 的正面投影 $c'd'$ // OX 轴，求出其水平投影 cd；再作新轴 $X_1 \perp cd$，求出平面 ABC 的新投影 $a_1'b_1'c_1'$，这时 $a_1'b_1'c_1'$在新投影面 V_1 上积聚成一条直线，该直线反映△ABC 平面对水平投影面的倾角 α。

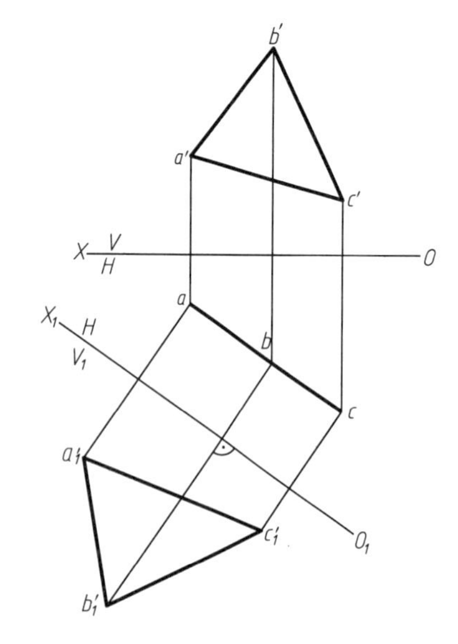

图 2.62　将投影面垂直面变换成投影面平行面

2）把投影面垂直面变换成投影面平行面

把投影面垂直面变换成投影面平行面，应建立一个新投影面与已知平面平行，则该平面在新投影面上的投影反映实形。但是如果将一般位置平面变换成投影面平行面，必须变换两次投影面。因为垂直于一般位置平面的平面，必然还是一般位置平面，它不能与原投影面建立新投影体系，所以一般位置平面不能一次变换成投影面平行面，必须变换两次投影面：首先将一般位置平面变换成投影面垂直面，然后再将投影面垂直面变换成投影面平行面。

图 2.62 中的平面△ABC 为正垂面，为把△ABC 变换成投影面平行面，可使新投影面 V_1 平行于△ABC，这时△ABC 在新投影体系中就变换成了投影面的平行面。作图步骤如下：作新轴 O_1X_1 // abc，求出平面的新投影△$a_1b_1c_1$，即反映△ABC 的实形。

2.7.3 二次换面法(Two Substitutions Method)

1. 点的二次换面

二次换面是在一次换面的基础上再作一次换面。

图 2.63(a)所示的第二次换面是在图 2.56 点的一次换面(用 V_1 代替 V)的基础上，再用新投影面 H_2 代替旧投影面 H，这时 V_1 面就称为保留的不变投影面，O_1X_1 轴成为旧轴，点 A 的新投影 a_2 到新轴 O_2X_2 的距离等于被代替的旧投影 a 到旧轴 O_1X_1 的距离，即 $a_2a_{X_2}=aa_{X_1}$ [图 2.63(b)]。同理，也可以在图 2.57 的基础上作第二次换面。

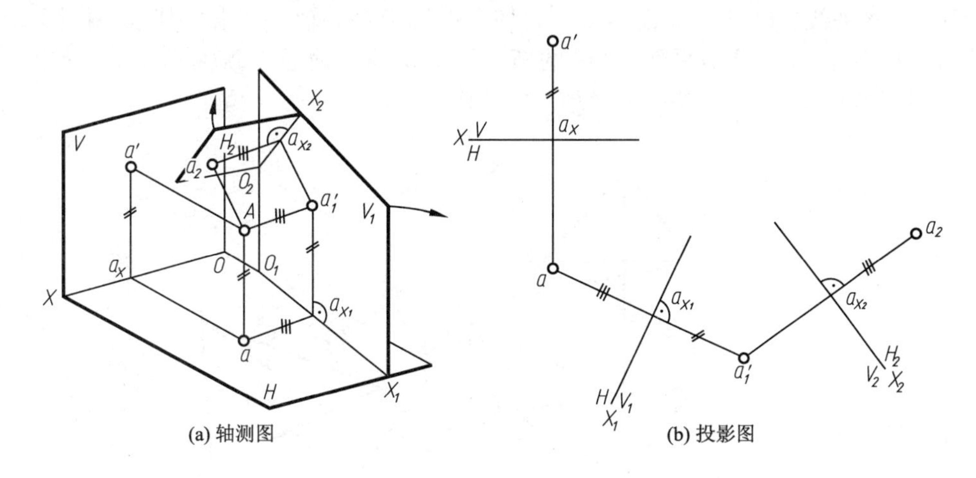

(a) 轴测图　　(b) 投影图

图 2.63　点的二次变换

2. 直线的二次换面

把一般位置直线变换成投影面垂直线。

在图 2.64(a)中，直线 AB 为一般位置直线，变换投影面，使直线 AB 在新的投影体

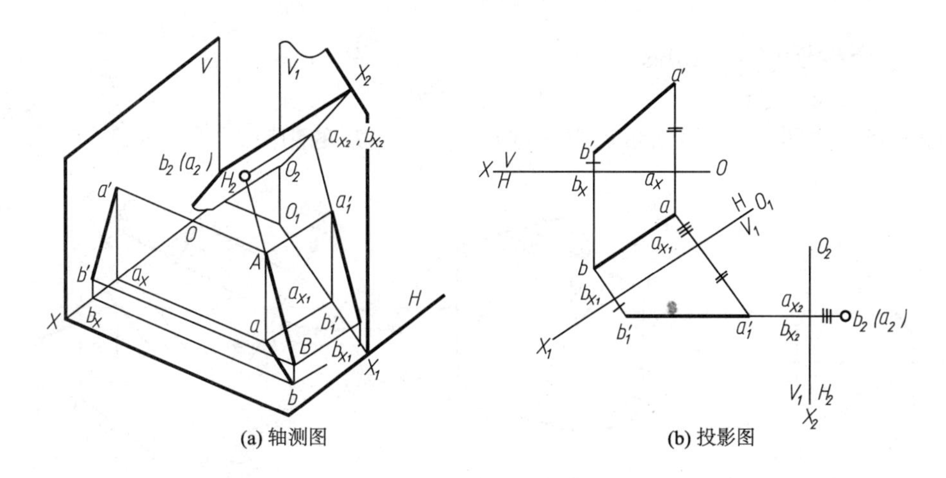

(a) 轴测图　　(b) 投影图

图 2.64　将一般位置直线变换成投影面的垂直线

系中成为投影面垂直线。如果作一个新投影面与直线 AB 垂直，则该投影面在原投影体系中处于一般位置，不能与 H 面或 V 面构成新投影体系，因此，一般位置直线变换成投影面垂直线，必须变换两次投影面，首先将一般位置直线变换成投影面平行线，然后再将投影面平行线变换成投影面垂直线。图 2.64(b)为投影图的画法，通过建立 V_1 面先将一般位置直线变换成投影面平行线(ab，$a_1'b_1'$)，然后，再通过建立 H_2 面将投影面平行线变换成投影面垂直线［$a_1'b_1'$，$(a_2)b_2$］。

3. 平面的二次换面

把一般位置平面变换成新投影面的平行面。

一般位置平面需要经过二次换面才能变换成新投影面的平行面。如图 2.65 所示，先作△ABC 内水平线 AD 的正面投影 $a'd'$，使它平行于 OX 轴，并求出其水平投影 ad；然后作新轴 $O_1X_1 \perp ad$，求出平面 ABC 的新投影 $a_1'b_1'c_1'$；最后作新轴 O_2X_2，使它平行于 $a_1'b_1'c_1'$，其新投影 $a_2b_2c_2$ 反映平面 ABC 的实形。

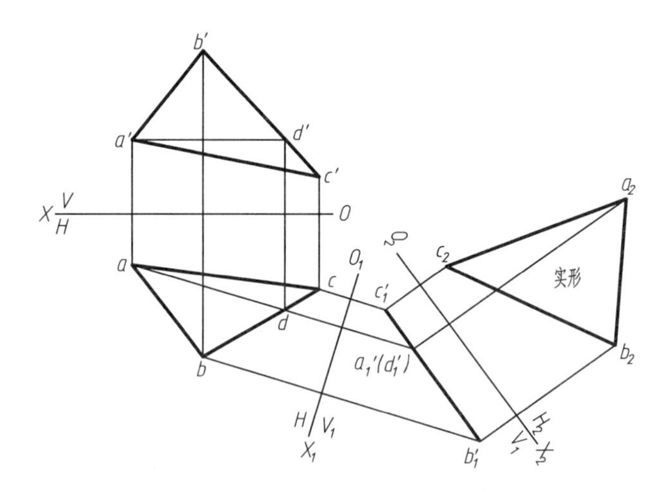

图 2.65　将一般位置平面变换成新投影面平行面

2.7.4　综合举例(Examples)

例 2-16　如图 2.66(a)所示，求作点 C 到直线 AB 的距离。

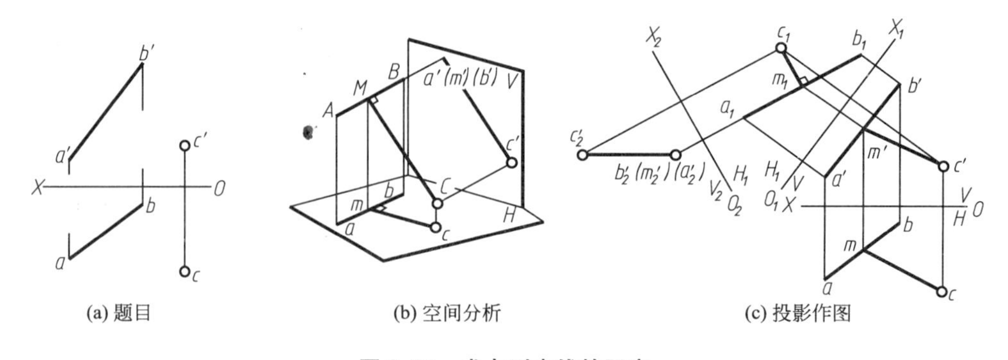

图 2.66　求点到直线的距离

解：求作点到直线的距离就是求该点到该直线的垂线实长。根据直角投影特性，互相垂直的两直线，当其中不少于一条直线平行于某投影面时，则这两条直线在该投影面上的投影仍反映为直角。由此可以确定，为了能自点 C 直接在投影图上向直线 AB 作垂线，必须先将直线 AB 变换为投影面平行线，这样才能利用直角投影特性作图，从而求得垂足 M，再设法求出 CM 实长。另一种思路是，若将直线 AB 变换为某投影面垂直线，则点 C 到 AB 的垂线 CM 必为该投影面的平行线，此时在投影图上就能反映该平行线的实长，如图 2.65(b)所示。

作图：按上述后一种思路作图，如图 2.65(c)所示。

(1) 将直线 AB 变换为 H_1 面的平行线。此时，点 C 在 H_1 面上的投影为 C_1，AB 在 H_1 面上的投影为 a_1b_1。

(2) 将直线 AB 变换为 V_2 面的垂直线。此时，AB 在 V_2 面上的投影积聚为 $b_2'(a_2')$，点 C 在 V_2 面上的投影为 c_2'。

(3) 在 V_2/H_1 体系中，过 c_1 作 $c_1m_1 \perp a_1b_1$，即 $c_1m_1 /\!/ O_2X_2$ 轴，得 m_1；m_2'与 $a_2'(b_2')$ 重影。连线 $c_2'm_2'$，$c_2'm_2'$即反映了点 C 到直线 AB 的距离。

(4) 如要求出 CM 在原 V/H 体系中的投影 $c'm'$和 cm，则根据 $c_2'm_2'$、c_1m_1 按投影关系返回作出即可。

例 2-17 如图 2.67(a)所示，求作两交叉直线 AB、CD 间的距离。

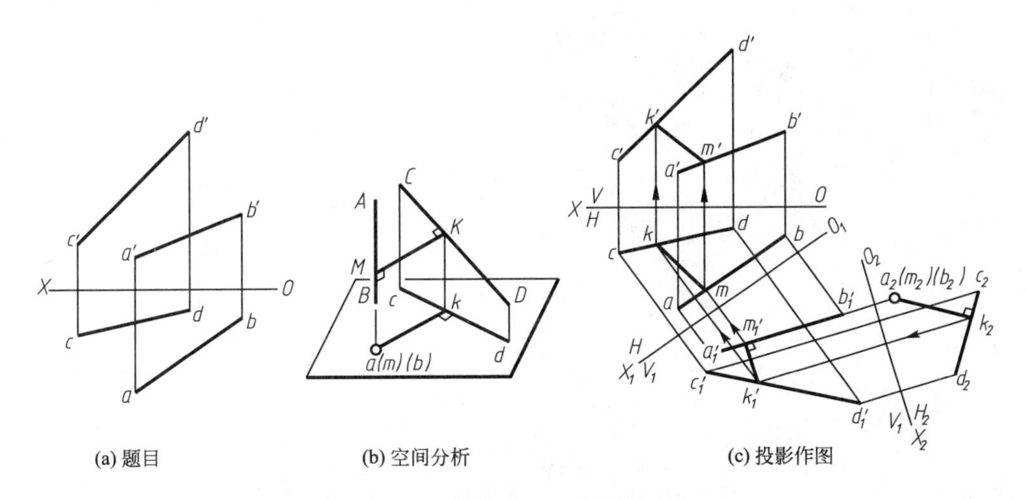

(a) 题目　　(b) 空间分析　　(c) 投影作图

图 2.67　求作两交叉直线的距离

解：两交叉直线的距离即为它们之间公垂线的长度。如图 2.67(b)所示，若将两交叉直线之一(如 AB)变换为投影面垂直线，则公垂线 KM 必平行于新投影面，它在该新投影面上的投影反映距离的实长，而根据直角投影特性，该公垂线与另一直线在这一新投影面的投影应互相垂直。

作图：如图 2.67(c)所示。

(1) 将 AB 经过二次变换成为投影面垂直线，此时，它在 H_2 面上的投影积聚为 $a_2(b_2)$。直线 CD 也随之变换，它在 H_2 面上的投影为 c_2d_2。

(2) 自 a_2b_2 作 $m_2k_2 \perp c_2d_2$，m_2k_2 即为公垂线 MK 在 H_2 面上的投影，它反映了 AB、CD 间的距离实长。

如要求出 MK 在原 V/H 体系中的投影 mk、$m'k'$，则根据 m_2k_2、$m_1'k_1'$($m_1'k_1' // OX$ 轴，即 $m_1'k_1' \perp a_1'b_1'$)按投影关系返回作出即可。

思　考　题

1. 何谓正投影法？简述正投影法的基本特性。
2. 何谓重影点？如何判断重影点的可见性？
3. 简述投影面的垂直线、投影面的平行线的投影特性。
4. 简述投影面的垂直面、投影面的平行面的投影特性。
5. 何谓最大斜度线？简述最大斜度线的几何意义。

第3章 立体投影 (Three - Dimensional Projection)

教学提示：任何建筑物或构筑物都是由一些简单的几何体经过叠加、切割而构成的。如柱、锥、球、环等几何体，这些简单的几何体称为基本形体(basic solid)。掌握基本形体及其相交线投影特性和作图方法对今后绘制或识读工程图样是十分重要的。

教学要求：通过本章的学习，要求掌握基本体的投影特性，并懂得如何在基本体表面取点的方法；掌握求平面体与平面、曲面体与平面的截交线的投影的方法；学会求两平面立体、平面立体与曲面立体、两轴线正交回转体相贯线的作图方法。

3.1 平面体的投影(Polyhedron Projection)

由平面围成的基本体称为平面体(polyhedron)。工程中常见的平面体主要有棱柱、棱锥和棱锥台(简称棱台)，如图3.1所示的纪念碑，它由四棱锥、四棱柱和四棱台这几种平面体组成。由于平面体由平面围成，所以只要作出各平面的投影，便可得到平面体的投影。

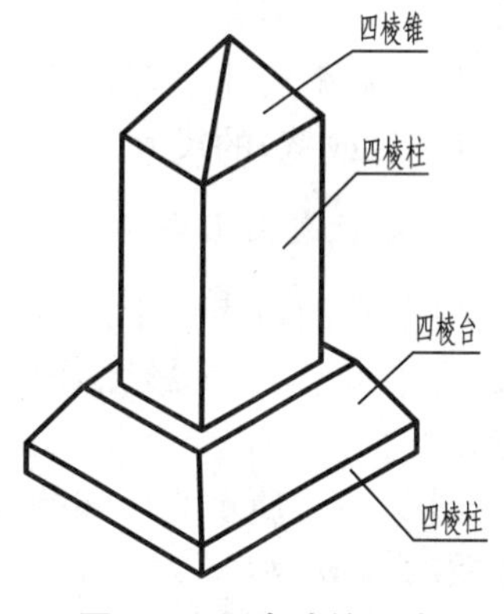

图3.1 纪念碑的组成

3.1.1 棱柱体(Prismoid)

棱柱由两个相互平行的底面和若干个侧面(也称棱面)围成，相邻两棱面的交线称为侧棱线，简称棱线(chine line)。棱柱的棱线相互平行。

1. 棱柱的投影和尺寸标注

1) 已知条件和形体特征

图3.2中已知的平面体为正六棱柱体；上、下底面为正六边形；棱面均为矩形，六条棱线相互平行且垂直于底面。

从图3.2(a)的已知条件还可看到，该正六棱柱体的底面为水平面，六条棱线均为铅垂线，每个正六边形中有两条边平行于OX轴。

2) 投影图作法

如图3.2(b)所示，首先，作正六棱柱的水平投影。因为六个棱面都是铅垂面，所以水平投影积聚为六条直线(围成正六边形)，它也是底面的水平投影，反映底面的实形。然后，作正面投影。根据棱柱已知的高度，作出上、下底面的正面投影(两条水平线)。再根

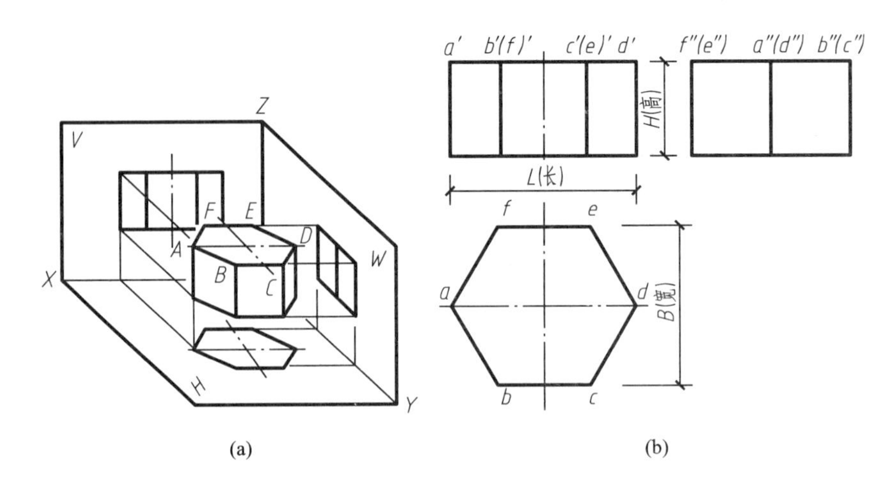

图 3.2 六棱柱的投影和尺寸标注

据棱线的水平投影 a、b、c、d 等，作出六个棱面的正面投影(矩形)；正面投影中棱线都是竖直线，其中 b'和(f')，c'和(e')重合。最后，根据正面投影和水平投影可作得正六棱柱的侧面投影，如图 3.2(b)所示。

3) 基本体三面投影图尺寸标注和度量关系

基本体沿 OX 轴方向的尺寸称为长(L)，沿 OY 轴方向的尺寸称为宽(B)，沿 OZ 轴方向的尺寸称为高(H)。图 3.2(b)中表示了正六棱柱的长、宽、高三个尺寸，实际标注时，只需两个尺寸：高和长(或宽)。如果在水平投影中标注出正六边形的外接圆直径，则可代替长(或宽)的尺寸。

2. 棱柱表面上点的投影

根据平面体表面上点的一个已知投影，求作点的其余两个投影，不但可进一步熟悉和掌握平面体的投影图作法，而且在以后解决平面体的截切、相贯等问题时会经常用到。

图 3.3(a)所示为已知的三棱柱 ABC 及棱面上点 M 和 N 的正面投影 m'和 n'。从已知条件看到，m'和 n'为可见，点 M 和 N 分别在棱面 AB 和 BC 上。为了求作点 M 和 N 的其余两投影，首先作出三棱柱的侧面投影，其中棱线 C 的侧面投影 c''为不可见，画成虚线。然后，作点 M 和 N 的水平投影。由于铅垂棱面 AB 和 BC 的水平投影分别积聚为直线 ab 和 bc，所以点 M 和 N 的水平投影重合在直线 ab 和 bc 上，如图 3.3(b)所示。最后，根据“高平齐、宽相等”的投影原理，作得侧面投影 m''和(n'')。在侧面投影中棱面 $b''c''$为不可见，所以(n'')为不可见，如图 3.3(b)所示。

3. 作棱柱表面上线的投影

根据平面体表面上线段的一个已知投影，求作线段的其余两投影。对于这个问题，只要求得线段上已知点的其余两投影便可作线段的相应投影。

图 3.4(a)所示为已知的坡屋面的三个投影，又知坡屋面上封闭折线 $ABDFEC$ 的水平投影 $abcdef$。将已知的坡屋面看做是三棱柱的棱面，并参照图 3.3 的方法作出封闭折线上折点 A、B、C、D、E、F 的其余两投影，便可作得折线的侧面投影和正面投影。在本例

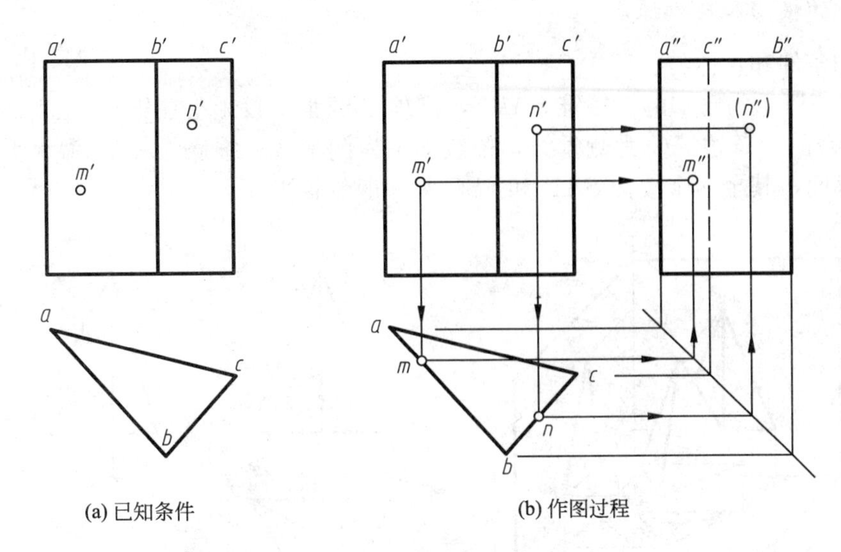

(a) 已知条件　　(b) 作图过程

图 3.3　三棱柱表面取点的投影

中，由于坡屋面的侧面投影具有积聚性，所以可根据“宽相等”原理首先作得侧面投影 a''、b''、c''、d''、e''、f''。然后，根据“长对正，高平齐”的原理作得封闭折线的正面投影。由侧面投影可知，在正面投影中折线 $c'(e')f'(d')$为不可见，画成虚线，其中部分虚线段与可见的实线段 $c'a'b'd'$重合，服从实线，如图 3.4(b)所示。

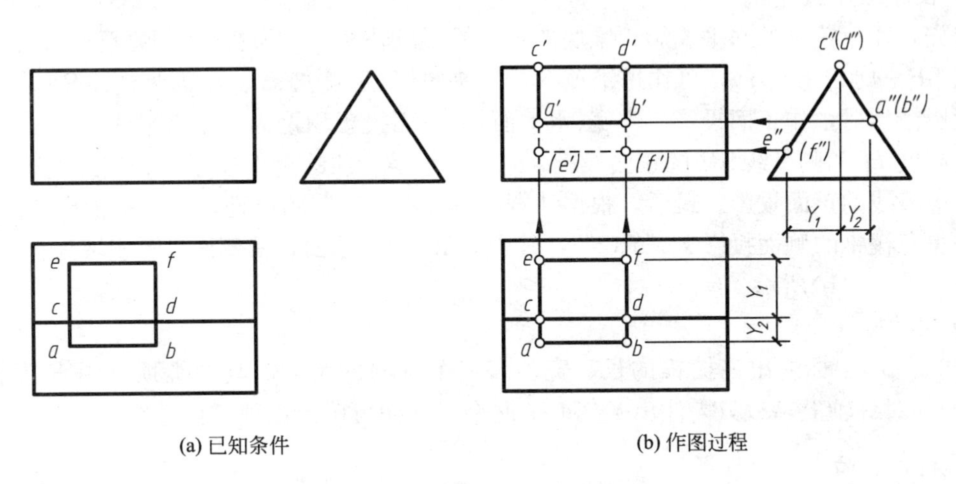

(a) 已知条件　　(b) 作图过程

图 3.4　在坡屋面上曲线的方法

3.1.2　棱锥体(Pyramid)

棱锥由一个底面和若干个呈三角形的棱面围成，所有的棱面相交于一点，称为锥顶(conic node)，常记为 S。棱锥相邻两棱面的交线称为棱线，所有的棱线都交于锥顶 S。棱锥底面的形状决定了棱线的数目，例如底面为三角形，则有三条棱线，为三棱锥；底面为五边形，则有五条棱线，为五棱锥。

1. 棱锥的投影和尺寸标注

1) 已知条件和形体特征

图 3.5(a)所示为已知的三棱锥 $SABC$，锥顶 S 的水平投影落在锥底(三角形)范围内。锥底(三角形)的一条边 AC 为侧垂线，棱线 SB 为侧平线；锥底$\triangle ABC$ 为水平面，棱面 SAC 为侧垂面，其余两个棱面 SAB 和 SBC 为一般位置平面。

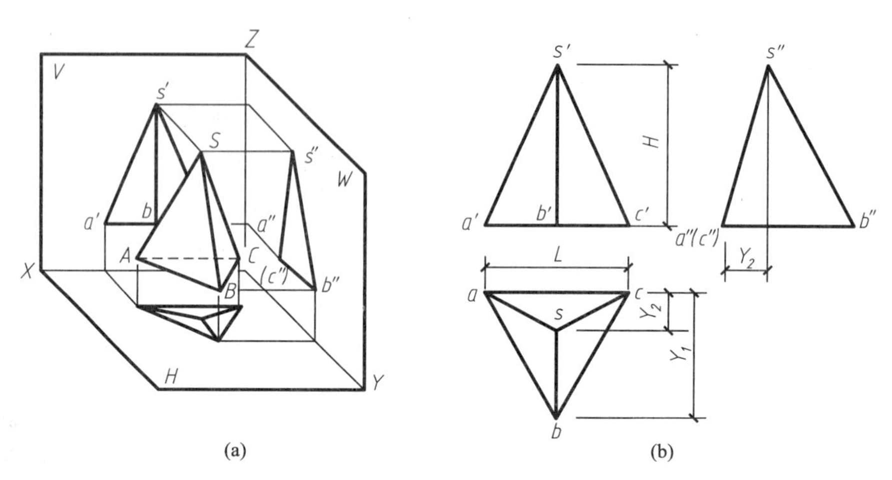

图 3.5　三棱锥的投影和尺寸标注

2) 投影图作法［图 3.5(b)］

首先，作三棱锥的水平投影。锥底的水平投影反映实形，为$\triangle abc$ 根据已知尺寸 y_2 和侧平线 SB 的水平投影 sb，可作得锥顶 S 的水平投影 s；连接 sa、sb 即为棱线 SA、SB 的水平投影。然后，作正面投影。锥底(水平面)的正面投影积聚为一条水平线 $a'b'c'$，根据已知的高度 H 和侧平线 SB 的正面投影 $s'b'$，可作得锥顶的正面投影 s'、连接 $s'a'$、$s'b'$ 即为相应棱线的正面投影。最后，根据“宽相等、高平齐”的原理，由水平投影和正面投影可作得三棱锥的侧面投影 $s''a''b''(c'')$，其中 SAC 为侧垂面，其侧面投影积聚为直线 $s''a''(c'')$，如图 3.5(b)所示。

3) 尺寸标注

图 3.5(b)中标注出三棱锥的长、宽、高三个方向的尺寸，其中锥顶 S 在长度 L(X 轴)方向的对称轴上，故只需注出 Y_2 和 H 两个尺寸便可确定锥顶 S 的位置。

2. 棱锥表面上点的投影

根据棱锥表面上点的一个已知投影，求作点的其余两个投影，一般可利用平面内过点作辅助直线的方法。这里介绍两种具体作法。

(1) 过锥顶和已知点在相应的棱面上作辅助直线，根据点在直线上，点的投影也必在直线的同面投影上的原理，可求得点的其余投影。

图 3.6(a)所示为已知三棱锥 $SABC$ 的正面投影和水平投影，又已知棱面上点 M 的正面投影(m')和点 N 的水平投影 n。从已知条件看到，由于(m')为不可见，故可判断点 M 在棱面 SAC 上。由点 n 可知，点 N 在棱面 SBC 上。首先，过已知的(m')和锥顶正面投影 s'，在棱面 SAC 的正面投影 $s'a'c'$上作辅助直线 SⅠ的正面投影 $s'1'$；由此可作得辅助

直线 SⅠ的另一投影(水平投影)$s1$。因为点 M 在辅助直线 SⅠ上，所以，点 M 的水平投影 m 应在 SⅠ的水平投影 $s1$ 上。根据“长对正”原理，由正面投影(m')可求得点 M 的水平投影 m。由于在水平投影中 sac 为可见，故点 m 为可见，如图 3.6(b)所示。然后，在水平投影中过已知的 n 和锥顶 S 作辅助直线 $s2$，并在正面投影中作得相应的 $s'2'$，由此可求得点 N 的正面投影 n'，为可见。最后，根据“高齐平、宽相等”原理作得三棱锥的侧面投影 $s''a''b''c''$ 和点 M、N 的侧面投影 m''、n''，从水平投影可看到，棱面 SBC 的侧面投影 $s''b''c''$ 为不可见，故点 N 的侧面投影也为不可见(n'')，如图 3.6(b)所示。

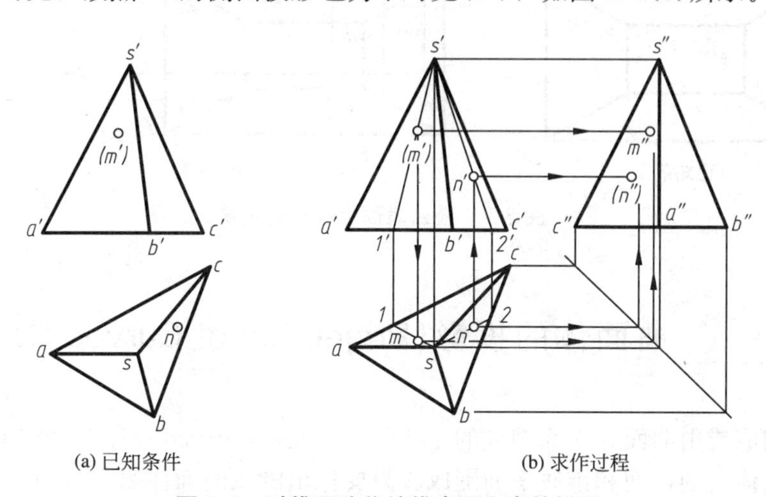

图 3.6 过锥顶法作棱锥表面上点的投影

(2) 过已知点在相应的棱面上作辅助直线平行于锥底上相应的边，根据点在直线上，点的投影也必在直线的同面投影上的原理，可求得点的其余投影。

棱锥被一个平行于锥底的平面截切，把平面以上的部分(包括锥顶)移走，所剩下的平面体即为棱台。图 3.7(a)为四棱台的正面投影和水平投影。由于锥顶被移走，所以不宜采用过锥顶点作辅助线求表面上点的投影。这里采用平行底面作辅助线的方法。从已知条件看到，四棱台上、下底面为矩形，且为水平面，左、右两个棱面为正垂面，前、后两个棱面为侧垂面。已知点 M 的正面投影 m'，点 N 的水平投影 n，点 K 的水平投影 k，求它们的其余投影。

首先，求点 M 的其余两投影，因为已知的 m' 可见，所以点 M 必在棱台最前面的棱面 $ABFE$ 上。在正面投影中作辅助直线的投影 $m'1'$，且平行于锥底边 $e'f'$；根据 $a'e'$ 上的点 $1'$ 在水平投影中可作 ae 上的点 1，过点 1 作辅助直线的投影 $m1$ 平行 ef。根据“长对正”原理，由 m' 可作得 m。再根据“宽相等，高平齐”原理，在四棱台的侧面投影中求得 m''，如图 3.7(b)所示。

然后，求点 N 的其余两投影。在水平投影中过已知的 n 作辅助直线 $n2$，使其平行于锥底上相应的边 gh，由此可在正面投影中作得(n')$2'$，由 n 可得(n')。因为水平投影中已知 n 在棱台后面的棱面 $dcgh$ 上，所以点 N 的正面投影(n')为不可见。

最后，求点 K 的其余两投影。由于左边的棱面为正垂面，所以在其上的点 K 的正面投影 k' 应积聚在直线 $a'(d')e'(h')$ 上，因此由已知的水平投影 k 求得正面投影 k'，并由此可求得侧面投影 k''。从水平投影可看到，棱面 $ADHE$ 的侧面投影为可见，故点 K 的侧面投影 k'' 也为可见，如图 3.7(b)所示。

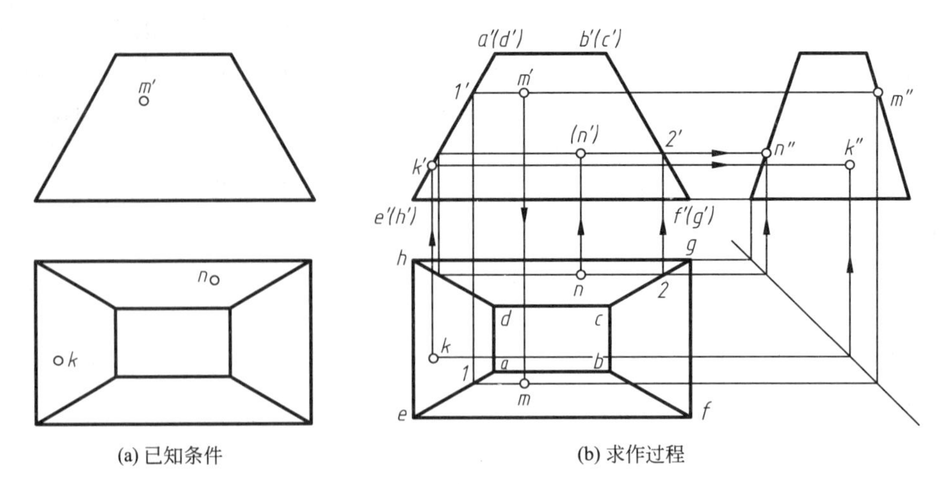

(a) 已知条件　　(b) 求作过程

图 3.7　棱台表面上取点的投影

3.2 曲面体的投影(Projection of Curved Solid)

由曲面围成或由曲面和平面围成的立体称为曲面体(curved solid)，例如圆环体由圆环面围成，圆锥体由圆锥面和锥底平面围成。只要作出围成曲面体表面的所有曲面和平面的投影，便可得到曲面体的投影。本节主要讨论由旋转面围成的曲面体的投影。

3.2.1　圆柱体(Cylinder)

圆柱面是由两条相互平行的直线，其中一条直线(称为直母线)绕另一条直线(称为轴线)旋转一周而形成。圆柱体(简称圆柱)由两个相互平行的底平面(圆)和圆柱面围成。任意位置的母线称为素线(element line)，圆柱面上的所有素线相互平行。

平行于某个投射方向且与曲面相切的投射线形成投射平面(或投射柱面)，投射平面与曲面相切的切线称为该投射方向的曲面外形轮廓线(contour line)，简称轮廓线。曲面在某个投影面上的投影，可以用该投射方向上轮廓线的投影(习惯上仍称作轮廓线)来表示。显然，不同投射方向产生不同的轮廓线，并且轮廓线也是该投射方向的曲面上可见与不可见部分的分界线，如图 3.8(a)所示。

1. 圆柱的投影和尺寸标注

在图 3.8 中已知圆柱轴线垂直于水平投影面，圆柱侧表面(圆柱面)的水平投影积聚为圆，这个圆也是圆柱上、下底面(水平面)的投影，反映底面(圆)的实形。圆柱的正面投影和侧面投影为矩形。矩形的上、下两条水平线为圆柱上、下底面(水平圆)的投影；矩形左、右两边的竖直线为圆柱面的轮廓线，向 V 面的投射平面与圆柱面相切，切线 AC 的正面投影 $a'c'$ 即为正面投影中的轮廓线。同理，向 W 面的投射平面与圆柱面相切，切线 BD 的侧面投影 $b''d''$ 即为侧面投影中的轮廓线，如图 3.8(b)所示。

图 3.8(c)所示表示圆柱中间被穿了一个孔洞，孔也是圆柱，直径为 $\phi 11$。水平投影中圆

$\phi15$ 表示圆柱的外表面，圆 $\phi11$ 表示圆柱的内表面(孔洞)。正面投影的两条虚线是圆柱内表面(孔洞)的投影。圆柱的尺寸，只需标注圆柱的高度 H 和底圆的直径 ϕ。根据情况，直径 ϕ 可标注在正面投影中［图 3.8(b)］，也可标注在反映圆实形的水平投影中［图 3.8(c)］。

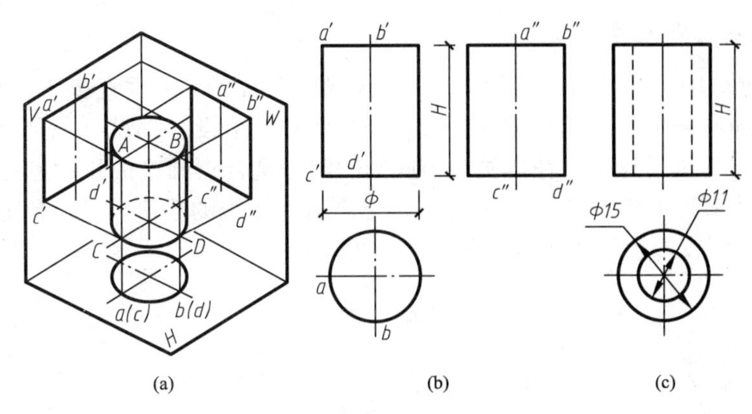

图 3.8 圆柱面的投影和尺寸标注

2. 圆柱表面上点和线的投影

图 3.9(a)中已知圆柱轴线为侧垂线，又知圆柱面上曲线 ABC 的正面投影，作 ABC 的其余两个投影。由于圆柱的侧面投影具有积聚性(积聚为圆)，所以首先求作 ABC 的侧面投影，它重合在圆周上，得点 a''、b''、c''，如图 3.9(b)所示。然后，作得水平投影 a、b、c。为了使曲线连得光滑，可在 ABC 线上再多作若干个点，在本例中多作了一个点，即点 D。在正面投影 $a'b'c'$线上的合适位置取点的正面投影 d'，从而作得 d''和 d。在水平投影中连接曲线时，应注意 b 在外形轮廓线上，是水平投影中曲线可见与不可见段的分界点。根据正面(或侧面)投影可知，点(c)和点(d)为不可见，故曲线段 $b(d)(c)$为不可见，画成虚线，如图 3.9(b)所示。

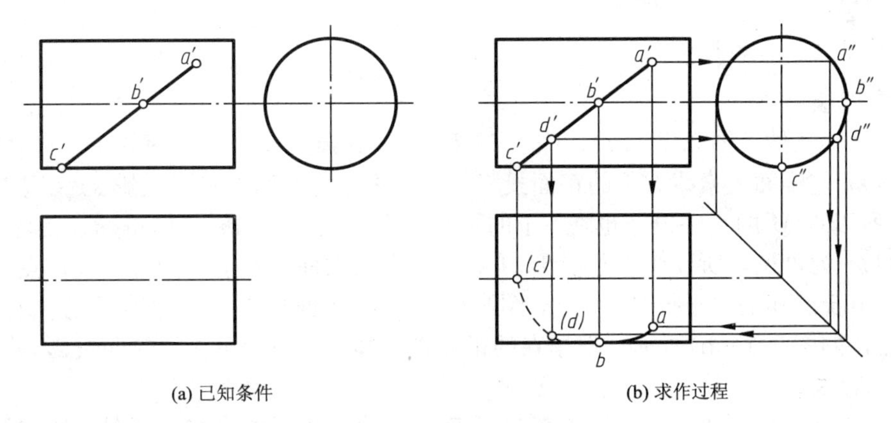

(a) 已知条件　　(b) 求作过程

图 3.9 作圆柱上点和线的投影

3.2.2 圆锥体(Circular Cone)

圆锥面是由两条相交的直线，其中一条直线(简称直母线)绕另一条直线(称为轴线)旋转一周而形成，交点称为锥顶。母线在旋转时，其上任一点的运动轨迹是个圆，为曲面上的纬圆。纬圆垂直于旋转轴，圆心在轴上。圆锥体(简称圆锥)由圆锥面和一个底平面围成。圆锥面上任意位置的母线称为素线，所有素线交于锥顶。

1. 圆锥的投影和尺寸标注

在图 3.10(a)中已知圆锥底面为圆，且平行于 H 面，锥轴垂直于 H 面。锥底的水平投影为圆，正面和侧面投影积聚为水平线。圆锥面的三个投影都没有积聚性，锥面的水平投影为圆，锥顶的水平投影 s 在本例中与底圆的圆心重合；圆锥的正面和侧面投影为三角形，两条斜边为锥面的轮廓线，是投射平面与锥面的切线的投影，$s'a'$是正面投影中的轮廓线，$s''a''$是侧面投影中的轮廓线，如图 3.10(b)所示。

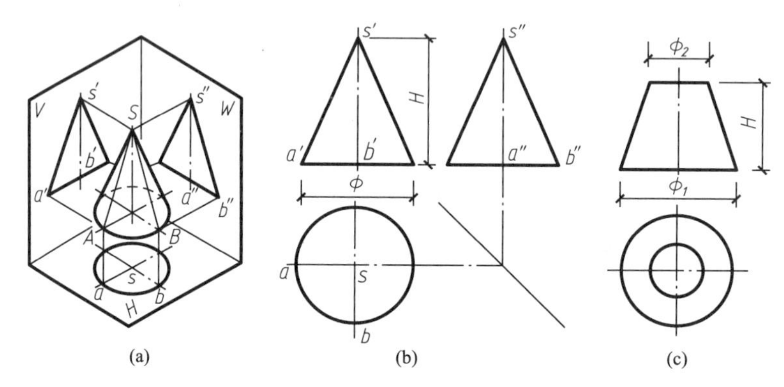

图 3.10 圆锥体的投影和尺寸标注

圆锥的尺寸，需标注圆锥的高度 H 和底圆直径 ϕ，如图 3.10(b)所示。圆锥被一个平行于锥底的平面截切，把平面以上的部分(包括锥顶)移走，所剩下的曲面体称为圆锥台(简称圆台)。图 3.10(c)所示为圆台的投影图。圆台的尺寸，除了标注圆台的高度 H 外，还应分别标注上、下底圆的直径 ϕ_2 和 ϕ_1。

2. 圆锥面上点的投影

1) 素线法

根据已知条件 [图 3.11(a)]，作点 M 和 N 的其余两投影。在图 3.11(b)中过已知的正面投影 m'作锥面上素线 SⅠ的正面投影 $s'1'$，并由此可作得水平投影 $s1$。因为点 M 在 SⅠ上，所以点 M 的水平投影也在 SⅠ的水平投影 $s1$ 上。由 m'可作得 m。需注意，由于已知点的 m'为可见，所以作水平投影 $s1$ 时应画在圆的前半圆上。同理，在作点 N 的正面投影时，由于已知的水平投影 n 在后半圆上，sⅡ的正面投影 $s'2'$为不可见，故点(n')也为不可见，如图 3.11(b)所示。根据点的正面投影和水平投影可作得侧面投影 m''和(n'')。

2) 纬圆法

图 3.11 所示的圆锥，其纬圆与锥轴垂直。显然，纬圆的直径是随纬圆的圆心与锥顶的距离而变化。距离小，纬圆的直径变小。根据已知条件 [图 3.11(a)]，过点 M 的正面投影 m'作水平线，可得到纬圆的正面投影，如图 3.11(c)所示，并在水平投影中画出此圆。由于 m''可见，水平投影 m 在该圆周的前半部。作点 N 时，首先过点 N 的已知投影(水平投影 n)作圆，与中心线交于点 2，由此可作得点 $2'$。然后，过 $2'$作水平线，即为另一纬圆的正面投影，点(n')必在其上，如图 3.11(c)所示。

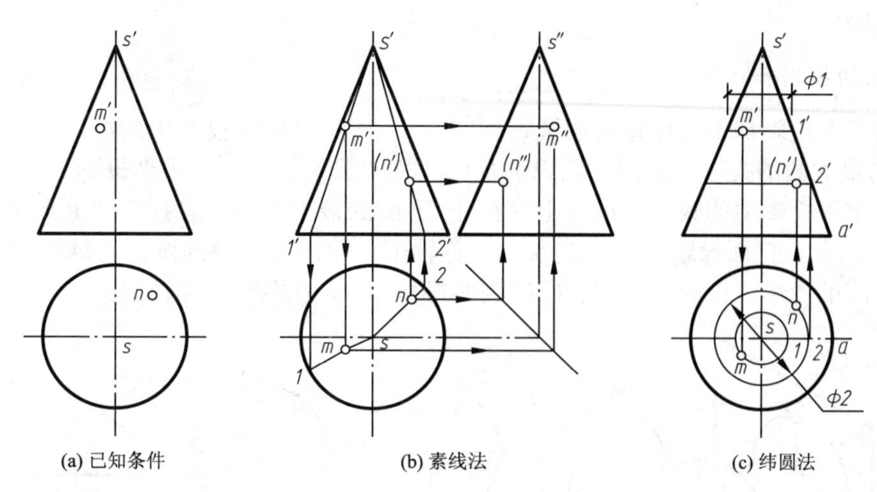

(a) 已知条件 (b) 素线法 (c) 纬圆法

图 3.11 作圆锥面上点的投影

3. 圆锥面上线的投影

在图 3.12(a)中已知圆台表面上的线 ABC 的正面投影 $a'b'c'$，求作其余两投影。由于图中没有锥顶，不宜用素线法，所以采用纬圆法。为了作图准确，在已知线上增加一个点 D，其正面投影为 d'。在图 3.12(b)的正面投影中过点 c'和 d'分别作水平线，可得相应纬圆的半径 R_C、R_D，在水平投影中相应的圆上，得 c 和 d，并由此可作得侧面投影 c''和 d''。在本例中，应注意点 a'在正面投影轮廓线上，点 b'在侧面投影轮廓线上。因为本例中的轮廓线也是素线，所以可利用素线法直接求得它们的其余两投影。曲线的水平投影 $adbc$ 为可见；曲线的侧面投影，以轮廓线上的点 b''分界，$b''(c'')$不可见，$b''d''a''$为可见，如图 3.12(b)所示。

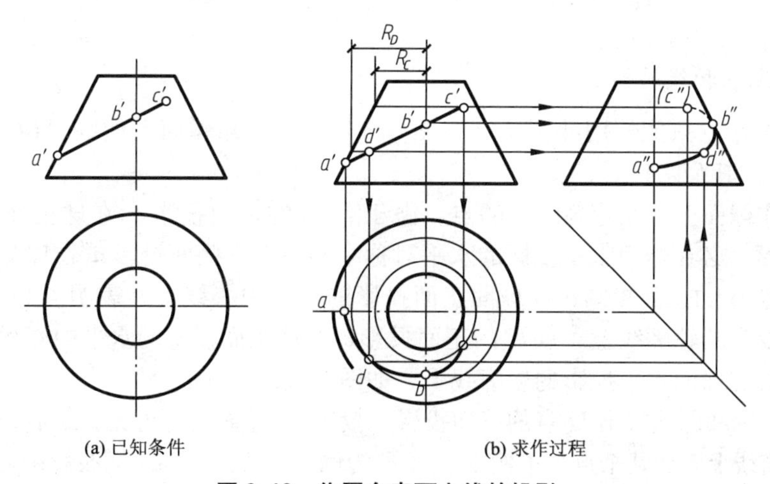

(a) 已知条件 (b) 求作过程

图 3.12 作圆台表面上线的投影

3.2.3 圆球体(Spherosome)

圆球面是由圆(曲母线)绕它的直径(轴线)旋转而形成的。圆球体(简称球)由自身封闭的圆球面围成。

1. 球的投影和尺寸标注

球的三个投影都是直径相同的圆，如图 3.13 所示。正面投影中的圆，是球面上平行于 V 面的最大圆的投影，该圆上点 A、B 的正面投影为 a'、b'，水平投影 a、b 在垂直对称轴上。水平投影中的圆，是球面上平行于 H 面的最大圆的投影，该圆上点 A、C 的水平投影为 a、c。正面投影 a'、c'在水平对称轴上。侧面投影中的圆，是球面上平行于 W 面的最大圆的投影，该圆上点 B、C 的侧面投影 b''、c''在左右对称轴上。

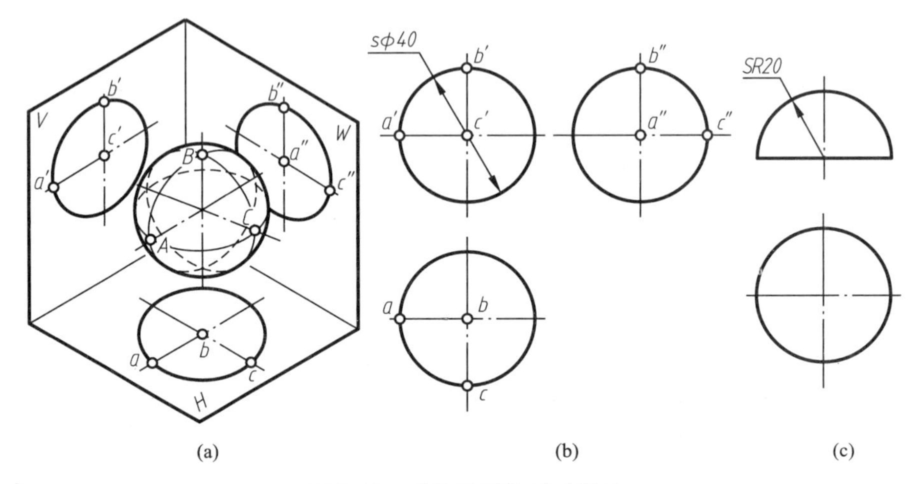

图 3.13　球的投影和尺寸标注

球面的尺寸，只需标注球的直径，但应在直径符号 ϕ 之前加注“S”，如图 3.13(b)所示。若为半球体，则需标注球的半径，并应在半径符号 R 之前加注“S”，如图 3.13(c)所示。

2. 球面上点和线的投影

在球面上作点只能使用纬圆法。在图 3.14(a)中已知球面上曲线 $ABCD$ 的正面投影 $a'b'c'd'$，求作其余两投影。

首先，作球面上处在轮廓线上的点。由于点 A 的正面投影 a'在球正面投影的轮廓线上，水平投影 a 必在球面水平投影的水平对称中心线上，侧面投影 a''在球侧面投影的竖直中心线上。点 B 的正面投影 b'在球面正面投影的竖直中心线上，表明点 B 的侧面投影 b''必在球侧面投影的轮廓线上。点 C 的正面投影 c'在球正面投影的水平中心线上，表明点 C 的水平投影必在球面水平投影的轮廓线上，如图 3.14(b)所示。

然后，采用纬圆法找出 D 点的三面投影，投影 d 和 d''均为可见。最后，为了光滑连接曲线，可在曲线上多作几个点。本例中以点 E 为例，在线的已知正面投影中，在适当位置确定点 E 的正面投影 e'，过点 e'作球面上的水平纬圆(也可作侧平纬圆)，水平纬圆的正面投影重合为一条水平线，水平投影反映圆的实形，实形圆的半径可在正面投影中量取。根据“长对正”原理，由 e'可在水平投影的圆上作得点 e，并由此作得 e''，如图 3.14(b)所示。

最后，将水平投影和侧面投影各点连接成光滑曲线，并判别曲线的可见性。由正面投影可知，水平投影中 $c(d)$段为不可见，侧面投影中 $b''(c'')(d'')$段为不可见，如图 3.14(b)所示。

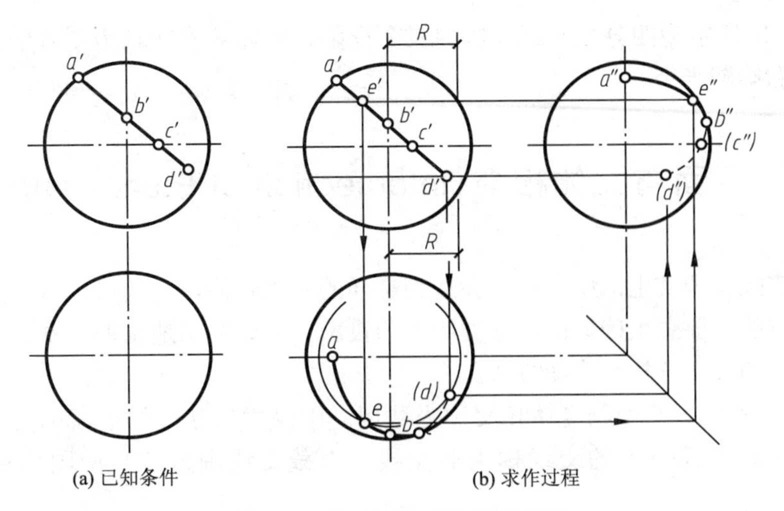

(a) 已知条件　　(b) 求作过程

图 3.14　作球面上点和线的投影

3.2.4　圆环体(Torus)

圆环面是由圆(曲母线)绕位于圆周所在平面内的一条直线(轴线)旋转而形成的。在图 3.15(a)中已知环面的旋转轴为铅垂线，因此环面的水平投影中有如下几个圆：最大圆是母线圆周上的点 B(距旋转轴最远点)旋转所得，最小圆是母线圆周上的点 D(距旋转轴最近点)旋转所得，这两个圆均为可见，画成粗实线；两圆的中间用点画线画出的圆是母线圆圆心旋转所得。环面的正面投影中应画出两个平行于 V 面的素线圆的投影(反映母线圆的实形)，其中 $a'b'c'$ 半个圆为可见，$a'(d')c'$ 半个圆为不可见(画成虚线)。母线圆上的最高点 A 和最低点 C 旋转形成两个水平圆，它们的正面投影为两条水平线，如图 3.15(a)所示。

圆环的尺寸，只需标注母线圆的直径和旋转直径(或旋转半径)，如图 3.15(a)所示。

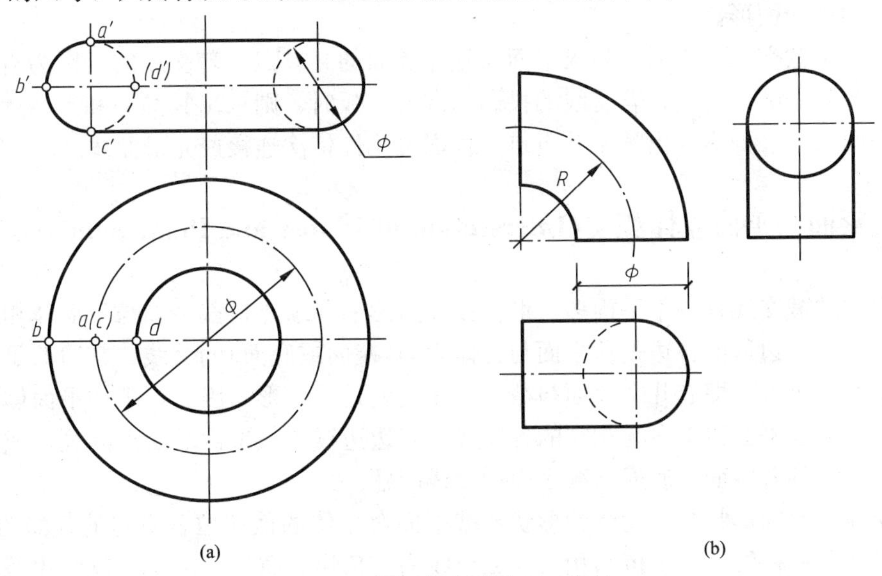

(a)　　(b)

图 3.15　圆环的投影和尺寸标注

图 3.15(b)所示为四分之一圆环体的三个投影，圆环的旋转轴为正垂线，图中标注了母线圆直径和旋转半径。

3.3 平面与立体相交(Intersection of Planes and Solids)

在工程实践和现实生活中，经常会遇到这样的一类物体，它们可以看作是基本立体被平面截切而成的。要想正确地画出这类物体的投影，需要熟练地掌握基本立体与平面的交线——截交线的投影分析与作图方法。

如图 3.16 所示，平面与立体相交称为截切。用以截切立体的平面称为截平面，立体与截平面相交时表面产生的交线称为截交线。由截交线围成的平面图形称为截断面或断面。

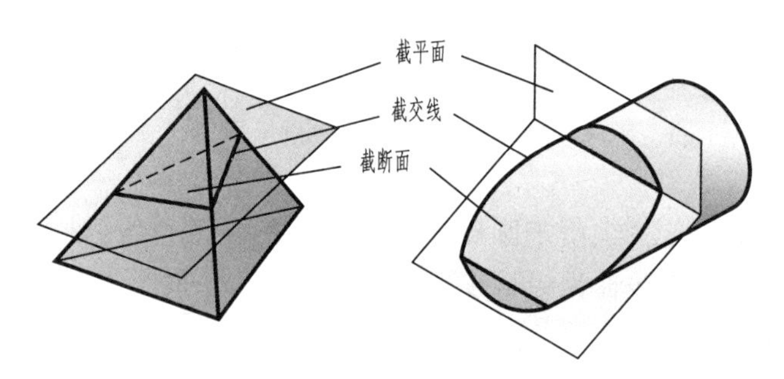

图 3.16 截交线的概念

截交线具有如下的性质。

共有性：截交线既属于截平面，又属于立体表面，为截平面和立体表面上的共有线。

封闭性：因为立体是由它的各表面围合而成的封闭空间，因此单一截平面截得的截交线为封闭的平面图形。

因此，求截交线的实质就是求平面与立体表面的共有点。若交线的投影为直线，可求出交线上的两个端点连线；若交线的投影为圆或圆弧时，则求出其圆心和半径；若交线的投影为非圆曲线，则需求出若干共有点，根据可见性依次连接成光滑曲线。

3.3.1 平面与平面立体相交(Intersection of Planes and Plane Solids)

平面体的截交线是一个平面多边形。该多边形的各顶点是截平面与平面体相应棱线或底边的交点；多边形的各边是截平面与立体表面(棱面或底面)的交线，其边数是截平面所截立体表面的个数，即有几个表面与截平面相交就是几边形。因此，求作平面体截交线的问题可归纳为求平面体上参与相交的各棱线、底边边线与截平面的交点问题，或是求平面体上参与相交的各棱面、底面与截平面的交线问题。

截交线的空间形状是由立体的形状及截平面对立体的截切位置决定的。如图 3.17(a)中，截平面与三棱锥的三个棱面相交，截交线为三角形 ABC；而图 3.17(b)中截平面与三棱锥的四个表面都相交，因此截交线为四边形 $ABCD$。

求平面体截交线的一般步骤如下。

(1) 空间及投影分析。分析平面体的形状及截平面与平面体的相对位置，以便确定截交线的空间形状。

分析截平面与投影面的相对位置，以确定截交线的投影特性，如实形性、积聚性、类似性等。确定截交线的已知投影，预见未知投影。

(2) 求截交线的投影。根据问题的具体情况，选择适当的作图方法。可先求出截交线多边形各顶点的投影，然后根据可见性连接其同面投影；也可直接求出截交线多边形各边的投影。

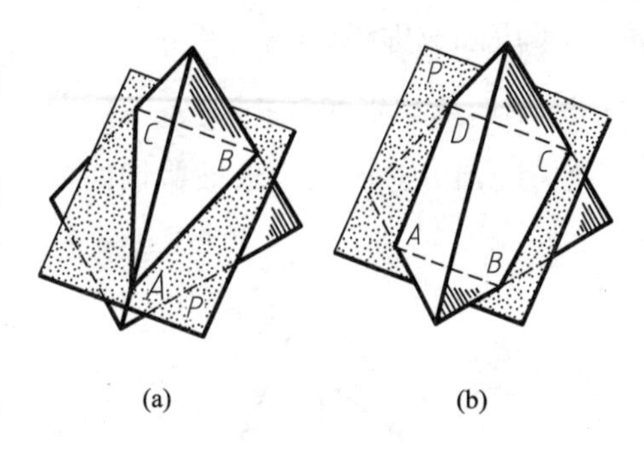

图 3.17 截交线的几何特性

对于被截切的平面体的投影而言，还应通过分析来确定截切后立体轮廓线的投影情况。

1. 平面与棱柱相交

如图 3.18(a)所示，已知被正垂面截切的六棱柱两面投影，求其侧面投影。

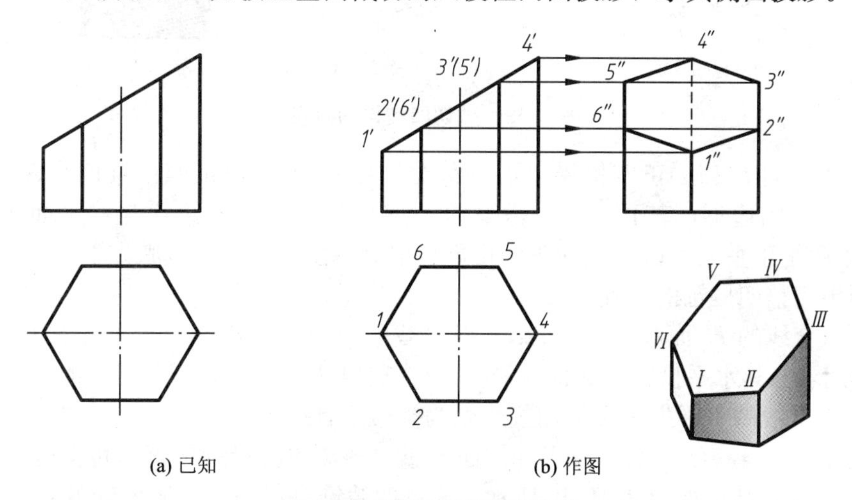

图 3.18 截切六棱柱的投影

分析：由图 3.18(a)可知，六棱柱的轴线是铅垂线，被正垂面斜截去上面一部分，截交线是六边形，六边形的顶点是六棱柱各棱线与截平面的交点。截交线的正面投影积聚为一段直线，截交线的水平投影与六棱柱的水平投影重合，是正六边形。

作图步骤：

(1) 画出完整六棱柱的侧面投影。

(2) 求截交线上各顶点的投影。作出截平面与六条棱线交点的正面投影 1′、2′、3′、4′、5′、6′，并根据投影规律求出各顶点的水平投影 1、2、3、4、5、6 和侧面投影 1″、2″、3″、4″、5″、6″。

(3) 判断可见性并作出截交线的侧面投影。依截交线上各顶点水平投影的顺序，连接 1″2″3″4″5″6″截交线的侧面投影，它与截交线的水平投影成类似形且可见。

(4) 补充画出六棱柱未被截切棱线的侧面投影。各棱线的侧面投影依据其可见性，画至截交线各顶点为止，结果如图 3.18(b)所示。注意六棱柱最右棱线侧面投影的画法，1″4″应画成虚线。

2. 平面与棱锥相交

如图 3.19(a)所示，求被截切四棱锥的 H 面和 W 面投影。

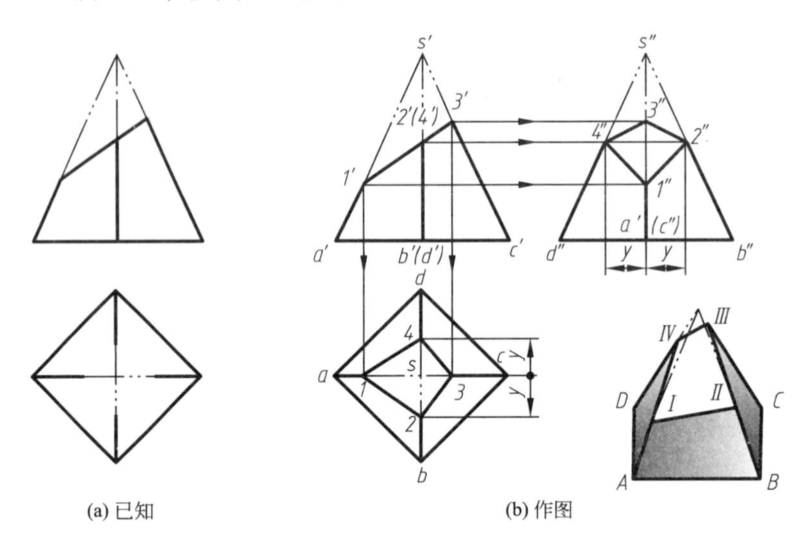

图 3.19　截切四棱锥的投影

分析：正垂面 P 截去正四棱锥上面一部分，截平面 P 与正四棱锥四个棱面都相交，形成的截交线为四边形，其顶点Ⅰ、Ⅱ、Ⅲ、Ⅳ是正四棱锥各棱线与截平面 P 的交点，由于截平面 P 是正垂面，截交线的正面投影积聚为一段，其作图步骤如下。

(1) 画出完整四棱锥的侧面投影。

(2) 求截交线的 H 面和 W 面投影。根据截平面与 4 条棱线交点的正面投影 1′、2′、3′、4′，分别求出其水平投影和侧面投影 1、2、3、4 及 1″、2″、3″、4″并依次连接各点的同面投影。截交线的水平投影和侧面投影均为类似形且可见。

(3) 补充画出各棱线的水平投影和侧面投影。各棱线的投影依据其可见性，画至截交线上各顶点为止，结果如图 3.19(b)所示。注意四棱锥最右棱线侧面投影 1″3″应画成虚线。

3.3.2　平面与曲面立体相交(Intersection of Planes and Curved Solids)

由回转面或平面和平面构成的曲面体称为回转体(solid of revolution)，回转体的截交线是指截平面截切回转体时表面产生的交线，其空间形状取决于回转体的形状及截平面与回转体轴线的相对位置。因为截交线是截平面和回转体表面的共有线，所以截交线的投影特性与截平面的投影特性相同。

回转体的截交线在一般情况下是平面曲线或由平面曲线和直线段所组成，特殊情况下是多边形。作图时，只需作出截交线上直线段的端点和曲线上一系列点的投影，连成直线或光滑曲线，便可得出截交线的投影。

为了较准确地作出曲线截交线的投影，通常需作出截交线上特殊点的投影，如最高点、最低点、最前点、最后点、最左点、最右点，可见与不可见的分界点(即轮廓线上的点)，截交线本身固有的特征点(如椭圆长、短轴的端点)等。

求平面与回转立体相交的截交线，常利用积聚性或辅助面求解。本节主要介绍平面与回转体相交。

求平面与回转体截交线的一般步骤如下。

(1) 空间及投影分析。分析回转体的形状以及截平面与回转体轴线的相对位置，以便确定截交线的形状；分析截平面与投影面的相对位置，明确截交线的投影特性，如积聚性、类似性等。

(2) 画出截交线的投影。当截交线的投影为非圆曲线时，先求特殊点，再补充画出一般点，然后判断截交线的可见性，并光滑连接各点。

1. 平面与圆柱相交

圆柱被平面截切，根据截平面对圆柱轴线的相对位置不同，截交线有 3 种情况，见表 3-1。

表 3-1 圆柱的截交线

截平面位置	与轴线垂直	与轴线平行	与轴线倾斜
截交线形状	圆	矩形	椭圆
立体图	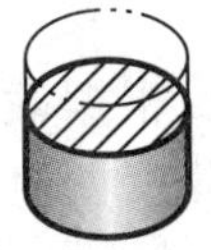	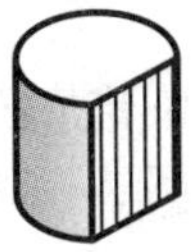	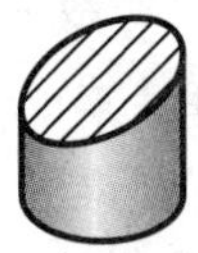
投影图	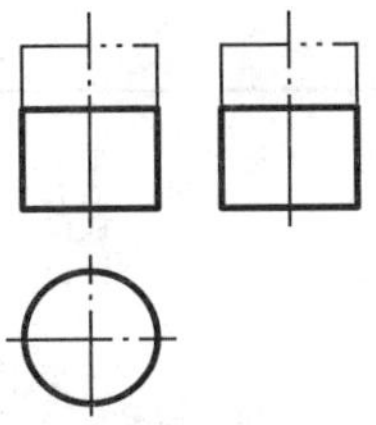	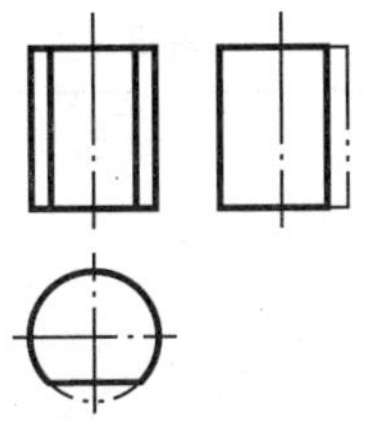	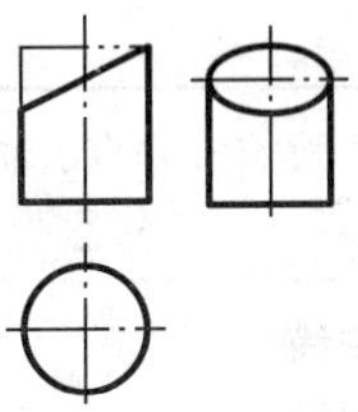

例 3-1 如图 3.20 所示，已知截切圆柱的两面投影，求作侧面投影。

解：如图 3.20 所示，圆柱的轴线为铅垂线，被正垂面截切，截交线为椭圆。截交线的正面投影积聚成直线；水平投影与圆柱面重合积聚成圆；侧面投影仍为椭圆。由于圆柱面有积聚性，因此，本题可利用积聚性来求解。

作图步骤：

(1) 画出完整圆柱的侧面投影。

(2) 求特殊点的投影。在正面投影中，作出正面及侧面轮廓线上的点的投影 1′、2′、3′、4′，根据投影规律求得水平投影 1、2、3、4 和侧面投影 1″、2″、3″、4″。点Ⅰ、Ⅱ为截交线上的最高点和最低点，也是最右点和最左点；点Ⅲ、Ⅳ为截交线上的最前点和最后点，同时Ⅰ、Ⅱ、Ⅲ、Ⅳ也是椭圆长轴和短轴的端点。

(3) 求一般点的投影。在水平投影和正面投影上作出Ⅴ、Ⅵ、Ⅶ、Ⅷ，并根据投影规律求得其侧面投影 5″、6″、7″、8″。

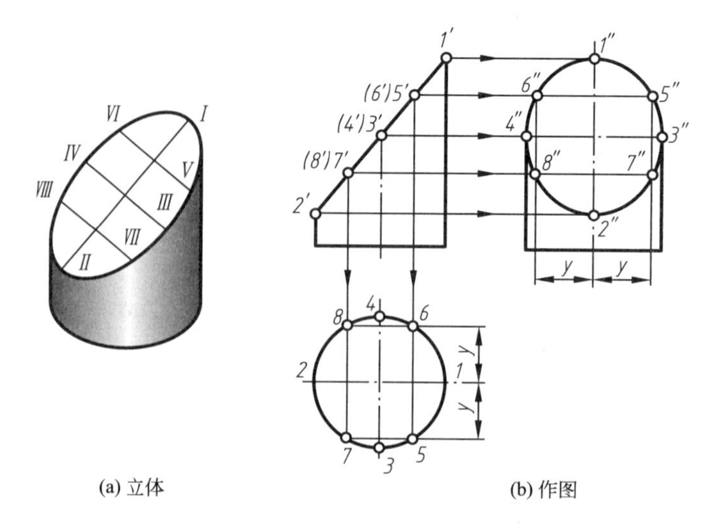

(a) 立体　　(b) 作图

图 3.20　截切圆柱的投影

(4) 光滑连接曲线。按水平投影点的顺序依次光滑连接各点的侧面投影，并判别可见性。结果如图 3.20(b)所示。

2. 平面与圆锥相交

圆锥被平面截切，截平面与圆锥底面的交线为直线。根据截平面与圆锥轴线相对位置的不同，圆锥面的交线有圆、椭圆、抛物线、双曲线和相交两直线五种情况，其投影特性见表 3-2。

表 3-2　圆锥的截交线

截平面位置	垂直于轴线($\alpha=90°$)	倾斜于轴并与所有素线相交($\alpha>\beta$)	平行于一条素线($\alpha=\beta$)	平行于两条素线($\alpha<\beta$)	截平面通过顶点($\alpha<\beta$)
截交线形状	圆	椭圆	抛物线	双曲线	相交两直线
立体图					
投影图	α 圆	β α 椭圆	β α 抛物线	双曲线	β α 素线

作投影图时，利用圆锥面上取点的方法(即辅助纬圆法或辅助素线法)求出一系列共有点，依次光滑连接各点的同面投影即可。

例 3-2 如图 3.21 所示，已知圆锥体被正垂面截切后的正面投影，求其水平和侧面两投影。

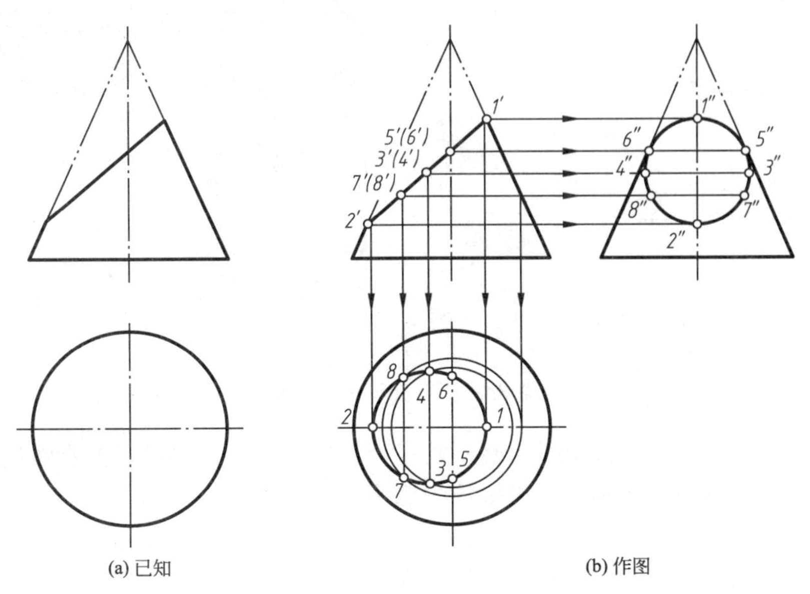

图 3.21 求圆锥截切后的截交线

解：圆锥被正垂面截切，截交线为椭圆，其水平和侧面两投影均为椭圆；正面投影积聚为一直线段。

作图步骤［图 3.21(b)］：

(1) 求特殊点的投影。Ⅰ、Ⅱ为椭圆长轴的端点，也是截交线上的最高和最低点，同时也是正面轮廓线上的点；Ⅲ、Ⅳ为椭圆短轴的端点，也是截交线上的最前点和最后点，它们的正面投影 3′、4′重合在 1′2′的中点处；Ⅴ、Ⅵ为侧面轮廓线上的点，其正面投影 5′、6′在圆锥的轴线处。点Ⅰ、Ⅱ、Ⅴ、Ⅵ可根据其正面投影 1′、2′、5′、6′直接求得水平投影 1、2、5、6 和侧面投影 1″、2″、5″、6″；求点Ⅲ、Ⅳ可通过其正面投影 3′、4′作一辅助水平纬圆(或作过锥顶的素线)，其水平投影 3、4 在纬圆的水平投影(圆)上，再根据投影规律求得侧面投影 3″、4″。

(2) 求一般点的投影。如图 3.21 所示，求一般点Ⅶ、Ⅷ的投影与求点Ⅲ、Ⅳ相同。

(3) 光滑连接曲线。判别可见性并且依次光滑连接各点，作出截交线的投影，截交线的水平投影和侧面投影均可见。

(4) 整理轮廓线。侧面投影的轮廓线画至 5″、6″(5″、6″以上被截切)。

3. 平面与圆球相交

平面与圆球相交，其截交线为圆。由于截平面相对于投影面的位置不同，截交线的投影可能是圆、椭圆或直线。当截平面是投影面的垂直面时，截交线在截平面所垂直的投影面上的投影为直线，另外两投影为椭圆；当截平面是投影面的平行面时，截交线在截平面所平行的投影面上的投影反映实形。

例 3－3 如图 3.22(a)所示，求截切圆球的水平投影和侧面投影。

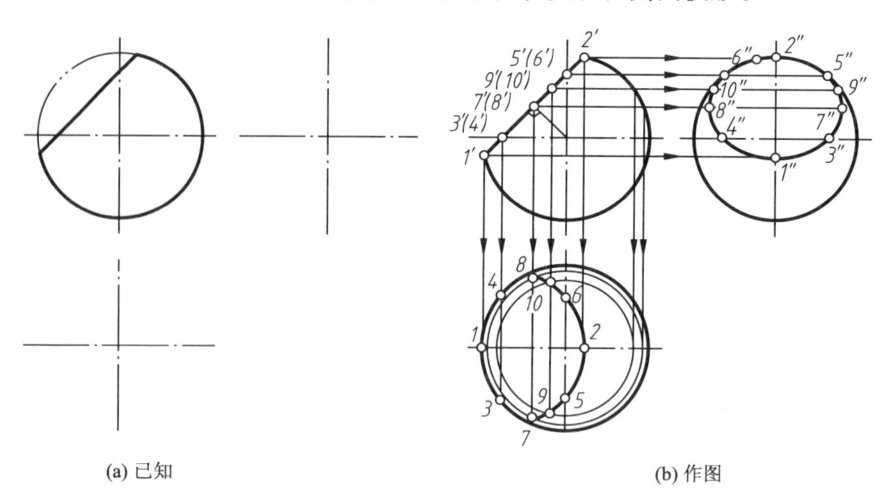

(a) 已知　　(b) 作图

图 3.22 平面与球面相交

解： 正垂面截切圆球，截交线为圆，其正面投影积聚为直线段，该直线的长度等于圆的直径；截交线的侧面投影和水平投影均为椭圆。

作图步骤(图 3.22)：

(1) 画出完整圆球的水平投影和侧面投影。

(2) 求特殊点的投影。

① 求出轮廓线上的各特殊点Ⅰ、Ⅱ、Ⅲ、Ⅳ、Ⅴ、Ⅵ。Ⅰ、Ⅱ为圆球的正面轮廓线上的点，也是截交线上的最高点、最低点和最左点、最右点；Ⅲ、Ⅳ为水平轮廓线上的点；Ⅴ、Ⅵ为侧面轮廓线上的点，根据其正面投影1′、2′、3′、(4′)、5′、(6′)可直接求得水平投影1、2、3、4、5、6和侧面投影1″、2″、3″、4″、5″、6″。

② 求椭圆的长短轴。由于ⅠⅡ是正平线，其正面投影1′2′的长度等于截交线圆的直径，它的水平投影1 2和侧面投影1″2″分别为两个椭圆的短轴；椭圆的长轴就是垂直且平分短轴的正垂线ⅦⅧ。Ⅶ、Ⅷ两点分别是截交线上的最前点和最后点，它们的正面投影7′(8′)必积聚在1′2′的中点处，水平投影7、8和侧面投影7″、8″可利用原球面上取点的方法求得，图中过7′(8′)作水平纬圆求得7、8。

(3) 求一般点的投影。在正面投影适当位置先标出9′、(10′)两点，求出其水平投影和侧面投影，作法与求点Ⅶ、Ⅷ的投影相同。

(4) 光滑连接曲线。判别可见性并顺次光滑连接各点，作出截交线。注意水平投影和侧面投影曲线的对称性。

(5) 补全轮廓线。水平投影的轮廓线画至3、4，侧面投影的轮廓线画至5″、6″。

例 3－4 如图 3.23(a)所示，求半圆球切槽后的 H、W 面投影。

解： 半圆球被一个水平面和两个侧平面截切，水平面截切圆球，截交线的水平投影为部分圆弧，侧面投影积聚为直线；两个侧平面截切圆球，截交线的侧面投影为两段重合的圆弧，水平投影积聚为两条直线。

作图步骤：

(1) 画出半圆球的水平投影和侧面投影。

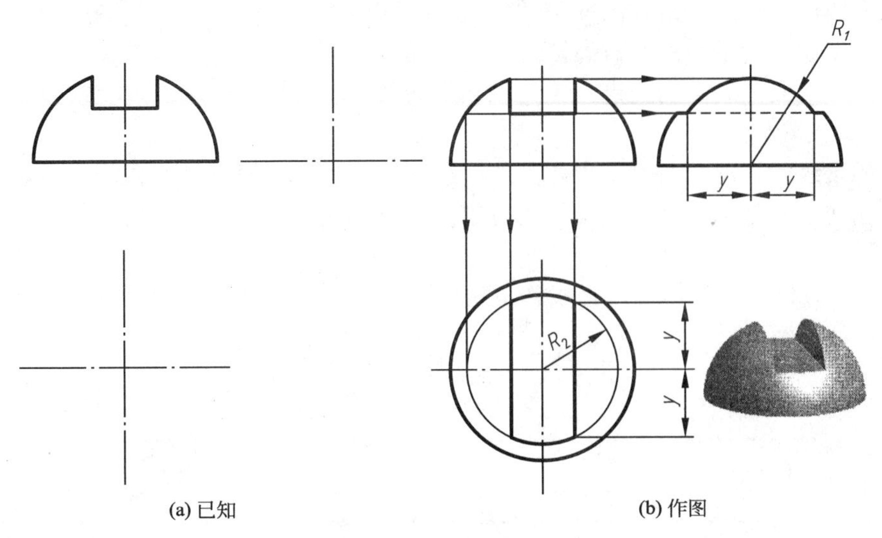

(a) 已知　　(b) 作图

图 3.23　截切半圆球的投影

(2) 求两侧平面与半圆球截交线的投影。水平投影积聚为两直线；侧面投影重合为一段半径为 R_1 的圆弧。

(3) 画出水平截平面与半圆球的截交线投影，并判别可见性。水平投影为两段前后对称、半径为 R_2 的圆弧；侧面投影积聚为一条直线，其中被遮住的部分为虚线。

(4) 画出各轮廓线的水平投影和侧面投影。侧面投影上，半圆球的轮廓线圆在通槽处被切掉，因此不画出；水平投影上，半圆球的轮廓线圆全部画出，结果如图 3.23(b)所示。

3.4 立体与立体相交(Intersection of Solids and Solids)

3.4.1 利用积聚性求相贯线(Solving Intersection Line Using Its Accumulation)

两立体相交称为相贯，其表面交线称为相贯线(intersection line)。相贯线是两立体表面的共有线(common line)。相贯线的形状和数量是由相贯两立体的形状及相对位置决定的。根据立体的几何性质不同，相贯立体的有三种情况(图 3.24)。

(a) 两平面立体相贯

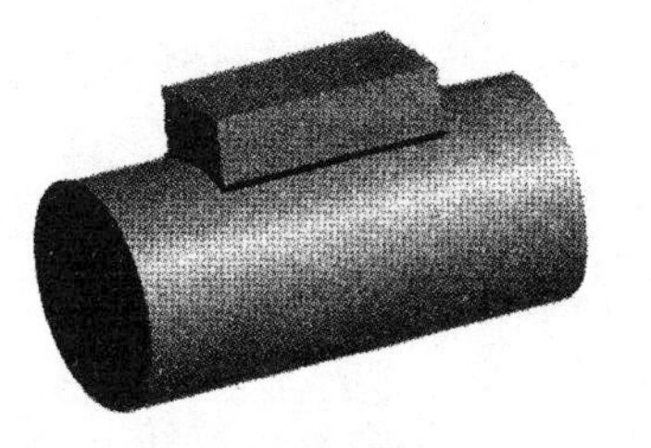

(b) 平面立体与曲面立体相贯

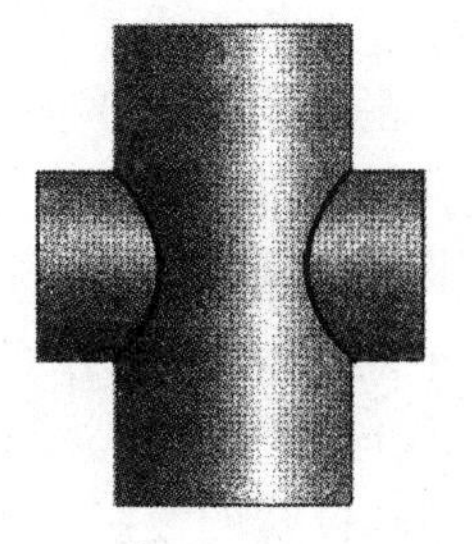

(c) 两曲面立体相贯

图 3.24　两立体相贯

通常平面体的相贯线是封闭的空间折线，特殊情况下可以是不封闭的空间折线或封闭的平面多边形。相贯线的每一直线段都是两平面体表面的交线，折线的顶点是一个平面体的棱线与另一平面体表面的交点。因此求相贯线就是求两平面体表面的交线及棱线与表面的交点。

求出相贯线后，需判断投影中相贯线的可见性，其基本原则是：在同一投影中只有当两立体的相交表面都可见时，其交线才可见；如果相交表面有一个不可见，则交线在该投影中不可见。

例 3-5 如图 3.25(a)所示，求作三棱锥与三棱柱的相贯线。

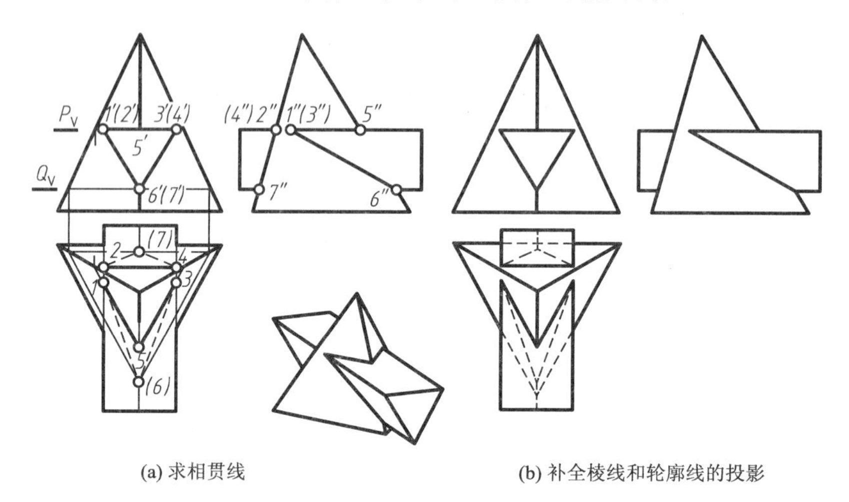

(a) 求相贯线 (b) 补全棱线和轮廓线的投影

图 3.25 求三棱锥与三棱柱的相贯线

解： 根据图 3.25(a)可知，三棱柱整个贯穿三棱锥，为全贯，形成前后两条相贯线。前面一条是由三棱柱的三个棱面与三棱锥的前两个棱面相交而成的空间封闭折线；后面的一条相贯线为三棱柱的三个棱面与三棱锥的后面一个棱面相交而成的三角形。

由于三棱柱的三个棱面的正面投影有积聚性，所以两条相贯线的正面投影都重合在三棱柱各棱面的正面投影上。作图时可根据已知的相贯线正面投影求其水平投影和侧面投影。

作图步骤：

(1) 求作水平投影。如图 3.25(a)所示，包含棱柱的上边棱面作一截平面 P。平面 P 与三棱锥相交，截交线为三棱锥底面三角形的相似形，其中三棱柱范围内的 1 5 3、2 4 为相贯线的水平投影部分。再包含三棱柱最下边一条棱线作辅助平面 Q，同法求得该棱线与三棱锥表面的交点的水平投影(6)、(7)。由于三棱柱左右两棱面的水平投影不可见，故其上的相贯线 1(6)3、2(7)4 也不可见，用虚线连接。

(2) 求作侧面投影。根据相贯线的正面投影和水平投影，按投影关系即可求得其侧面投影。由于两相贯体左右对称，故相贯线 5″1″6″与 5″(3″)6″重合；2″(4″)7″在棱锥后面棱面的积聚投影上。

(3) 补画棱线的投影。侧面投影中不需补画棱线；水平投影中题目中未画全的棱线可分为参与相贯和未参与相贯两种，参与相贯的棱线需补画到相贯线上相应的各顶点，如水平投影中三棱柱左、右两条棱线前边分别补到 1、3，后边分别补到 2、4，未参与相贯的棱线直接补全即可，如三棱锥底面三角形上的三条棱线，注意不可见的棱线用虚线绘制，完成作图［图 3.25(b)］。

两立体相贯后，形成了一个新的整体，因此，不存在一个立体的棱线穿入另一个立体内部的情况，绘制投影图时，应注意不能画出立体内的棱线，如图 3.25(b)中的水平投影中的 1 2、3 4、6 7 等，侧面投影中的 1″2″、6″7″等均不画。

如将图 3.25 中的三棱柱视为一个虚拟的棱柱，则两立体实体相贯变为图 3.26(b)所示的穿孔形式，穿孔后形成的截交线与图 3.25 中的相贯线是一样的，其作图方法也完全相同，但投影图中应增加孔壁的交线，如图 3.26(a)中的水平投影中的 1 2、3 4、6 7，由于三棱柱已经不存在，则相贯线和立体轮廓线的可见性也有相应的变化。

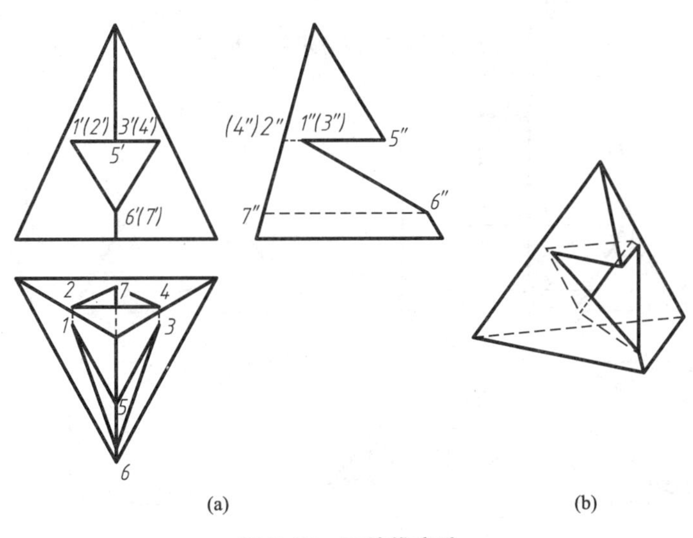

图 3.26　三棱锥穿孔

3.4.2　平面体与曲面体相贯(Intersection of a Polyhedron and a Curved Solid)

一般情况下，平面体与曲面体相贯，其相贯线是由若干段平面曲线组合而成的，通常也是闭合的。每一段曲线都是由平面体的一个表面与曲面体相交而成的截交线，每两段曲线的交点是平面体棱线与曲面体表面的交点，也称为结合点(combine point)。

图 3.27(a)所示为矩形梁贯穿圆柱的情况，图中梁的上表面正好与圆柱的顶面平齐，无交线，故其相贯线有两条，每条均由两段直线段和一段圆弧组成，且均不闭合。在投影图中，由于圆柱的水平投影和矩形梁的侧面投影有积聚性，故相贯线的水平投影和侧面投影已知，正面投影中相贯线的直线部分反映实长，圆弧部分在矩形梁下底面的积聚投影上，如图 3.27(b)所示。

例 3-6　如图 3.28(a)所示，求圆柱与四棱锥的相贯线。

解：由图 3.28(a)可知，两相贯体左右、前后对称，相贯线也应左右、前后对称。又因圆柱的轴线过四棱锥的锥顶，所有相贯线是由棱锥的四个棱面截切圆柱面所得的四段椭圆弧组合而成。四条棱线与圆柱面的四个交点就是这四段椭圆弧的结合点，这四个点的高度相同，为相贯线上的最高点。

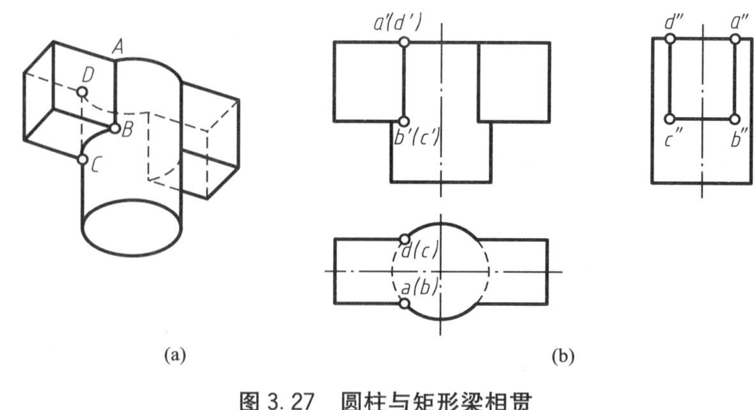

图 3.27 圆柱与矩形梁相贯

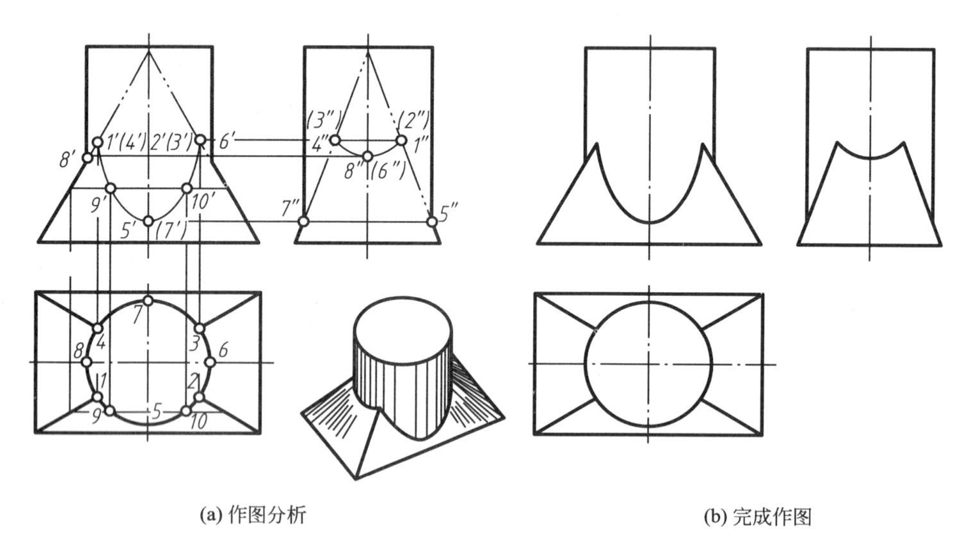

图 3.28 圆柱与四棱锥相贯

由于圆柱的轴线垂直于 H 面，相贯线的水平投影就位于圆柱面的积聚投影上，故相贯线的水平投影已知。四棱锥的左右两个棱面为正垂面，其正面投影积聚为直线段，相应的两段相贯线椭圆弧的正面投影也在该直线段上。同理，另两段相贯线椭圆弧的侧面投影在四棱锥侧垂面的积聚投影上。

作图：如图 3.28 所示。

(1) 求全部特殊点，包括结合点(每段椭圆弧的端点)、最高点、最低点、最前点、最后点等。最高点也是结合点：在 H 投影面中为四条棱线与圆柱面的已知交点 1、2、3、4，由此可求得正面投影 $1'$、$2'$、($3'$)、($4'$)，侧面投影 $1''$、($2''$)、($3''$)、$4''$。最低点：在水平投影中圆的中心线与圆周相交的各点 5、6、7、8 分别为各椭圆弧最低点的水平投影。在正面投影中 $6'$、$8'$两点为圆柱轮廓素线与棱面积聚投影的交点；由 $6'$、$8'$和 6、8 可求得其侧面投影($6''$)、$8''$。在侧面投影中，$5''$、$7''$为圆柱轮廓素线与前后棱面积聚投影的交点，由 $5''$、$7''$和 5、7 可求得其正面投影 $5'$、($7'$)两点；Ⅴ、Ⅶ还是相贯线上的最前、最后点，Ⅵ、Ⅷ也是相贯线上的最右、最左点。

(2) 求一般点。在相贯线水平投影的适当位置上取一般点 9，该点为圆柱面与棱锥表面的共有点，利用棱锥表面定点，即可求得点 9′，点 10′与点 9′左右对称。同理，可求得侧面投影中的 9″、10″。

(3) 依次光滑连接各段相贯线上的点，由于两相贯体前后对称，相贯线也应前后对称，故在正面投影中 1′9′5′10′2′段与(4′)(7′)(3′)段重合，1′8′(4′)段、2′6′(3′)段分别重合在其正垂面积聚投影上。相贯线的侧面投影与正面投影具有相同的投影特性，求作的结果如图 3.28(b)所示。

3.4.3 曲面体与曲面体相贯(Intersection of Curved Solids)

两曲面体的相贯线在一般情况下为封闭的空间曲线，特殊情况下也可以是平面曲线或直线。相贯线是两曲面体表面的共有线，相贯线上的点是两曲面体表面的共有点。因此，求两曲面体相贯线的作图实质为求两表面共有点的问题。相贯线的形状不仅取决于相交两旋转体的几何形状，而且与它们的相对位置有关。求共有点的方法有表面定点法和辅助平面法。

1. *表面定点法*

表面定点法是指当相交曲面体表面的某一投影有积聚性时，则相贯线在相应投影面上的投影重合在该积聚投影上，这时，就可用曲面体表面定点的方法求得相贯线上的点。

例 3-7 如图 3.29 所示，两个圆柱正交相贯，求作其相贯线。

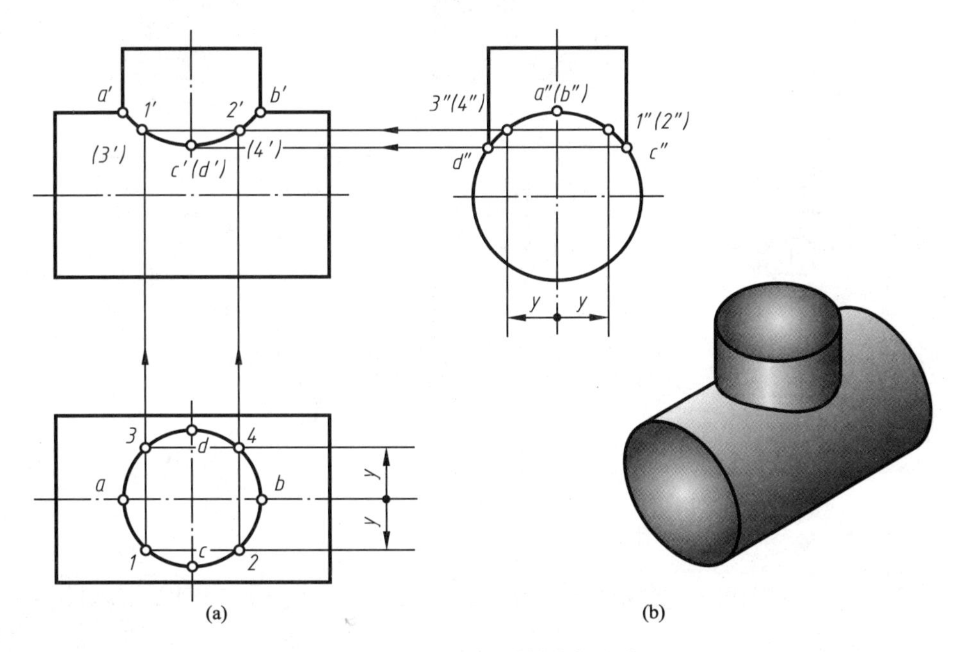

图 3.29 利用积聚性求相贯线

解： 两圆柱的轴线垂直相交(正交)，其相贯线为一封闭的，且前后、左右均对称的空间曲线。由于大圆柱面的轴线垂直于 W 面，圆柱的侧面投影积聚为圆，相贯线的侧面投影重合在小圆柱穿进处的一段圆弧上，且左半和右半相贯线的侧面投影互相重合；同理，小圆柱面的轴线垂直于 H 面，圆柱的水平投影积聚为圆，相贯线的水平投影与此圆重合。因此，根据相贯线的水平投影和侧面投影，即可求作它的正面投影。

作图步骤(图 3.29)：

(1) 求特殊点。从相贯线的水平投影上可明显看出，点 A、B、C、D 是相贯线上的四个特殊点，两圆柱正面投影的轮廓轮廓线的交点 A、B 是相贯线上的最高且最左、最右点；点 C、D 是相贯线上的最低且最前、最后点，也是小圆柱侧面轮廓线上的点。可先确定出点 A、B、C、D 的水平投影 a、b、c、d，再在相贯线的侧面投影上相应地求出 a''、b''、c''、d''，然后根据两面投影求出其正面投影 a'、b'、c'、d'。

(2) 求一般点。由于特殊点之间间隔大，需要在特殊点之间补充作出一般点，以便较准确地画出相贯线。在相贯线的水平投影上特殊点中间取一般点 1、2、3、4，然后再求出其侧面投影 $1''$、$2''$、$3''$、$4''$，根据投影规律可求出其正面投影 $1'$、$2'$、$3'$、$4'$。

(3) 判别可见性后依次连接各点。由于相贯线前后对称，前半相贯线在两个圆柱的可见表面上，所以其正面投影可见和不可见投影相重合。因此，相贯线的正面投影可按相贯线水平投影所显示的诸点的顺序，光滑连接前面可见部分各点的投影即可。

不仅两个圆柱面的外表面相交时会产生相贯线，圆柱面的外表面与内表面相贯、两圆柱面的内表面相交时也会产生相贯线，如图 3.30 所示。这 3 种情况的相贯线的形状和作图方法都是相同的。

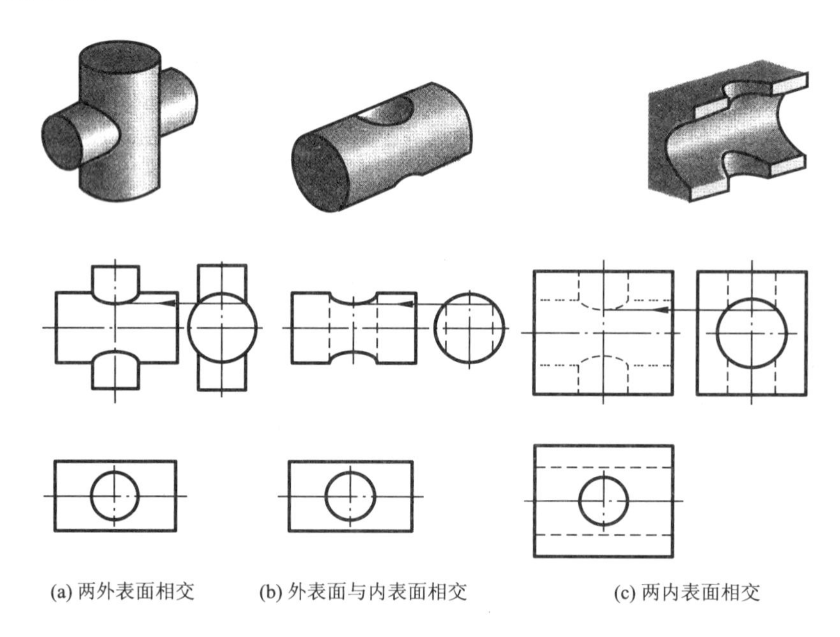

图 3.30　两圆柱相贯的 3 种形式

两正交圆柱直径变化时，对相贯线的形状产生影响。从图 3.31 可以看出，当水平圆柱的直径小于直立圆柱时，相贯线呈现在左、右两端［图 3.31(a)］；当两圆柱直径逐渐接近时，两端的相贯线也逐渐接近［图 3.31(b)］；当两圆柱直径相等时，相贯线为两条平面曲线(椭圆)，其正面投影积聚为两相交直线［图 3.31(c)］；当水平圆柱的直径大于直立圆柱时，相贯线呈现在上、下两端［图 3.31(d)］；随着水平圆柱直径的继续增大，相贯线逐渐远离［图 3.31(e)］。

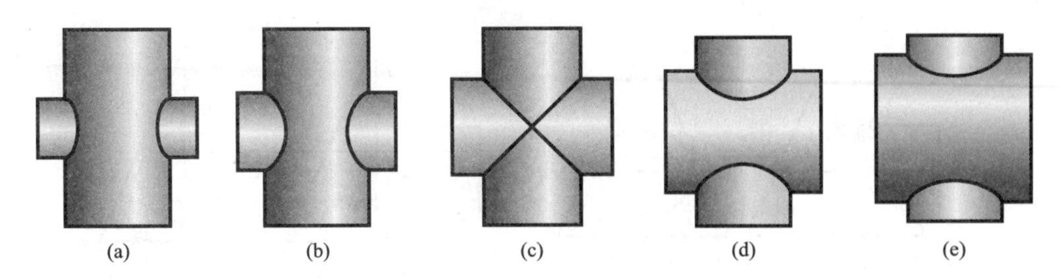

图 3.31 直径变化对相贯线的影响

2. 辅助平面法

辅助平面法是利用三面共点原理求两曲面体共有点的一种方法，通过作辅助面，使其与两个曲面体的表面相交，所得两条截交线的交点，即为两曲面体表面共有点。

为了便于作图，采用辅助平面求相贯线上的点时，所选辅助平面与旋转体相交产生的交线应为直线或圆，且辅助平面应为投影面的平行面，这时，在辅助平面所平行的投影面上截交线的投影反映实形。

当相交的两回转体表面之一无积聚性(或均无积聚性)时，可采用辅助平面求相贯线的方法。

(1) 辅助平面法的作图原理。辅助平面法求相贯线的实质是求三面共点，假想用一平面在适当位置截切两相交回转体，分别求出辅助平面与两回转体的截交线，两截交线的交点既是相贯线上的点，也是两回转体表面及辅助平面上的点。利用此方法求出两回转体表面上的若干共有点，从而画出相贯线的投影。

(2) 辅助平面的选择原则。使辅助平面与两回转体表面截交线的投影简单易画，例如直线或圆。

例 3-8 如图 3.32 所示，求圆柱与圆锥正交的相贯线投影。

解：圆柱与圆锥轴线垂直相交，相贯线为一条封闭的空间曲线，并且前后对称。由于圆柱面的侧面投影积聚为圆，所以相贯线的侧面投影也重合于该圆周上，故只需求出相贯线的正面投影和侧面投影。

从两形体相交的位置来看，辅助平面可采用一系列与圆锥轴线垂直的水平面，它与圆锥的交线是圆，与圆柱的交线是矩形，圆和直线都简单易画。

作图步骤：

(1) 求特殊点［图 3.32(a)］。

① 两回转体正面投影轮廓线的交点 A、B 可直接求得。它们是相贯线的最高点和最低点，B 点也是最左点。

② 点 C、D 是圆柱水平投影轮廓线上的点，可利用辅助平面求得。过圆柱轴线作辅助水平面 P_1，P_1 与圆柱、圆锥分别相交，其截交线的交点 C、D 是相贯线的最前点和最后点，由水平投影 c、d 和侧面投影 c''、d''可求得正面投影 c'、d'。

③ 相贯线正面投影上的最右点 M、N，位于圆锥面的两条素线 SⅠ、SⅡ上，这两条素线的侧面投影与圆柱面侧面投影的圆相切，根据这一点即可作出 m''、n''，再根据 y、y_1，在 s_1、s_2 上可求得水平投影 m、n，最后根据点的投影规律即可得到 m'、n'。

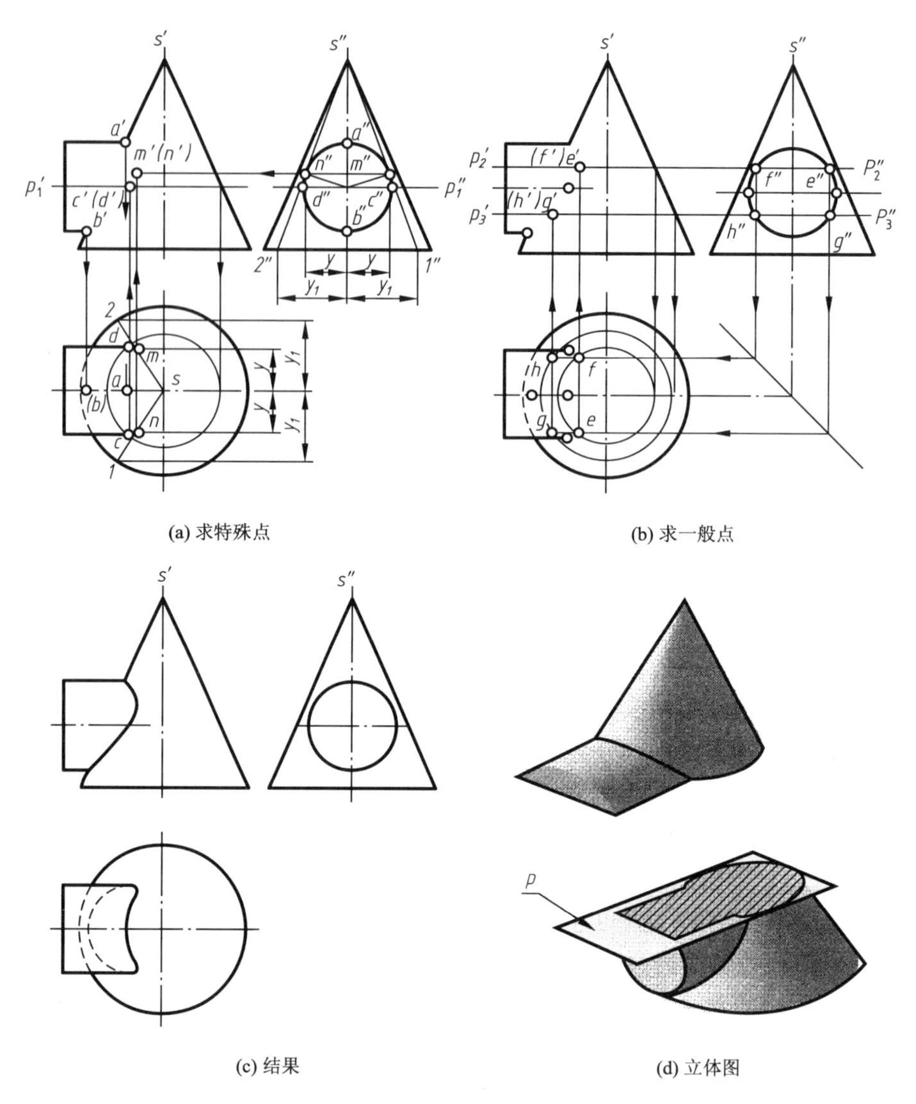

(a) 求特殊点

(b) 求一般点

(c) 结果

(d) 立体图

图 3.32 圆柱与圆锥轴线垂直相交

(2) 求一般点。在特殊点之间的适当位置作一系列水平辅助平面，如 P_2、P_3 等。在侧投影面上，由 P_2''、P_3''与圆的交点定出一般点 E、F、G、H 的侧面投影 e''、f''、g''、h''。在水平投影面上，平面 P_2、P_3 与圆锥、圆柱面的截交线为圆和两条直线，它们的交点是 E、F、G、H 的水平投影 e、f、g、h，由此可求出 e'、f'、g'、h'，如图 3.32(b)所示。

(3) 判别可见性并依次光滑连接各点。由于相贯体前后对称，正面投影前后重合，只需按顺序用粗实线光滑连接前面可见部分各点的投影；相贯线的水平投影以 C、D 为分界点，分界点的上部分可见，用粗实线依次光滑连接，分界点的下部分不可见，用虚线光滑连接。

(4) 整理轮廓线。在水平投影中，圆柱的水平轮廓线应画到相贯线 c、d 两点为止；圆锥底圆被圆柱遮挡部分也应补画成虚线，结果如图 3.32(c)所示。

3. 相贯线的特殊情况

在一般情况下，两回转体的相贯线应为封闭的空间曲线；但在某些特殊情况下，也可能是平面曲线或直线段，下面简单地介绍相贯线为平面曲线比较常见的特殊情况。

当两回转体轴线相交，且平行于同一投影面并公切于一球时，其相贯线为平面曲线——椭圆，在与两回转体轴线平行的投影面上，该椭圆的投影积聚成直线。

图 3.33 中的圆柱与圆柱、圆柱与圆锥，它们的轴线都分别相交，且都平行于 V 面，并公切于一个球，因此，它们的相贯线是垂直于 V 面的椭圆，只要连接它们的正面投影轮廓线的交点，得两条相交直线，即为相贯线(两个椭圆)的正面投影。

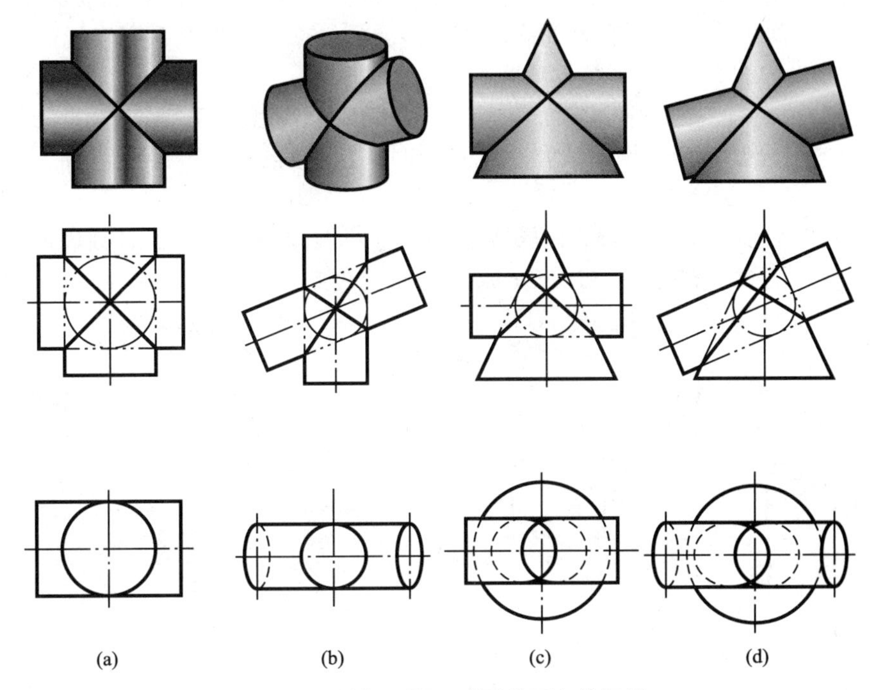

图 3.33 公切于同一球面的两立体相贯

4. 相贯线的简化画法

正交相贯两圆柱相贯线的投影可用简化画法绘制，即用圆弧代替曲线，如图 3.34 所示。以大圆柱半径为半径($R=D/2$)，在小圆柱的轴线上找到过 $1'$、$2'$ 的该圆弧的圆心，即可作出该圆弧。

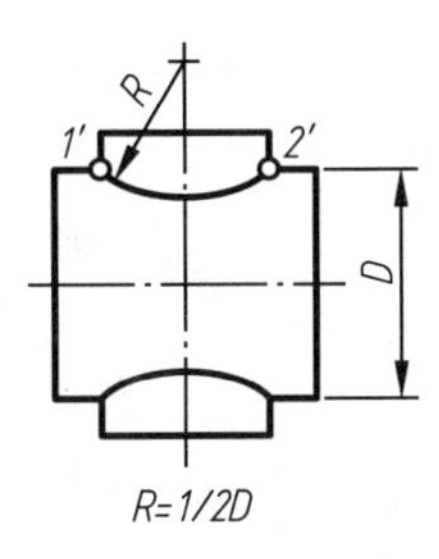

图 3.34 相贯线的简化画法

3.5 同坡屋面交线(Intersection of Sloping Roofs)

为了排水需要，建筑屋面均有坡度，当坡度大于10%时称坡屋面(sloping roof)。坡屋面分单坡、二坡和四坡屋面。当各坡面与地面(H 面)倾角都相等时，称同坡屋面。坡屋面的交线是两平面立体相交的工程实例，但因其特性，与前面所述的作图方法有所不同。坡屋面各种交线的名称如图3.35所示。

同坡屋面交线有如下特点。

(1) 两坡屋面的檐口线平行且等高时，前后坡面必交于一条水平屋脊线，屋脊线的 H 投影与该两檐口线的 H 投影平行且等距。

(2) 檐口线相交的相邻两个坡面交成的斜脊线或天沟线，它们的 H 投影为两檐口线 H 投影夹角的平分线。当两檐口线相交成直角时，斜脊线或天沟线在 H 面上的投影与檐口线的投影成45°角。

(3) 在屋面上如果有两斜脊、两天沟或一斜脊一天沟相交于一点，则该点上必然有第三条线即屋脊线通过。这个点就是三个相邻屋面的公有点。如图3.35中，A 点为三个坡屋面Ⅰ、Ⅱ、Ⅲ所共有，两条斜脊 AC、AE 和屋脊 AB 交于该点。

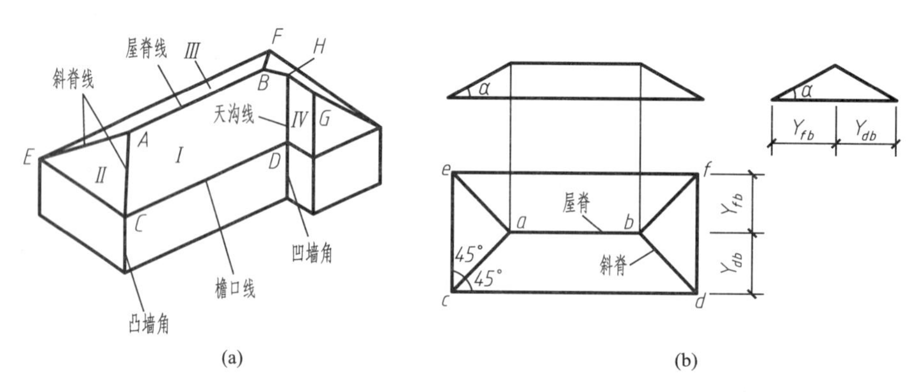

图3.35 同坡屋面及其投影

图3.35(b)是这三个特点的投影图示。图中四坡屋面的左右两斜面为正垂面，前后两斜面为侧垂面，从 V 和 W 投影上可以看出这些垂直面对 H 面的倾角 α 都相等，这样在 H 面投影上就有：

(1) ab(屋脊)平行于 cd 和 ef(檐口)，且 $Y_{db}=Y_{fb}$。

(2) 斜脊的投影必为两檐口线投影夹角的平分线，如 $\angle eca=\angle dca=45°$。

(3) 过 a 点有三条脊棱 ab、ac 和 ae。

例3-9 如图3.36(a)所示，已知四坡屋面的倾角 $\alpha=30°$及檐口线的 H 投影，求屋面交线的 H 投影和屋面的 V、W 投影。

解： 作图如下。

(1) 作屋面交线的 H 投影。

① 在屋面的 H 投影上过每一屋角作45°分角线。在凸墙角上作的是斜脊线 ac、ae、mg、ng、bf、bh；在凹墙角上作的是天沟线 dh。其中 bh 是将 cd 延长至 k 点，从 k 点作分角线

与天沟线 dh 相交而截取的。也可以按上述屋面交线的第三条特点作出［图 3.36(b)］。

② 作每一檐口线(前后或左右)的中线，即屋脊线 ab 和 hg ［图 3.36(c)］。

(2) 作屋面的 V、W 投影。

根据屋面倾角 $\alpha=30°$ 和投影规律，作出屋面的 V、W 投影。一般先作出具有积聚性屋面的 V 投影(或 W 投影)，再加上屋脊线的 V 投影(或 W 投影)即得屋面的 V 投影；然后，根据投影规律作出屋面的 W 投影［图 3.36(d)］。

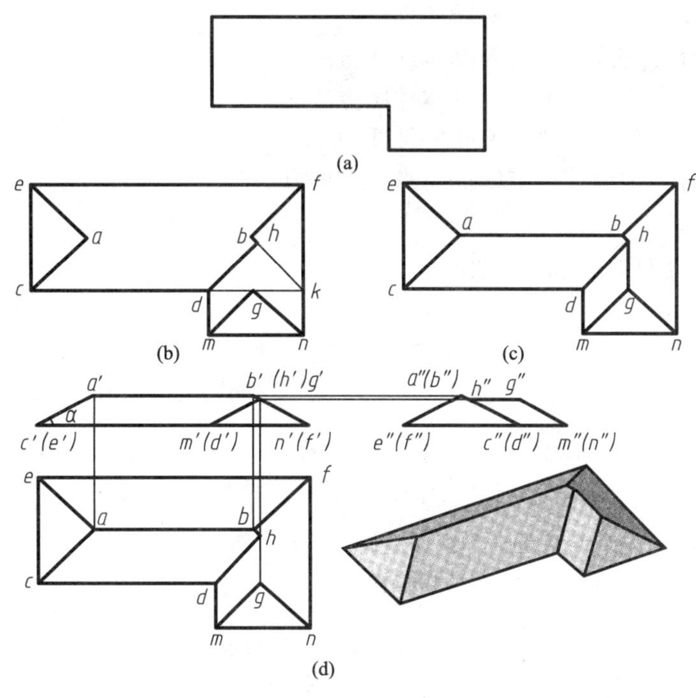

图 3.36　求屋面交线

由于同坡屋面的同一周界限不同尺寸可以得到四种典型的屋面划分。

① $ab<ef$，如图 3.37(a)所示。

② $ab=ef$，如图 3.37(b)所示。

③ $ab=ac$，如图 3.37(c)所示。

④ $ab>ac$，如图 3.37(d)所示。

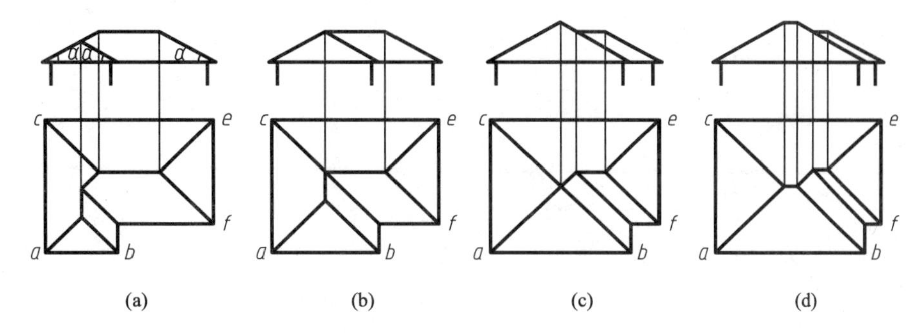

图 3.37　同坡屋面的四种情况

由上述可见，屋脊线的高度随着两檐口之间的距离而起变化，一般平行两檐口屋面的跨度越大，屋脊线就越高。

思 考 题

1. 什么是截交线？截交线具有哪些性质？
2. 简述平面体截交线的特点及基本作图方法。
3. 简述曲面体截交线的特点及基本作图方法。
4. 什么是相贯线？相贯线具有哪些性质？
5. 简述曲面体与曲面体相贯线的特点及作图方法。

第4章 轴测投影(Axonometric Projection)

教学提示：由于轴测图能在单面投影中反映物体长、宽、高三个方向的形状，基本接近人们观察物体所得出的视觉形象。因此，工程中常用轴测图作为辅助图样来表达物体。同时，学习轴测图有助于培养同学们的读图和绘图技能。

教学要求：通过本章的学习，了解轴测图的形成、分类；要求掌握用轴测图表达空间形体的方法；能合理选用不同类型轴测图表达形体；学会正轴测投影图的基本画法以及斜轴测投影图在建筑平面布置的画法。

4.1 轴测投影基本知识(Fundamental Knowledge of Axonometric Projection)

4.1.1 轴测投影的形成(Formation of Axonometric Projection)

三面投影图可以比较全面地表示空间物体的形状和大小，但是这种图的立体感较差，不容易看懂。图4.1(a)所示是组合体的三面投影，如果把它画成图4.1(b)所示的形式，就容易看懂。这种图是用轴测投影的方法画出来的，称为轴测投影(axonometric projection)图(简称轴测图)。

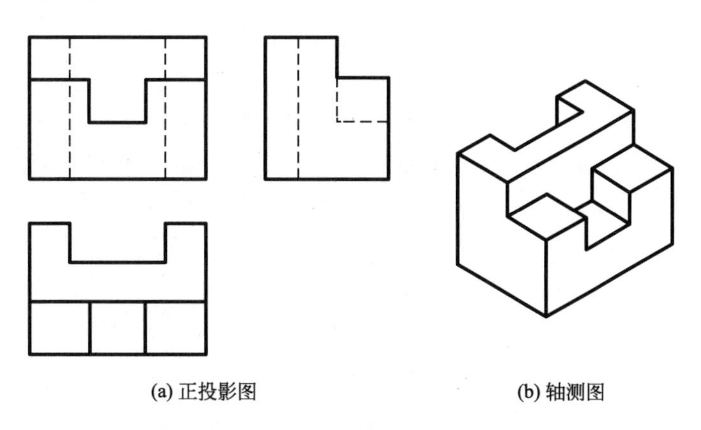

图4.1 垫座的投影图和轴测图

轴测图有立体感是它的优点，但它也存在缺点。首先是对形体的表达不全面，如图中的垫座，它后面的槽是否通到底，或通到什么地方，没有表示清楚；其次，轴测图没有反映出形体各个侧面的实形，如垫座上各矩形侧面在轴测图中变成了平行四边形。正是由于变形的关系，使得轴测图的作图较为困难，特别是外形或构造复杂的形体，作图更麻烦。因此，在生产图纸中，轴测图一般只作为辅助图样，用以帮助阅读。

轴测投影是将空间物体连同确定其空间位置的直角坐标系用平行投影法，沿不平行于任一坐标面的方向 S 投射到单一平面 P 上，使平面 P 所得到的图形同时反映出形体的长、宽、高三个方位，这种方法所得到的图形称为轴测投影，或称为轴测投影图，其中，平面 P 称为轴测投影面。当投射线垂直于轴测投影面 P 时得到的图形称为正轴测图 [图 4.2(a)]；当投射线倾斜于轴测投影面 P 时得到的图形则称为斜轴测图 [图 4.2(b)]。

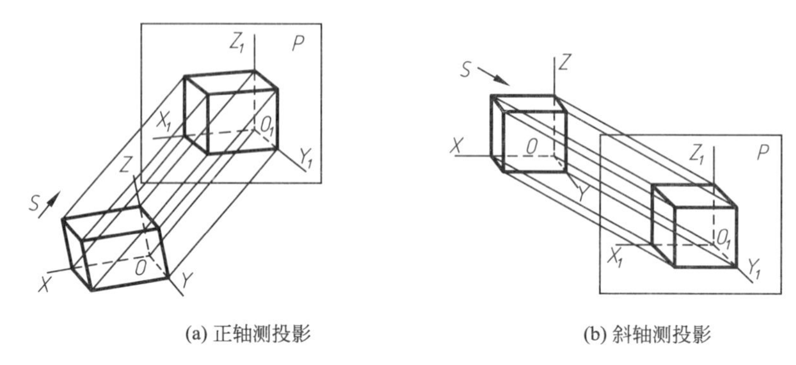

(a) 正轴测投影　　(b) 斜轴测投影

图 4.2　轴测投影的形成

4.1.2　轴测投影中的基本参数(Basic Parameters in Axonometric Projection)

1) 轴间角

如图 4.2 所示，O_1X_1、O_1Y_1、O_1Z_1 为空间直角坐标轴 OX、OY、OZ 在轴测投影面 P 上的投影，称为轴测轴。轴测轴之间的夹角 $\angle X_1O_1Y_1$、$\angle Y_1O_1Z_1$、$\angle X_1O_1Z_1$ 称为轴间角。三个轴间角的总和为 360°。

2) 轴向伸缩系数

轴测轴上的单位长度与相应坐标轴上的单位长度的比值分别称为 X、Y、Z 轴的轴向伸缩系数，分别用 p_1、q_1、r_1 表示，即 $p_1=\frac{O_1X_1}{OX}$、$q_1=\frac{O_1Y_1}{OY}$、$r_1=\frac{O_1Z_1}{OZ}$。

轴间角和轴向伸缩系数是绘制轴测图时的两组基本参数，不同类型的轴测图有其不同的轴间角和轴向伸缩系数。

4.1.3　轴测投影的分类(Classification of Axonometric Projection)

根据投射方向与轴测投影面相对位置的不同，轴测投影可分为两类。

1) 正轴测投影

正轴测投影即投射方向垂直于轴测投影面时所得的投影。根据它的轴向伸缩系数的不同，又可分为三种：正等测($p_1=q_1=r_1$)、正二测(例如 $p_1=r_1$、$q_1=p_1/2$)、正三测($p_1\neq q_1\neq r_1$)。

2) 斜轴测投影

斜轴测投影即投射方向倾斜于轴测投影面时所得的投影。根据它的轴向伸缩系数的不同，也可分为三种：斜等测($p_1=q_1=r_1$)、斜二测(例如 $p_1=r_1$、$q_1=p_1/2$)、斜三测($p_1\neq q_1\neq r_1$)。

工程上最常用的轴测投影是：正等测、斜二测。

4.1.4 轴测投影的特性(Axonometric Projection and Its Characteristics)

轴测投影是根据平行投影原理作出的单面投影图，它具有平行投影的一些特性：

(1) 平行性：互相平行的直线其轴测投影仍平行。

(2) 度量性：形体上与坐标轴平行的直线尺寸，在轴测图中均可沿轴测轴的方向测量。

(3) 定比性：一线段的分段比例在轴测投影中比值不变。

(4) 变形性：形体上与坐标轴不平行的直线，具有不同的伸缩系数，不能在轴测图上直接量取，而要先定出直线的两端点的位置，再画出该直线的轴测投影。

4.1.5 轴测投影图的基本画法(Basic Drawing of Axonometric Projection)

轴测投影图的常用画法主要有坐标法、切割法、叠加法。一般是根据物体的结构和形成原理作图。其作图步骤通常是根据物体的结构和特点建立空间坐标系；然后选择轴测投影的种类并画出相应的轴测轴；最后根据该物体一些点的坐标，用简化的轴向伸缩系数绘制出各个点的轴测投影，并由点连成线、面，从而得到立体的轴测图。

1) 坐标法

坐标法是根据物体上各点的坐标，沿轴向度量，求出各点的轴测投影，并依次连接，得到物体的轴测图，这种画法称为坐标法，它是画轴测图的最基本的方法，也是其他各种画法的基础。

2) 切割法

切割法是在坐标法的基础上，先画出基本形体的轴测图，然后再切去该基本形体被切割掉的部分，从而得到被切割后的立体轴测图。

3) 叠加法

对于几个基本体叠加而成的组合体，宜将各基本体逐个画出，最后完成整个形体的轴测图。画图时要特别注意各部分位置的确定，一般先大后小。

4.2 正等轴测图(Isometric Axonometry)

4.2.1 正等轴测图的轴间角和轴向伸缩系数(Axial Angle and Axial Companding Coefficient of Isometric Axonometry)

正等轴测图简称正等测，是使物体所在的坐标系的三根坐标轴及三个坐标面均与轴测投影面的倾角相等。其中轴间角均为120°，如图4.3所示，轴向伸缩系数 $p_1=q_1=r_1\approx$

0.82，为了作图方便，通常采用简化的轴向伸缩系数 $p_1=q_1=r_1=1$。这样在工程中画图时，所有平行于各坐标轴的线段，可直接按物体上相应的线段长度量取，不必换算，虽然其结果沿各轴向的长度分别都放大了约 1.22(1/0.82)倍，但不会改变形状。

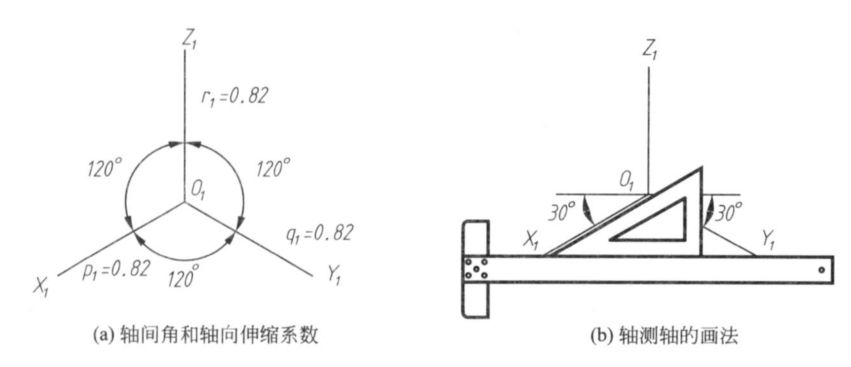

(a) 轴间角和轴向伸缩系数　　(b) 轴测轴的画法

图 4.3　正等轴测图的轴测轴及其画法

4.2.2　正等轴测作图(Drawing of Isometric Axonometry)

例 4－1　如图 4.4(a)所示，已知六棱柱的两面投影图，求作它的正等轴测图。

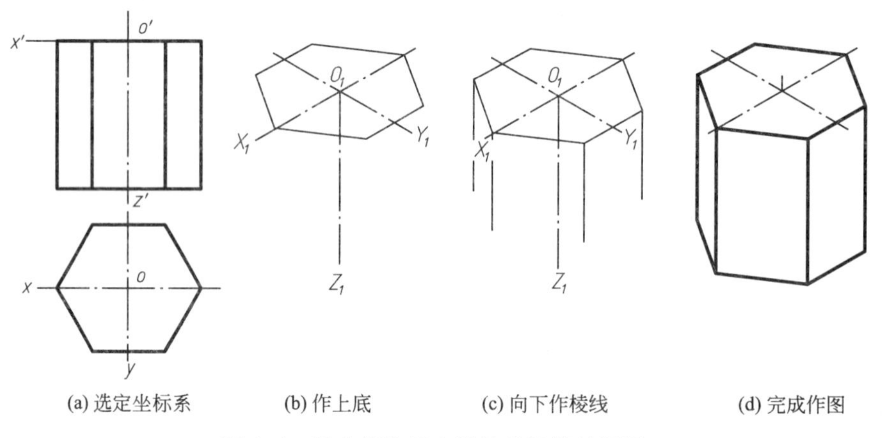

(a) 选定坐标系　　(b) 作上底　　(c) 向下作棱线　　(d) 完成作图

图 4.4　用坐标法画六棱柱的正等轴测图

解：六棱柱的上、下底为正六边形，其前后、左右对称，故选定直角坐标轴的位置如图 4.4(a)所示，以便度量。画图步骤宜由上而下，以减少不必要的作图线。本例采用坐标法绘制正六边形正等轴测图，它是画轴测图最基本的方法。

作图步骤：

(1) 先画出位于上底的轴测轴，然后在 O_1X_1 轴上以 O_1 为原点，按实长对称量取正六边形左、右两个顶点；在 O_1Y_1 轴上对称量取 O_1 到前、后边线的距离，并画出前、后边线，此前后边线平行于 O_1X_1 轴，长度等于正六边形的边长；将所得的 O_1X_1 轴上的两个顶点与前后边线的端点用直线依次连接，即得上底的正等轴测图［图 4.4(b)］。

(2) 从各顶点向下引 O_1Z_1 轴的平行线(只画可见部分即可)，并截取棱边的实长［图 4.4(c)］。

(3) 将下底各可见端点依次用直线相连，加深图线，完成作图［图 4.4(d)］。

例 4-2 如图 4.5(a)所示，已知排架基础的三面投影图，试作出其正等轴测图。

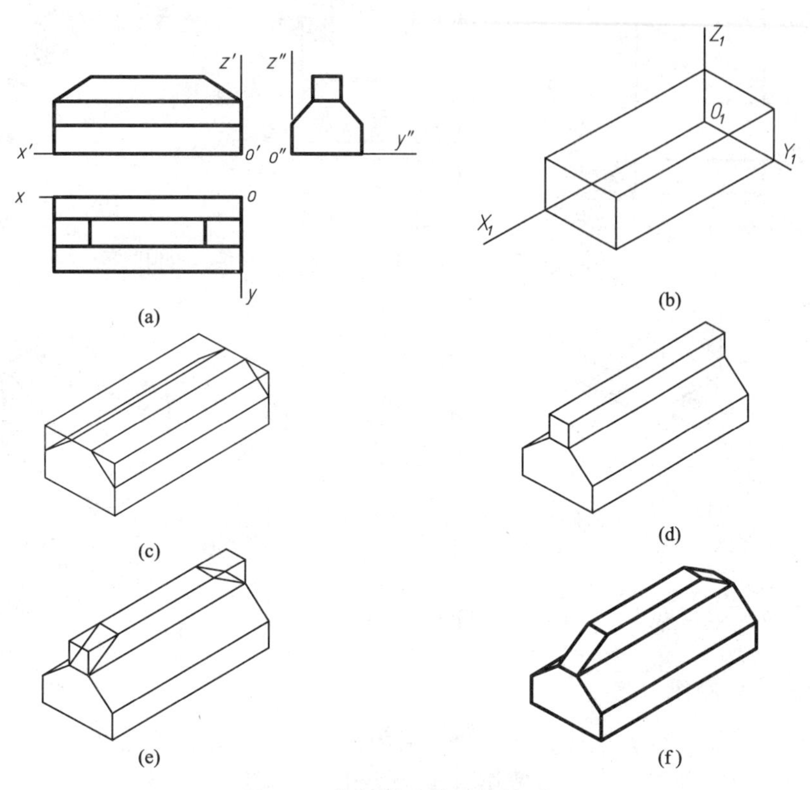

图 4.5 排架基础的正等轴测图

解： 该立体是由上、下两个长方体叠加而成，下部长方体的前、后方向切成斜面，上部长方体的左右方向切成斜面，因此，先画下部的长方体，后画切去部分的形状；接着绘制上部的长方体以及切去部分的形状。所以，本例可采用堆砌法绘制排架基础的正等轴测图。

作图步骤：

(1) 由排架基础的三面投影图，设坐标轴 OX、OY、OZ 位置，如图 4.5(a)所示，绘制轴测轴 O_1X_1、O_1Y_1、O_1Z_1 如图 4.5(b)所示。

(2) 画出下部长方体，如图 4.5(b)所示。

(3) 从左视图量取斜面宽、高尺寸，画出下部长方体的前、后斜面，如图 4.5(c)所示。

(4) 画出上部长方体，位于下部长方体的中上部，如图 4.5(d)所示。

(5) 从正视图量取斜面长、高尺寸，画出上部长方体左、右斜面，如图 4.5(e)所示。

(6) 擦去作图线，加深可见轮廓线，完成作图，如图 4.5(f)所示。

例 4-3 如图 4.6(a)所示，已知物体的两面投影图，用切割法作出其正等轴测图。

解： 该形体的基本外形为四棱柱，作图时，应先画出完整的四棱柱外形，然后逐一确定被切割部分，并及时擦去被切去部分的图线，以保持图面清晰。最后整理全图，加粗可见的轮廓线，完成作图。

作图：作图过程如图 4.6 所示。

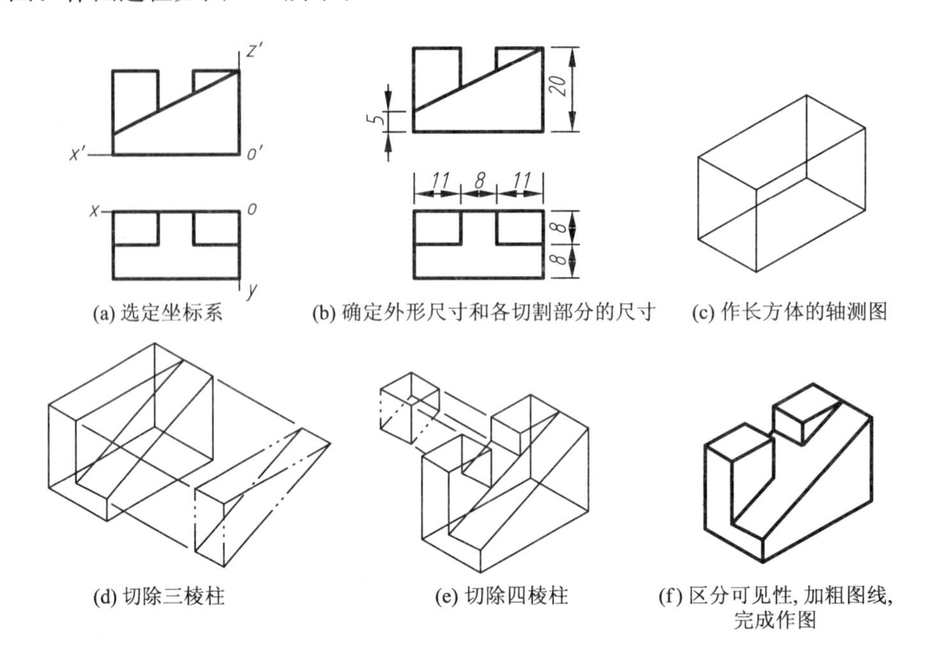

(a) 选定坐标系　(b) 确定外形尺寸和各切割部分的尺寸　(c) 作长方体的轴测图

(d) 切除三棱柱　(e) 切除四棱柱　(f) 区分可见性，加粗图线，完成作图

图 4.6　用切割法作正等轴测图

1. 圆的正等轴测图

当圆所在的平面平行于轴测投影面时，其投影仍为圆；当圆所在的平面倾斜于轴测投影面时，它的投影为椭圆。本书主要讲解坐标法和四心圆弧法绘制平行于投影面圆的正等轴测图。

1）坐标法

对于任何平面曲线乃至空间曲线，都可采用坐标法画出它的轴测图。现以水平圆为例［图 4.7(a)］，说明其作图步骤。

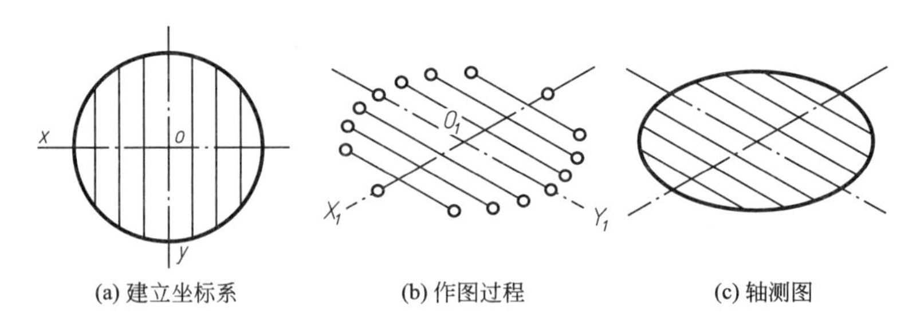

(a) 建立坐标系　(b) 作图过程　(c) 轴测图

图 4.7　用坐标法画圆的正等轴测图

(1) 在圆的水平投影中建立直角坐标系，并作一系列平行弦与圆周相交得一系列点［图 4.7(a)］。

(2) 根据圆周上各点的坐标(x、y)定出它们在轴测图中的相对位置［图 4.7(b)］。

(3) 依次将各点光滑相连便得到圆的正等轴测图——椭圆［图 4.7(c)］。

显然，此法也适用于画任何一种轴测图中的任何曲线。

2）四心圆弧法

在实际工作中，如果不要求十分准确地画出椭圆曲线，此时，可采用四心圆弧法作图。

现仍以水平圆为例，求作圆的正等轴测图，可按图 4.8 所示的四心圆弧法使用圆规绘出近似的椭圆。具体作图过程如下。

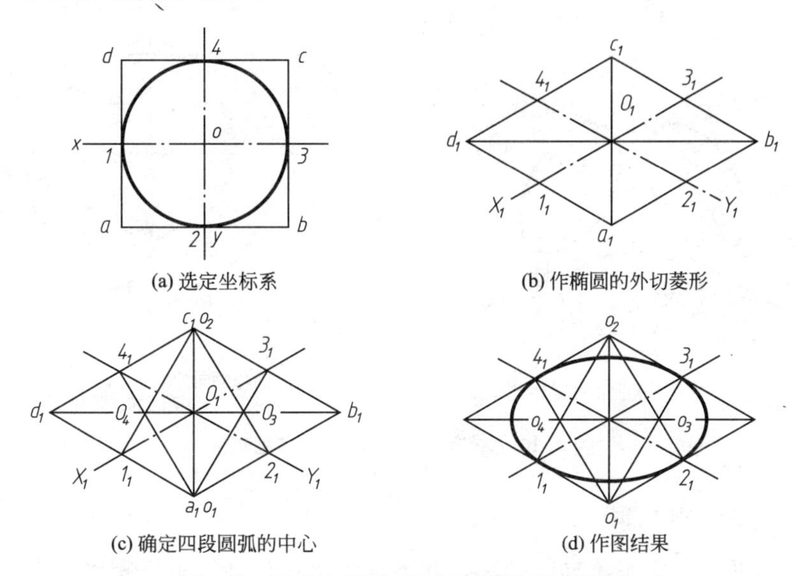

图 4.8 用四心圆弧法画正等轴测近似椭圆

(1) 在圆的水平投影中建立直角坐标系，并作出圆的外切正方形 $abcd$ [图 4.8(a)]，得四个切点 1、2、3、4。

(2) 画轴测轴 O_1X_1、O_1Y_1 及圆外切正方形的正等轴测——菱形 $a_1b_1c_1d_1$ [图 4.8(b)]。

(3) 过切点 1_1、2_1、3_1、4_1 分别作所在菱边的垂线，这四条垂线两两之间的交点 o_1、o_2、o_3、o_4 即为构成近似椭圆的四段圆弧的圆心。其中 o_1 与 a_1 重合，o_2 与 c_1 重合，o_3 和 o_4 在菱形的长对角线上 [图 4.8(c)]。

(4) 分别以 o_1、o_2 为圆心，以 o_13_1 为半径画圆弧 3_14_1 和 1_12_1；再以 o_3、o_4 为圆心，以 o_33_1 为半径画圆弧 2_13_1 和 1_14_1。这四段圆弧光滑连接所得的近似椭圆即为所求 [图 4.8(d)]。

一般建筑物圆角，正好是圆周的四分之一，所以它们的轴测图正好是近似椭圆四段弧中的一段，如图 4.9 所示表示出了圆角正投影与其正等轴测图的关系。

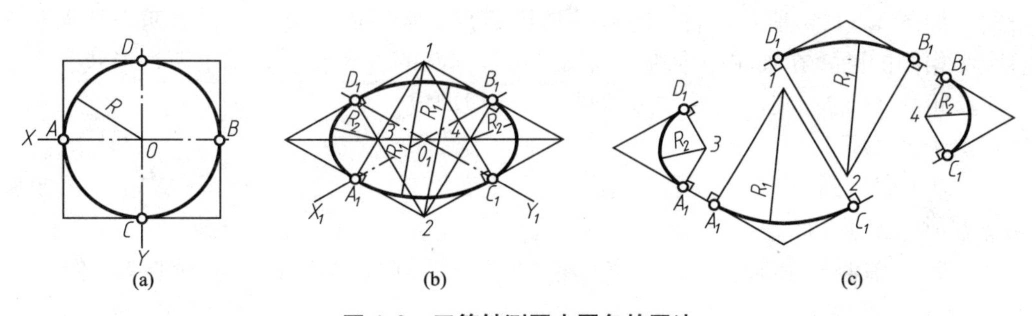

图 4.9 正等轴测图中圆角的画法

由于形成正等轴测时空间形体的各个坐标面对轴测投影面的倾角都相等，所以位于或平行于坐标面的圆的正等轴测都是曲率变化相同的椭圆。

图 4.10 所示为位于各坐标面且直径相等的圆和位于立方体表面上的内切圆的正等轴测，此时，它们是形状和大小都相等的椭圆，只是长、短轴的方向各不相同。

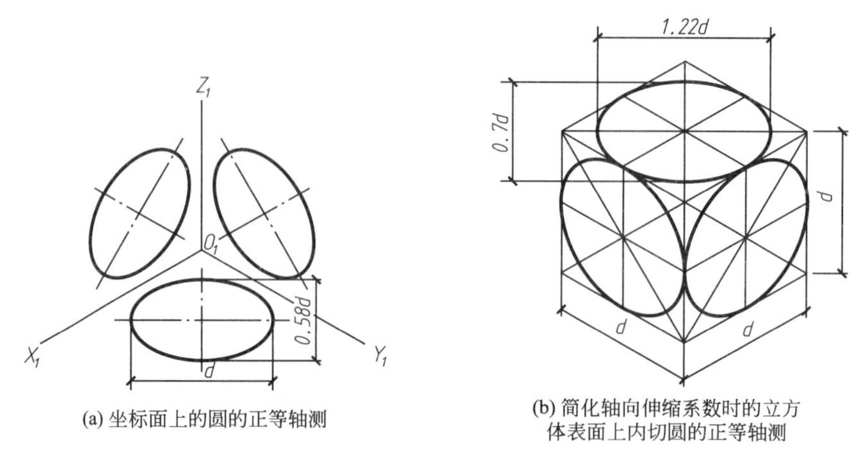

(a) 坐标面上的圆的正等轴测

(b) 简化轴向伸缩系数时的立方体表面上内切圆的正等轴测

图 4.10　不同平面中圆的正等轴测图

2. 曲面体的正等轴测图画法

掌握了坐标平面上的正等轴测画法，就不难画出各种轴线垂直于坐标平面的圆柱、圆锥及其组合形体的轴测图。

例 4-4　如图 4.11(a)所示，已知圆柱的两面投影图，试画其正等轴测图。

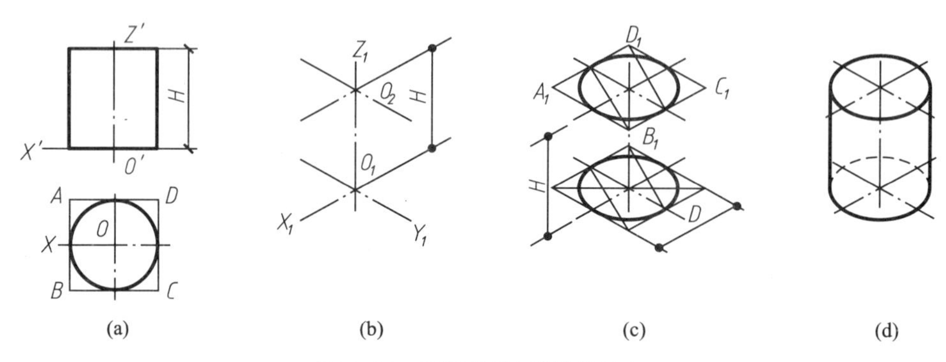

(a)　(b)　(c)　(d)

图 4.11　作圆柱的正等轴测图

解：如图 4.11(a)所示，直立圆柱的轴线垂直于水平面，上、下底为两个与水平面平行且大小相同的圆，在轴测图中均为椭圆。可根据圆的直径和柱高作出两个形状、大小相同，中心距为 H 的椭圆，然后作两椭圆的公切线即成。

作图步骤如下。

(1) 以下底圆圆心为坐标原点，在水平和正面投影图中设置坐标系 $OXYZ$，画出圆的外切正方形［图 4.11(a)］。

(2) 确定轴测轴和轴间角，在 O_1Z_1 轴上截取圆柱高度 H，过圆心 O_2 作 O_1X_1、O_1Y_1 的平行线［图 4.11(b)］。

(3) 用四心圆弧法作圆柱上下底圆的正等轴测投影［图 4.11(c)］。

(4) 作两椭圆的公切线，描粗可见轮廓线，完成全图［图 4.11(d)］。

例 4－5 如图 4.12(a)所示，已知曲面体的两面投影图，求作其正等轴测图。

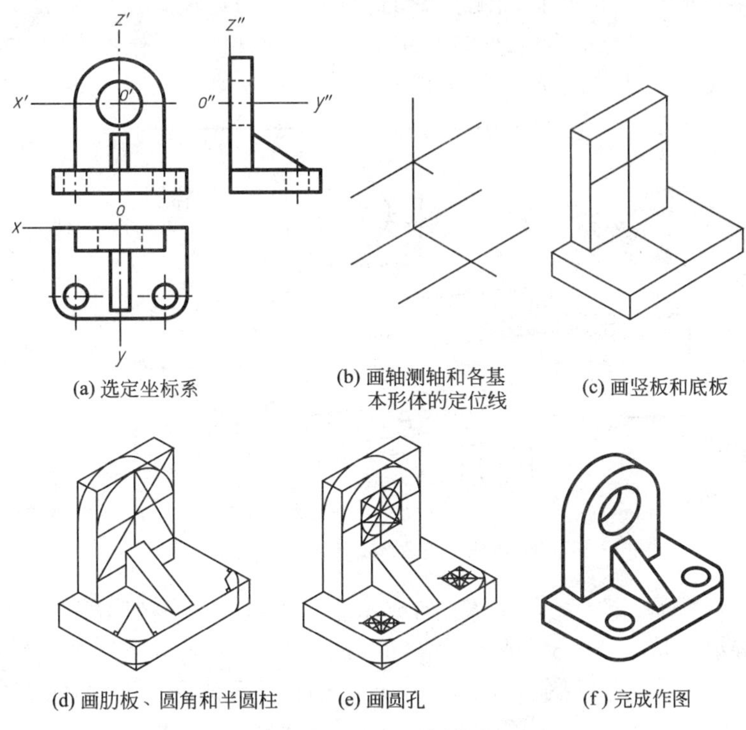

(a) 选定坐标系　(b) 画轴测轴和各基本形体的定位线　(c) 画竖板和底板

(d) 画肋板、圆角和半圆柱　(e) 画圆孔　(f) 完成作图

图 4.12　曲面体的正等轴测图画法

解： 作图步骤如下。

(1) 在水平和正面投影图中设置坐标系 *OXYZ*［图 4.12(a)］。

(2) 画出轴测轴［图 4.12(b)］，作底板和竖板的正等轴测图［图 4.12(c)］。

(3) 画底板的两个圆角。画圆角时分别从两侧切点作切线的垂线，交得圆心，再用圆弧半径画弧；并画出竖板上部半圆柱体用四心法画椭圆弧，并作出两个椭圆弧的切线［图 4.12(d)］。

(4) 用四心法画出底板上的两个圆孔和竖板上圆孔的正等轴测椭圆［图 4.12(e)］。

(5) 整理图形，并描粗可见轮廓线，完成全图［图 4.12(f)］。

4.3 斜轴测图(Oblique Axonometry)

4.3.1 正面斜轴测图(V－Plane Oblique Axonometry)

从图 4.13 可以看出，当坐标面 *XOZ* 平行于 *P* 面时，形体上平行于坐标面 *XOZ* 的表面，在 *P* 面上的投影形状不会改变。这种以正面投影面或正平面作为轴测投影面所得到的斜轴测图，称为正面斜轴测图(V－plane oblique axonometry)。此时，由于投射线 S 倾斜于轴测投影面 P，故所得的形体的投影称为正面斜轴测投影(V－plane oblique axonometry projection)(简称斜轴测)。由于其正面可反映实形，所以这种图特别适用于画正面形状复杂、曲线多的物体。正面斜轴测投影的主要特点为：轴间角 $\angle X_1O_1Z_1=90°$，O_1X_1 轴的轴向伸缩系数 p 及 O_1Z_1 轴的轴向伸缩系数 r 均为 1。为了作图方便，常令 O_1Y_1 轴对水平直线倾斜的角度等于 45°(或 30°、60°)；伸缩系数 q 则常取 0.5(或 1)。

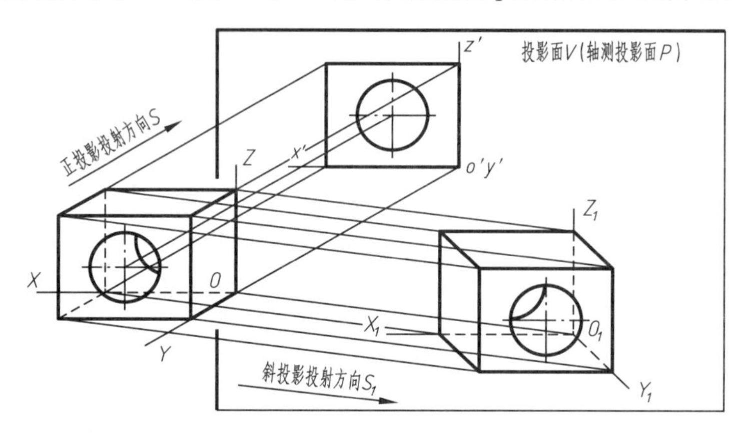

图 4.13　正面斜轴测投影的形成

将轴测轴 O_1Z_1 画成竖直，O_1X_1 画成水平(图 4.14)，轴向伸缩系数 $p_1=r_1=1$；O_1Y_1 可画成与水平成 45°、30°或 60°角，根据情况可选向右下［图 4.14(a)］、右上、左下［图 4.14(b)］、左上倾斜，q_1 取 0.5。这样画出的正面斜轴测图称为正面斜二轴测图。

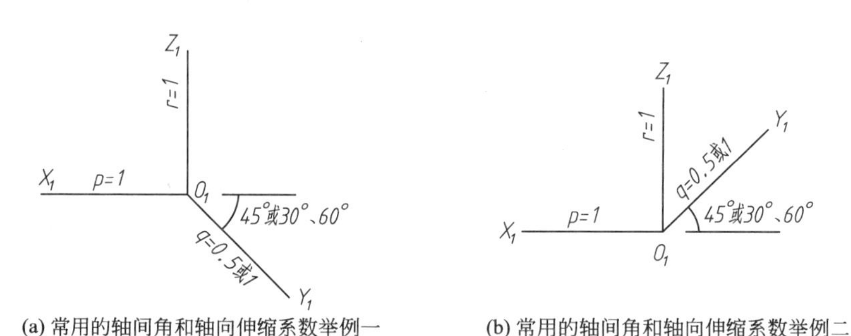

(a) 常用的轴间角和轴向伸缩系数举例一　　(b) 常用的轴间角和轴向伸缩系数举例二

图 4.14　正面斜轴测图的轴间角和轴向伸缩系数

画图时，由于物体的正面平行于轴测投影面，可先描绘物体正面的投影，再由相应各点作 O_1Y_1 的平行线，根据轴向伸缩系数量取尺寸后相连即得所求斜轴测图。

例 4－6　如图 4.15(a)所示，已知台阶的三面投影，试画其正面斜轴测图。

解：作图步骤如下。

(1) 建立直角坐标系 $OXYZ$［图 4.15(a)］。

(2) 画出轴测轴 O_1X_1、O_1Y_1、O_1Z_1，然后在 $Y_1O_1Z_1$ 面上画出投影形状不变的台阶侧面［图 4.15(b)］。

(3) 沿 O_1X_1 轴方向画一系列平行线，并按 $p=1$ 截取台阶的实长［图 4.15(c)］。

(4) 画出台阶后表面的可见轮廓线，加粗图线，完成作图［图 4.15(d)］。

从图 4.15(d)可见，在视觉上由斜等轴测给出的台阶的长度，要比由三面投影图所给定的长得多。因此，在一般情况下，常采用斜二测作图，并从度量方便的角度出发，常取该轴向的伸缩系数为 $p=0.5$。图 4.16 为上述台阶的斜二测，显然其视觉效果要好一些。

工程上对于只有正面形状比较复杂的形体常采用正面斜轴测去表现，这样画图既简便，效果也很好，如图 4.17 所示的预制混凝土花饰的斜二测图。

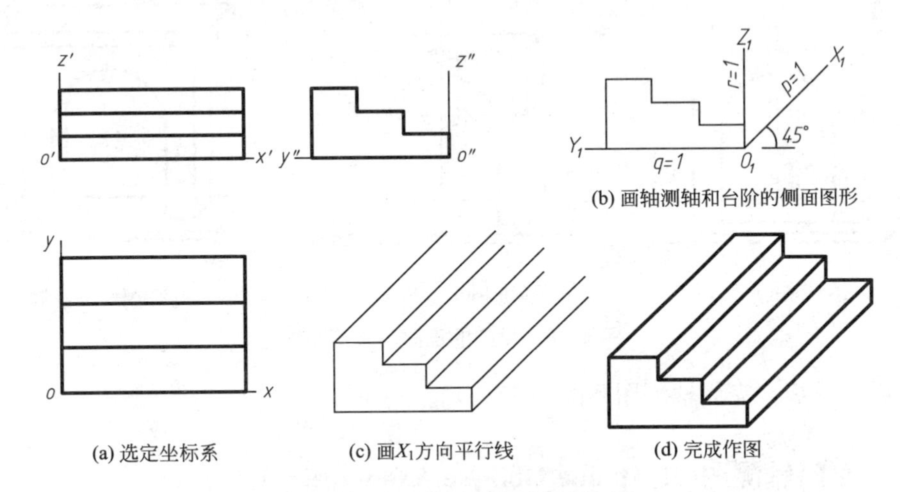

(b) 画轴测轴和台阶的侧面图形

(a) 选定坐标系　(c) 画X_1方向平行线　(d) 完成作图

图 4.15　台阶的正面斜等轴测画法

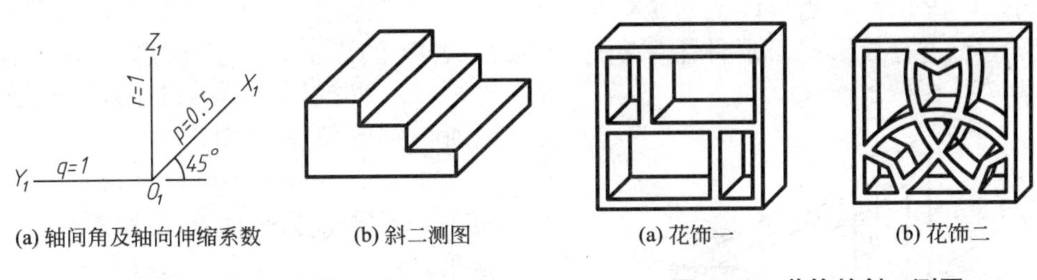

(a) 轴间角及轴向伸缩系数　(b) 斜二测图

图 4.16　台阶的斜二测图

(a) 花饰一　(b) 花饰二

图 4.17　花饰的斜二测图

综上所述，画轴测图时，当物体上只有某一坐标面的平行表面上具有较多的圆或圆弧及其他平面曲线时，宜优先选用斜二测作图。

例 4-7　如图 4.18(a)所示，已知一拱门的正投影图，试画其正面斜二轴测图。

解： 拱门由地台、门身及顶板三部分组成，作轴测图时必须注意各部分在 Y 方向的相对位置［图 4.18(a)］。

作图步骤如下。

(1) 确定直角坐标，并画轴测轴，O_1X_1、O_1Z_1 分别为水平线和铅垂线，O_1Y_1 轴由右向左投射［图 4.18(b)］。

(2) 画出墙体及直线结构部分，在墙体面上确定出拱门的圆心；并按实形完成前墙面及 Y 方向线［图 4.18(c)］。

(3) 完成拱门斜轴测图。注意后墙面半圆拱的圆心位置及半圆拱的可见部分。在前墙面顶线中点作 Y 轴方向线，向前量取 $y_2/2$，定出顶板底面前缘的位置线［图 4.18(d)］。

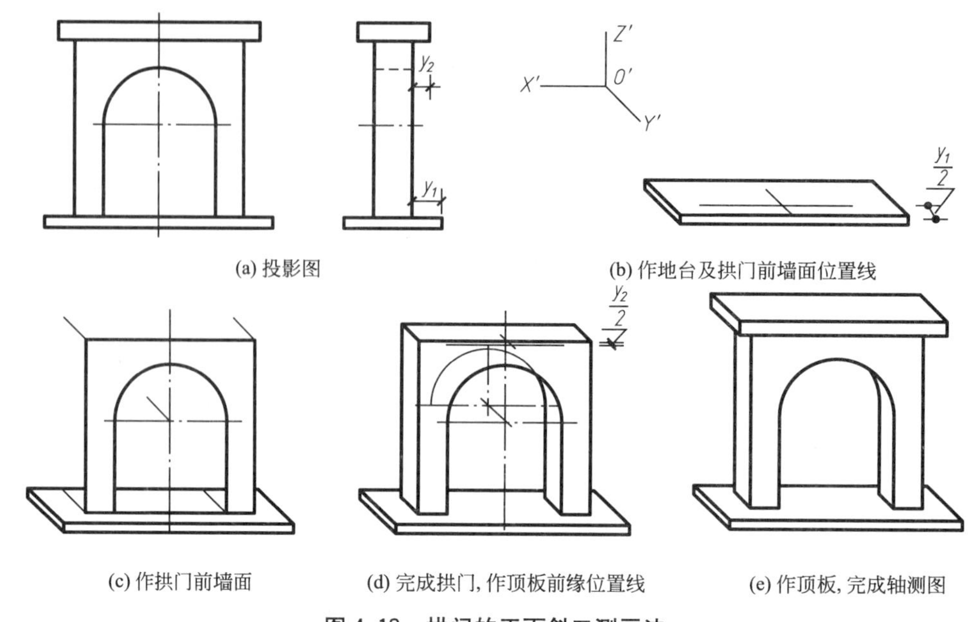

(a) 投影图　(b) 作地台及拱门前墙面位置线

(c) 作拱门前墙面　(d) 完成拱门，作顶板前缘位置线　(e) 作顶板，完成轴测图

图 4.18　拱门的正面斜二测画法

（4）画出顶板，完成轴测图［图 4.18(e)］。

4.3.2　水平斜轴测图(H－plane Oblique Axonometry)

如图 4.19 所示，当形体上的坐标面 XOY 平行于轴测投影面 P，且采用斜投影法(S 不垂直于 P)进行投影时，形体上平行于坐标面 XOY 的表面，其投影形状与大小不变。这种以水平投影面或水平面作为轴测投影面所得到的斜轴测图，称为水平斜轴测图(H－plane oblique axonometry)。房屋的平面图、区域的总平面布置等常采用这种轴测图。

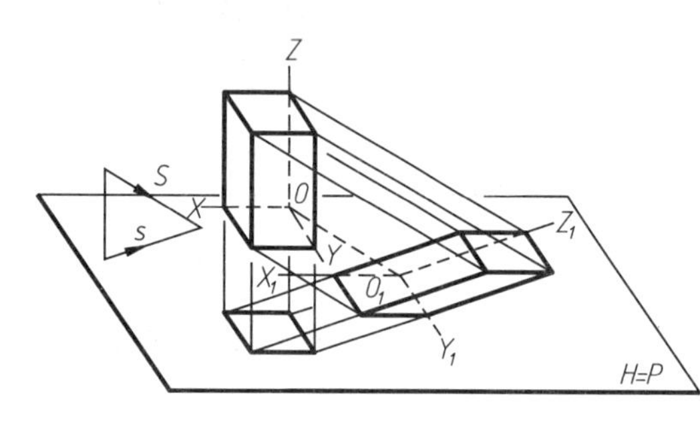

图 4.19　水平斜轴测投影的形成

画图时，使 O_1Z_1 轴竖直［图 4.20(a)］，O_1X_1 与 O_1Y_1 保持直角，O_1Y_1 与水平成 30°、45°或 60°，一般取 60°，当 $p_1=q_1=r_1=1$ 时，称为水平斜等轴测图。也可使 O_1X_1 轴保持

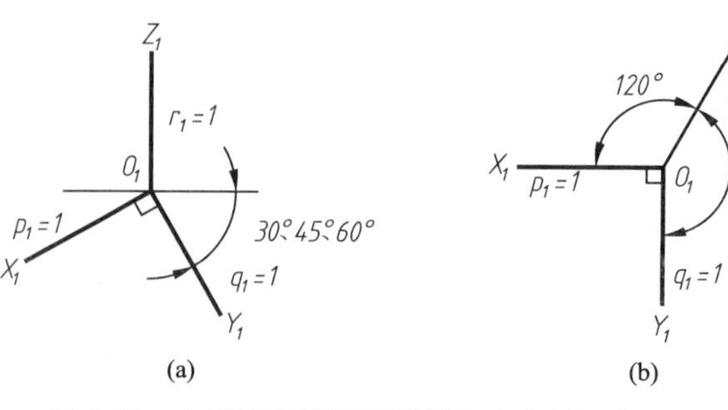

(a)　(b)

图 4.20　水平斜等轴测图的轴间角和轴向伸缩系数

水平，O_1Z_1 倾斜［图 4.20(b)］。由于水平投影平行于轴测投影面，可先描绘物体的水平投影，再由相应各点作 O_1Z_1 轴的平行线，量取各点高度后相连即得所求水平斜等轴测图。

例 4－8 已知建筑物的两面投影图［图 4.21(a)］，试画其水平斜等轴测图。

解： 首先，在水平和正面投影中设置坐标系 $OXYZ$［图 4.21(a)］；然后画出轴测轴和轴间角［图 4.21(b)］，并在 $X_1O_1Y_1$ 平面上画出建筑物的水平投影(反映实形)；最后，由各顶点作 O_1Z_1 轴的平行线，量取高度后相连，描粗可见部分的图线，完成全图［图 4.21(c)］。

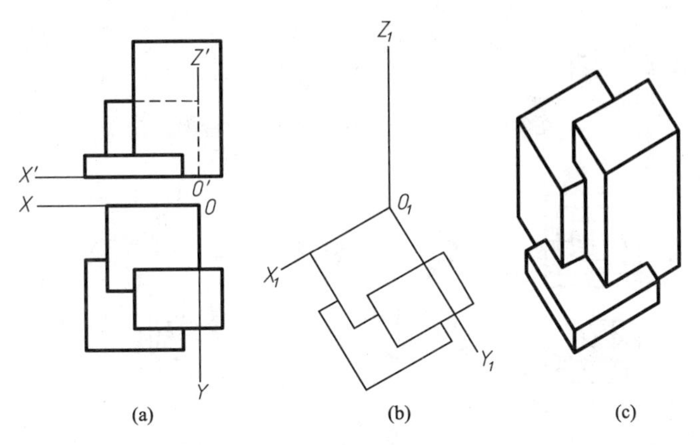

(a) (b) (c)

图 4.21 建筑物的水平斜等轴测图

例 4－9 如图 4.22(a)所示，已知立面图和平面图，求作水平截面的水平斜轴测图。

解： 本例实质上是用水平面剖切房屋后，将下半部房屋画成水平斜轴测图。首先，画出断面，即把平面图旋转 30°后画出；然后，过各个角点往下画高度线，画出屋内外的墙角线，要注意室内外地面标高不同［图 4.22(b)］；最后，画出窗洞、窗台和台阶，完成轴测图［图 4.22(c)］。

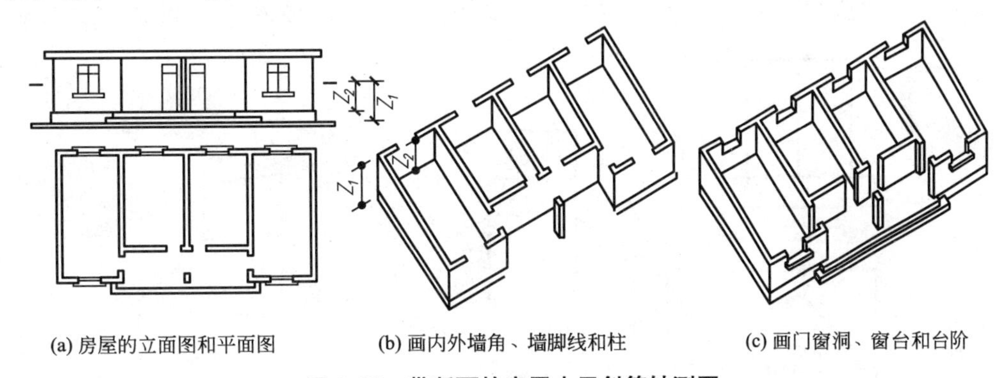

(a) 房屋的立面图和平面图　(b) 画内外墙角、墙脚线和柱　(c) 画门窗洞、窗台和台阶

图 4.22 带断面的房屋水平斜等轴测图

4.4 轴测投影的选择(Choices of Axonometric Projection)

1. 要尽可能完全表达物体的形状、结构特征

图 4.23 示出了三种标准轴测投影图的投影线方向 S 的正投影与三根投影轴的夹角。

据此，可根据物体的正投影图，判断采用哪一种轴测图能较清楚地表达该物体的结构特征。如图 4.24 所示，用正二测图或斜二测图表达该机件显然比正等测好。

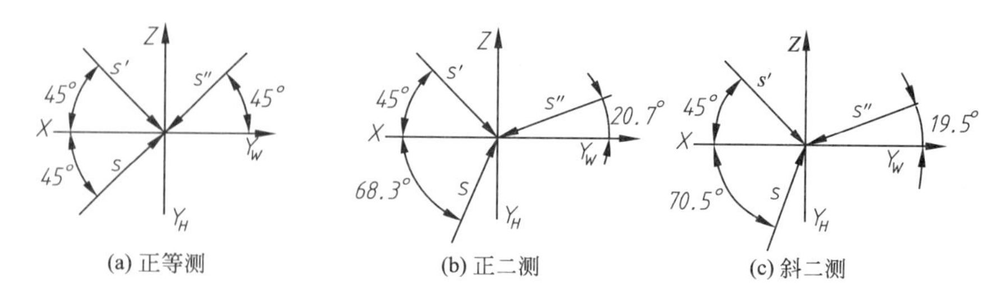

(a) 正等测　(b) 正二测　(c) 斜二测

图 4.23　三种常用轴测投影的投射方向

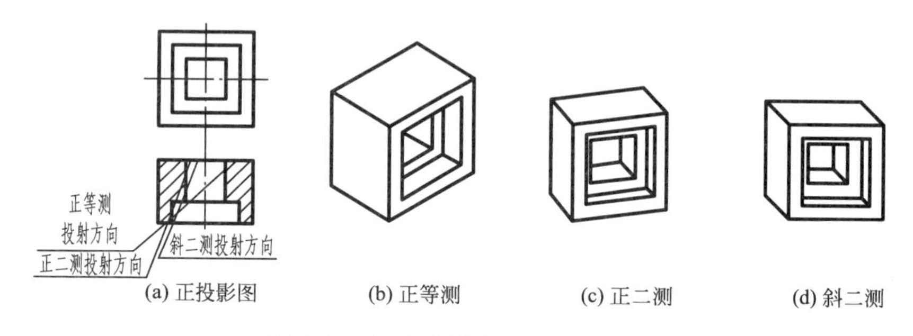

(a) 正投影图　(b) 正等测　(c) 正二测　(d) 斜二测

图 4.24　根据投影方向选择轴测图

2. 要有立体感

绘制物体的轴测投影要富要有立体感并大致符合我们日常观看物体时所得的形象。所以在考虑选择采用哪一种轴测图时，要避免物体的某个表面与轴测投影方向 S 平行。否则，这个面在轴测图上将积聚为一直线，所画出的轴测图立体感较差，如图 4.25 所示。

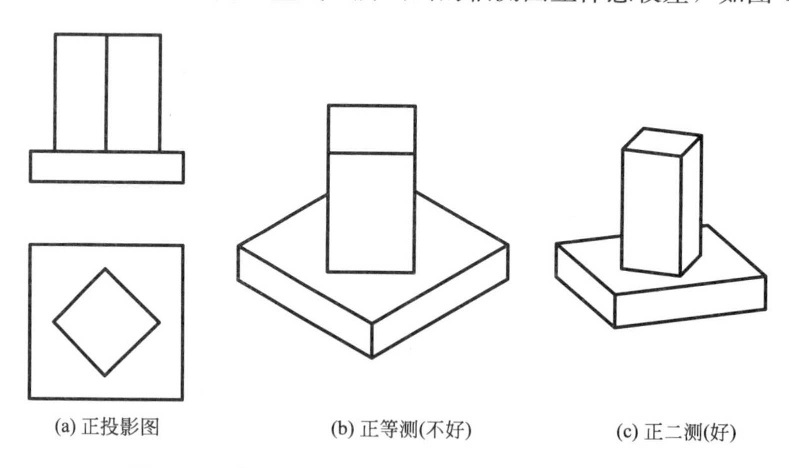

(a) 正投影图　(b) 正等测(不好)　(c) 正二测(好)

图 4.25　应避免物体某个表面与轴测投影方向平行

3. 作图方法要简便

如有两种以上的轴测投影图都能清楚地反映被表达形体的结构特征时，则应选择作图相对简便的轴测投影图。如图 4.24 中，用正二测图或斜二测图表达该建筑形体都可以，

图 4.26 花格斜二测图

但绘制斜二测图比绘制正二测图要简便。特别是物体的某个方向有较多的圆或曲线时，采用斜二测作图较为方便，如图 4.26 所示的花格。

4. 投影方向的选择

在决定了轴测图的类型之后，还要考虑从哪个方向去观察物体，才能使物体最复杂的部分显示出来。要根据物体的形状特征选择恰当的投影方向，使需要表达的部分最为明显。图 4.27 所示为一物体的斜二测投影，并表示了自前向后观看该物体的四种典型情况。图 4.27(a)和图 4.27(b)是自上向下观看，即物体位于低处，可称俯视轴测投影；图 4.27(c)和图 4.27(d)是自下向上观看，即物体位于高处，可称为仰视轴测投影。图 4.27(a)和图 4.27(c)是自右向左观看；图 4.27(b)和图 4.27(d)是自左向右观看。绘图时，应根据表达要求予以选用。对带切口的物体，应选择切口表达清楚的投影方向作图。

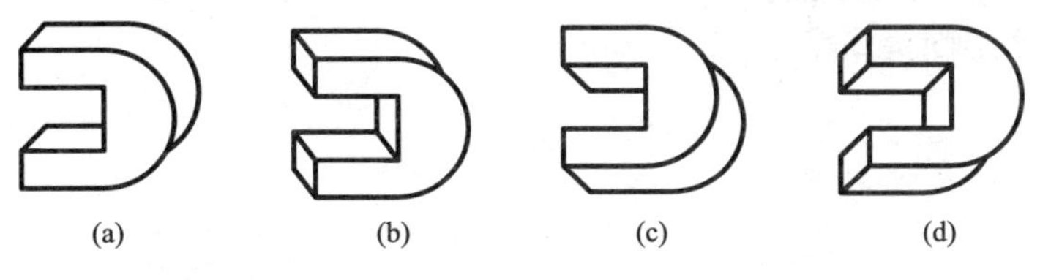

图 4.27 从不同方向投影所获得的斜二测图

例 4-10 如图 4.28(a)所示，已知柱冠的投影图，求作其轴测图。

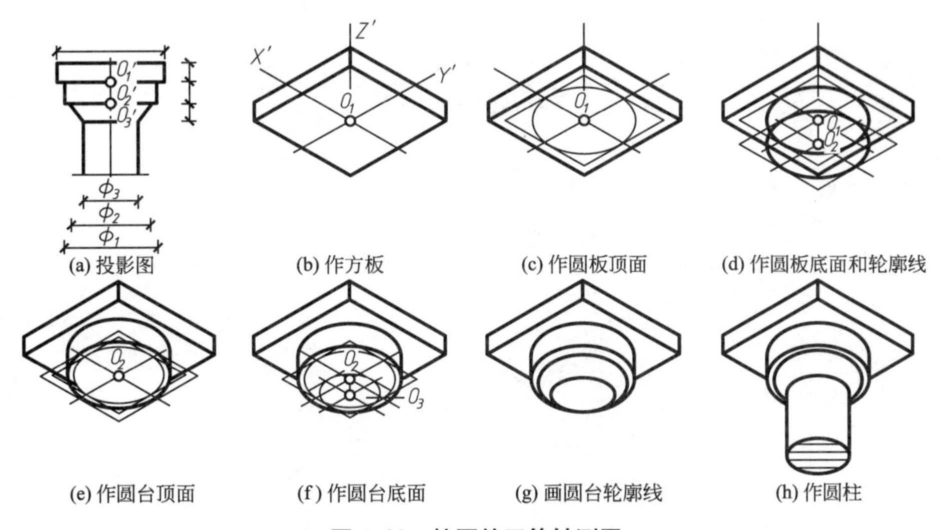

图 4.28 柱冠的正等轴测图

解：(1) 形体分析。自上而下，柱冠是由方板、圆板、圆台和圆柱组成，宜用叠砌法作图。其次，如果选用正等测，方板将投射成对称形，但由于它只是柱冠的一小部分，并考虑到正等测可用四心圆弧法作图，画法较简便，所以仍选用正等测。另外，柱冠上部的形体大，下部的形体小，应选自上往下投射。

(2) 确定轴测方向，画出方板。为简化作图，可先画底面，然后往上画高度［图 4.28(b)］。

(3) 以方板底面的中点 O_1 作为圆心，画 ϕ_1 圆板顶面的四心椭圆［图 4.28(c)］。

(4) 画 $\phi1$ 圆板的底面。先从 O_1 起，往下量圆板厚度，得圆板底面的圆心 O_2，然后又画一个四心椭圆。随后画出圆板轮廓线 [图 4.28(d)]。

(5) 仍以 O_2 为圆心，作圆台顶面圆 ϕ_2 的四心椭圆 [图 4.28(e)]。

(6) 作圆台底面圆 ϕ_3。先求圆心 O_3，再画四心椭圆 [图 4.28(f)]。

(7) 引两斜线与两椭圆相切，得圆台轮廓线 [图 4.28(g)]。

(8) 画圆柱。圆柱是假想截断的，应在断面处画上材料图例 [图 4.28(h)]。

思 考 题

1. 何谓轴测投影图？简述轴测投影图的投影特点及在工程图样中的用途。
2. 简述轴测投影的基本要素及其含义。
3. 简述如何绘制斜二测图。
4. 简述如何绘制正等轴测图。

第5章 组合体的三面投影图（Projections of Combined Solids）

教学提示： 组合体是最常见也是最基础的一种模型构成方式，一个形状复杂的组合体可以看成是由很多形状简单、规则的基本形体拼装而成，其中有形体的叠加，也有形体的挖切。在学习完投影原理以及点、线、面和基本几何体的基本投影知识后，我们接下来进一步学习组合体的绘图和识图方法。

教学要求： 通过本章的学习，要求掌握组合体的组合形式和形体分析方法；学会运用形体分析法绘制组合体三视图并标注尺寸；学会运用形体分析法和线面分析法识读组合体三视图。

5.1 组合体的形体分析(Shape Analysis of Combined Solids)

将复杂的不熟悉的问题分解成简单的熟悉的问题是分析解决问题时常用的方法。因此任何复杂的形体，总可以人为地将其看作是由若干基本体组合而成的。由基本体组合而成的形体称为组合体。为了便于研究组合体，假想将组合体分解为若干简单的基本体，然后分析它们的形状、相对位置以及组合方式，这种分析方法称为形体分析法。形体分析法是组合体画图、读图和尺寸标注的基本方法。

用形体分析法对组合体进行分解，组合体的组合方式可以分为叠加、切割(包括穿孔)和综合三种形式。

1. 叠加

叠加就是把基本几何体重叠地摆放在一起而构成组合体。

如图 5.1(a)所示的挡土墙，可看成是由底板、直墙和支撑板三部分叠加而成，其中

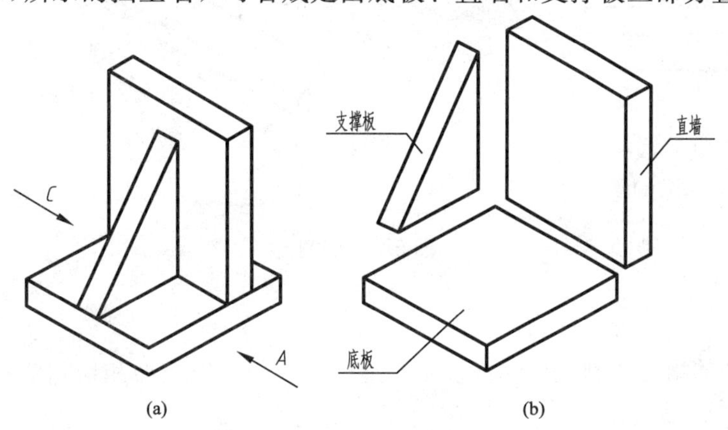

图 5.1 叠加

底板是一个四棱柱，在底板上右边叠加了一四棱柱直墙，左边叠加了一三棱柱支撑板，如图 5.1(b)所示。

叠加式组合体根据叠合体表面间的连接关系可分为如图 5.2 所示的三种基本形式。

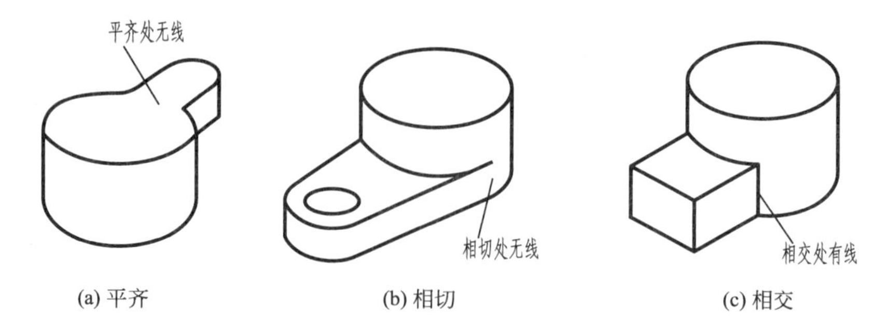

图 5.2 叠加的基本形式

(1) 平齐。两个立体叠合在一起，如果立体表面共面时，在两体表面的交界处不应画线。

(2) 相切。当两立体表面相切时，由于相切处光滑过渡，所以不应画线。

(3) 相交。当两立体表面相交时，必须画出交线。

2. 切割

切割是由一个或多个截平面对简单基本几何体进行切割，使之变为较为复杂的形体，如图 5.3(a)所示的条形基础，是在一大四棱柱的基础上前后对称地各切割去一个小四棱柱和一个小三棱柱而成，如图 5.3(b)所示。

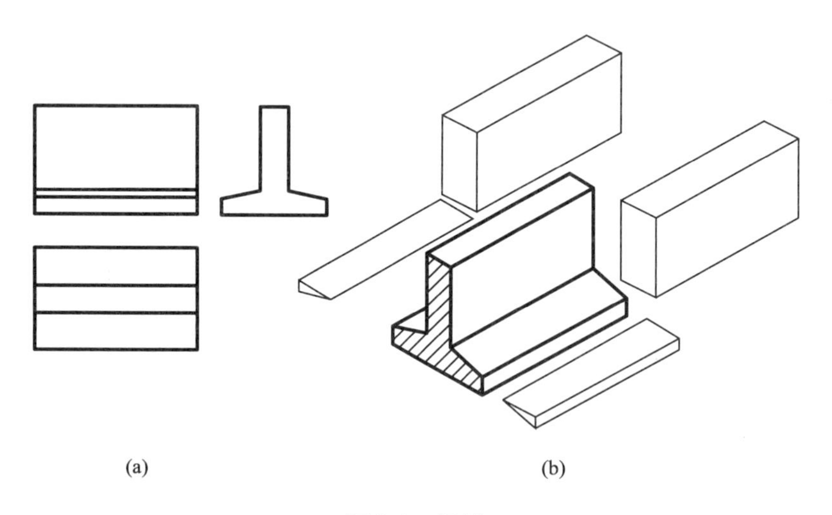

图 5.3 切割

3. 综合

大部分复杂的组合体都是由基本体按一定的相对位置以叠加和切割两种方式混合组成的，如图 5.4 所示的台阶。

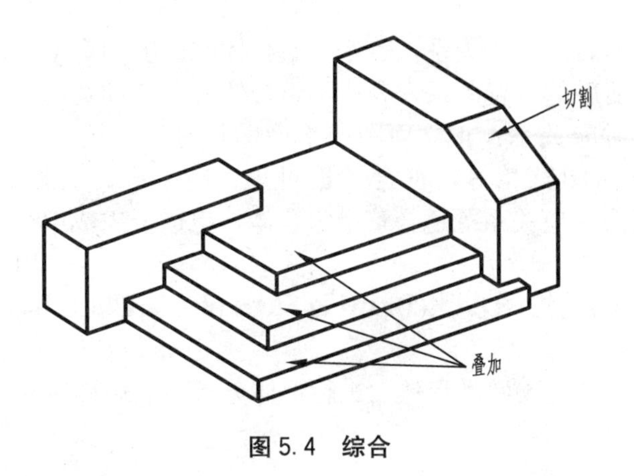

图 5.4 综合

5.2 组合体三面图的画法(Drawing Method of Combined Solids)

5.2.1 组合体的三面图(Projections of Combined Solids)

1. 组合体三面图的形成

在工程制图中常把物体在投影面体系中的正投影称为视图，相应的投射方向称为视向(正视、俯视、侧视)。正面投影、水平投影、侧面投影分别称为正视图、俯视图、侧视图；在土建工程制图中则分别称为正立面图(简称正面图)、平面图、左侧立面图(简称侧面图)。组合体的三面投影图称为三视图或三面图，如图 5.5 所示。

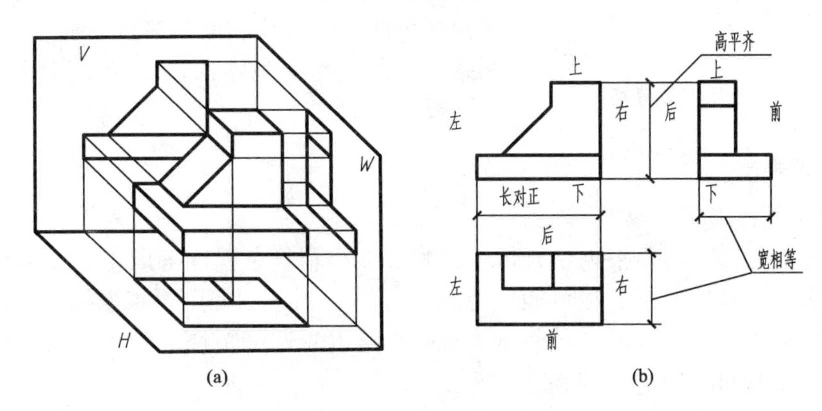

图 5.5 组合体的三视图

一般不太复杂的形体，用其三面图就能将它表达清楚。因此三面图是工程中常用的图示方法。

2. 组合体三面图的投影规律

从组合体三面图中可以看出：与基本体的三面投影一样，组合体正立面图反映了组合体各部分的左右、上下的位置关系，表达了组合体各部分的长度和高度；平面图反映了组合体各部分的左右、前后的位置关系，表达了组合体的长度和宽度；左侧立面图反映了组合体各部分的上下、前后的位置关系，表达了组合体的高度和宽度。此外，在三面投影图之间还存在如下投影对应关系：正立面图与平面图长对正，正立面图与左侧立面图高平齐，平面图与左侧立面图宽相等，符合“长对正、高平齐、宽相等”的投影原理，如图 5.5 所示。这种投影对应关系既适合整个组合体，也适合组成组合体的每一个基本体。

5.2.2 组合体三面图的绘图步骤(Drawing Steps of Combined Solids)

画组合体三面图时首先要熟悉形体，进行形体分析，然后确定正视方向，选定作图比例，最后依据投影规律作三面图。

1. 形体分析

对组合体进行形体分析，就是假想将组合体分解成若干个基本体，进而分析这些基本体之间的相对位置以及它们的组合方式。从而对组合体的形体特征有个总体概念，为画三面图做好准备。

如图 5.6 所示是支座的立体图，从图中可以看出，它是由下边中间的半圆筒，左、右两侧的耳板，中间后方的支承板、肋板和上边的圆筒叠合在一起构成的。

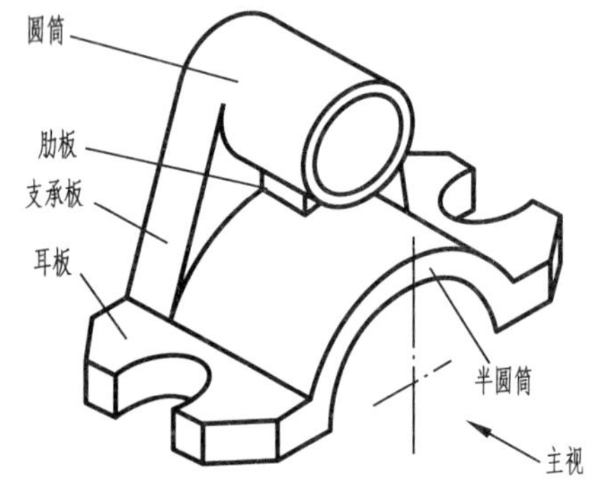

图 5.6 支座体形体分析

2. 视图选择

首先把组合体安放成稳定状态。视图的选择应进行方案比较，一般应遵循的基本原则是：首先选择主视图，主视图要能反映组合体的主要形状特征；其次要使投影图中不可见的线面尽可能少；其三，要使尽可能多的直线和面相对投影面处于特殊位置，如图 5.6 所示的支座体选择了箭头所示的方向作为主视投影方向。

3. 画图步骤

1）选定比例，确定图幅

正视方向确定后，便要根据组合体的形状、大小和复杂程度等因素，按标准选择适当的比例和图幅。一般情况下，尽可能选用原值比例 1∶1，图幅则要根据所画三面图的面积以及标注尺寸和标题栏所需的区域而定。有时也可以先选定图幅的大小，再根据三面图的布置、尺寸标注及间距确定比例。

2）布置三面图的位置

布图时要均匀、美观。首先根据三面图的大小和尺寸及各投影的对应关系，画出各视图的基准线以确定其位置。

3）画三面图底稿

根据组合体中各基本体的投影规律，逐个画出各基本体的三面图。一般按先主(主要形体)后次(次要形体)，先大(形体)后小(形体)，先实(体)后虚(挖去的槽、孔等)，先外(轮廓)后内(细部)，先曲(线)后直(线)的顺序画图。在画每个基本体的三面图时，三个投影应联系起来画：即先画最能反映形体特征的投影(基本体的特征投影)，然后利用“长对正、高平齐、宽相等”的关系配合画出其他两个投影。每叠加(切割)一个基本体，就要分析与已画的其他基本体的组合方式和表面连接关系，从而修正多画或少画的线。这种三个投影配合的画法能避免遗漏，提高正确率和作图速度。

4) 整理、检查、描粗加深图线

底稿完成后，应仔细检查，特别是将所画的三面图与组合体进行对照。组合体是一个完整的形体，而形体分析将其分解成多个基本体只是一种人为的假想。要还原组合体的完整性，就要注意检查各基本体的相对位置、组合方式和表面连接关系，不要多线或少线，消除人为分解的痕迹。在修正无误后再根据制图标准用规定的线型加深，加深的次序是：先上后下，先左后右，先细后粗，先曲后直；当几种图线发生重合时，应按粗实线、虚线、细点画线、细实线顺次取舍。

图 5.7 所示为支座体三面图的画图步骤，图 5.8 所示是一切割型组合体的形体分析，图 5.9 所示是其三面图的画图步骤。

图 5.7 支座体的作图步骤

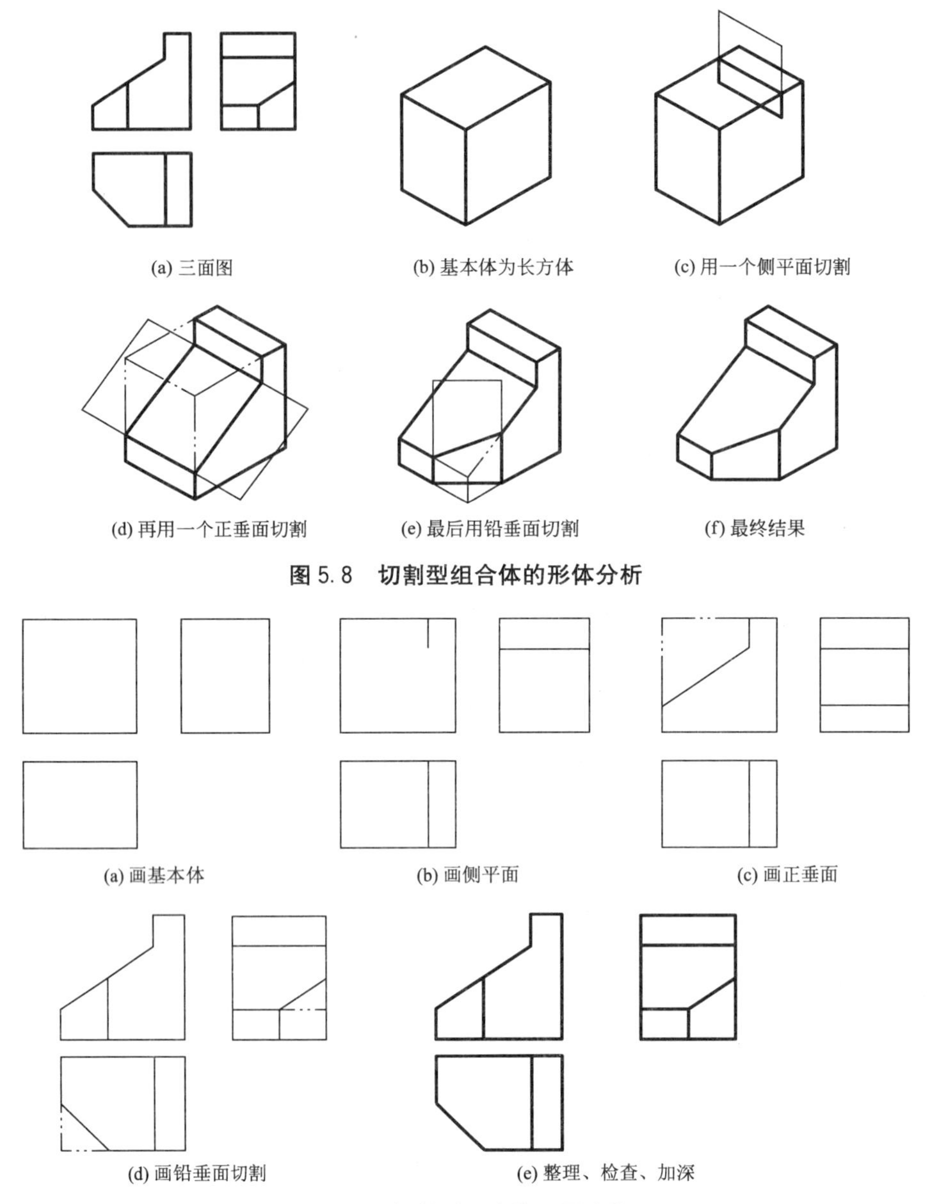

(a) 三面图　(b) 基本体为长方体　(c) 用一个侧平面切割

(d) 再用一个正垂面切割　(e) 最后用铅垂面切割　(f) 最终结果

图 5.8　切割型组合体的形体分析

(a) 画基本体　(b) 画侧平面　(c) 画正垂面

(d) 画铅垂面切割　(e) 整理、检查、加深

图 5.9　切割型组合体画图步骤

在画切割型组合体的三面图时，应先进行形体复原画出未切割前的形体投影，然后依次切割，每切割一部分时，也应先画切去后形体的特征视图，再画其他视图。为避免错误，每切割一次，就要将被切去的图线擦去。其余的作图与叠加型组合体基本相同。

5.3 组合体的尺寸标注(Dimensioning of Combined Solids)

组合体的三面图只能表达它的形状，而各部分大小和各部分之间的相对位置关系，则必须由图上所标注的尺寸来表示，因此在三面图上应标注尺寸。组合体三面图标注尺寸的基本方法仍是形体分析法(solid method)。

5.3.1 标注尺寸的基本要求(Basic Requirements of Dimensioning)

标注尺寸的基本要求是：在图上所注的尺寸要完整，不能有遗漏或多余；要准确无误且符合制图标准的规定；尺寸标注布置要清晰，便于读图；标注要合理。

5.3.2 组合体三面图中的尺寸种类(Dimension Species of Combined Solids Projection)

组合体的尺寸有三类：

(1) 定形尺寸：确定组合体中各基本体形状大小的尺寸。

(2) 定位尺寸：确定组合体中各基本体之间相对位置的尺寸。

(3) 总体尺寸：确定组合体总长、总宽、总高的尺寸。

5.3.3 基本体的尺寸标注(Dimensioning of Basic Solids)

组合体是由基本体组成的，熟悉基本体的尺寸标注是组合体尺寸标注的基础。图5.10所示为常见的几种基本体(定形)尺寸的标注。

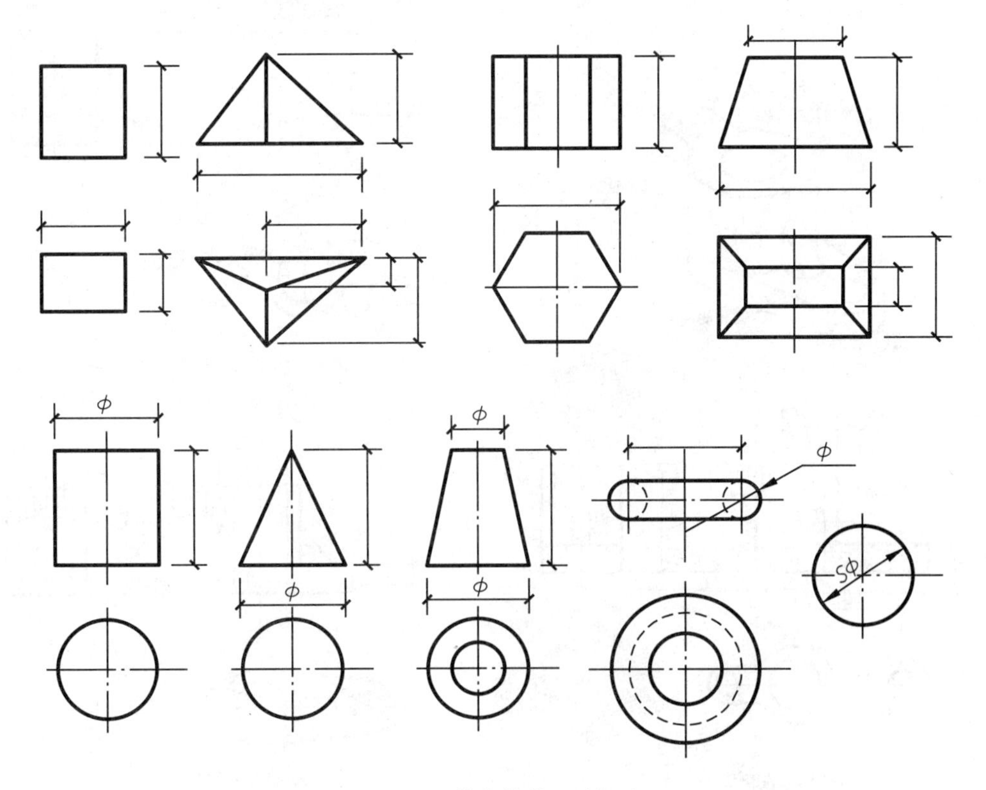

图5.10 基本体的尺寸标注

5.3.4 组合体的尺寸标注的步骤(Dimension Steps of Combined Solids)

标注组合体尺寸时，首先要进行形体分析，熟悉各基本体的定形尺寸及确定它们相互位置的定位尺寸，然后选择尺寸基准。尺寸基准是标注尺寸的起点，选择尺寸基准在工程中较为复杂，因为尺寸基准涉及设计、制造、验收、尺寸公差及技术要求。在组合体尺寸标注中只要求从几何的角度出发，在组合体长、宽、高三个方向选定尺寸基准。一般组合体重要的基面、对称平面、回转面的轴线都可作为尺寸基准。在设定尺寸基准后再依次标注组成组合体的各基本体的定形尺寸和定位尺寸，最后还要调整标出组合体的总体尺寸。组合体某方向的总体尺寸有时可作为组合体中某一基本体的定形尺寸注出。如果缺少某一方向上的总体尺寸，可进行调整。为了标注组合体总体尺寸而又不使所注尺寸重复，可在标注总体尺寸的同时减去该方向上的某一定形或定位尺寸。

下面以图 5.11 为例，说明如何标注组合体的尺寸。

(1) 形体分析。正确运用形体分析法是标注好组合体尺寸的保证，在形体分析的基础上，再考虑各基本体的定形和定位尺寸。

(2) 选定三个方向的尺寸基准。按照前面介绍的基准选择原则，如图 5.11(b)所示，选定圆柱套的轴线为长度方向的基准，立体的前后对称面为宽度方向的基准，底面为高度方向的基准。

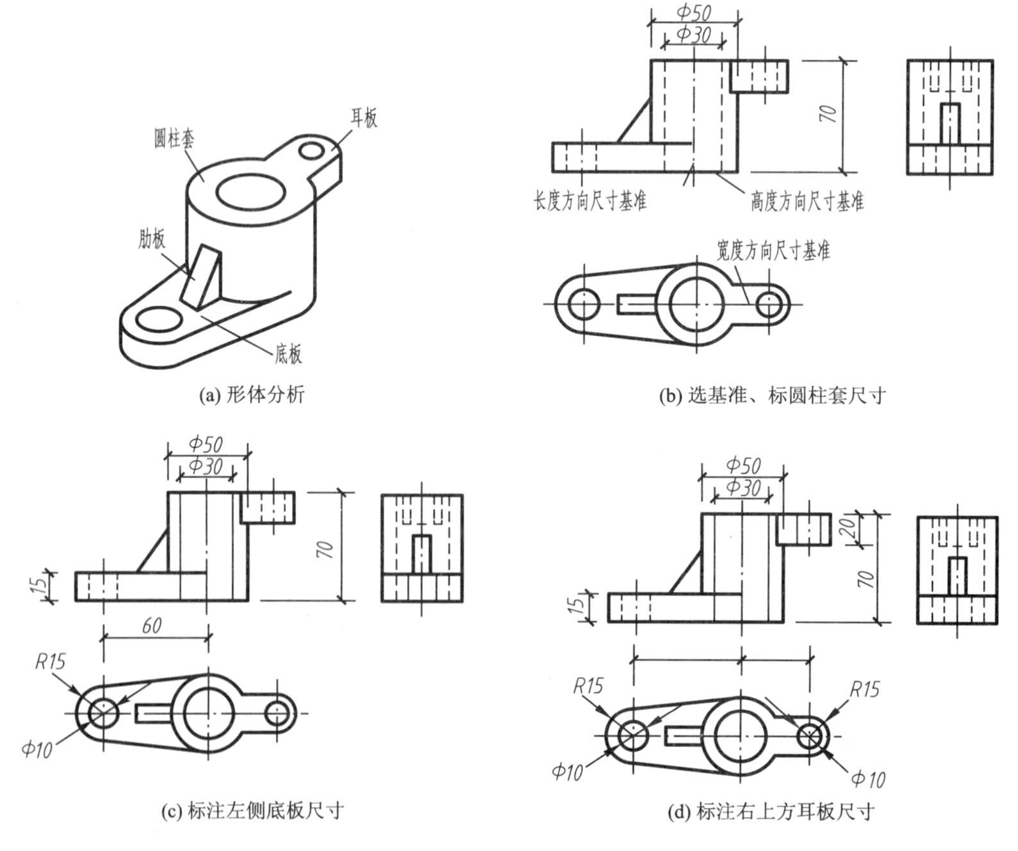

图 5.11 组合体的尺寸标注

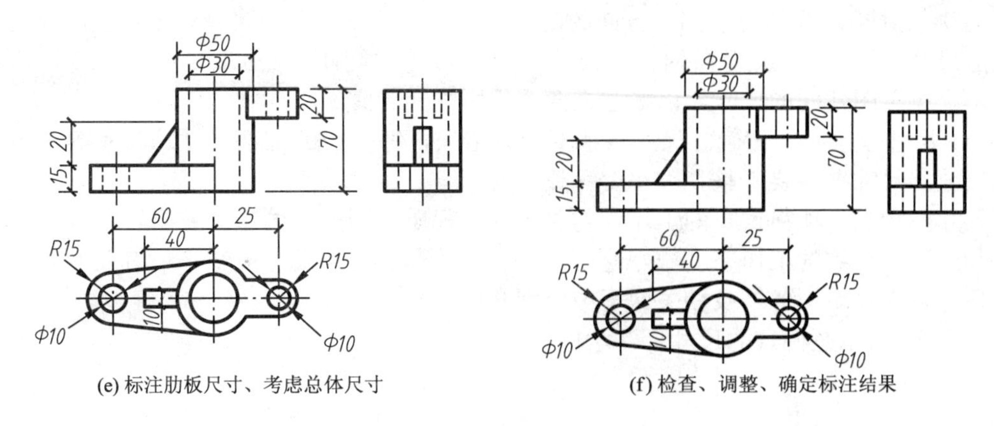

(e) 标注肋板尺寸、考虑总体尺寸　　(f) 检查、调整、确定标注结果

图 5.11　组合体的尺寸标注(续)

(3) 按照形体分析的结果，一次逐个标注各基本体的定形和定位尺寸。

(4) 考虑总体尺寸的标注，在端部存在回转面时，由于标注的定形和定位尺寸包含了总体尺寸，所以有时不必再标注总体尺寸，当要标注时，可将标注的总体尺寸加上括号。

(5) 检查、调整，最后确定标注结果。

在确定了应标注的尺寸之后，需要进一步考虑尺寸的配置，以达到清晰、整齐，便于阅读。标注尺寸除遵守“国标”的有关规定外，还要注意以下几点。

(1) 尺寸标注应齐全。在建筑工程图中，为避免因尺寸不全造成施工时再计算或度量，标注尺寸时应尽可能将同方向的尺寸首尾相连，布置在一条直线上。必要时允许适当地重复标注尺寸。

(2) 尺寸标注要明显。一般将尺寸布置在图形轮廓线之外，靠近被标注的轮廓线。某些细部尺寸允许标注在图形内。同一基本形体的定形、定位尺寸，尽量标注在该形体形状特征明显的投影图上。如图 5.12 中，基础的定形尺寸标注在水平投影上，翼墙的定形尺寸(180、30、130)、定位尺寸(30)都标注在正面投影上，洞口定形尺寸 ϕ100、定位尺寸(80、80)都标注在反映圆的侧面投影上。

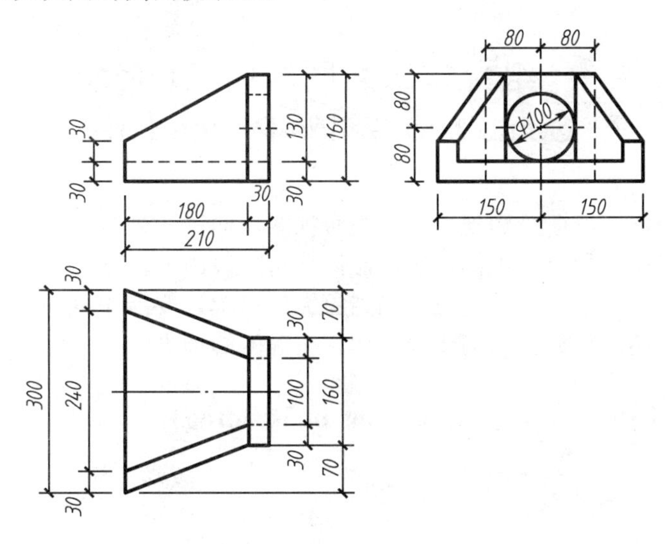

图 5.12　涵洞的尺寸标注

(3) 尺寸排列要整齐。同一方向的定形、定位尺寸要组合起来，首尾相连，排成平行的几道尺寸“链”，小尺寸在内，大尺寸在外。尺寸线间距(一般取 7～10mm)要基本相等。两个投影图共同的尺寸，以标注在两个投影之间为宜。

(4) 尺寸数字必须正确。尺寸数字不能有错误，每一行的细部尺寸总和应等于该方向的总尺寸。尺寸书写要工整，大小要一致。

尺寸标注是一项很重要的工作，它关系到工程质量和人民的生命安全，要以高度的责任心和严谨、细致的工作态度做好这项工作。尺寸标注还涉及专业知识，有关专业制图的尺寸标注，将在后面各章及相关课程中分别介绍。

图 5.13 所示是桥台的尺寸标注示例。

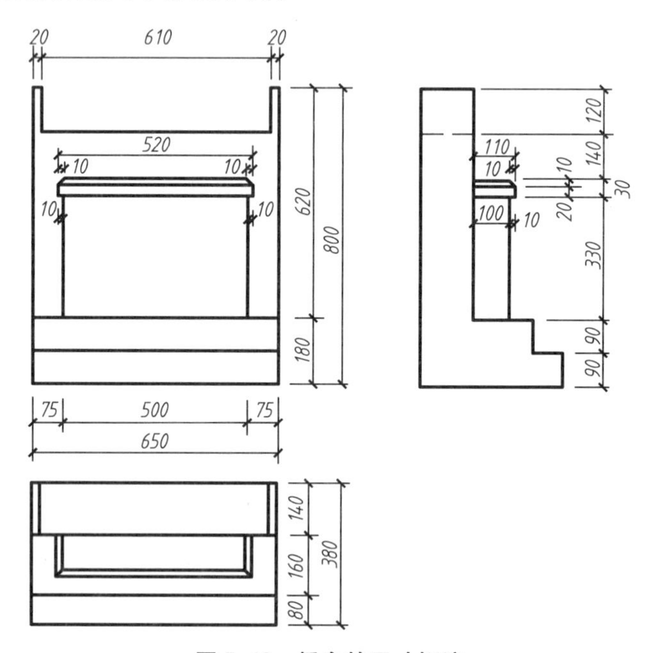

图 5.13 桥台的尺寸标注

5.4 组合体三面图的阅读(Reading of Combined Solids Projection)

画图是把空间物体根据投影规律画出投影视图，而读图则是由已经给出的视图，根据线、面的特性和三视图的投影规律，通过形体分析和线面分析的方法，想象出物体的空间形状和结构。读图是一个培养空间思维和想象力的过程，要能正确、快速地读图，除了要有良好的基础外，还应掌握读图的要领，运用正确的阅读方法。

5.4.1 读图时应注意的问题(Questions of Reading)

1. 几个投影联系起来读

由多面正投影理论知道，几何元素的一个投影或两个投影有着形状的不确定性，因此画组合体的投影图时要画多面投影。那么读图时也就应该几个投影联系起来读，切忌只看一个投影就下结论。

图 5.14 列举了平面图完全相同，而正立面图不同的几种形体。

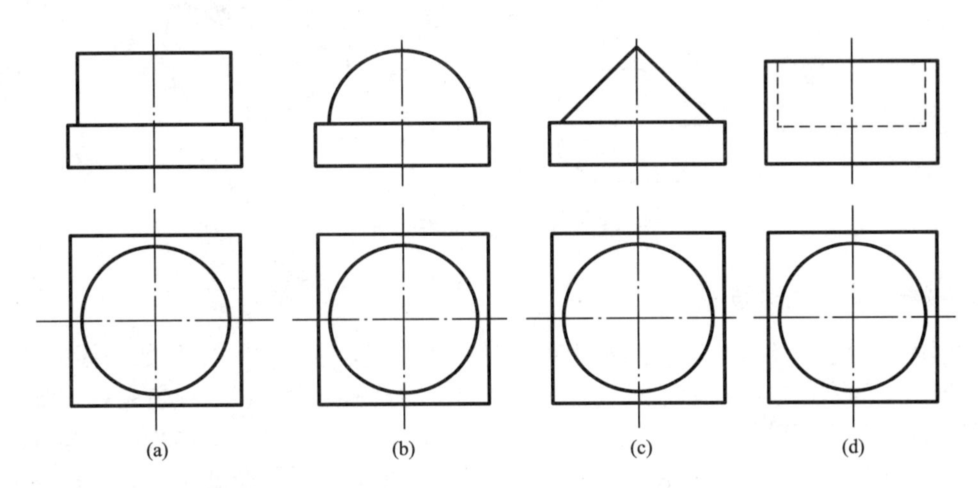

图 5.14 平面图相同的不同形体

图 5.15 列举了正立面图和平面图完全相同，而左侧立面图不同的几种形体。

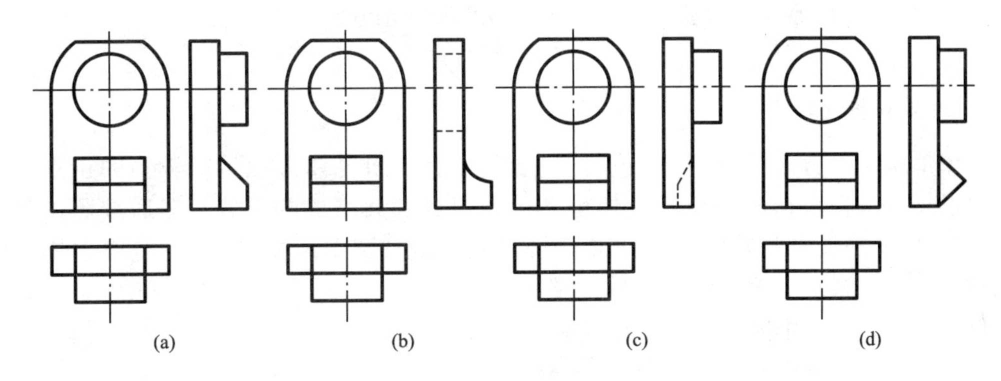

图 5.15 正立面图、平面图相同的不同形体

读图时必须将几个投影联系起来互相对照，才能准确地想象出组合体的真实形状。由于物体的三面图是将三个投影面展示在同一平面形成的，因此读图时应先将三面图随投影面复位后联系起来想象空间形体。

2. 视图上的线与线框

图中的每一条实线或虚线，它们可能是平面的投影，或者是曲面的投影轮廓线，或是两面的交线，三者必居其一。

图中一个封闭的线框，一般对应着物体上的一个表面(平面或曲面)，相邻的两个线框，一般对应着物体两个相交的表面或者是前后、上下、左右错位的两个表面，如图 5.16 所示。

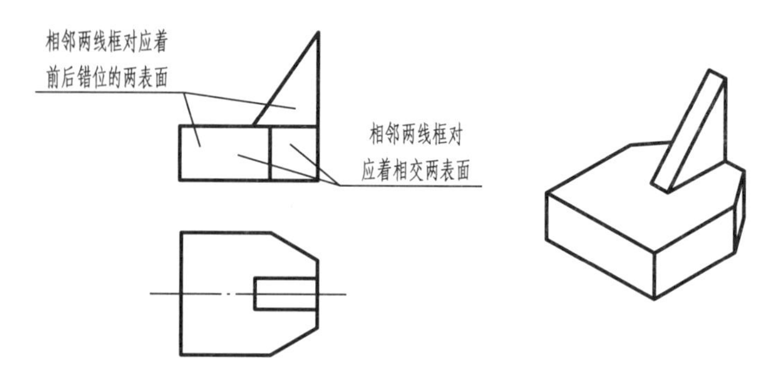

图 5.16 视图相框分析

3. 物体上的平面多边形

在形体上的平面多边形，它的投影可能是一条直线，或者是一个边数相同的多边形。因此，视图中的多边形线框如果对应着另一视图中的投影是水平线段或者是垂直线段，则表示形体上的投影面平行面；如所对应的是一斜直线，所表示的是形体投影面垂直面；如所对应的是相同的多边形，所表示的是投影面垂直面或者是一般位置平面，要根据第三投影来确定。

5.4.2 读图的基本方法(Basic Methods of Reading)

1. 形体分析法

读图最基本的方法是形体分析法。一般是从反映组合体形状特征较多的正立面图着手，通过划分线框，初步分析组合体由几部分组成及其组成的方式；然后按照投影规律(长对正、高平齐、宽相等)逐个找出各基本体在其他视图中的投影，并确定各基本体的形状和相对位置；最后综合想象组合体的整体形状。

例 5－1 分析如图 5.17 所示的房屋投影图。

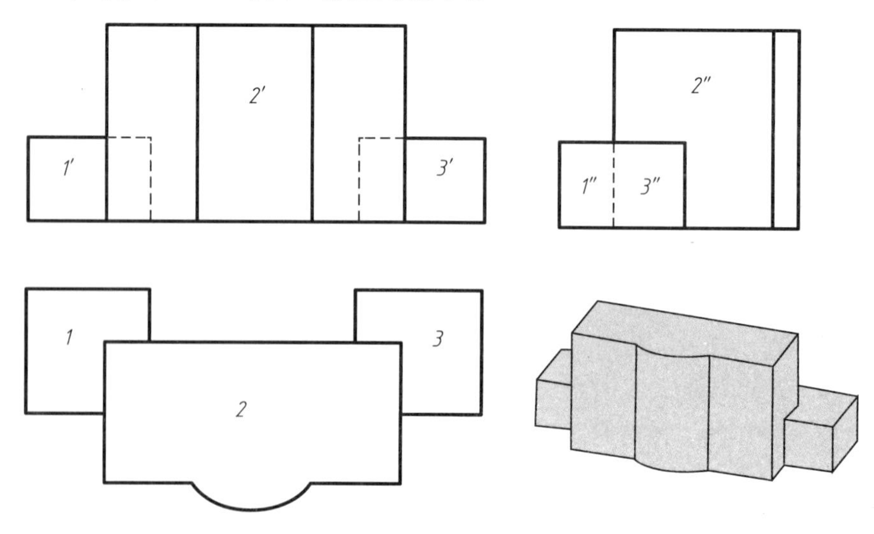

图 5.17 房屋投影图

解：(1) 分线框。读图时，可以从组合体反映形体特征比较明显的水平投影图入手，从图中可以看出水平投影图中有三个线框，即中间的矩形线框 2、左右两个 L 形线框 1、3。

(2) 对投影。分完线框后，利用三视图"长对正、高平齐、宽相等"的投影特性，在正立面图和侧立面图中找出各个部分对应的投影，将每一个线框所对应的投影分别单独画出，分别想出每个简单基本形体的形状，如图 5.17 所示。

(3) 综合起来想整体。分析完各个基本形体的形状后，再根据投影图各形体的相对位置将它们组合起来，想象出房屋的空间形状，如图 5.18 所示。

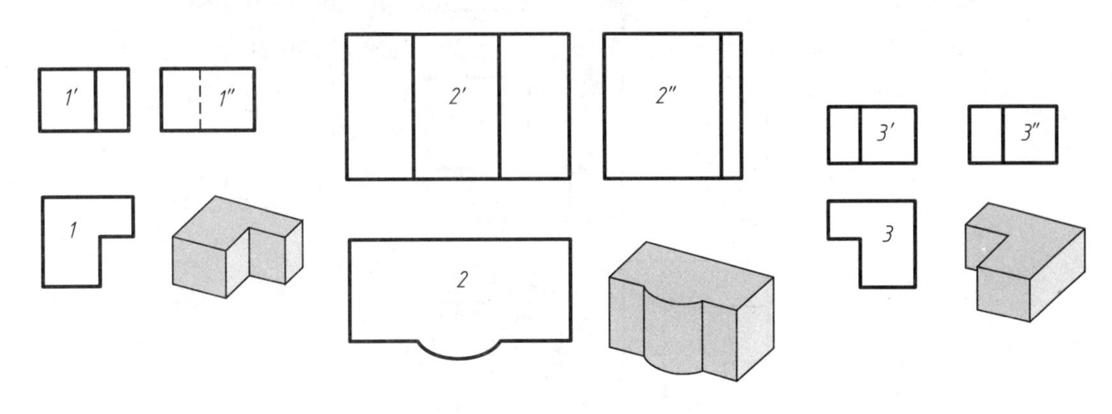

图 5.18　各基本形体的形状

2. 线面分析法

读一些较复杂的组合体三面图时，通常在形体分析法的基础上，对不易读懂的局部，还要使用线面分析法，即结合线、面的投影分析，一条线、一个线框地分析其线面空间含义，来帮助读懂和想象这些局部的形状。

在进行线面分析时，常用到平面图形的投影规律：平面图形的投影除成为具有积聚性的线段外，其他投影应是与其实形相类似的图形，即表示平面图形的封闭线框，其边数不变，直线、曲线的相仿性不变，而且平行线的投影仍平行。因此，根据平面图形投影的类似性和线、面的投影规律可以帮助进行形象构思并判断其正确性。

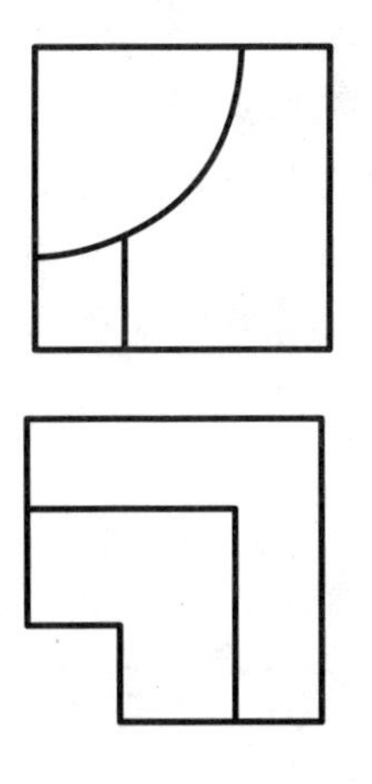

图 5.19　补画侧立面图

例 5-2　补画出如图 5.19 所示组合体的侧立面图，并想象出其结构形状。

解：(1) 根据正立面图和平面图可以分析出原形是个正方体。先画出原形的侧立面图，如图 5.20(a)所示。

(2) 从正立面图可以看出正方体的左上方的前面挖去了 1/4 的圆柱体。根据投影画出左侧立面图，如图 5.20(b)所示。

(3) 从平面图可以看出左前方又切去一角，一直切到圆柱面，如图 5.20(c)所示。

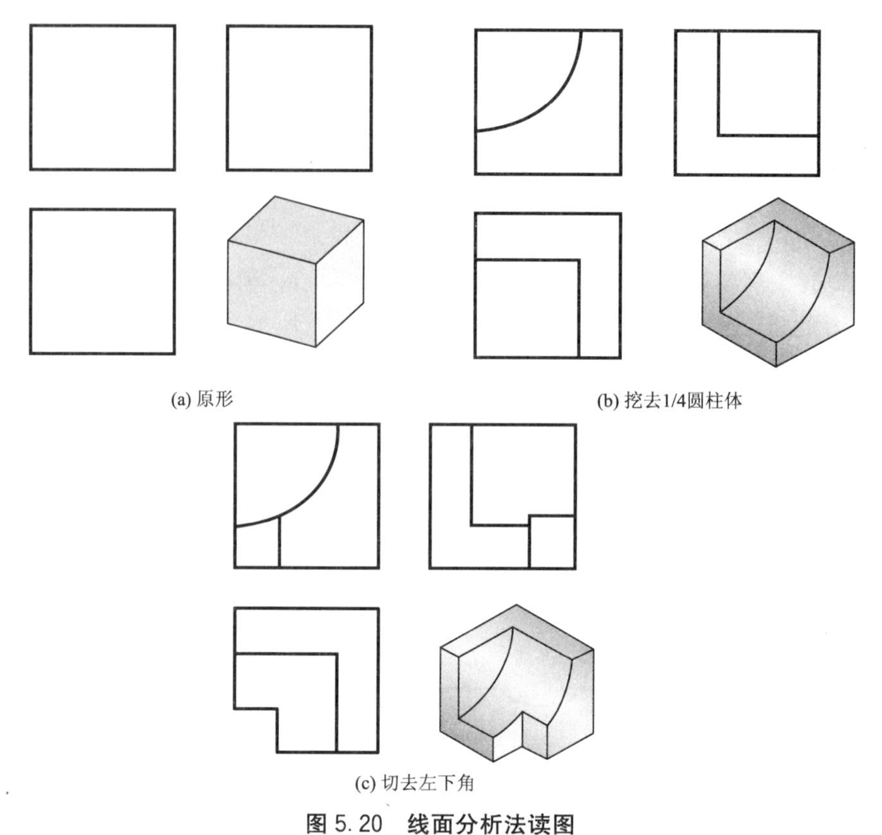

图 5.20　线面分析法读图

5.4.3　读图、画图训练(Training of Reading，Drawing)

1. 根据组合体的两视图补画第三视图

根据组合体的两视图补画第三视图(简称“二补三”)是训练读图、画图能力的一种基本方法。在这种训练过程中，要根据已知的两视图读懂组合体的形状，然后按照投影规律正确画出相应的第三视图。这包含了由图到物和由物到图的反复思维的过程。因此，它是提高综合画图能力，培养空间想象能力的一种有效手段。

图 5.21 所示是一个“二补三”的练习。

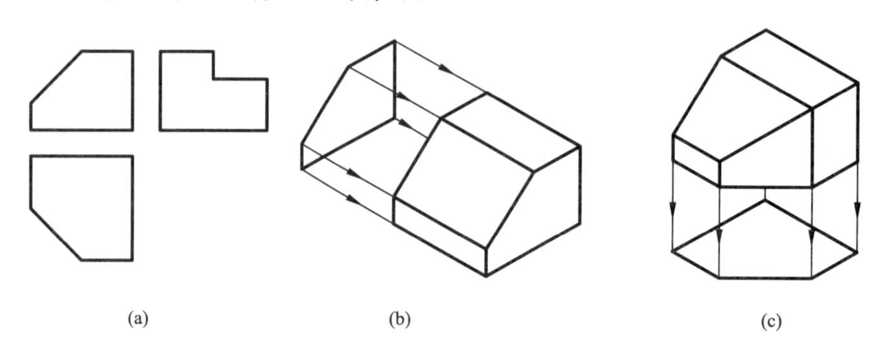

图 5.21　补画三面图中所缺的图像

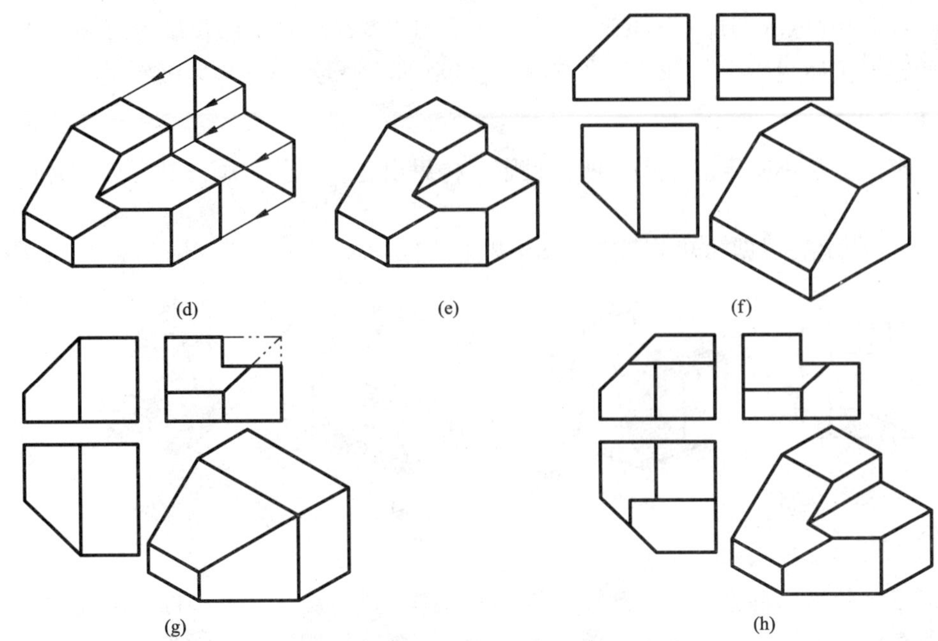

图 5.21　补画三面图中所缺的图像(续)

注意：若给定的两视图有不确定性，则补画出的第三视图便不是唯一的。

2. 补画三面图中所缺的图线

补画三面图中所缺的图线是读、画图训练的另一种基本形式。它往往是在一个或两个视图中给出组合体的某个局部结构，而在其他视图中遗漏。这就要从给定的一个投影中的局部结构入手，依照投影规律将其他的投影补画完整。这种练习说明多面正投影图是以多个投影为基础，组合体的任何局部结构一定在各个视图中都要有所表达，进一步强调了在画图时一定要三面图同时对应画，切忌画完了正立面图，再画平面图，再画左侧立面图，那样作图不仅速度慢，而且容易遗漏局部结构。

例 5-3　如图 5.21(a)所示，补全三面投影图中所缺的图线。

解：首先，根据所给的不完整的三面图，想象出组合体的形状。虽然所给视图不完整，但仍然可以看出这是一个长方体经切割而成的组合体；由正立面图想象出长方体被正垂面切去左上角［(图 5.21(b))］；由平面图想象出一个铅垂面进一步切去其左前角［(图 5.21(c))］；从左侧立面图可以看出，在前两次切割的基础上，再用水平面和正平面把其前上角从右到左切去［(图 5.21(d))］，这样想象出组合体的完整形状［图 5.21(e)］。然后，根据组合体的形状和形成过程，逐步添加图线。正垂面切去其左上角，应在平面图和左侧立面图添加相应的图线［图 5.21(f)］；然后铅垂面再切去左前角，需在正立面图和左侧立面图上添加相应的图线，同时注意有图线需要进行修改，修改完毕后再画下一部分［图 5.21(g)］水平面和正平面把前上角切去，则要在正立面图和平面图上添加相应的图线，这时同样有图线需要进行修改［图 5.21(h)］，把所有要修改的图线修改完毕后，再进行一次最后的验证，验证无误就得到了所要求的最终结果。

需要注意的是：无论是“二补三”还是“补缺线”，对简单的组合体，可以在分析想象出其形状后，根据其形状直接补画出所缺的第三投影或图线；但对复杂的组合体则需要逐步进行，每切割(或添加)一部分，画出相应的图线后，都要检查是否有图线需进行修改，待修改完毕后再画下一部分，这样逐步进行，直到得到最终正确的结果。

3. 构形设计

由给定的形状不确定的单个或两个投影，构思出各种形体，画出其三面图是构形设计的一种形式。

图 5.22 所示是根据已知的正立面图构思的不同形体。

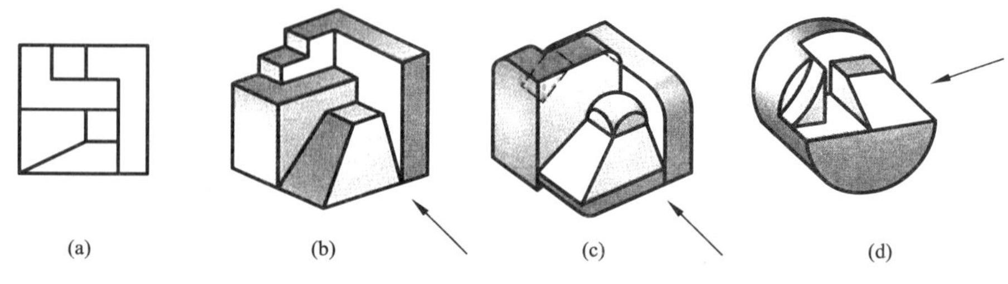

图 5.22 构形设计

构形设计的另一种方式是由已知的若干个基本体进行组合构思，即按不同的相对位置和组合方式构造形体，画出其三面图。从这种“装配式”的练习更能理解组合体的组成方式和表面连接关系在投影图中的表达。

构形训练可以启迪思维，开拓思路，丰富空间想象能力，培养构造空间形体的创新能力和图示表达能力。

“二补三”、“补缺线”、“构形设计”的过程，既是画图的过程，也是读图进行空间思维的过程，都是读画三面图的很好的训练。

例 5-4 由形体的正面投影(图 5.23)构思出形式多样的组合体，并画出它们的水平投影、侧面投影。

解：所给视图整体形状可以看成有上下两个矩形线框组成。该形体可以从两个角度进行构思：一是由一个整体经过几次切割构成，二是由若干个基本体叠加，再经过切割而成。对应外框是矩形的形体是柱体(棱柱或圆柱、半圆柱)，与上、下两个矩形线框对应的截平面可以是平面、圆柱面或是平面与圆柱面的组合面，截平面可以直切、斜切；对应内框的矩形可以看成切割或叠加，这样构思就可以设计出多种组合形状(图 5.24)。

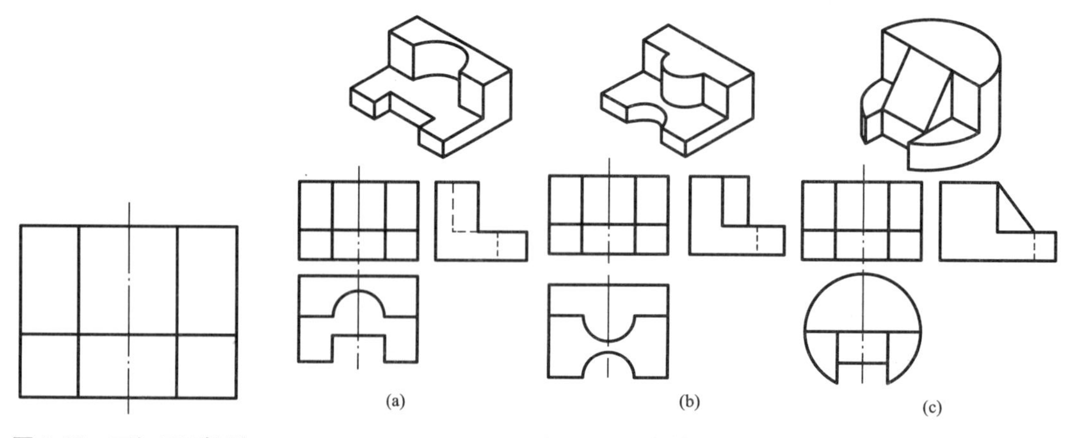

图 5.23 已知正面投影

图 5.24 由单面投影构形

思 考 题

1. 何谓组合体？简述组合体有哪些组合方式。
2. 简述形体分析法的含义。
3. 何谓正视方向？选择正视方向的原则有哪些？
4. 简述叠加型组合体三面图的绘图方法。
5. 简述组合体尺寸标注的方法。

第6章 标高投影(Topographical Projection)

教学提示：前面讨论了用两面或三面投影来表达点、线、面和立体，但对一些复杂的地形曲面，这种多面正投影的方法就不很合适，为此需要用其他的方法来表达。工程上常采用标高投影图来表示山川、河流、桥梁、道路等。

教学要求：通过本章学习，主要要求掌握点、线、面的标高投影、平面等高线作法。掌握圆锥面、地形面、地形剖面图的标高投影表达方式，掌握工程建筑物与地面的交线以及工程建筑物之间的交线求法。

6.1 概述(Introduction)

工程上常采用形体的水平投影加注高程数值的方法来表示山川、河流、桥梁、道路等，这种表示的方法称为标高投影(topographical projection)，如图 6.1 所示为投影法的形成。

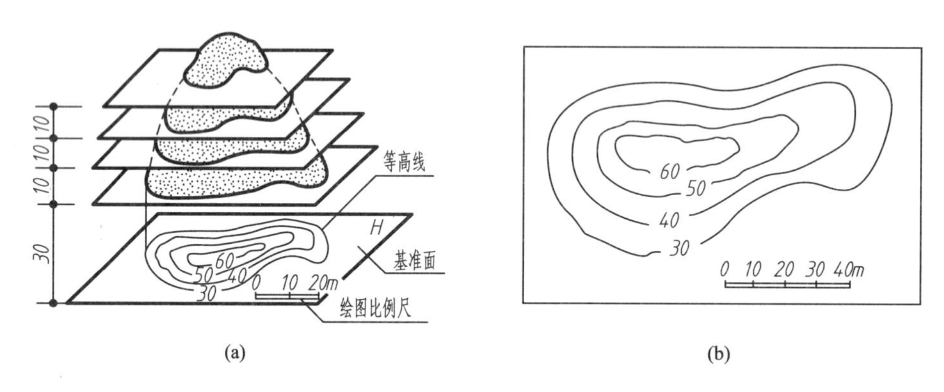

图 6.1 标高投影法的形成

标高投影图是一种单面正投影。在标高投影中，并不排斥有时利用垂直面上的投影来帮助解决标高投影中的某些问题。标高投影在水利工程、土木工程中应用相当广泛，如在一个水平投影上进行规划设计、道路设计、确定坡脚线、开挖边界线等。

标高投影中所谓高程，就是用某一个水平面作为基准面，几何元素到基准面的垂直距离叫做该元素的高程，在基准面以上者为正，以下者为负，该水平基准面的高程为零。在实际工作中，通常用海平面作为基准面，所得高程称为绝对高程。在房屋建筑中，常以建筑底层地面作为基准面，则所得高程称为相对高程。选择基准面时，要尽量避免出现负高程。标高投影的尺寸单位以 m 计，一般注到小数点后两位，并且不需要注写“m”。标高投影图中还应画出绘图比例尺或给出绘图比例。

6.2 点和直线的标高投影
(Topographical Projection of Points, Straight Lines)

6.2.1 点的标高投影(Topographical Projection of Points)

由正投影可知：点的水平投影加正面投影就可完全确定点的空间位置，其中正面投影的作用是给出点的高度 Z 坐标。所以点的水平投影加注高程就确定了点的空间位置，这就是点的标高投影。

表示方法：空间点的标高投影，就是在 H 面上的投影加注点的高程。

如图 6.2(a)所示，点 A 在水平投影面 H 上方 4m，点 B 恰好在水平投影面 H 上，标高为零，点 C 在水平投影面 H 下方 3m。以水平投影面 H 为基准面，作出空间点 A、B 和 C 在 H 面上的正投影 a、b 和 c，并在 a、b 和 c 的右下角标注该点距 H 面的高度，所得的水平投影图即为点 A、B 和 C 的标高投影图。

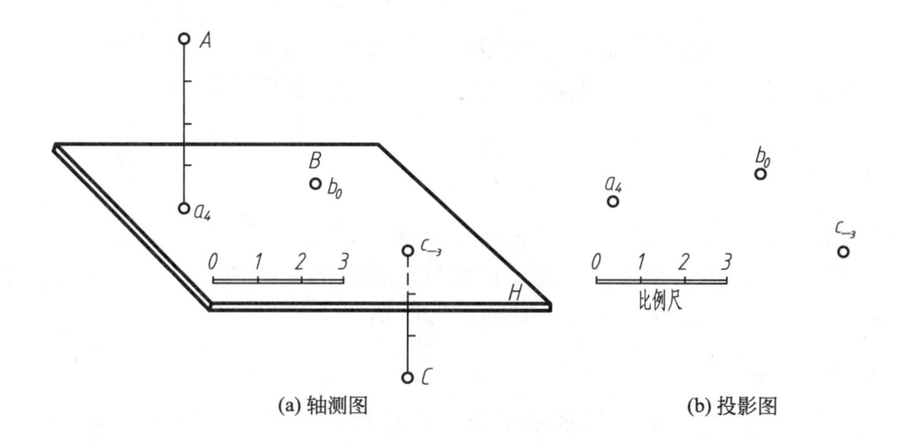

图 6.2 点的标高投影

在标高投影中，设水平基准面 H 的高程为 0，基准面以上的高程为正，基准面以下的高程为负。在图 6.2(a)中，点 A 的高程为 +4，记为 a_4，点 B 的高程为 0，记为 b_0，点 C 的高程为 −3，记为 C_{-3}。在点的标高投影图中还画出了绘图比例尺，单位为米(m)，也可用比例(如 1∶500)，用于测量 A、B、C 三点之间的距离，如图 6.2(b)所示。

在标高投影中，必须注明比例或者画出比例尺，长度单位通常为米。有了点的标高投影，点的空间位置就可以唯一确定了。

在实际工程中，以我国青岛市外的黄海海平面作为基准面测定的标高称为绝对标高(水利工程图中又称为绝对高程)，若以其他平面为基准来测定的标高则称为相对标高。

6.2.2 直线的标高投影(Topographical Projection of Straight Lines)

1. 直线表示法

在标高投影中，空间直线的位置可由直线上的两个点或直线上的一个点及该直线的方向确定。因此直线的表示法有两种：

(1) 直线上两个点的标高投影。如图 6.3(b)所示，直线 AB 的标高投影为 a_5b_2。

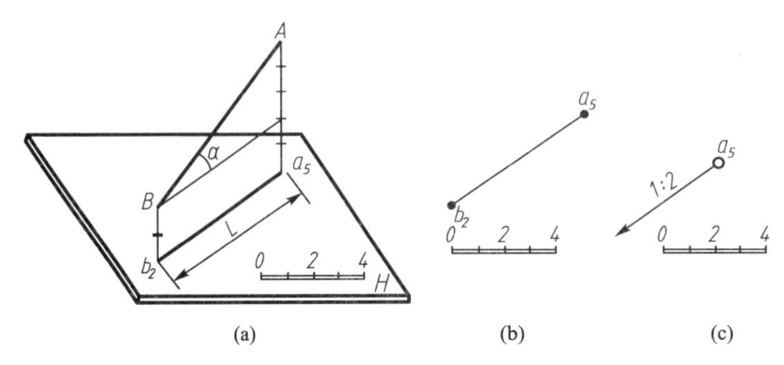

图 6.3 直线的标高投影

(2) 直线上一个点的标高投影和直线的方向与坡度。如图 6.3(c)所示，直线 AB 的标高投影可由点 A 的标高投影 a_5 和表示直线方向的箭头以及坡度 1∶2 表示，箭头的指向表示下坡方向。

2. 直线的实长

在标高投影中求直线的实长，仍然采用正投影中的直角三角形法。如图 6.3(a)所示，一直线的标高投影为直角三角形的一边，以直线两端点的高差作为另一直角边作为直角三角形，其斜边为实长，α 是直线对水平基准面的倾角。

3. 直线的坡度和平距

直线上任意两点的高度差与其水平距离之比称为该直线的坡度(gradient)，用符号 i 表示，即

$$i=\frac{H}{L}$$

式中，i 为坡度，%；H 为高度差，m；L 为水平距离，m。

上式表明，直线上两点间的水平距离为一个单位时，两点间的高度差数值即为坡度。

如图 6.3(a)所示，直线 AB 的高度差 $H=5\text{m}-2\text{m}=3\text{m}$，用比例尺量得其水平距离 $L=6\text{m}$，所以该直线的坡度 $i=H/L=3\text{m}/6\text{m}=1/2$，写成 1∶2。

当直线上两点间的高度差为 1 个单位时，它们的水平距离称为平距，用符号 l 表示，即

$$l=\frac{1}{i}=\frac{L}{H}$$

由此可见：平距和坡度互为倒数，坡度越大，平距越小；反之，坡度越小，平距越大。图 6.3(a)中直线 AB 的坡度为 1∶2，则平距为 2。

例 6-1 如图 6.4(a)所示，已知直线 AB 的高程 a_{12}，b_{27}，求直线上点 C 的高程。

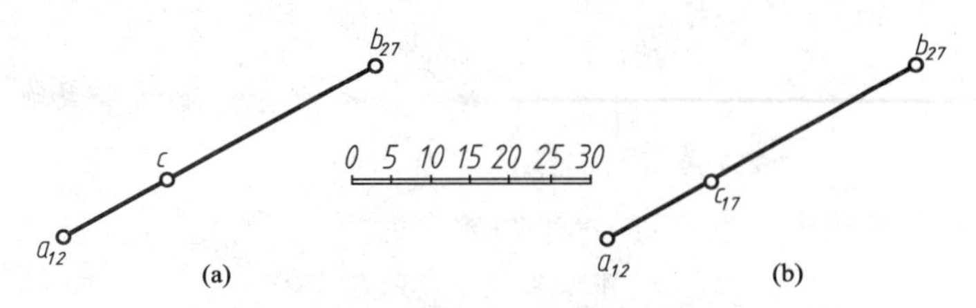

图 6.4 求直线上点 C 的高程

分析：若已知该直线的坡度，则可根据 AC 间的水平距离计算出其高度差，从而得出点 C 的高程。

解：求直线 AB 的坡度。

$$H_{AB}=27-12=15(\mathrm{m});$$

用图示比例尺量得 $L_{AB}=45\mathrm{m}$；

所以其坡度 $i=\dfrac{H_{AB}}{L_{AB}}=\dfrac{15}{45}=\dfrac{1}{3}=1:3$

求点 C 的高程。

$$L_{AC}=15\mathrm{m};\ H_{AC}=L_{AC}\times i=15\times\frac{1}{3}=5(\mathrm{m})。$$

点 C 的高程应为 12m+5m=17m，如图 6.4(b)所示。

4. 直线上整数高程的高程点

在实际工作中，有时需要在直线的标高投影上作出各整数标高点。在标高投影中，如何确定整数高程的点的位置，可以通过计算法和图解法求解。

1) 计算法

根据高差、水平距离和坡度等已知条件计算出个整数高程点的水平距离，然后根据比例尺量取各点。

例 6-2 如图 6.5 所示，已知直线 AB 的标高投影为 $a_{11.5}b_{6.2}$，利用计算法求作 AB 上各整数标高点。

解：根据已知的作图比例尺在图 6.6 中量得 $L_{AB}=10\mathrm{m}$，可计算出坡度

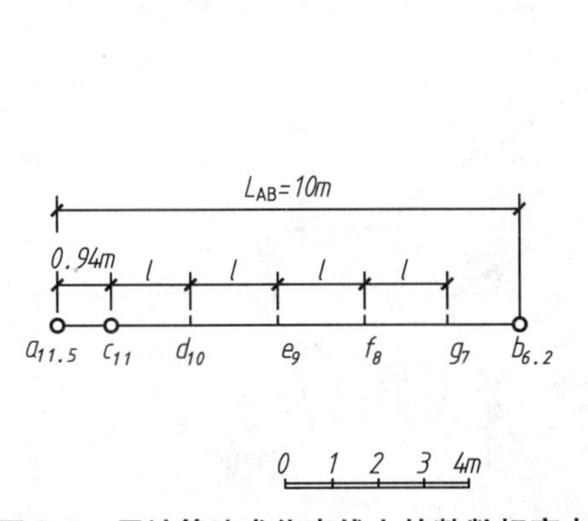

图 6.5 用计算法求作直线上的整数标高点

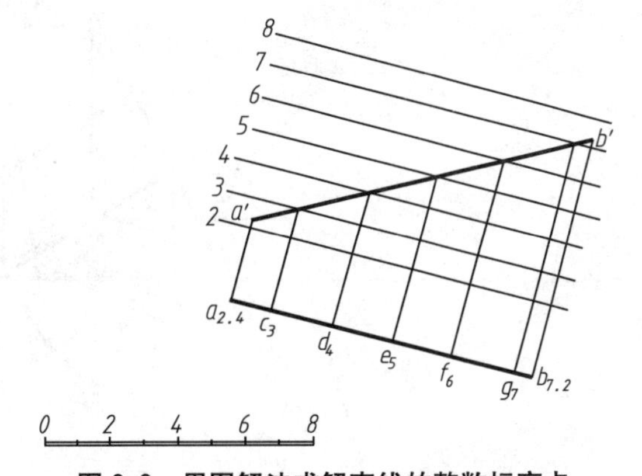

图 6.6 用图解法求解直线的整数标高点

$$i=\frac{H_{AB}}{L_{AB}}=\frac{11.5-6.2}{10}=\frac{5.3}{10}=0.53$$

由此可计算出平距

$$l=\frac{1}{i}=\frac{1}{0.53}=1.89(\mathrm{m})$$

点 $a_{11.5}$ 到第一个整数标高点 a_{11} 的水平距离应为

$$L_{AC}=\frac{H_{AC}}{i}=\frac{11.5-11}{0.53}=\frac{0.5}{0.53}=0.94(\mathrm{m})$$

用图 6.5 中的绘图比例尺在直线 $a_{11.5}b_{6.2}$ 上自点 $a_{11.5}$ 量取 $L_{AC}=0.94\mathrm{m}$，便得点 c_{11}。以后的各整数标高点 d_{10}、e_9、f_8、g_7 间的平距均为 $l=1.89\mathrm{m}$。

2）图解法

由于高差相同，所对应的水平距离也必然相等。故可利用线段比例分割的方法来图解各整数高程的标高点。

例 6-3 如图 6.6 所示，已知直线 AB 的标高投影为 $a_{2.4}b_{7.2}$，求利用图解法作 AB 上各整数标高点。

解： 如图 6.6 所示，在与 $a_{2.4}b_{7.2}$ 平行的辅助铅垂面 V 上，按图中比例尺作一组相应高程的水平线与 ab 平行，最高一条为 8m，最低一条为 2m；根据 A、B 两点的高程在铅垂面上作出直线 AB 的投影 $a'b'$，它与各整数标高的水平线相交，自这些交点向 $a_{2.4}b_{7.2}$ 作垂线，即可得到该直线上的各整数标高点 c_3、d_4、e_5、f_6、g_7。

6.3 平面的标高投影(Topographical Projection of Planes)

如图 6.7 所示，画出一个由平行四边形 $ABCD$ 表示的平面 P，AB 位于 H 面上，是平面 P 与 H 面的交线，以 P_H 标记。如果以一系列平行于基准面 H 且相距为一个单位的水平面截切平面 P，则得到 P 面上一组水平线 Ⅰ—Ⅰ、Ⅱ—Ⅱ 等，他们的 H 投影为 1—1、2—2 等，称为该平面的等高线(contour line)。平面 P 的等高线都平行于 P_H，且间隔相等。这个间隔称为平面的间距。

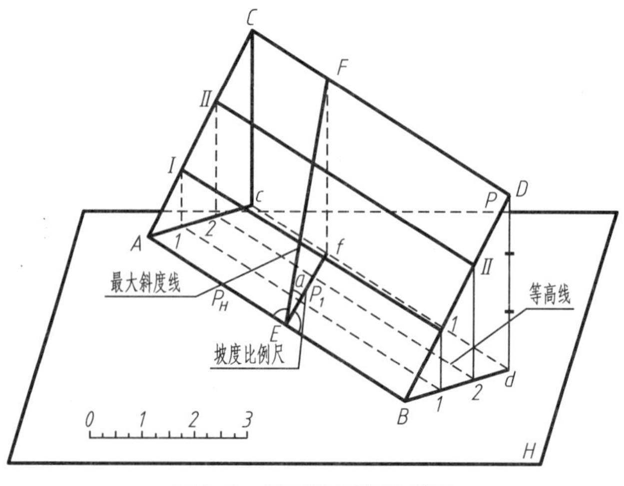

图 6.7 平面的标高投影图

6.3.1 平面内的等高线、坡度线、坡度比例尺(Contour line, Grade line, Grade Scale of Planes)

因为平面内的水平线上各点到基准面的距离是相等的，因此，平面内的水平线就是平面上的等高线，也可看作是水平面与该平面的交线。在实际工作中，常取平面上整数标高的水平线为等高线，基准平面(H 面)与平面的交线是平面内标高为零的等高线(即平面的水平迹线)。

从图 6.8 中可以看出平面内的等高线具有以下特征：

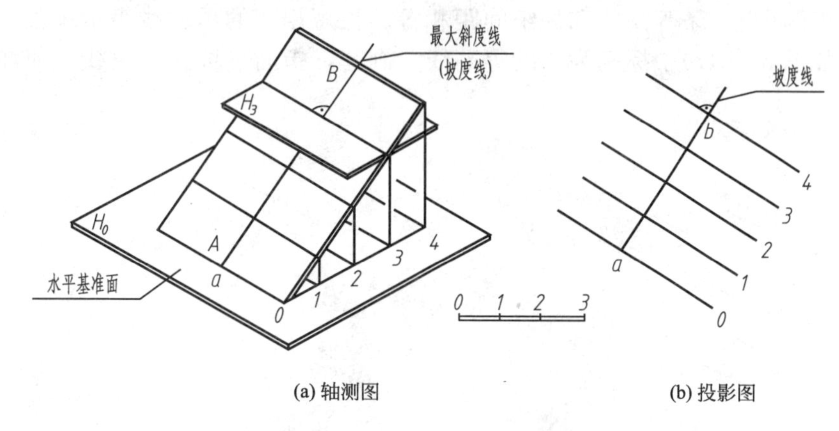

(a) 轴测图　　(b) 投影图

图 6.8 平面内的等高线和坡度线

(1) 等高线是直线；

(2) 高度差相等，平距相等；

(3) 等高线相互平行。

平面内对基准面的最大斜度线称为坡度线(grade line)。其方向与平面内的等高线垂直，它们的水平投影必互相垂直。坡度线对基准面的倾角也就是该平面对基准面的倾角，因此，坡度线的坡度就代表该平面的坡度。从图 6.8 中可以看出平面内的坡度线有以下特征：

(1) 平面内的坡度线与等高线相互垂直，其水平投影也相互垂直；

(2) 平面内的坡度线就是平面的坡度；

(3) 平面内的坡度线的平距就是平面内等高线的平距。

将平面内坡度线的水平投影画成一粗一细的双线并附以整数标高，使之与一般直线有所区别，称这种表示方法为坡度比例尺。

6.3.2 平面标高投影的表示方法(Representation Method of Topographical Projection of Planes)

1. 几何元素表示方法

正投影中介绍的五种几何元素法在标高投影中均适用，即不在同一直线上的三点、任一直线以及线外的一点、相交的两条直线、平行的两条直线以及其他平面图形。

2. 用一组高差相等的等高线表示平面

图 6.9 所示表示用高差为 1、标高从 0～4 的一组等高线表示平面，从图可知，平面的倾斜方向和平面的坡度都是确定的。

3. 用坡度线表示平面

图 6.10 给出了三种方式，图 6.10(a)给出用带有标高数字(刻度)的一条直线表示平面，该条带刻度的直线也称为坡度比例尺(gradient scale)，它既确定了平面的倾斜方向，也确定了平面的坡度；图 6.10(b)用平面上一条等高线和平面的坡度表示平面；图 6.10(c)用平面上一条等高线和一组间距相等、长短相间的示坡线表示平面。示坡线应从等高线［如图 6.10(c)中标高为 4 的等高线］画起，指向下坡。示坡线上应注明平面的坡度。

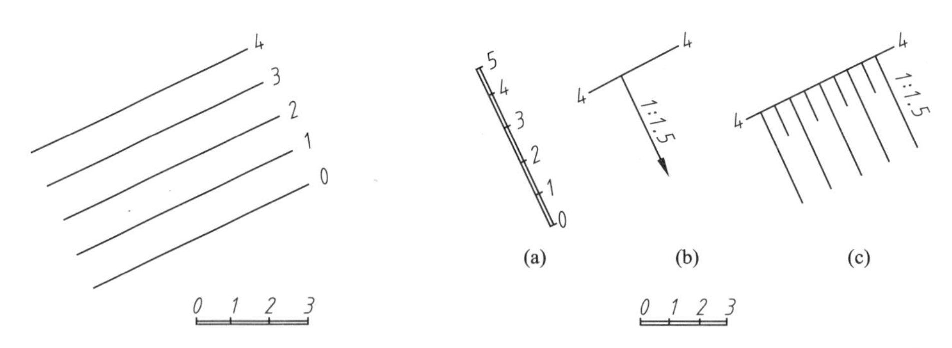

图 6.9　用一组等高线表示平面　　图 6.10　用坡度线表示平面

4. 用平面上一条倾斜直线和平面的坡度表示平面

在图 6.11 中画出了平面上一条倾斜直线的标高投影 a_8b_5。因为平面上的坡度线不垂直于该平面上的倾斜直线，所以在平面的标高投影中坡度线不垂直于倾斜直线的标高投影 a_8b_5，把它画成带箭头的弯折线，箭头仍指向下坡。

5. 水平面标高的标注形式

在标高投影图中水平面的标高，可用等腰直角三角形标注，如图 6.12(a)所示；也可用标高数字外画细实线矩形框标注，如图 6.12(b)所示。

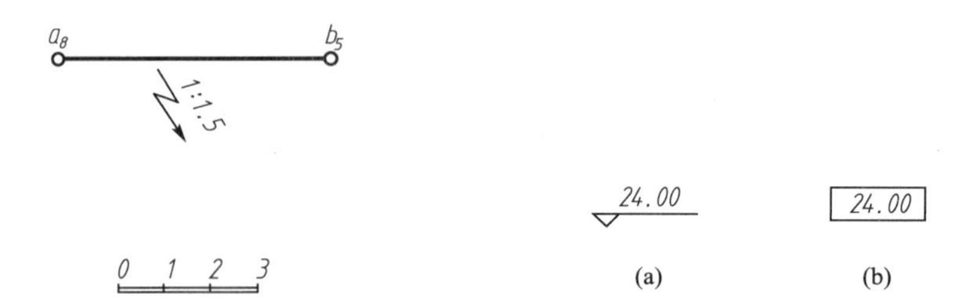

图 6.11　用倾斜线和坡度表示平面　　图 6.12　水平面标高的标注形式

6.3.3 平面上等高线的作法(Drawing of Contour Lines in Planes)

图 6.13 表示了平面上等高线的作法，理由是：因为平面上高程为 3m 的等高线必通过 a_3，b_6 与高程为 3m 的等高线之间的水平距离 $L_{AB}=l\times H_{AB}=0.6\times3\text{m}=1.8\text{m}$。因此，以 b_6 为圆心，以 $R=1.8\text{m}$ 为半径，向平面的倾斜方向画圆弧。过点 a_3 作直线 a_33 与圆弧相切，直线 a_33 即为平面上高程为 3m 的等高线。再将 a_3b_6 分成三等份，等分点为直线上高程为 4m、5m 的点，过各等分点作直线与等高线 a_33 平行，就得到平面上高程为 4m、5m 的两条等高线。

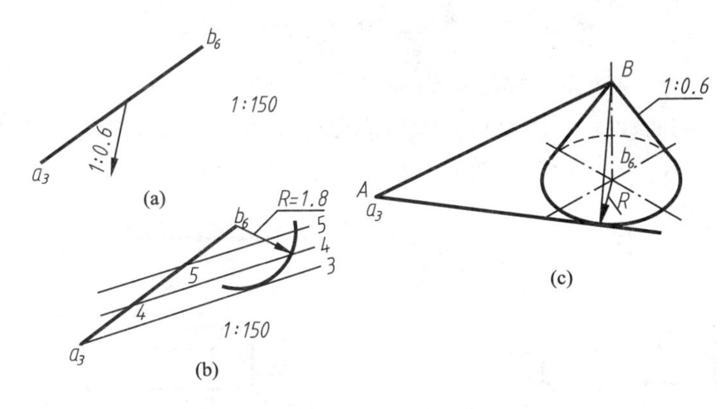

图 6.13 用倾斜线表示平面时等高线的作法

6.3.4 两平面的相对位置(Relationship of Planes and Planes)

两平面的相对位置分为两种：平行和相交，下面着重介绍两平面相交的情况。

1. 两平面平行

若两平面平行，则它们的平距相等，坡度比例尺平行，并且标高数字的增减方向一致。

2. 两平面相交

在标高投影中，求平面与平面的交线，通常采用辅助平面法。即以整数高程的水平面作为辅助平面，辅助平面与已知两平面的交线是平面上相同整数高程的等高线。这个概念可以引申为：两面(平面或曲面)上相同标高等高线的交点连线，就是两面的交线。具体作图如图 6.14(b)所示。即在坡度比例尺 P_i 和 Q_i 上各引出两对相同标高(例如 8 和 10)的等高线，它们的交点 a_{10} 和 b_8 的连线，即为交线的标高投影。

交线的特殊情况：

(1) 如果两平面的坡度相同，则交线平分两平面上相同高程等高线的夹角。

(2) 当相交两平面的等高线平行时，其两平面的交线必与等高线平行，即交线方向为已知，只需找出交线上的一个点就可以了。

在工程中，把相邻两坡面的交线称为坡面交线，填方形成的坡面与地面的交线称为坡

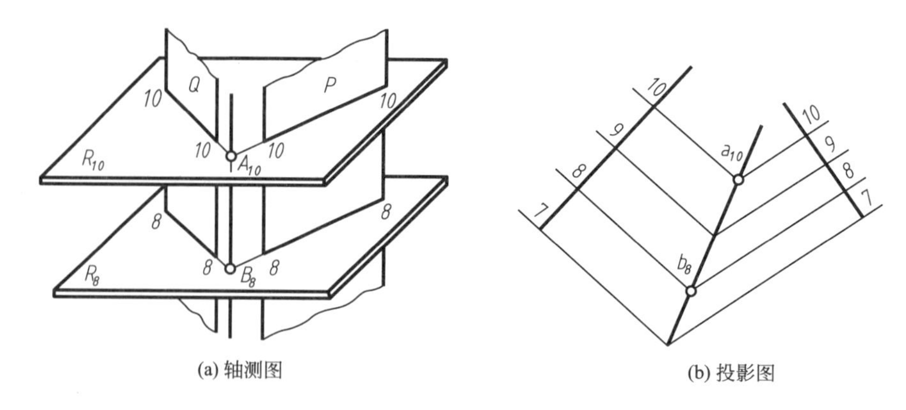

(a) 轴测图　　(b) 投影图

图 6.14　求作两平面交线的标高投影

脚线，挖方形成的坡面与地面的交线称为开挖线。

例 6-4　已知地面标高为 24.00m，基坑底面标高为 20.00m，基坑形状和各开挖坡面的坡度如图 6.15(a)所示。试求作各坡面间、坡面与地面的交线，并画出各坡面上部分示坡线。

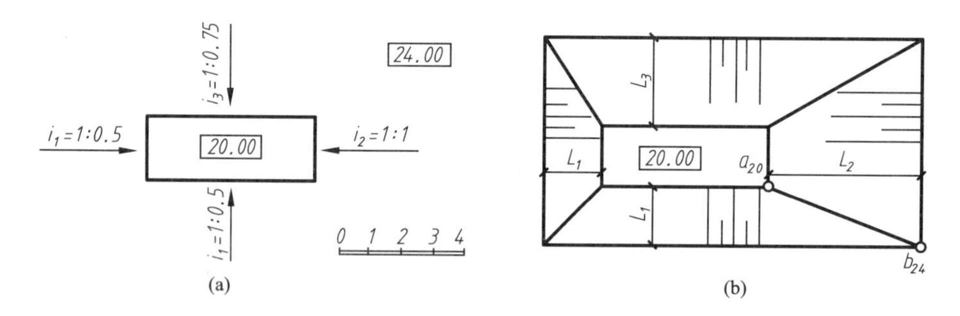

(a)　　(b)

图 6.15　求作基坑开挖的标高投影

解： 由图 6.15(a)知，基坑有 4 个坡面，等高线的最小标高值均为 20.00m。4 个坡面与地面相交，交线为等高线，且标高值均为 24.00m。标高为 20.00m 的等高线与 24.00m 的等高线之间的水平距离，可根据各坡面的坡度计算得到，即

$$L_1=\frac{H}{i_1}=\frac{4}{1/0.5}=2(\text{m}),\quad L_2=\frac{H}{i_2}=\frac{4}{1/1}=4(\text{m}),\quad L_2=\frac{H}{i_3}=\frac{4}{1/0.75}=3(\text{m})$$

基坑 4 个开挖坡面都是平面，相邻两平面上相同标高数值的等高线交点［如图 6.15(b)中的点 a_{20} 和 b_{24}］，它们的连线(如 $a_{20}b_{24}$)，即为两平面交线的标高投影。最后，用细实线画出部分示坡线，它们与等高线垂直，且从标高为 24.00m 的等高线画指向标高为 20.00m 的等高线(指向下坡)。

例 6-5　已知两土堤顶面的标高、各坡面的坡度、地面的标高，如图 6.16(a)所示。试作出两堤之间、堤面与地面之间的交线。

解： 从图 6.16(a)可知，两堤的堤顶边线为等高线 15 和 14，所以各土堤坡面是以一条等高线和坡面的坡度这种形式给出的。

首先，作出各坡面上标高为 12.00m 的等高线，即为各坡面与地面的交线。它们的水平距离可以分别根据各坡面的坡度计算出，即

$$L_1=\frac{H}{i_1}=\frac{15-12}{1/2}=6(\text{m}),\quad L_2=\frac{H}{i_2}=\frac{14-12}{1/1.5}=3(\text{m}),\quad L_3=\frac{H}{i_3}=\frac{14-12}{1/1}=2(\text{m})$$

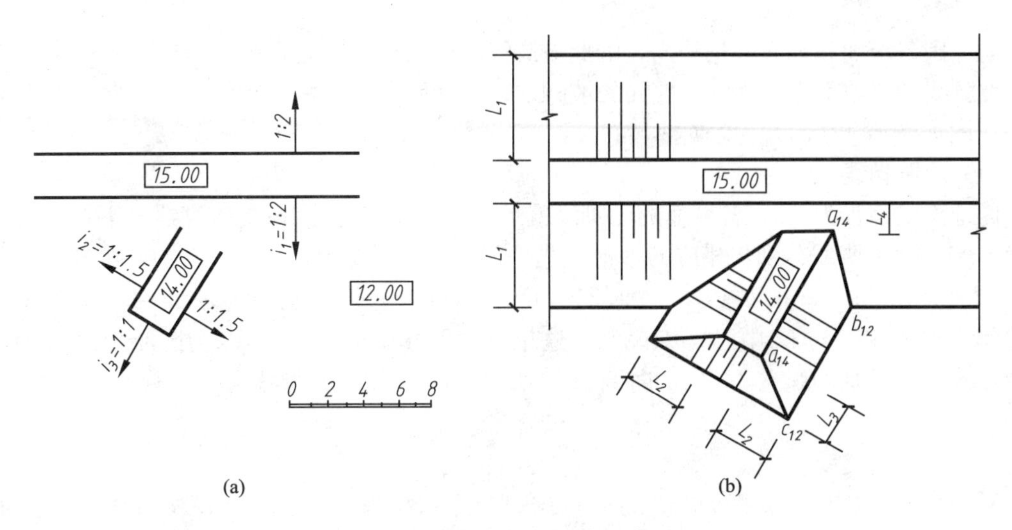

图 6.16 求作土堤交线的标高投影

然后，求作距离 L_4，它是斜交的小堤坡面与大堤坡面交线到等高线 15.00m 的距离，根据坡度 i_1 可得

$$L_4=\frac{H}{i_1}=\frac{15-14}{1/2}=2(\mathrm{m})$$

最后，按图 6.14 的原理将两顶面上相同标高的等高线的交线连成直线，如 $a_{14}b_{12}$、$d_{14}c_1$ 等，即得所求［图 6.16(b)］。

例 6-6 地面上修建一平台和一条自地面通到台顶面的斜坡引道，平台顶面高程为 5m，地面高程为 2m，它们的形状和各坡面坡度如图 6.17(a)所示，求坡脚和坡面交线。

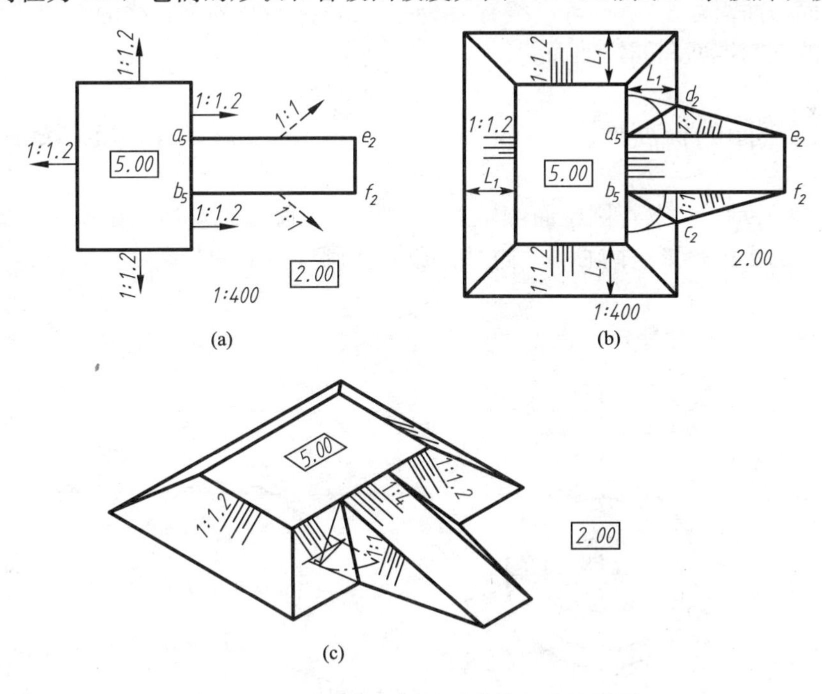

图 6.17 作平台与斜坡引道的标高投影图

解： 因各坡面和地面都是平面，因此坡脚线和坡面交线都是直线。需作出平台上四个坡面的坡脚线和斜坡引道两侧两个坡面的坡脚线以及它们之间的坡面交线，如图 6.17(c)所示。

作图［图 6.17(b))］步骤如下：

(1) 求坡脚线。

因地面的高程为 2m，各坡面的坡脚线就是各坡面内高程为 2m 的等高线。平台坡面的坡度为 1∶1.2，坡脚线分别与相应的平台边线平行，其水平距离可由 $L=l\times H$ 确定，式中高度差 $H=5\text{m}-2\text{m}=3\text{m}$，所以 $L_1=1.2\times 3\text{m}=3.6\text{m}$。斜坡引道两侧坡面的坡度为 1∶1，其坡脚线求法在图 6.13 中已详细说明，这里仅说明作图顺序，以 a_5 为圆心，以 $L_2=1\times 3\text{m}=3\text{m}$ 为半径画圆弧，再自 e_2 向圆弧作切线，即为所求坡脚线。另一侧坡脚线的求法相同。

(2) 求坡面交线。

平台相邻两坡面上高程为 2m 的等高线的交点和高程为 5m 的等高线的交点是相邻两个共有点。连接这两个共有点，即得平台两坡面的交线。

平台坡面坡脚线与引道两侧坡脚线的交点 d_2、c_2 是相邻两坡面的共有点，a_5、b_5 也是平台坡面和引道两侧坡面的共有点，分别连接 a_5、d_2 和 b_5、c_2，即为所求坡面交线。

(3) 画出各坡面的示坡线，其方向与等高线垂直，注明坡度。

6.4 曲面的标高投影(Topographical Projection of Curved Surface)

在标高投影中表示曲面，常用的方法是假想用一系列高差相等的水平面截切曲面，画出这些截平面与曲面截交线(即等高线)的水平投影，并标明各等高线的高程。这里仅介绍工程中常见的正圆锥面和同坡曲面。

6.4.1 正圆锥面的标高投影(Topographical Projection of Right Cone)

如图 6.18 所示，如果正圆锥面的轴线垂直于水平面，假想用一组水平面截切正圆锥面，其截交线的水平投影是同心圆，这些圆就是正圆锥面上的等高线。

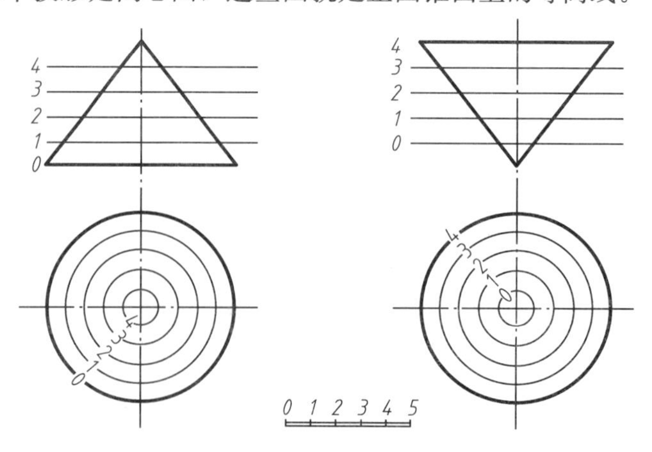

图 6.18　正圆锥面的标高投影图

正圆锥面上的等高线特性：

(1) 等高线的高差相等，同心圆之间的距离也相等。在这些圆上分别加注它们的高程，该图即为正圆锥面的标高投影。高程数字的字头规定朝向高处。

(2) 锥面正立时，等高线越靠近圆心，其高程数字越大，圆的直径越小；锥面倒立时，等高线越靠近圆心，其高程数字越小，圆的直径越大。

正圆锥表面的直素线就是锥面上的坡度线，该素线的坡度代表了正圆锥面的坡度。同一正圆锥面上所有的直素线的坡度都相等。

在土石方工程中，常在两坡面的转角处采用与坡面坡度相同的锥面过渡，如图 6.19 所示。

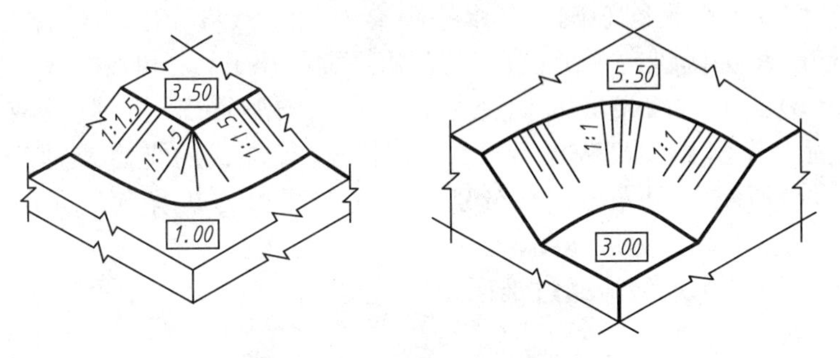

图 6.19 转角处采用锥面过渡

例 6-7 如图 6.20(a)所示，在土坝与河岸的连接处用圆锥面护坡，河底高程为 96.00m，

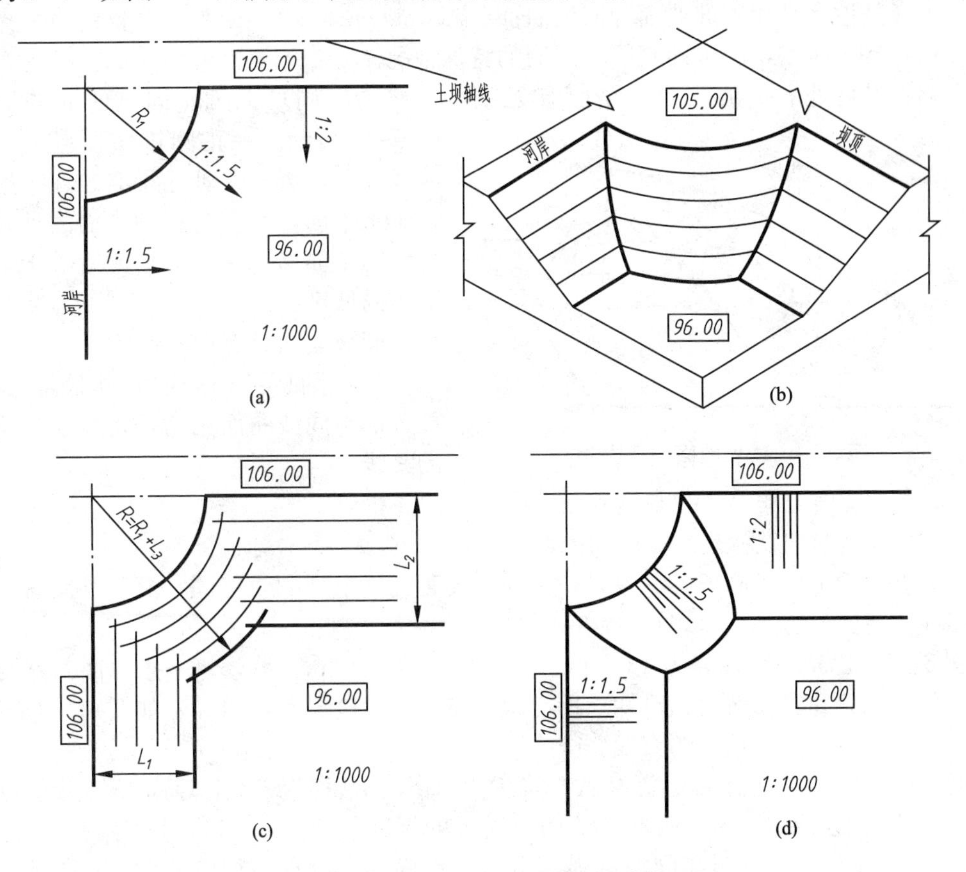

图 6.20 作土坝与河岸连接处的标高投影图

土坝、河岸、圆锥台顶面高程为106.00m，各坡面坡度如图所示，求坡脚线及各坡面交线。

解：河岸坡面和土坝坝面的坡脚线都是直线，圆锥面的坡脚线是圆弧线，河岸坡面与圆锥面的交线和土坝坡面与圆锥面的交线均为圆锥曲线。

作图步骤如下：

求坡脚线。如图6.20(c)所示，河底高程为96.00m，因此，土坝、河岸的坡脚线是高程为96.00m的等高线，且与同一坡面上的等高线平行。其水平距离分别为$L_1=(106-96)\text{m}\times 1.5=15\text{m}$，$L_2=(106-96)\text{m}\times 2=20\text{m}$。圆锥护坡的坡脚线圆与圆锥台顶圆在同一圆锥面上，它们的投影是同心圆，其水平距离$L_3=L_1=15\text{m}$。需要注意的是：圆锥面坡脚线的圆弧半径R为圆锥台顶半径R_1与其水平面距离L_3之和，即$R=R_1+L_3$。

如图6.20(b)所示，两条坡面交线为平面曲线，需求出一系列共有点，其作图方法：在相邻坡面上作出相同高程的等高线，同高程等高线的交点，即为两坡面的共有点，如图6.20(c)所示。用光滑曲线分别连接左右两边的共有点，即得出坡面交线。

画出各坡面的示坡线，完成作图，如图6.20(d)所示。

注意：圆锥面上的示坡线应通过锥顶。

6.4.2 同坡曲面的标高投影(Topographical Projection of Isoclinic Surface)

一个各处坡度都相同的曲面为同坡曲面(isoclinic surface)。因为正圆锥的每一条素线的坡度均相等，所以正圆锥面是同坡曲面的特殊情况。

道路在转弯处的边坡，无论路面有无纵坡，坡均为同坡曲面。同坡曲面的形成如图6.21所示。一正圆锥面顶点沿一空间曲线(L)运动，运动时圆锥的轴线始终垂直于水平面，则所有正圆锥面的外公切线即为同坡曲面。曲面的坡度就等于运动正圆锥的坡度。

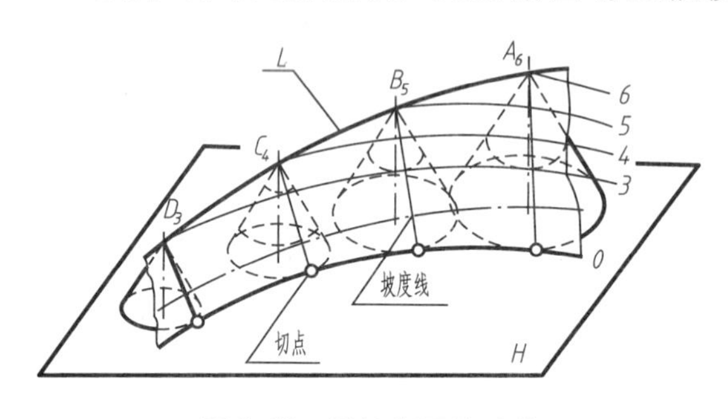

图6.21 同坡曲面的形成

同坡曲面具有如下性质：

(1) 沿曲导线运动的正圆锥，在任何位置都与同坡曲面相切，切线就是正圆锥的素线。

(2) 同坡曲面上的等高线与圆锥面上同标高的圆相切。

(3) 圆锥面的坡度就是同坡曲面的坡度。

在同坡曲面上作等高线的关键是作出同一高程上一系列的轨迹圆，然后绘制这些圆的外包络线(公切线)。

例6-8 已知平台标高为12.00m，地面标高为8.00m。欲修筑一条弯曲斜路与平台相连，斜路位置和路面坡度为已知，所有填筑坡面的坡度i为1∶1.5，如图6.22(a)所示。试作各坡面间、坡面与地面的交线。

解：因为已知弯道路面上等高线的高差为1m，所以各坡面上等高线的高差也应是1m，相应的平距$l=1.5\text{m}$。以弯道两侧边线上的标高点9、10、11、12为圆心，分别以l、$2l$、$3l$、$4l$为半径画圆和同心圆弧，得出各锥面的等高线，如图6.22(b)所示。作各

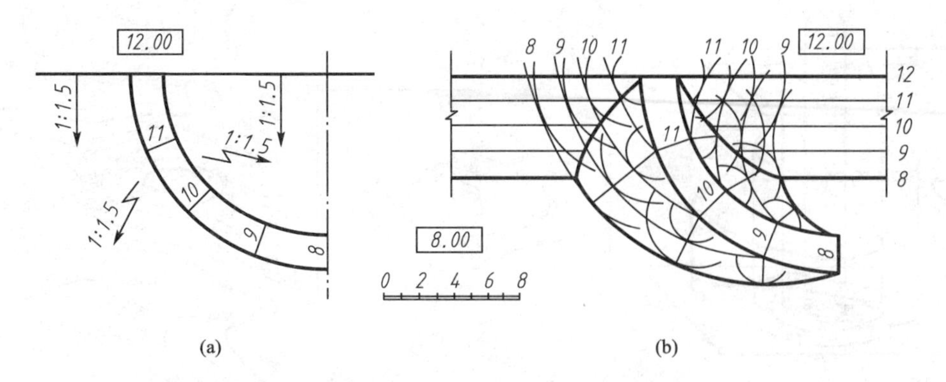

图 6.22 求作斜坡弯道坡面交线的标高投影

锥面上相同标高等高线(圆)的公切线，即为弯道两侧同坡曲面上相应标高的等高线 8、9、10、11。这些等高线与平台填筑坡面上相同标高的等高线相交，用光滑曲线连接各交点，即为同坡曲面与平台坡面的交线。图中还画出了同坡曲面上的坡度线，它是相应切点的连线，与坡面上的等高线正交。

从图 6.22(b)可看出，同坡曲面、平台坡面与地面的交线，就是各坡面上标高为 8m 的等高线。

6.5 地形面的标高投影

(Topographical Projection of Topographical Surface)

6.5.1 地形面的等高线(Contour Line of Topographical Surface)

工程中常把高低不平、弯曲多变、形状复杂的地面称为地形面 (topographical surface)。

(1) 地形面的标高投影地形图是用一系列整数标高的水平面与山地相截，把所截得的等高线投影到水平面上，在一系列不规则形状的等高线上加注相应的标高值。

(2) 根据等高线来识别地形：在图中可识别山丘和洼地、山脊和山谷、陡坡和缓坡、鞍部等地形。

如图 6.23(a)所示，假想用一组高差相等的水平面截切地面，便得到一组高程不同的等高线，由于地面是不规则的曲面，因此，地形面上的等高线是不规则的平面曲线。画出这些等高线的水平投影，并注明每条等高线的高程和它们的绘图比例，即得到地形面的标高投影图，如图 6.23(b)所示。

地形面的标高投影图又称地形图。由于地形图上等高线的高差(称为等高距)相等，因此地形图能够清楚地反映地形的起伏以及坡向等。如图 6.24 所示，靠近中部的两个环状等高线中间高，四周低，表示有两个小山头。山头北面等高线密集，表明地面的坡度大；山头南面等高线稀疏，表明地势平坦。相邻山头之间是鞍部。

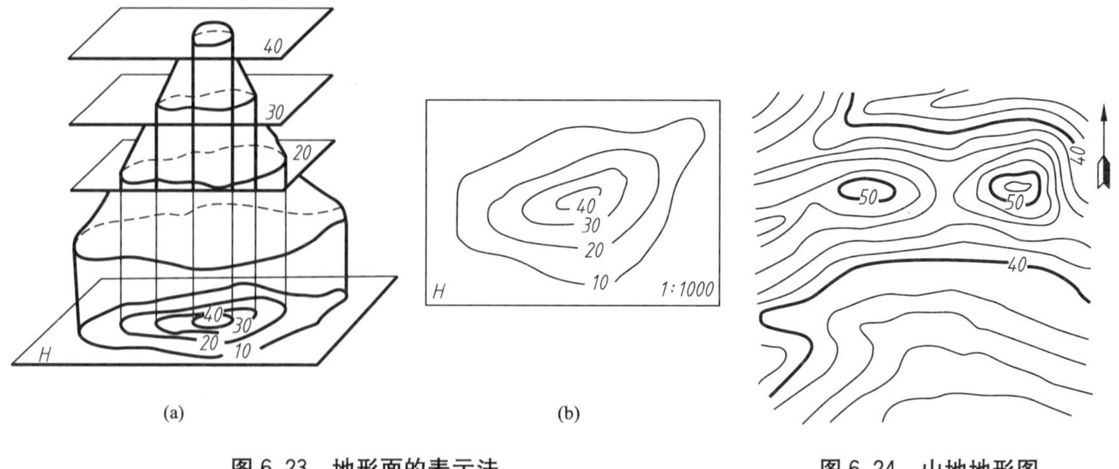

(a) (b)

图 6.23 地形面的表示法

图 6.24 山地地形图

6.5.2 地形断面图(Cutting Figure Topographical Surface)

用铅垂面剖切地形面，剖切平面与地形面的截交线就是地形断面，画上相应的材料图例，称为地形断面图(earth profile)。其作图方法如图 6.25 所示：以 $A—A$ 剖切线的水平距离为横坐标，以高程为纵坐标。按等高距及地形图的比例尺画一组水平线，如图 6.25 中的 15、20、25…55，然后将剖切线 $A—A$ 与地面等高线的交点 a、b、c…p 之间的距离量取到横坐标轴上，得 a_1、b_1、c_1…p_1。自点 a_1、b_1、c_1…p_1 引铅直线，在相应的水平线上定出各点。光滑连接各点，并根据地质情况画上相应的材料图例，即得 $A—A$ 断面图。断面处地势的起伏情况可以从断面图上形象地反映出来。

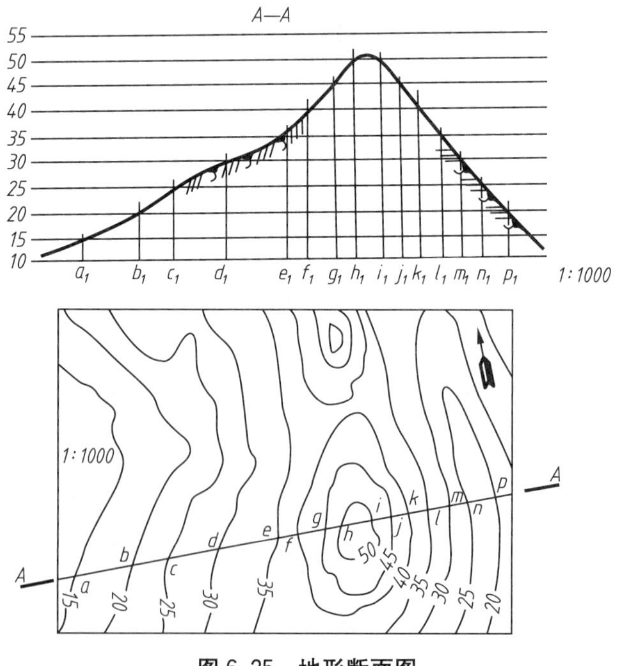

图 6.25 地形断面图

6.5.3 建筑物与地形面的交线(Intersection of Architectural Solids and Topographical Surface)

在土建工程中，许多建筑物要修建在不规则的地形面上，当建筑物表面与地面相交时，交线是不规则的曲线。求此交线时，仍采用辅助平面法，即用一组水平面作为辅助面，求出建筑物表面与地面的一系列共有点，然后依次连接，即得交线(intersection)。

例 6-9 在图 6.26(b)所示的地形面上，修筑一土坝，已知坝顶的位置、高程及上下游坝面的坡度，求作坝顶、上下游坝顶、上下游坝面与地面的交线。

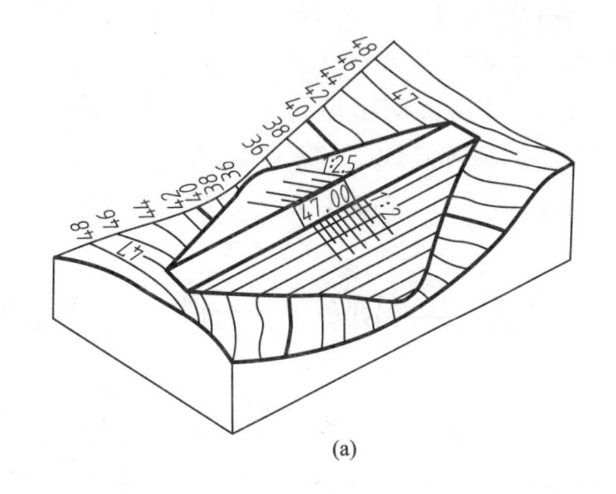

(a)

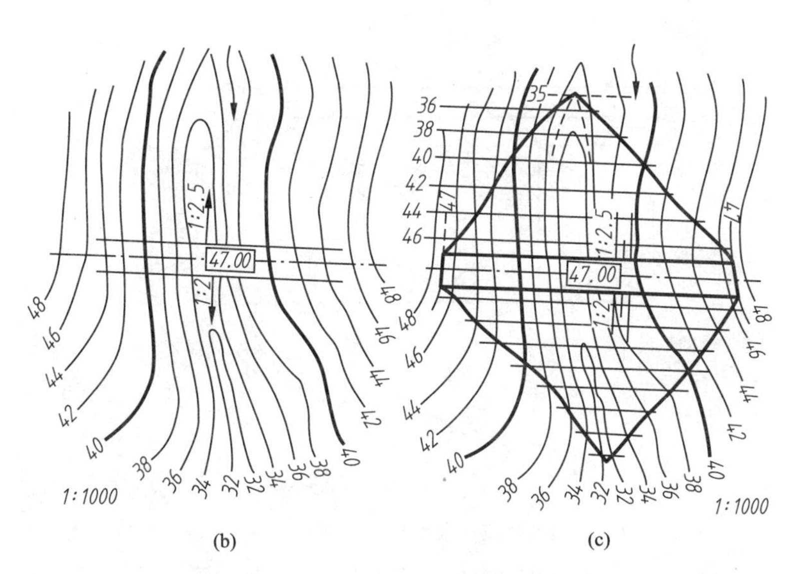

(b) (c)

图 6.26 作土坝的标高投影图

解： 土坝的顶和上下游坝面是平面，它们与地面都有交线，因地面是不规则曲面，所以交线都是不规则的平面曲线，图 6.26(a)为土坝轴测图。

作图［图 6.26(c)］步骤如下：

(1) 求坝顶与地面的交线。坝顶面是高程为 47m 的水平面，它与地面的交线是地面上高程为 47m 的等高线。用内插法在地形图上用虚线画出 47m 等高线，将坝顶边线画到与 47m 等高线相交处。

(2) 求上游坝面的坡脚线。根据上游坡面的坡度 1∶2.5，因为地形面上的等高距是 2m，所以坡面上的等高距也应取 2m。故上游坝面上相邻等高线的水平距离 $L_1=2\times2.5\text{m}=5\text{m}$。画出坝面上一系列等高线，求出它们与地面相同高程等高线的交点，顺次光滑连接各个交点，即得上游坝面的坡脚线。

注意：坝面上高程为 46m 的等高线与坝顶高差为 1m，它与坝顶边线的水平距离应为平距 2.5m。

在上述求坝脚线的过程中，坝面上高程为 36m 的等高线与地面有两个交点，但高程为 34m 的等高线与地面高程为 34m 的等高线没有交点，这时可用内插法各补作一根 35m 的等高线，再作交点。连点时应按交线趋势画曲线。

(3) 求下游坝面的坡脚线。下游坝面的坡脚线与上游坝面的坡脚线求法基本相同，应注意按下游坝面的坡度确定等高线间的水平距离。

(4) 画出坝面上的示坡线，注明坝面坡度。

6.6 标高投影的应用举例(Applied Examples Topographical Projection)

下面举几个例子说明解决相对位置问题的方法，以及在地形问题上的应用。

例 6－10 如图 6.27 所示，沿直线 $a_{19.7}b_{20.7}$ 拟修筑一铁道，需在山上开挖隧道，求隧道的进出口。

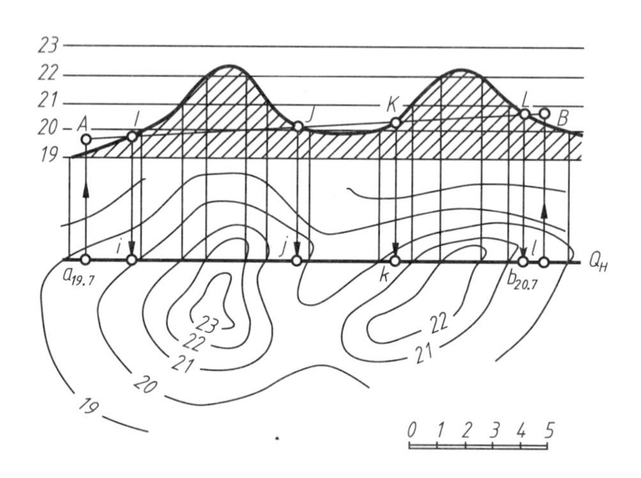

图 6.27 求直线与山地的交点

解： 问题可理解为求直线 $a_{19.7}b_{20.7}$ 与山地的交点，所求交点就是隧道的进出口。

参照图 6.27，过直线 AB 作一 H 面垂直面 Q 作为辅助平面，作出山地断面图。根据 AB 的标高在断面图上作出直线 AB，它与山地断面的交点 I、J、K、L，就是所求交点。

最后画出各交点的标高投影。

例 6－11 山坡上修建一水平场地，形状和高程如图 6.28(a)所示，边坡的填方坡度为 1∶2，挖方坡度为 1∶1.5，求作填、挖方坡面的边界线及各坡面交线。

解：如图 6.23(b)所示，因为水平场地高程为 25m，所以地面上高程为 25m 的等高线是挖方和填方的分界线，它与水平场地边线的交点 C、D 就是填、挖边界线的分界点。挖方部分在地面高程为 25m 的等高线北侧，其坡面包括一个倒圆锥面和两个与它相切的平面，因此，挖方部分没有坡面交线。填方部分在地面高程为 25m 的等高线南侧，其边坡为三个平面，因此有三段坡脚线和两段坡面交线。

作图(图 6.28)步骤如下：

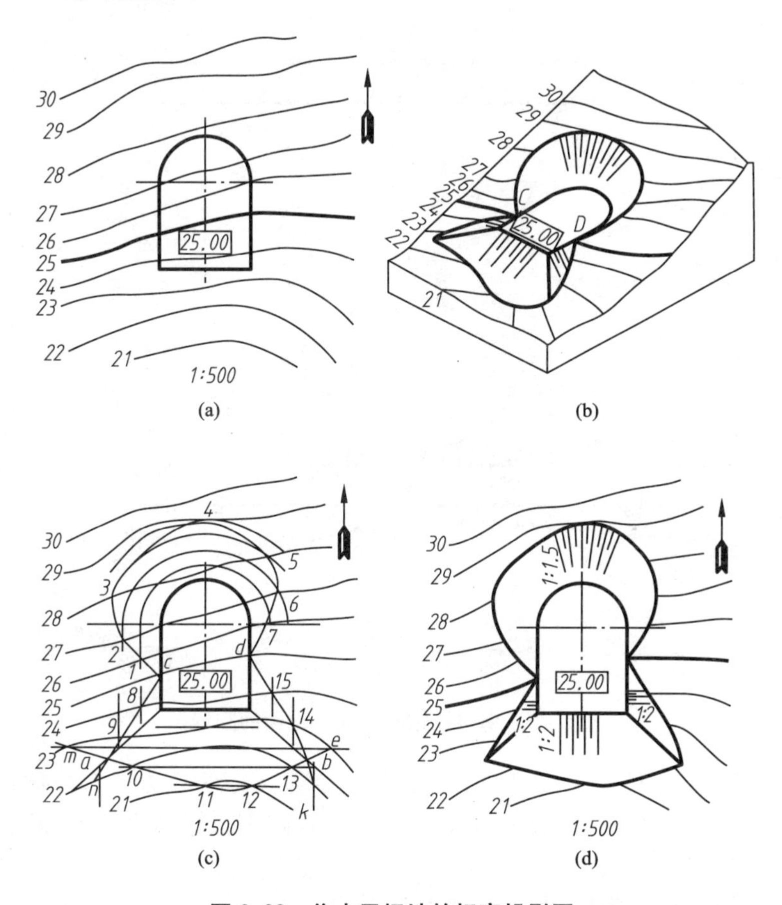

图 6.28　作水平场地的标高投影图

(1) 求挖方边界线。地面上等高距为 1m，坡面上的等高距也应为 1m，等高线的平距 $l=1/i=1.5$m。顺次作出倒圆锥面及两侧平面边坡的等高线，求得挖方坡面与地面相同高程等高线交点 c、1、2 …7、d，顺次光滑连接交点，即得挖方边界线，如图 6.28(c)所示。

(2) 求填方边界线和坡面交线。由于填方相邻坡的坡度相同，因此坡面交线为 45°斜线。根据填方坡度 1∶2，等高距 1m，填方坡面上等高线的平距 $l=2$m。分别求出各坡面的等高线与地面上相同高程等高线的交点，顺次连接交点 c—8—9—n，m—10—11—12—13—e，k—14—15—d，可得填方的三段坡脚线。相邻坡脚线相交分别得交点 a、b，该交点是相邻两坡面与地面的共有点，因此相邻的两段坡脚线与坡面交线必交于同一点。确定点 a 的方法也可先作 45°坡面交线，然后连接坡脚线上的点，使相邻两段坡脚线通过坡面交线上的同一点 a，即三线共点。确定点 b 的方法与其相同，如图 6.28(c)所示。

(3) 画出各坡面的示坡线，并注明坡度，如图 6.28(d)所示。

例 6－12 在地形面上修筑一斜坡道，路面位置及路面上等高线的位置如图 6.29(a)所示，其两侧的填方坡度为 1∶2，挖方坡度为 1∶1.5，求各边坡与地面的交线。

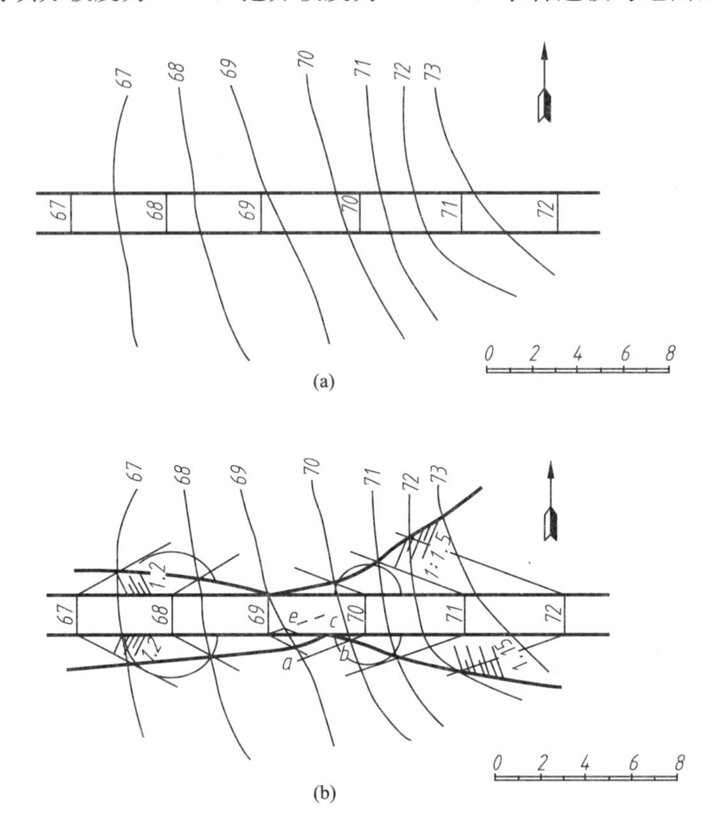

图 6.29 求斜坡道的坡面与地面的交线

解：从图 6.29(a)中可以看出，路面西段比地面高，应为填方；东段比地面低，应为挖方。填、挖方的分界点在路北边缘高程 69m 处，在路南边缘高程 69m 和 70m 之间，准确位置需通过作图才能确定。

作图［图 6.29(b)］步骤如下：

(1) 作填方两侧坡面的等高线。因为地形图上的等高距是 1m，填方坡度为 1∶2，因此应在填方两侧作平距为 2m 的等高线。其作法是：在路面两侧分别以高程为 68m 的点为圆心，平距 2m 为半径作圆弧，自路面边缘上高程为 67m 的点分别作该圆弧的切线，得出填方两侧坡面上高程为 67m 的等高线。再自路面边缘上高程为 68m、69m 的点作此切线的平行线，即得填方坡面上高程为 68m、69m 的等高线。

(2) 作挖方两侧坡面的等高线。挖方破面的坡度为 1∶1.5，等高线的平距是 1.5m。求法同填方坡面等高线，但等高线的方向与填方相反，因为求挖方坡面等高线的辅助圆锥面为倒圆锥面。

(3) 作坡面与地面的交线。确定地面与坡面上高程相同等高线的交点，并将这些交点依次连接，即得坡脚线和开挖线。但路南的 a、b 两点不能相连，应与填、挖方分界点 c 相连。求点 c 的方法：假想扩大路南挖方坡面，自高程为 69m 的路面边缘点再作坡面上高程为 69m 的等高线(图中用虚线表示)，求出它与地面上高程为 69m 的等高线的交点 e，b、e 的连线与路地边缘的交点即 c 点。也可假想扩大填方坡面，其结果相同。

(4) 画出各坡面的示坡线，注明坡度。

例 6-13 在河道上修筑一土坝，已知土坝的轴线位置和土坝的断面图(如图 6.30)，试完成土坝的平面图。

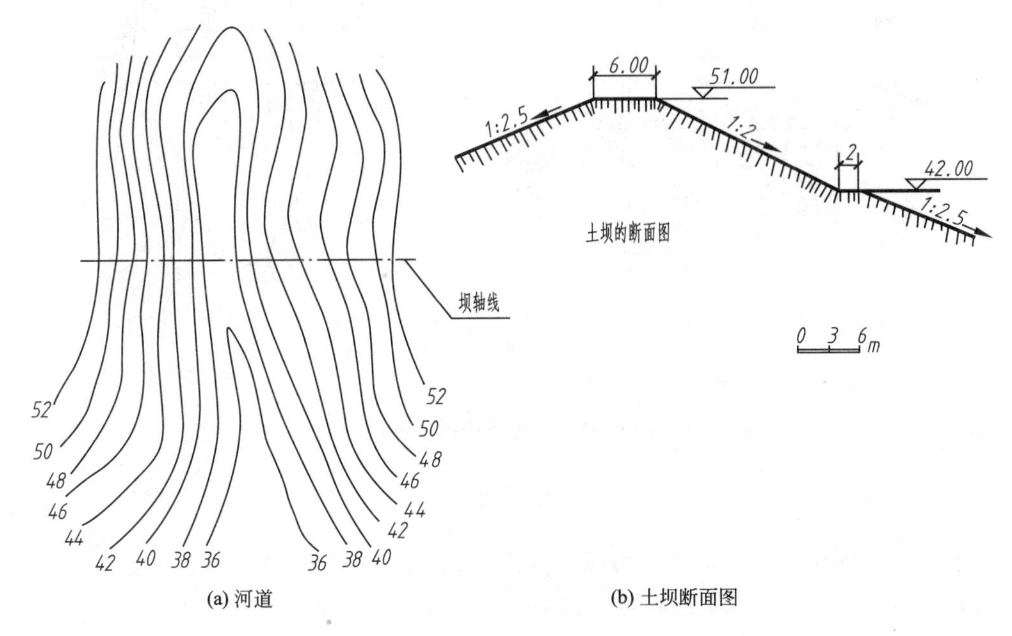

(a) 河道 (b) 土坝断面图

图 6.30 土坝的已知条件

解： 由图 6.30 中的断面图可知，坝顶高程为 51.00m，高于地形面，故为填方。坝顶、马道和上、下游坡面都与地面有交线，即坡脚线，它们都是不规则的曲线。作图步骤如下：

(1) 画坝顶平面图 [图 6.31(a)]。在坝轴线两侧按所给比例各量取 3m，画出坝顶边界线。坝顶高程为 51.00m，用内插法在地形图上画出 51m 的等高线(用虚线表示)，将坝顶边界线延伸到 51m 等高线相交处，即得到坝顶面两端与地面的交线，也即地形图中 51m 等高线上位于坝顶两边线之间的一段曲线。

(2) 求上游坝面的坡脚线 [图 6.31(a)]。在土坝的上游坡面上作与地形面相应高程的等高线，根据上游坡面坡度 1∶2.5，可知土坝上游坡面的平距 $l=2.5$m，据此即可作出坡面上高程为 50m、48m…的等高线。然后求出坝坡面与地面相同高程等高线的交点，依次光滑地连接各交点，即得到上游坝面的坡脚线。上游坝面上高程为 40m 的等高线与地面上 40m 的等高线有两个交点，但坝面上 38m 的等高线与地面上 38m 的等高线没有交点，可用内插法各补作一根 39m 的等高线(图上用虚线表示)，得两个交点。由于两点相距很近，故连点时应按交线的趋势画成曲线。

(3) 求下游坝面的坡脚线 [图 6.31(a)]。下游坝面的坡脚线的求法与上游坝面坡脚线的求法基本相同。但下游坝面上在高程 42m 处设有马道，马道以上的坡度为 1∶2，马道以下的坡度为 1∶2.5 [图 6.31(b)]。在作下游坝面上等高线时，应注意不同坡度段要用不同的平距。

马道的求法：先求马道的内边线至坝顶下游边线的水平距离。

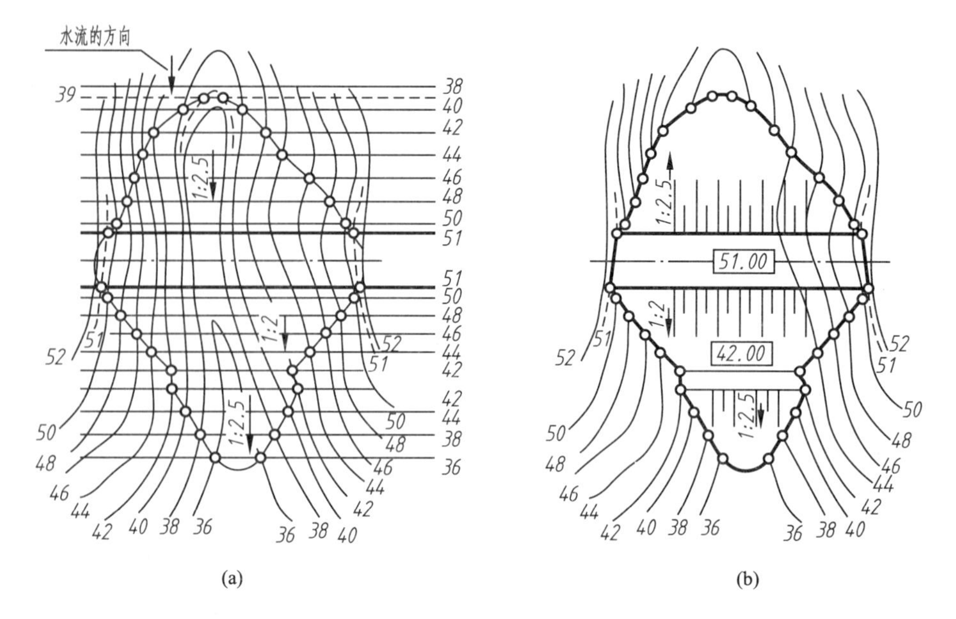

图 6.31　土坝平面图的作法

$$L=\frac{H}{i_1}=\frac{51-42}{1/2}=18(\mathrm{m})$$

按所给比例即可作出马道的内边线，再按 2m 的宽度画出马道的外边线。

(4) 画出示坡线，注明坝顶和马道的高程，完成作图 [图 6.31(b)]。

思　考　题

1. 在标高投影图中，如何表示点、线、面标高投影?
2. 简述绘制曲面及地形面的标高投影的方法。
3. 简述绘制坡面与地形面交线的方法。
4. 解释下列名词：

(1) 标高投影；(2) 坡度；(3) 平距；(4) 开挖线；(5) 坡脚线。

第7章 工程形体的图样画法 (Drafting of Engineering Solids)

教学提示：当物体的形状和结构比较复杂时，仅用三面投影图表达是难以满足要求的，为此，在制图标准中规定了多种表达方法，绘图时可根据工程形体的形状特征选用。对于建筑形体往往要同时采用几种方法，才能将其内外结构表达清楚。为此，国家标准《技术制图》(GB/T 14689—2008)和《房屋建筑制图统一标准》(GB/T 50001—2010)规定了一系列的图样表达方法，以供画图时根据形体的具体情况选用。

教学要求：通过对各种表达方法的学习，了解它们的适用条件和表达特点，合理选用不同方法表达工程形体。重点掌握剖面图的要领和画法以及各种常用剖面图的适用条件和表达特点。了解断面图的概念及其适用条件，掌握断面图的种类及其画法特点和标注，以及简化画法和其他规定画法的适用条件和它们各自的表达特点。

7.1 视图(View)

7.1.1 基本视图(Basic View)

用正投影法绘制的物体的图形称为视图(view)。对于形状简单的物体，一般用三个视图就可以表达清楚，而对于复杂的工程建筑，各个方向的外形变化较大时，往往采用三个以上的视图才能完整表达其形状结构。如图 7.1 所示，完整表达一个形体可用六个基本投射方向，相应地有六个基本投影面分别垂直于这六个基本投射方向。通常也把这六个基本投射方向称为六个基本视向，垂直于 V 面、H 面、W 面的基本投射方向分别称为正视方向、俯视方向、侧视方向。图 7.2 表示形体投射到六个投影面上后投影面展开的方法。展开后六个基本视图的配置关系和视图名称如图 7.3(a)所示。这种将形体置于第一分角内，即形体处于观察者与投影面之间进行投射，然后按图 7.2 展开投影面的方法称为第一角画法。

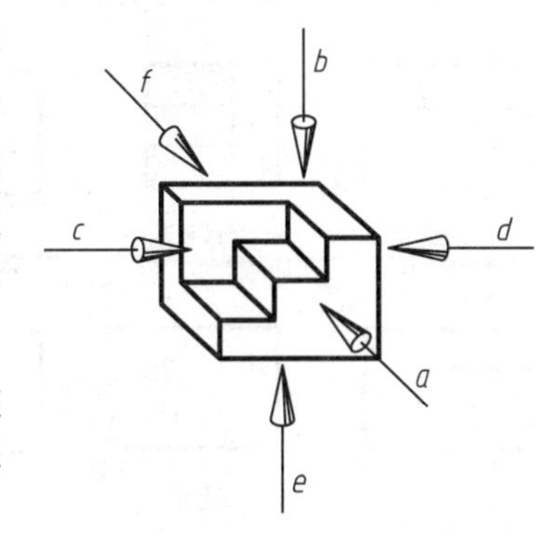

图 7.1　六个基本投射方向

同三面图一样，六个基本视图之间仍然保持着内在的投影联系，即“长对正、高平齐、宽相等”的投影规律。

在实际工作中，当在同一张图纸上绘制同一个物体时，

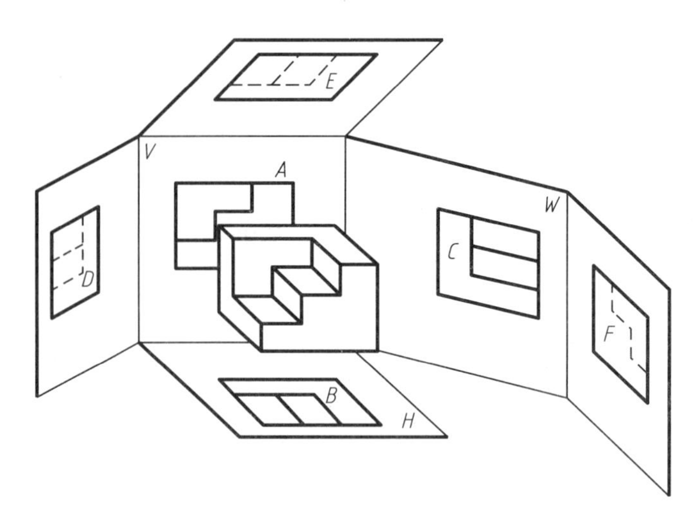

图 7.2　六个基本视图的形成和展开方法

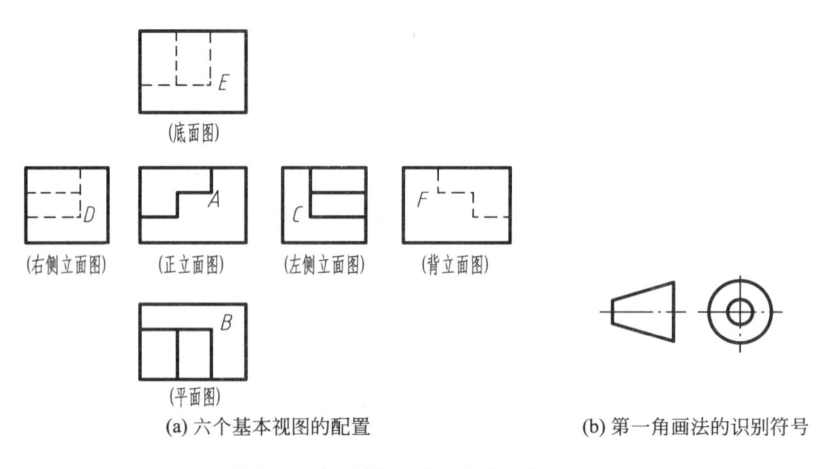

(a) 六个基本视图的配置　　(b) 第一角画法的识别符号

图 7.3　六个基本视图(第一角画法)

为了合理利用图纸，可将各视图的位置按图 7.4 的顺序进行配置，此时每个视图一般应标注图名。图名宜标注在视图的下方，并在图名下用粗实线绘一条横线，其长度应以图名所占长度为准。

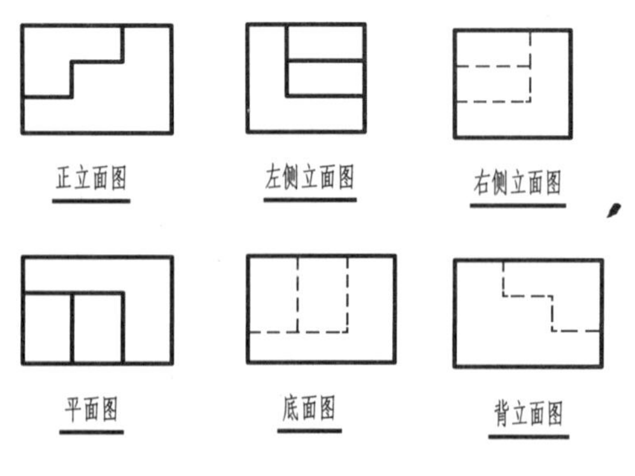

图 7.4　视图的配置

特别提示

虽然形体可以用六个基本视图来表达，但实际上要画哪几个视图应视具体情况而定。一般说来，应把表示形体形状特征信息最多的那个视图作为正立面图，且应表达它的自然安放情况或工作位置。然后再根据实际需要选用其他视图。在明确表达形体的前提下，应使视图数量最少；应尽可能少地使用或不用虚线来表达形体的轮廓；避免不必要的细节重复(图 7.5)。

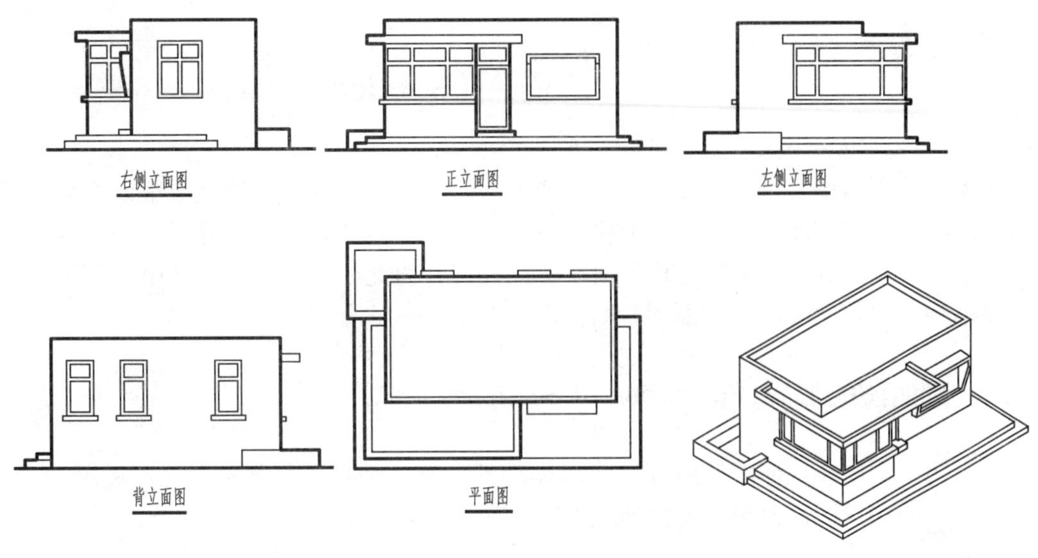

图 7.5 房屋的基本视图

7.1.2 镜像视图(Mirror of View)

对于某些工程结构，如板梁柱构造节点[图 7.6(a)]，因为梁、柱在楼板的下面，当用第一角画法绘制平面图时，梁、柱均为不可见，要用虚线绘制。这样会给读图及尺寸标注带来不便，如果把 H 面当成一个镜面，则在该镜面中就可得到柱、梁均为可见的反射图像。物体在平面镜中的反射图像的正投影称为镜像投影。

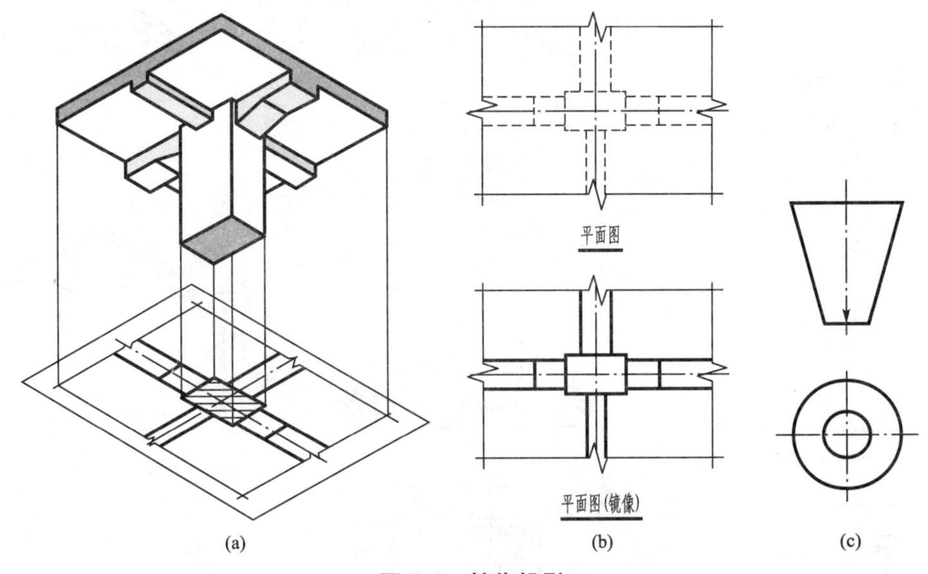

图 7.6 镜像投影

镜像投影法仍属于正投影法，采用镜像投影法绘制视图时，应在图名后注写“镜像”二字［图 7.6(b)］，或采用［图 7.6(c)］的顶面投影识别符号。在室内装修设计中，常采用镜像投影绘制房屋吊顶的平面布置图。

7.2 剖面图(Sections)

在形体的视图中，可见的轮廓线绘制成实线，不可见的轮廓线绘制成虚线。因此，对于内部形状或构造比较复杂的形体，投影图上会出现较多的虚线，使得实线与虚线相互交错而混淆不清，造成读图困难，也不便于标注尺寸。为此，国家制图标准中规定了表达物体内部结构及形状的方法：剖面图和断面图。

7.2.1 剖面图的形成(Formation of Sections)

假想用剖切面在形体的适当部位将形体剖开，移去剖切面与观察者之间的部分形体，将剩余的部分向投影面投射所得到的图形，称为剖面图(section)。

特别提示

有些专业图(如水利工程图、机械图)中所提及的剖视就是剖面。

如图7.7(a)为杯型基础模型的轴测图，作出其投影图如图7.7(b)，正立面图用虚线表示物体的内部结构。按图7.7(c)的方法，假想用一个剖切平面 P，沿物体的前后对称面剖开物体，移去前半部分(即观察者与剖切面之间的部分)，使物体的内部结构显示出来，

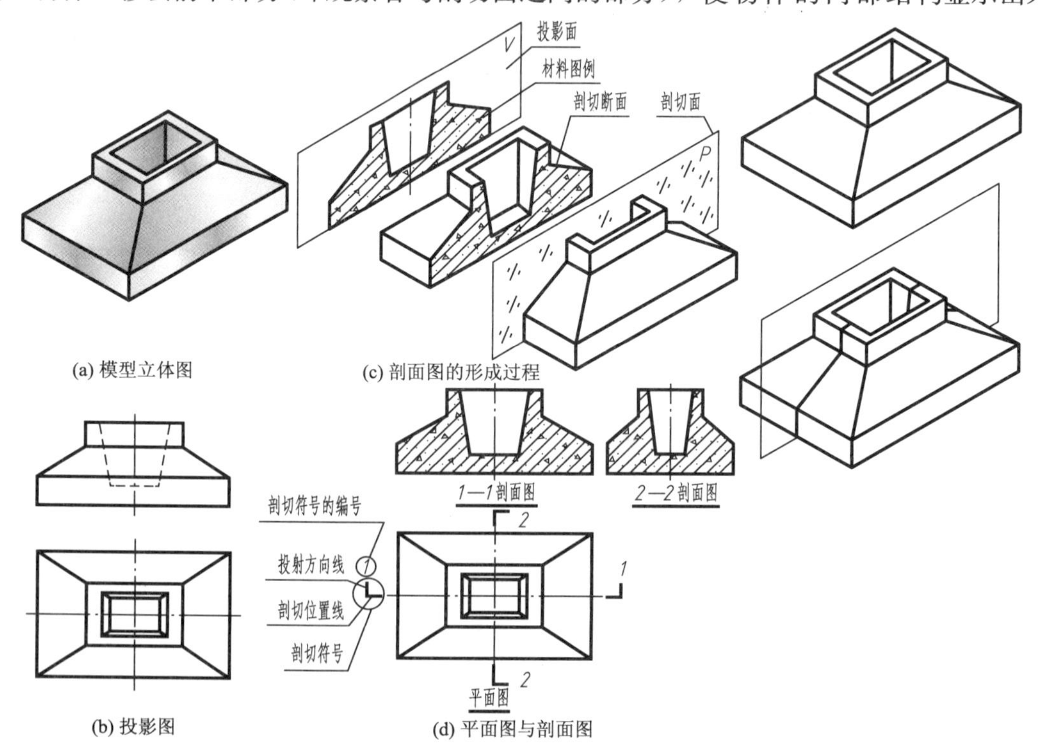

图7.7 剖面图的形成

从而得到处于正立面图位置上的1—1剖面图，同理，用一个处于侧平面位置的剖切面，沿物体的左右对称面剖开物体，移去左半部分，便可得到处于左侧立面图位置上的2—2剖面图，如图7.7(d)所示。这样，原来不可见的内部结构转化为可见，投影图中的虚线则可绘制为实线了，从而使物体的内部结构表达得更为清楚。

用于剖切被表达物体的假想平面称为剖切面；剖切面与物体的接触部分称为剖切断面(图中画材料图例的部分)；指示剖切面位置的线称为剖切位置线(用粗短线表示，长度一般为6～10mm)；表示投射方向的线称为投射方向线(垂直于剖切面位置线，用粗短线表示，长度一般为4～6mm)；剖切位置线与投射方向线合起来称为剖切符号；剖切符号的名称宜采用阿拉伯数字(如有多处时，则按顺序由左向右，由下向上连续命名)，并注写在投射方向线的端部，如图7.7(d)所示。

特别提示

绘制剖面图时，剖切符号不应与图中其他图线相接触。

当工程形体采用剖面图表达时，为了使剖面图层次分明和表明形体所使用的建筑材料，剖面图中一般除不再画出虚线外，被剖到的实体部分(即断面区域)应按照形体的材料类别画出相应的材料图例。常用的建筑材料图例见表7-1。

表7-1 常用建筑材料图例(摘自GB/T 50001—2010)

名称	图例	名称	图例
自然土壤		夯实土壤	
毛石		砂、灰土	
混凝土		钢筋混凝土	
普通砖		玻璃	
金属		饰面砖	
木材		粉刷	

在绘制材料图例时，应做到：图例正确、表示清楚、图例线间隔匀称、疏密适度。

当不需要表明工程形体的材料时，可采用通用图例表示(方向一致、间隔均匀的45°细实线)。两个不同物体上的相同的图例相接时，图例线宜错开或倾斜方向相反，如图7.8(a)、图7.8(b)所示。若断面很小时，断面内的材料图例可用涂黑表示，如图7.8(c)所示

(空隙宽度不小于 0.7mm)。若断面过大，剖面图中的材料图例可沿轮廓线作局部表示，如图 7.8(d)所示。

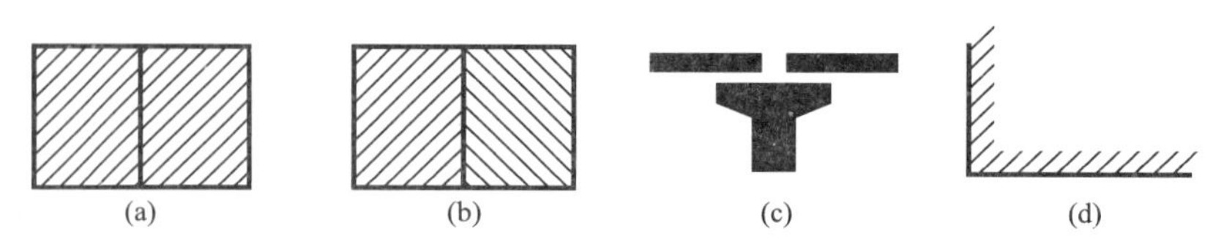

图 7.8 材料图例画法的规定

特别提示

当一张图纸内的图样只有一种图例或图形较小时，可以不画材料图例，但应加文字说明。

7.2.2 剖面图的标注(Marking of Sections)

1. 剖切位置

形体的剖切平面位置应根据表达的需要来确定。为了完整清晰地表达内部形状，一般说来剖切平面通过门、窗空间或孔、槽等不可见部分的中心线，且应平行于剖面图所在的投影面。如果形体具有对称平面，则剖切平面应通过形体的对称平面。

2. 剖面图的名称

剖面图的名称采用相应的编号，水平地注写在相应的剖面图的下方，并在图名下画一条粗实线，其长度以图名所占长度为准，如图 7.7 所示。

3. 剖面图的画法

剖面图的绘制方法及步骤如下。

(1) 形体分析。分析工程形体的内、外形状及结构，弄清有哪些内部形状需要用剖面图进行表达，有哪些外部形状需要表达。

(2) 确定剖切位置及剖切范围。在形体分析的基础上，确定最能反映工程形体内部真实形状的剖切位置，并确定选用何种剖切范围，从而确定表达方案。剖切面一般应选择平行于相应投影面的平面，并尽量通过工程形体的对称面或孔槽等结构的中心轴线。

(3) 画剖面图。先绘制剖切平面与物体接触部分的投影，即断面的轮廓(粗实线)，然后再绘制剖切断面之后的工程形体可见部分的投影(中实线)。

(4) 画材料图例。在剖切断面上绘制出材料图例，以便能清楚地区分工程形体的实体和空心部分，并表达建筑材料。

(5) 剖面图的标注。一般应在剖面图的下方标注剖面图的名称“×—×剖面图”(×为阿拉伯数字)，在相应的视图上用剖切符号表示剖切位置和投影方向，并注上相同的阿拉伯数字×，如图 7.7(d)所示。

绘制剖面图的注意事项。

(1) 由于剖切是假想的，所以当工程形体的一个视图绘制成剖面图后，其他视图的完整性不受影响，仍应完整地画出。

(2) 位于剖切面之后的可见部分应全部画出，避免漏线、多线，如图 7.9 所示。

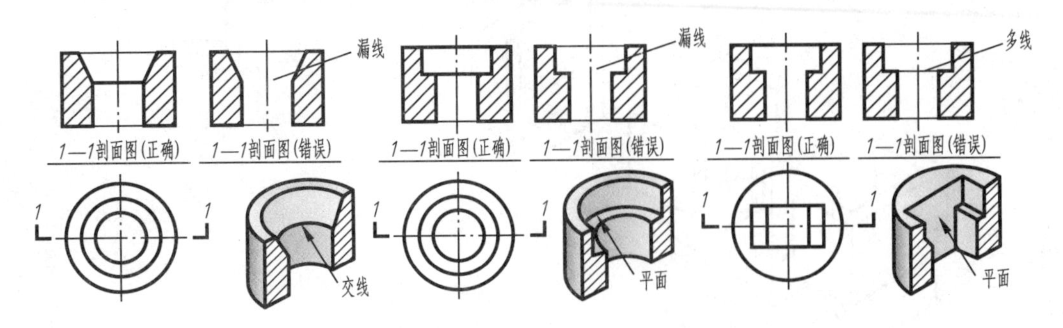

图 7.9 剖面图中漏线、多线的示例

例 图 7.10 所示为水槽的三面图，试将正立面图和侧立面图绘制成剖面图。

解： 图 7.10 所示，水槽的正面、侧面投影均出现了许多虚线，使图样不清晰。假想用一个通过水槽排水孔轴线，且平行于 V 面的剖切面 P 将水槽剖开，移走前半部分，将其余的部分向 V 面投射，然后在水槽的断面内画上通用材料图例，即得水槽的正视方向剖面图(图 7.11)。这时水槽的槽壁厚度、槽深、排水孔大小等均被表示得很清楚，又便于标注尺寸。同理，可用一个通过水槽排水孔的轴线，且平行于 W 面的剖切面 Q 剖开水槽，移去 Q 面的左边部分，然后将形体其余的部分向 W 面投射，得到另一个方向的剖面图(图 7.12)。最后，按照“长对正、宽相等、高平齐”的原则将三面投影图绘出，并完成剖切符号的标识即可，如图 7.13 所示。

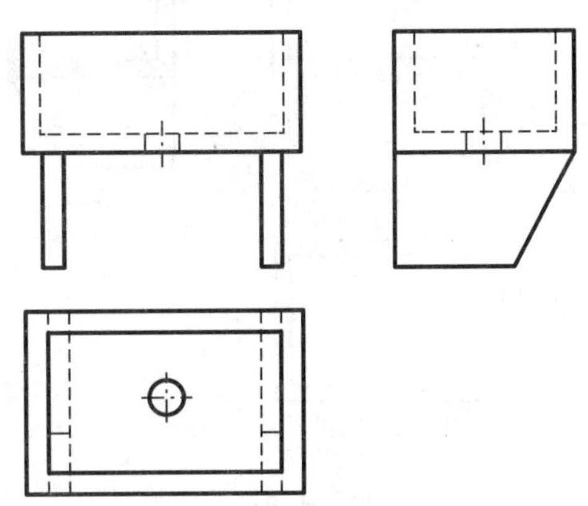

图 7.10 水槽的三面图

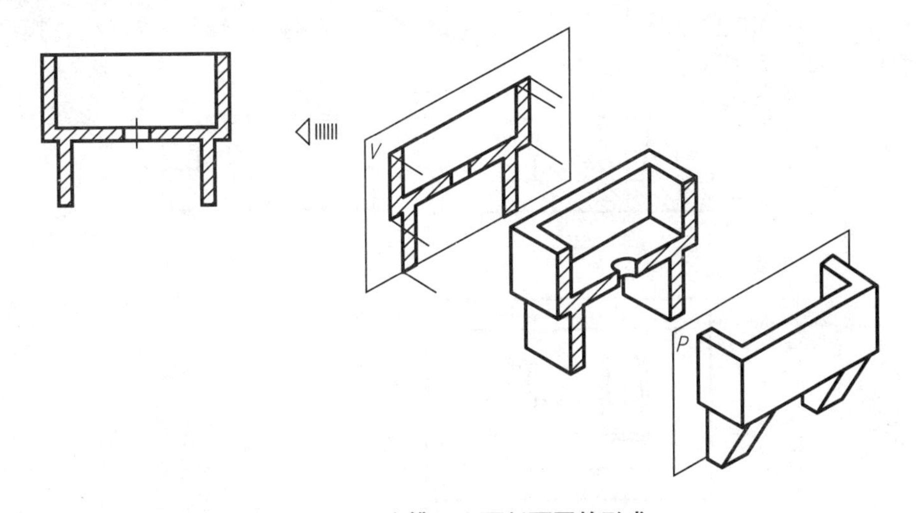

图 7.11 水槽正立面剖面图的形成

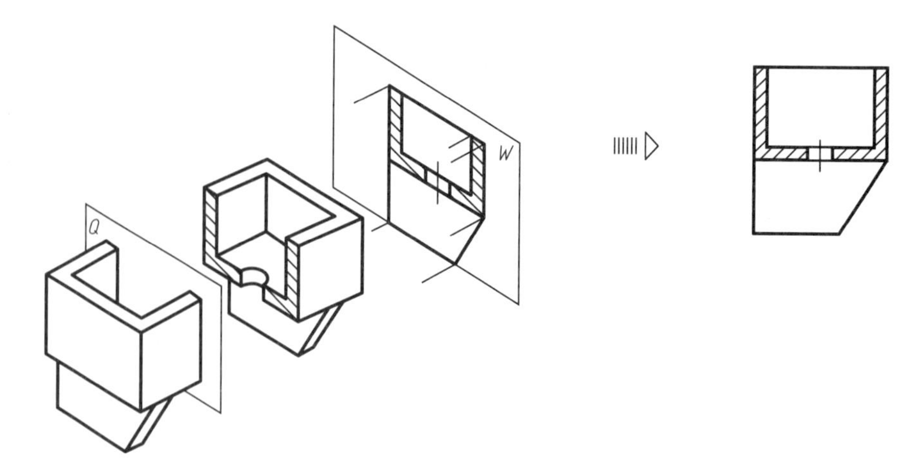

图 7.12　水槽左立面剖面图的形成

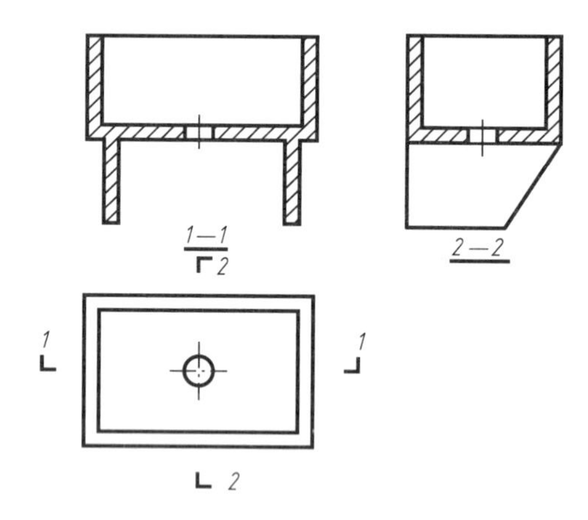

图 7.13　水槽的剖面图

7.2.3　剖面图的种类(Kinds of Sections)

1. 全剖面图

用一个(或多个)平行于基本投影面的剖切平面，将形体全部剖开后画出的图形称为全剖面图。显然，全剖面图适用于外形简单、内部结构复杂的形体。

图 7.14 所示为双柱杯形基础的剖面表达方案图。为了表达它的内部布置情况，假想用一个通过基础的前后对称平面和一个通过其中一个柱杯形基础的左右对称平面将基础全部剖切开，移去剖切面及以上部分，将其余部分分别向正立面和左侧立面进行投影，就得到了双柱杯形基础的正面和左侧立面全剖面图。全剖面图一般应标注出剖切位置线、投射方向线和剖面编号，如图 7.14 中 1—1、2—2 剖面图。

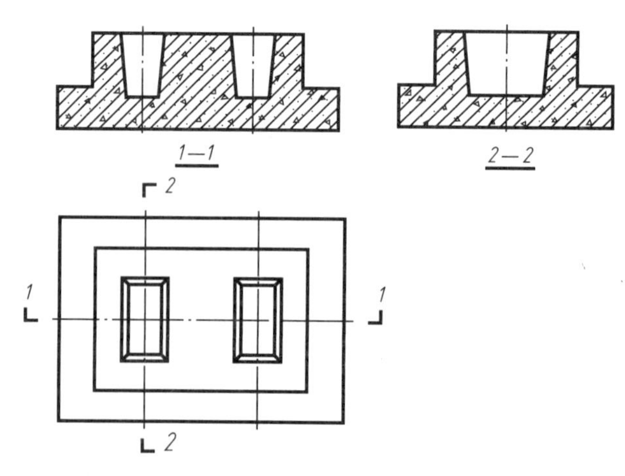

图 7.14　双柱杯形基础的剖面图

特别提示

对称形体的剖切平面一般均经过物体的对称面或腔体的对称面，故通常不需标注剖切位置线和投射方向。

2. 半剖面图

当形体具有对称平面，而外形又比较复杂时，在垂直于该对称平面的投影面上投射所得到的图形，可以对称中心线为界，一半画成剖面图，另一半画成外形视图，以同时表示形体的外形和内部构造。这样组合而成的图形称为半剖面图。显然，半剖面图适用于内外结构都需要表达的对称形体。

如图 7.15(a)所示为沉井的三面投影图，该形体为左右、前后均对称，如果采用全剖面图，则不能充分地表达其外形，故用半剖面图以保留一半外形，再配上半个剖面图表达内部构造，如图 7.15(b)和图 7.15(c)所示。半剖面图一般不再画虚线，但如有孔、洞，仍须将孔、洞的轴线画出。

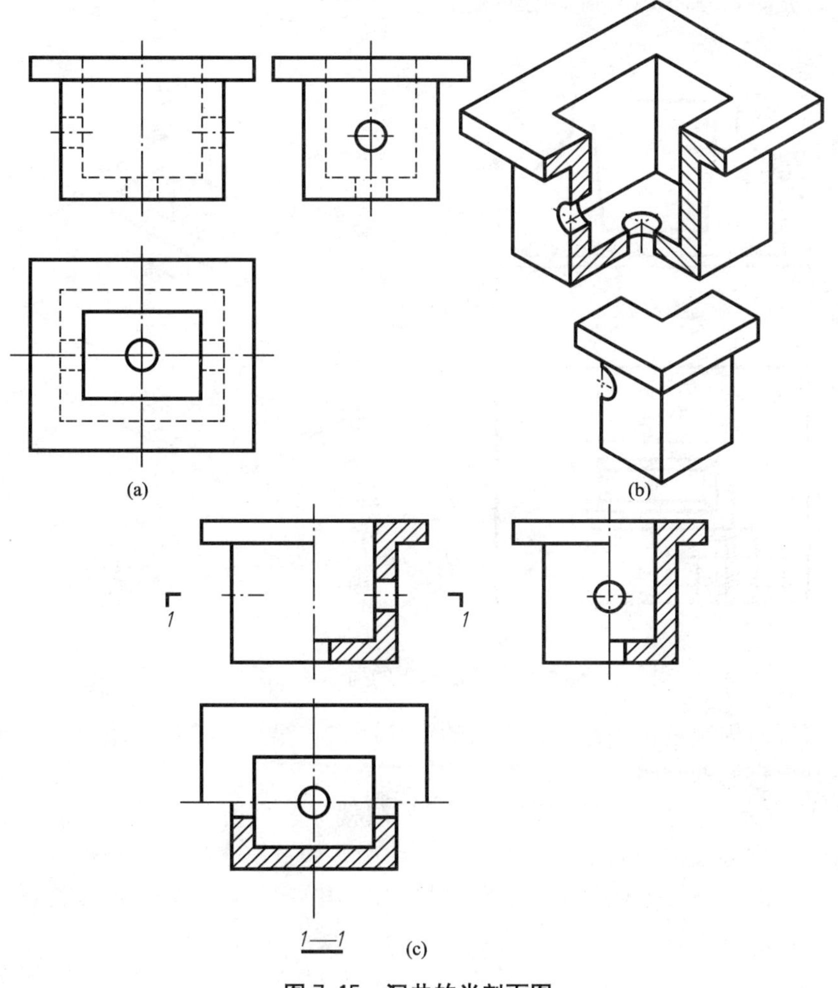

图 7.15 沉井的半剖面图

在半剖面图中，规定以形体的对称中心线作为剖面图与外形视图的分界线。当对称中心线为铅垂线时，习惯上将半个剖面图画在中心线右侧；当对称中心线为水平线时，剖面图画在水平中心线下方［图 7.15(c)］。一般情况下应按规定标注，如图 7.15 中的半剖面图 1—1 所示。

3. 局部剖面图

当形体的外形和内部均比较复杂，完全剖开后无法清楚地表示外形特征时，可将形体局部地剖开，剖开后投射所得的图形称为局部剖面图。显然，局部剖面图适用于内外结构都需要表达，且又不具备对称条件或仅局部需要剖切的形体。

局部剖面图一般不需标注。在局部剖面图中，外形与剖面以及剖面部分相互之间应以波浪线分隔。波浪线只能画在形体的实体部分上，且既不能超出轮廓线，也不能与图上其他图线重合。

图 7.16 所示为杯形基础的局部剖面图。该图在平面图中保留了基础的大部分外形，仅将其一个角画成剖面图，从而表达出基础内部钢筋的配筋情况。从图中还可看出，正立剖面图为全剖面图，按《建筑结构制图标准》(GB/T 50105—2010)的规定，在断面上已画出钢筋的布置时，就不必再画钢筋混凝土的材料图例。

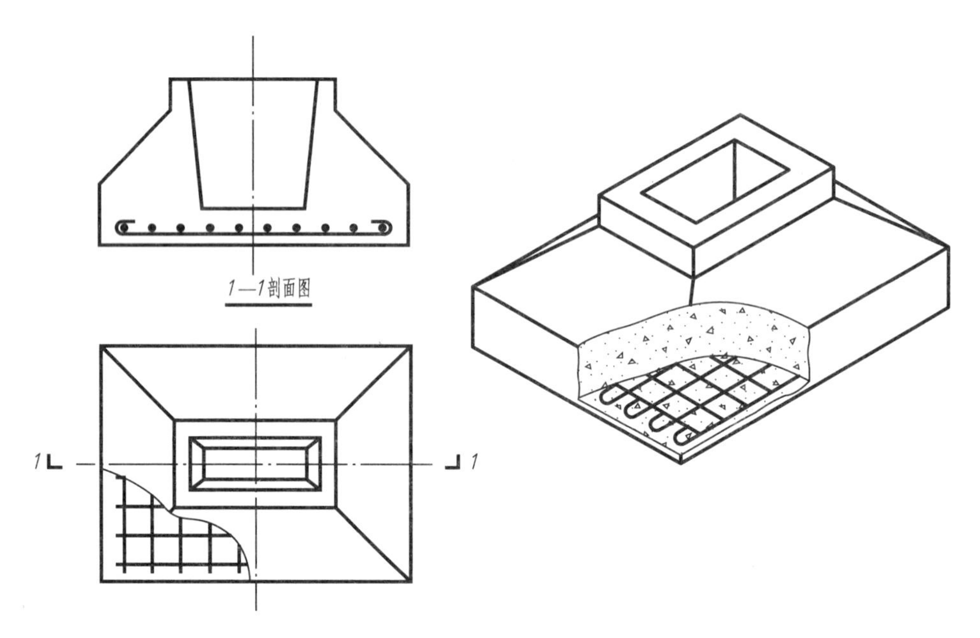

图 7.16　杯形基础的局部平面图

画钢筋布置的规定是：平行于投影面的钢筋用粗实线画出实形，垂直于投影面的钢筋用小黑圆点画出它们的断面。

如图 7.17 所示，应用分层局部剖面图来反映楼面各层所用材料和构造的做法。这种方法通过对建筑物多层构造采用一组平行的剖切面按构造层次逐层局部剖开，常用来表达房屋的地面、墙面、屋面等处的构造。分层局部剖面图应按层次以波浪线将各层隔开，波浪线不应与任何图线重合。

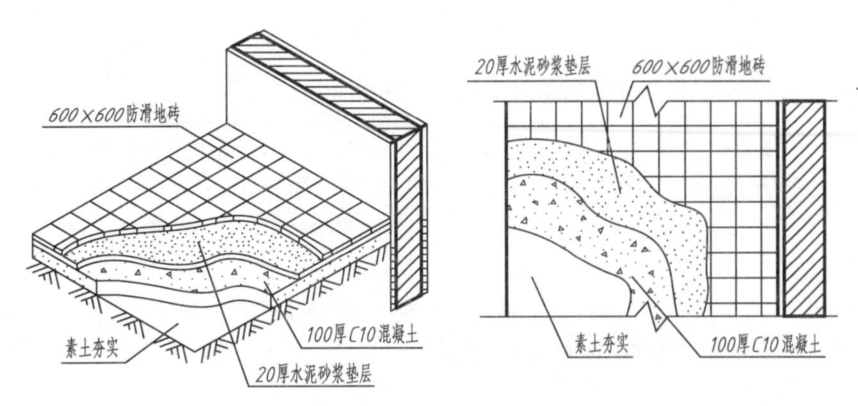

图 7.17 分层局部剖面图

7.2.4 常用的剖切方法(Common Methods of Sectioning)

1. 用一个剖切平面剖切(称为单一剖)

每次只用一个剖切面，但必要时可多次剖切同一个形体的剖切方法称为单一剖。图 7.13 中的 1—1、2—2 剖面图、图 7.14 中的 1—1 剖面图都是用单一剖获得的剖面图。

2. 用两个或两个以上平行的剖切平面剖切(称为阶梯剖)

用两个或两个以上平行的剖切面将形体剖切后投影得到剖面图的方法称为阶梯剖切方法。如图 7.18 所示的 1—1 剖面图即为阶梯剖。

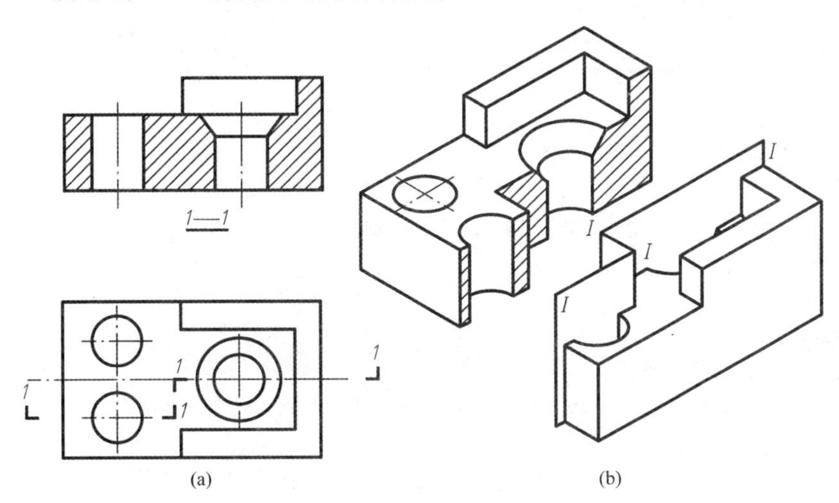

(a) (b)

图 7.18 形体的阶梯剖面图

当形体内部需要剖切的部位不处在剖面图所在投影面的同一个平行面上，即用一个剖切面无法全部剖到时，可采用阶梯剖。阶梯剖必须标注剖切位置线、投射方向线和剖切编号。

特别提示

由于剖切是假想的，在作阶梯剖时不应画出两剖切面转折处的交线，并且要避免剖切面在图形轮廓线上转折。

3. 用两个或两个以上相交的剖切面剖切(称为旋转剖)

采用两个或两个以上相交的剖切面将形体剖切开，并将倾斜于投影面的断面及其关联部分的形体绕剖切面的交线(投影面垂直线)旋转至与投影面平行后再进行投射，这样得到剖面图的方法称为旋转剖切方法，所得的旋转剖面图的图名后应加上“展开”二字，如图 7.19(a)中过滤池的 2—2(展开)所示。

旋转剖适用于内外主要结构具有理想的回转轴线的形体，而轴线恰好又是两剖切面的交线，且两剖切面一个应是剖面图所在投影面的平行面，另一个是投影面的垂直面。如图 7.19 所示。

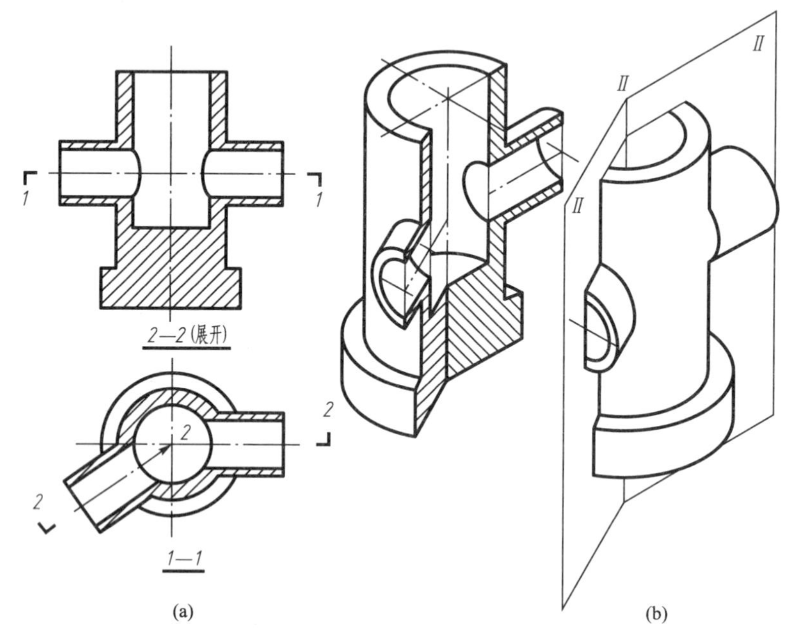

图 7.19　过滤池的旋转剖面图

特别提示

用单一剖、阶梯剖、旋转剖切方法都可以获得全剖面图、半剖面图和局部剖面图。采用何种剖切方法应视形体的实际情况来定。

7.3 断面图(Cuts)

7.3.1 断面图的概念(Concepts of Cuts)

如图 7.20(a)所示，用一个剖切平面将形体剖开之后，剖切面与形体接触的部位称为断面，如果把这个断面投射到与它平行的投影面上，所得到的投影，表示出断面的实形，称为断面图(cuts)。断面图与剖面图一样，也是用来表示形体内部形状的。

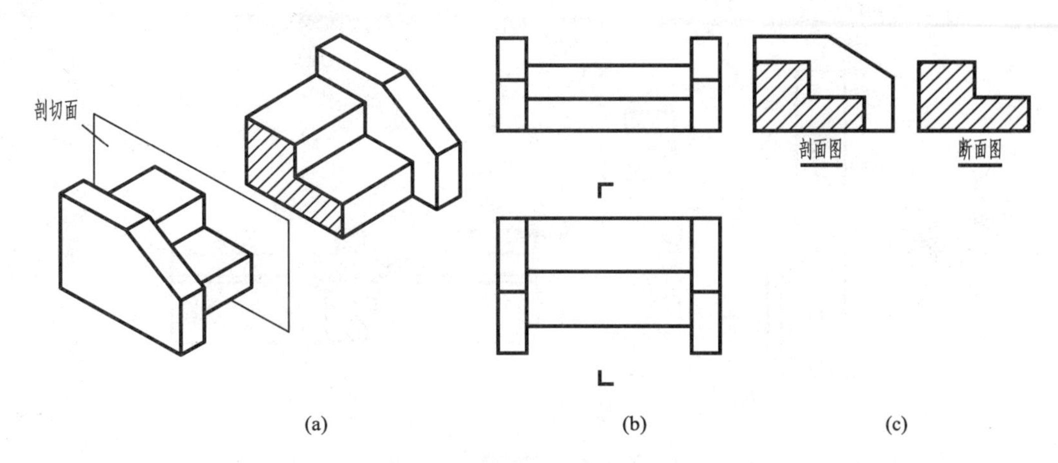

图 7.20 剖面图与断面图的区别

如图 7.20c 所示，剖面图与断面图的区别在于：

(1) 断面图只画出形体被剖开后断面的投影，是面的投影；而剖面图要画出形体被剖开后整体余下部分的投影，是体的投影。

(2) 剖切符号的标注不同。断面图的剖切符号只画出剖切位置线，不画投射方向线，而是用编号的注写位置来表示剖切后的投射方向。如编号写在剖切位置线下侧，表示向下投射；注写在右侧，表示向右投射。

(3) 剖面图中的剖切平面可以转折，断面图中的剖切平面则不可转折。

7.3.2 断面图的种类与画法(Classification and Drawing of Cuts)

1. 移出断面图

布置在形体视图之外的断面图，称为移出断面图。移出断面图的轮廓线应用粗实线绘制，配置在剖切线的延长线上或其他适当的位置。这种表达方式，适用于断面变化较多的构件。

当一个形体有多个移出断面图时，最好整齐地排列在相应剖切位置线的附近［图 7.21(a)］。对于较长杆件，也可以将构件断面图画在视图中间。如图 7.21(b)所示。

图 7.22 所示是梁、柱节点图，其花篮梁的断面形状由断面图 1—1 表示，上方柱和下方柱分别用断面图 2—2 和 3—3 表示。

2. 重合断面图

直接画在视图之内的断面图称为重合断面图。

重合断面图的轮廓线在土建制图中用粗实线画出。当视图中的轮廓线与重合断面图重叠时，视图中的轮廓线仍应连续画出，不可间断。

重合断面图不需任何标注。

如图 7.23 所示，可在墙壁的正立面图上加画断面图，比例与正立面图一致，表示墙壁立面上装饰花纹的凹凸起伏状况。图中右边此部分墙面没有画出断面，以供对比。这种断面是假想用一个与墙壁立面相垂直的水平面作为剖切平面，剖开后向下旋转到与立面重合的位置得出来的。

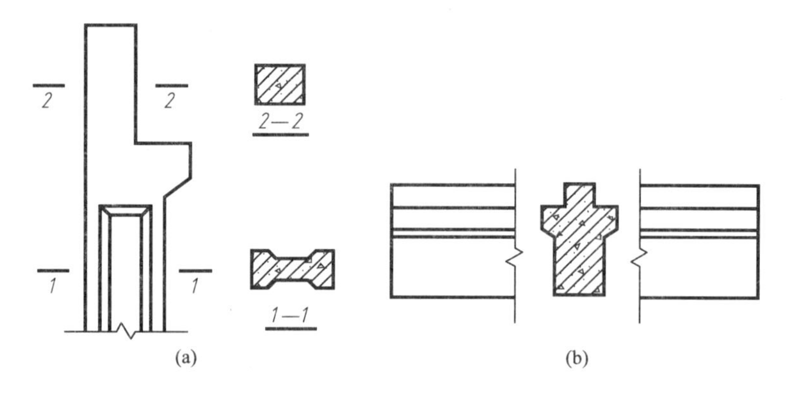

图 7.21　移出断面图

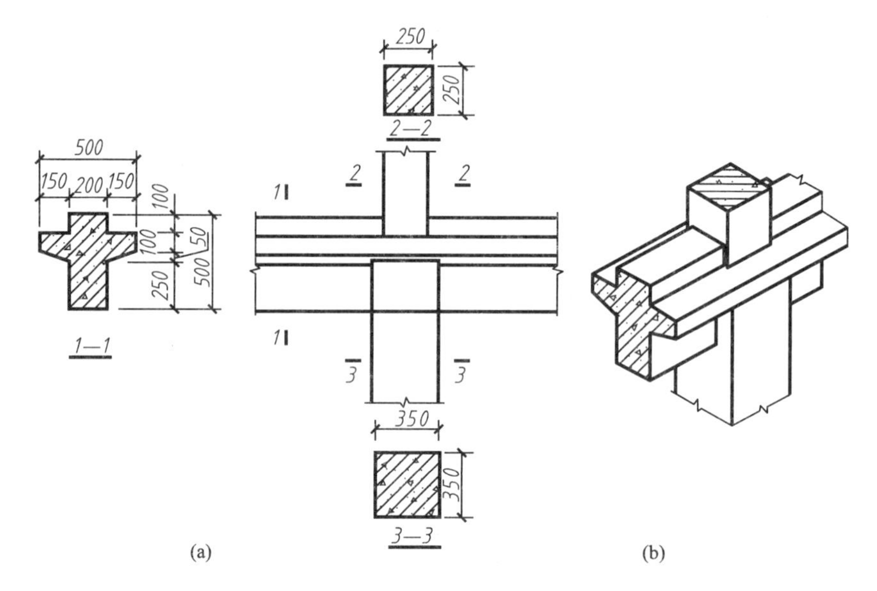

图 7.22　梁、柱节点的移出断面图

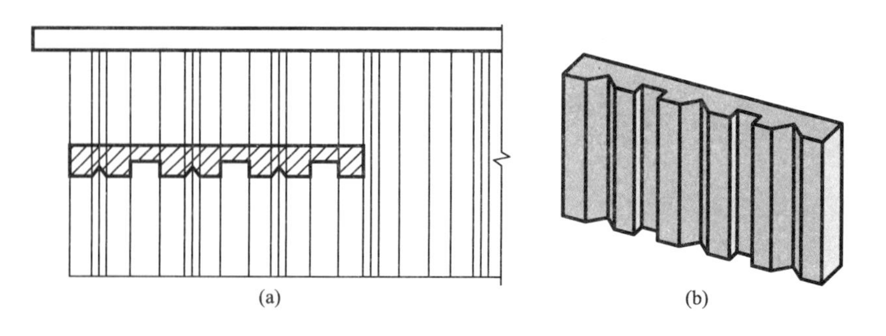

图 7.23　墙壁重合断面图

图 7.24 所示为屋顶平面图，是假想用一个垂直屋脊的剖切平面将屋面剖开，然后将断面向左旋转到与屋顶平面图重合的位置得出来的。

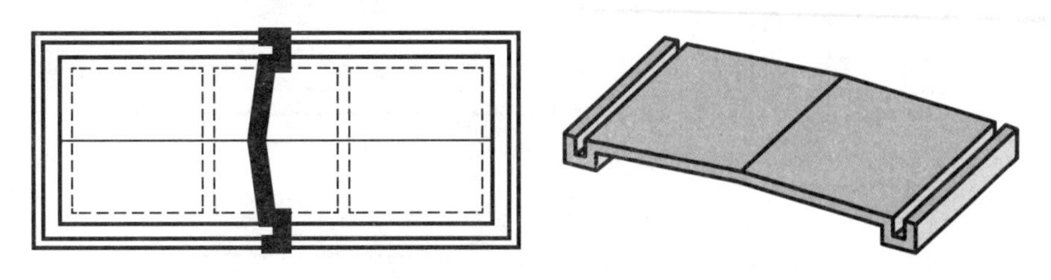

图 7.24 屋顶重合断面图

7.4 图样中的简化画法和简化标注
(Simplify Drawing and Dimension in Draft)

为了节省绘图空间和时间，技术制图国家标准(GB/T 14689—2008 等)和《房屋建筑制图统一标准》(GB/T 50001—2010)规定了一系列的简化画法和简化标注，现简要介绍如下。

7.4.1 对称图形的简化画法(Simplify of Symmetric Figures)

构配件的对称图形，可以对称中心线为界，只画出该图形的一半，并画上对称符号。对称符号用两平行中实线绘制，平行线的长度宜为 6～10mm，两平行线的间距宜为 2～3mm，平行线在对称线两侧的长度应相等，两端的对称符号到图形的距离也应相等[图 7.25(a)]。如果图形不仅上下对称，而且左右也对称，还可进一步简化只画出该图形的 1/4 [图 7.25(b)]。对称图形也可稍超出对称线，此时可不画对称符号，而在超出对称线部分画上折断线 [图 7.25(c)]。

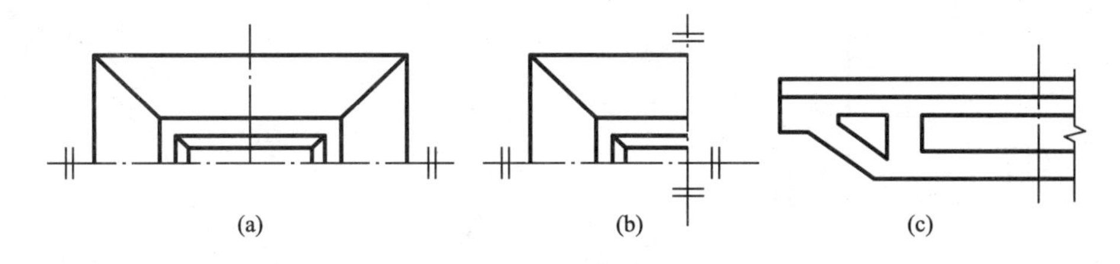

图 7.25 对称图形简化画法

7.4.2 相同构造要素的省略画法(Ellipsis of Same Structural Elements)

建筑物或构配件的图样中，如果图上有多个完全相同且连续排列的构造要素，可以仅在两端或适当位置画出其完整形状，其余部分以中心线或中心线交点确定它们的位置即可[图 7.26(a)～图 7.26(c)]。

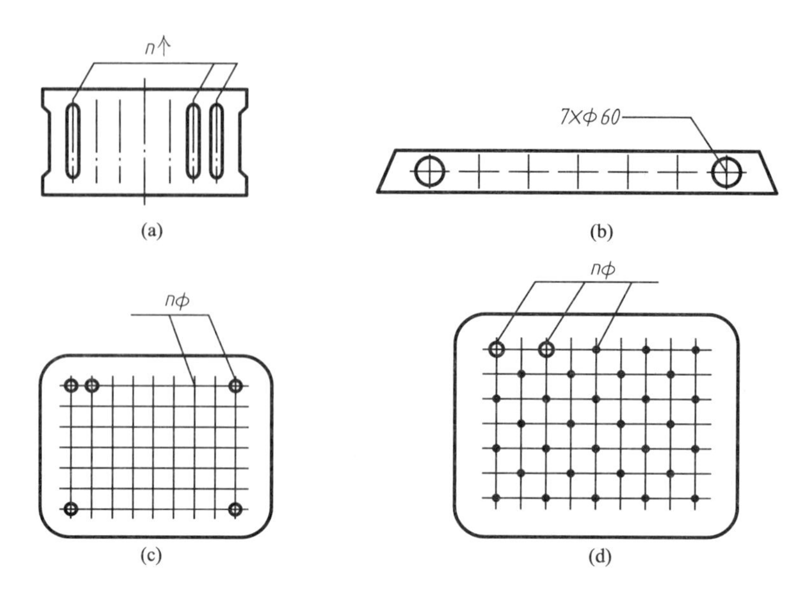

图 7.26 相同构造要素的省略画法

如连续排列的构造要素少于中心线交点，则其余部分应在相同构造要素位置的中心线交点处用小圆点表示［图 7.26(d)］。

7.4.3 较长构件的断开省略画法(Disconnection Ellipsis of Longer Structure)

较长的构件，如沿长度方向的形状相同［如图 7.27(a)］，或按一定规律变化［图 7.27(b)］，可折断省略绘制。断开处应以折断线表示，如图 7.27 所示。应注意：当在用折断省略画法所画出的图样标注尺寸时，其长度尺寸数值应标注构件的全长。

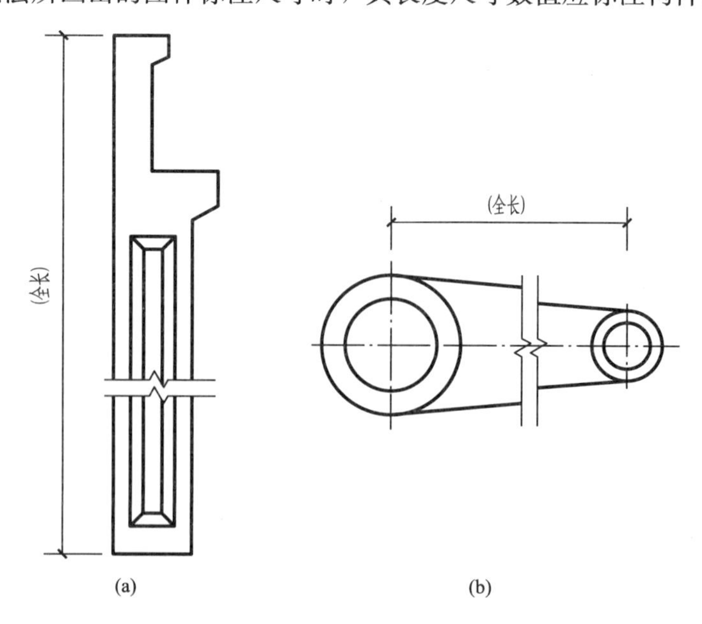

图 7.27 断开省略画法

7.4.4 间隔相等的链式尺寸的简化标注(Simplify of Equal Distance Dimension)

间隔相等的链式尺寸可采用图 7.28 所示的简化画法。

7.4.5 规定画法(Rules)

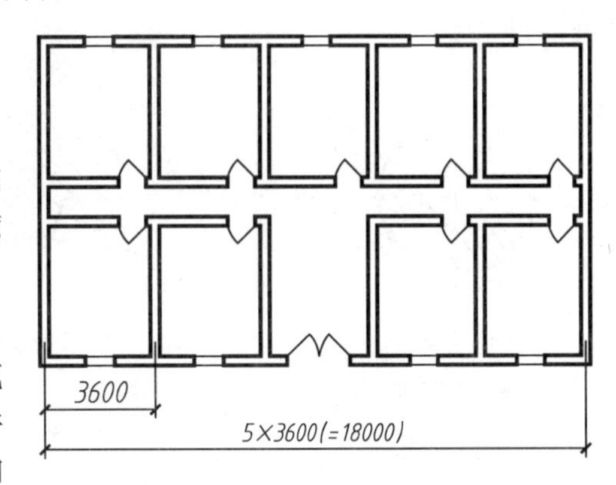

图 7.28 间隔相等的链式尺寸的简化标注

(1) 较大面积的断面符号可以简化，如图 7.29所示的道路横断面图，只在其断面轮廓线的边沿画等宽断面线。

(2) 构件上的支撑板、横隔板、桩、墩、轴、杆、柱、梁等，当剖切平面通过其轴线或对称中心线，或与薄板板面平行时，这些构件按不剖切处理，如图 7.30 所示的桩、支撑板和图 7.31 所示的闸墩。

(3) 若构件所用材料不同(如不同标号的混凝土等)，可在同一断面上把分界线画出来。为了便于读图，对于不同的材料最好把材料符号画出来，或用文字说明，如图 7.32 所示。

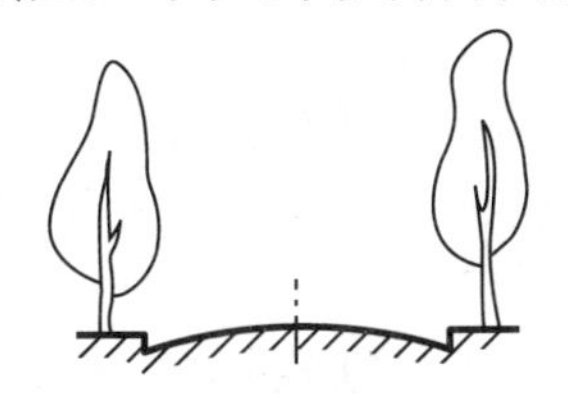

图 7.29 较大面积的剖面线表示法

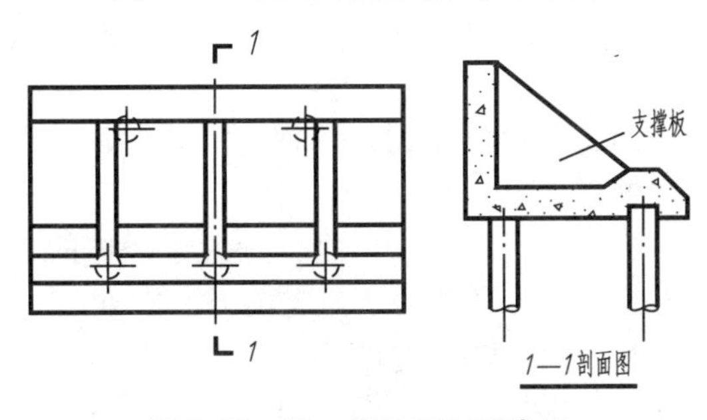

图 7.30 桩、板按不剖切表示

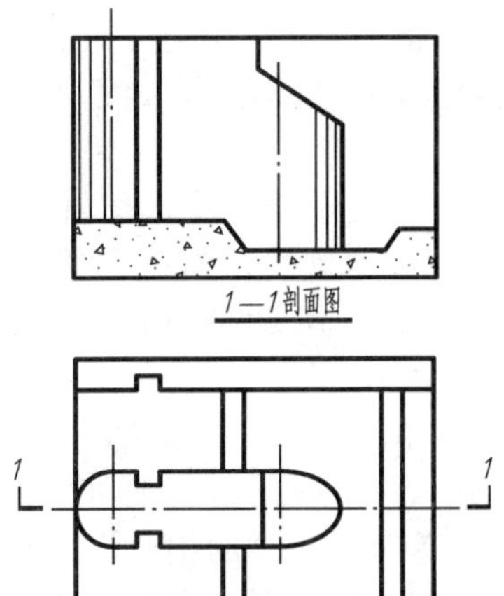

图 7.31 闸墩按不剖切表示

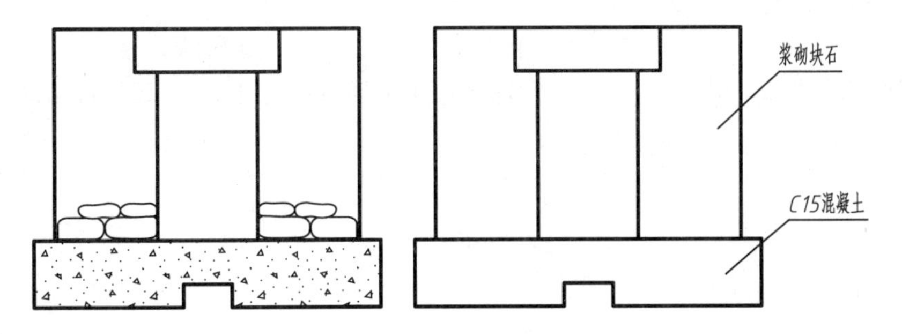

图 7.32 材料分界线

(4) 剖面线应用细实线画出，其间隔大小一般取1～6mm，角度一般取45°。但当图中已有图线为45°线时，则剖面线应取30°或60°绘制，如图7.33所示。

(5) 两个或两个以上的相邻断面可画成不同倾斜方向或不同间隔的剖面线，如图7.34所示。当图形断面较小(宽度小于2mm)时，可采用涂黑法表示断面，但相邻的断面间应留有空隙，如图7.35所示。

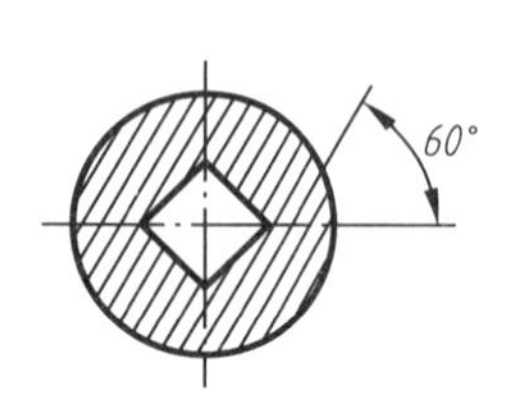

图7.33 有45°轮廓线时的剖面线画法

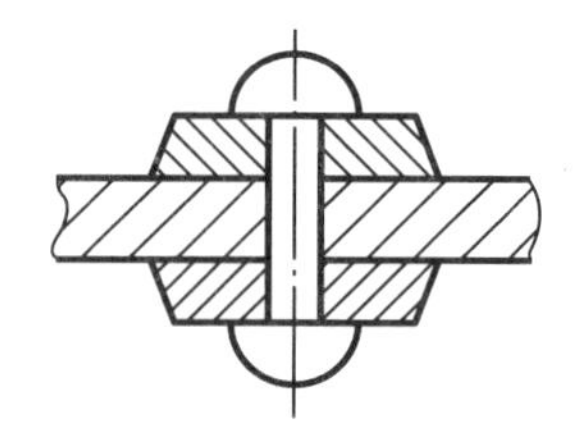

图7.34 相邻构件的剖面线画法

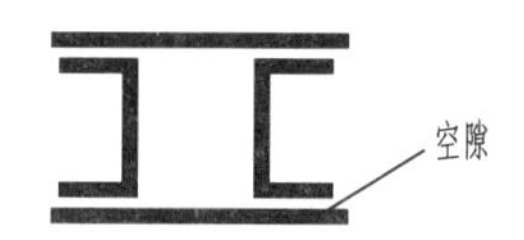

图7.35 涂黑替代剖面线

7.5 第三角画法简介[①](Brief Introduction of Third Space Drawing)

H、*V*、*W* 三个互相垂直的投影面，将空间划分为八个分角［图7.36(a)］，依次称为第一分角、第二分角、第三分角等八个分角。前面介绍的投影图都是将形体放在第一分角进行正投影所得到的图样，这是第一分角法。目前我国和其他一些国家，都采用第一分角法。但如美国等有些国家，则采用第三分角法。

第三分角投影法是将形体置于第三分角，并假定投影面是透明的，人们透过投影面观看形体，将观看所得图形投影到投影面上所得。然后展开投影面，展开时 *V* 面仍然不动，将 *H*、*W* 面分别向上、向右旋转至与 *V* 面处于同一平面上［图7.36(b)、(c)、(d)］。

第一分角法与第三分角法，均采用正投影法，两者所得投影图，均保持“长对正、高平齐、宽相等”的关系，但两种投影也存在不同之处：

(1) 投影面与形体的相对位置不同。第一分角法中，*H*、*V*、*W* 面分别置于形体的下方、后方和右方，而第三分角法中，*H*、*V*、*W* 面分别置于形体的上方、前方和右方。

(2) 投影过程不同。第一分角法是人—形体—投影面，即通过形体上各点的投影线延长后与投影面相交得各点投影；第三分角法是人—投影面—形体，即通过形体上各点的投影线，先与投影面相交，延长后到达形体上各点。

(3) 投影面展开摊平之后，投影的排列位置不同。第一分角法，平面图在正立面图下方，左侧立面图在正立面图右方；第三分角法，平面图在正立面图上方，右立面图在正立面图右侧。

① 本节为选学内容。

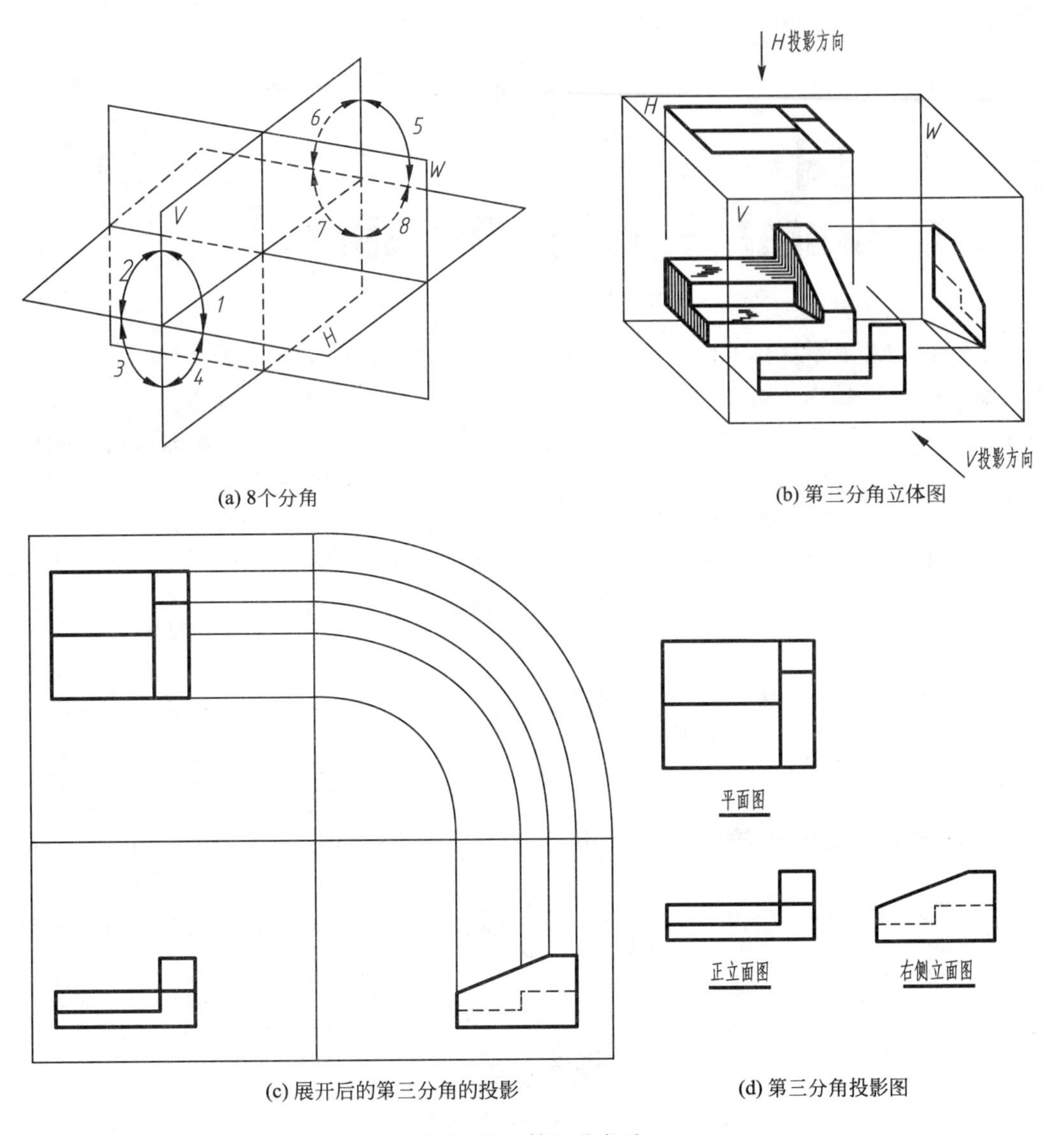

(a) 8个分角

(b) 第三分角立体图

(c) 展开后的第三分角的投影

(d) 第三分角投影图

图 7.36 第三分角法

思 考 题

1. 如何选择基本视图来表达形体?
2. 简述剖面图的形成，并说明标注包括哪些内容。
3. 工程制图中剖面图的主要包括哪些种类? 并说明各种类型适用于哪些场合。
4. 剖面图中常用的剖切方法有哪些? 并说明各种方法适用于哪些场合。
5. 何谓断面图? 它有什么用途? 说明断面图与剖面图的异同点。

第8章 建筑施工图 (Architectural Working Drawing)

教学提示：房屋是提供人们生活、生产、工作、学习和娱乐的重要场所。房屋的建造一般需要经过设计和施工两个过程。设计人员根据用户提出的要求，按照国家房屋建筑制图统一标准，用正投影的方法，将拟建房屋的内外形状、大小，以及各部分的结构、构造、装修、设备等内容，详细而准确地绘制成的图样，称为房屋建筑图(architectural building drawing)，用以指导施工，称为建筑施工图(architectural working drawing)。

教学要求：了解建筑施工图的产生和分类，熟悉国家制图相关标准，掌握建筑施工图的用途、图示内容和表达方法，能正确阅读和绘制建筑施工图。

8.1 概述(Introduction)

8.1.1 房屋的基本组成及其简介(Compositions of Building and Their Functions)

图8.1所示是一幢三层住宅的剖切轴测图，由此可大致了解住宅建筑的构造及主要构

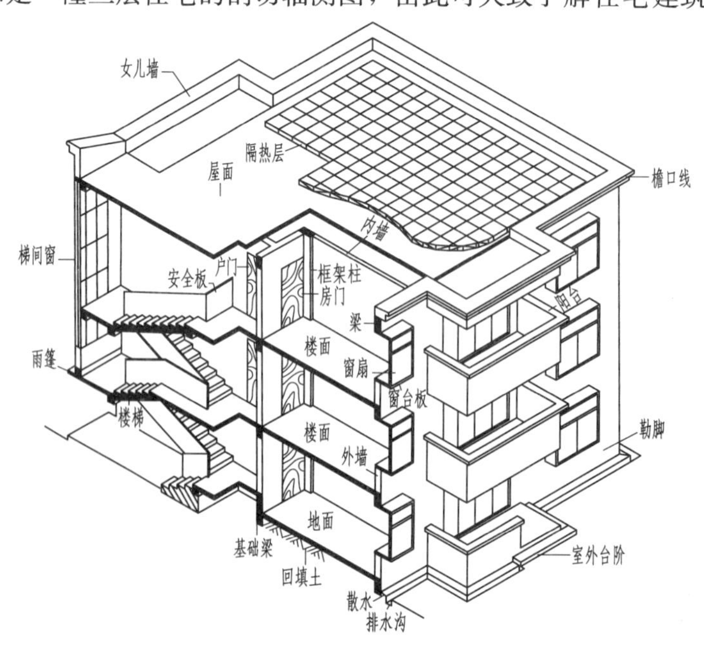

图8.1 房屋的组成

件的名称，一般由构件、配件如基础、墙(柱)、楼板(地坪)层、屋顶、楼梯、门窗等部分组成。房屋建筑中，屋面板、楼板、楼梯、梁、柱、墙、基础等构件直接或间接地承受房屋自重以及风、雨、人、物等荷载的作用，组成了房屋的主要承重结构，称之为承重构件；屋面、外墙、窗等起着房屋内外隔离，防止风、雨、雪的侵扰等作用，称之为房屋的外围护构件；门、过道、楼梯等分别起着房屋的内外、水平、垂直的交通联系作用；雨水管、散水和勒脚等起着排水和护墙的作用。此外还有阳台、烟道及通风道等。

8.1.2 房屋建筑的设计程序(Designing of Architectural Building)

房屋建筑的设计一般可分为初步设计(preliminary design)和施工图设计(working drawing design)两个阶段。对于大型的、比较复杂的工程也可采用三个设计阶段，即在两个设计阶段之间加上一个技术设计(technical design)阶段，或把初步设计阶段与技术设计阶段合二为一，称扩大初步设计阶段，用来深入解决各工种之间的协调、配合等技术问题。

1. 初步设计

初步设计有时又称方案设计。设计人员根据建设单位的要求，通过调查研究、收集资料、反复构思，进行初步设计，作出方案图。内容包括：总平面布置图，建筑平、立、剖面图，以及设计说明和有关经济指标等。也可画上阴影、透视、配景，或用色彩渲染等，以加强图面效果。必要时还可以做出小比例的模型。方案图应报有关部门审批。

2. 施工图设计

施工图设计主要是将已经批准的初步设计图(方案图)，为满足施工的要求而具体化。为具体指导施工，提供一套完整的、准确的反映建筑物整体以及各细部构造和结构的图样以及有关的技术资料。

8.1.3 施工图的内容及分类(Contents and Classification of Working Drawings)

房屋的设计需要不同专业的设计人员共同合作来完成。房屋施工图按其专业内容和作用的不同也分为不同的图样。一套房屋施工图一般包括：图样目录、施工总说明、建筑施工图、结构施工图和设备施工图。

(1) 建筑施工图。建筑施工图简称建施，主要反映建筑物的整体布置、外部造型、内部布置、细部构造、内外装饰以及一些固定设备、施工要求等，是房屋施工放线、砌筑、安装门窗、室内外装修和编制施工概算及施工组织计划的主要依据。一套建筑施工图一般包括施工总说明、总平面图、建筑平面图、建筑立面图、建筑剖面图、建筑详图和门窗表等。

(2) 结构施工图。结构施工图简称结施，主要反映建筑物承重结构的布置、构件类型、材料、尺寸和构造做法等，是基础、柱、梁、板等承重构件以及其他受力构件施工的依据。结构施工图一般包括结构设计说明、基础图、结构平面布置图和各构件的结构详图等。

(3) 设备施工图。设备施工图简称设施，主要反映建筑物的给水排水、采暖通风、电气等设备的布置和施工要求等。设备施工图一般包括各种设备的平面布置图、系统图和详图等。

8.1.4 建筑施工图的特点(Graphical Features of Working Drawings)

1. 采用正投影的方法

施工图中的各图样，主要是用正投影法绘制的。当图幅内不能同时排列建筑物的平面图、立面图和剖面图时，可将它们分别单独画出。

2. 选用适当的比例

建筑物的形体较大，所以施工图一般都是用较小比例绘制。为了反映建筑物的细部构造及具体做法、常配以较大比例的详图，并用文字加以说明。

3. 采用国家标准中的有关规定和图例

由于建筑物的构、配件和材料种类较多，为制图简便起见，常采用国家标准中的有关规定和图例来表示。

4. 选用不同的线型和线宽

施工图中的线条采用不同的线型和线宽以适应不同的用途，表示建筑物轮廓线的主次关系，从而使图面清晰、分明。

8.1.5 施工图的阅图步骤(Reading Steps of Working Drawings)

一套房屋的施工图样，简单的有几张，复杂的有十几张、几十张甚至上百张。一般按以下步骤阅读。

(1) 看图样目录，根据图样目录，检查和了解这套图样有多少类别、每种类别各有多少张。

(2) 按图样目录顺序通读一遍，对工程对象的建设地点、周围环境、建筑物的大小及形状、结构形式等情况有一个概括的了解。

(3) 对于不同专业(或工种)，根据不同要求，重点深入地看不同类别的图样。

阅读时，应按先整体后局部，先文字说明后图样，先图形后尺寸等依次仔细阅读。

8.1.6 建筑施工图的主要标识(Signs of Working Drawings)

1. 定位轴线

在建筑施工图中通常将房屋的基础、墙、柱、墩和屋架等承重构件的轴线画出，并进行编号，以便施工时定位放线和查阅图样，这些轴线称为定位轴线。定位轴线是用来确定建筑物主要结构及构件位置的尺寸基准线，进行基础开挖放线时以定位轴线为标准。房屋中的承重墙或柱等承重构件，均应画出它们的定位轴线，该轴线一般从墙或柱宽的中心引出，如图 8.2 所示。

根据“国家标准”规定，定位轴线采用细单点画线表示。定位轴线应编号，编号注写在定位轴线端部的圆内，圆用细实线绘制，直径 8～10mm。在平面图上横向编号采用阿拉伯数字从左向右依次编写(如图 8.2 是由 1～4)，竖向编号用大写拉丁字母，自下而上顺序编写(如图 8.2 是由 A～D)。同时规范中还规定：拉丁字母中的 I、O、Z 不得用作轴线编号，以免与数字 1、0、2 混淆。对于较简单或者对称的建筑物，轴线编号一般标注在图样的下方和左方。

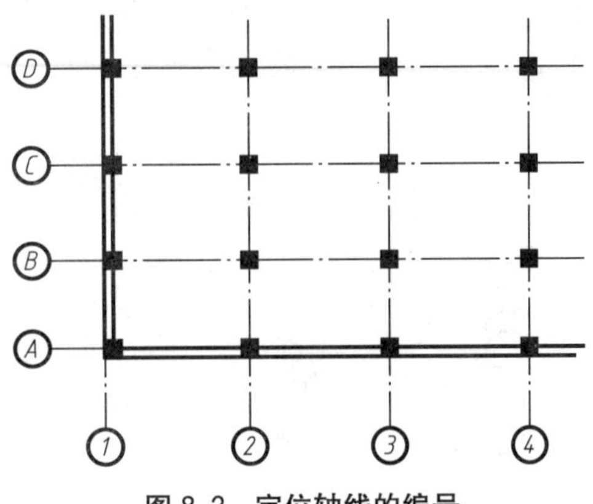

图 8.2　定位轴线的编号

对一些与主要承重构件相联系的局部构件，它的定位用附加轴线。附加轴线的编号用分数表示。分母表示前一轴线的编号，分子表示附加轴线的编号，用阿拉伯数字顺序编写，如图 8.3 所示。

图 8.3　定位轴线及编号

砖混结构的墙与平面定位轴线的关系(图 8.4)：①承重内墙的顶层墙身中线与平面定位轴线重合；②承重外墙的顶层墙身内缘与平面定位轴线的距离应为 120mm。

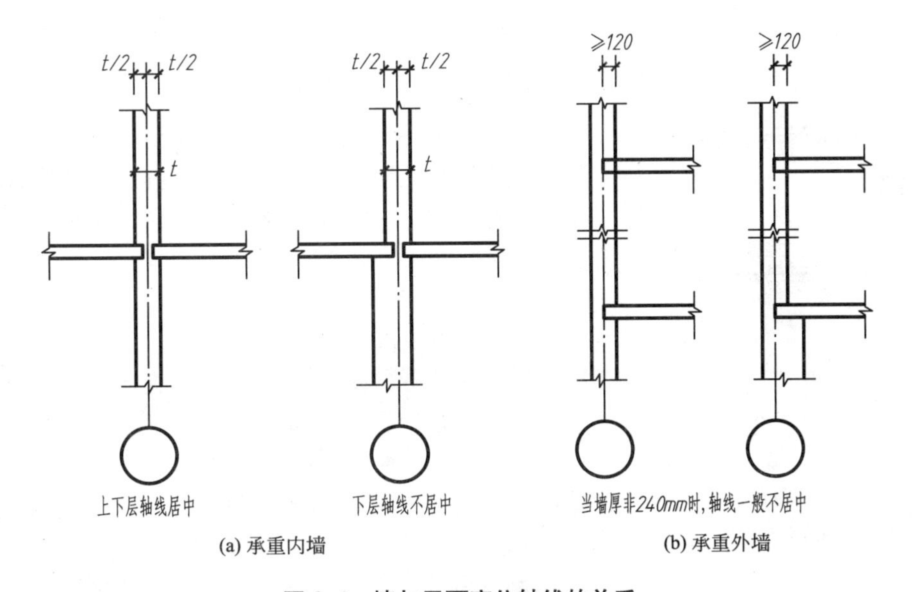

图 8.4　墙与平面定位轴线的关系

框架结构的柱与平面定位轴线的关系：①中柱的中线一般与横向、竖向平面定位轴线重合［图 8.4(a)和图 8.4(b)］；②边柱的外缘一般与平面定位轴线重合［图 8.5(a)和图 8.5(c)］；但视实际受力情况也可使顶层边柱的中线与平面定位轴线重合［图 8.5(d)］。

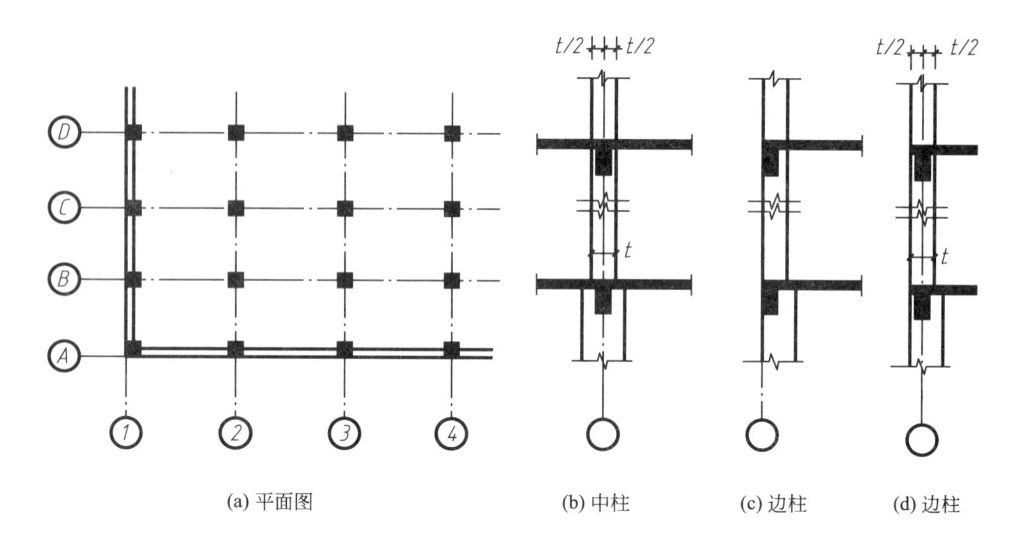

图 8.5　柱与平面定位轴线的关系

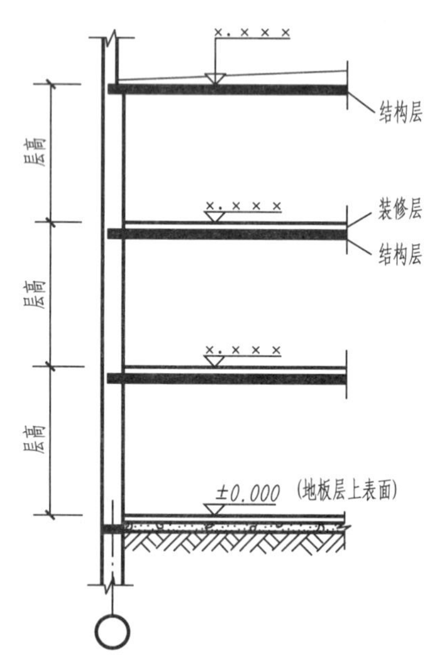

图 8.6　垂直方向上的定位轴线

2. 垂直方向上定位线布置的原则(图 8.6)

(1) 以首层室内装修完工后的地板层上表面为相对标高的基准(±0.000)。

(2) 中间层的定位线与装修完工后的楼板层上表面相重合。

(3) 屋顶层的定位线则是与其结构层的上表面相重合的。

3. 索引符号和详图符号

为方便施工时查阅图样，在图样中的某一局部构件，如需另见详图时，常常用索引符号说明画出详图的位置、详图的编号以及详图所在的图样编号，以方便工程技术人员查找。

1) 索引符号

施上图中某一部位或某一构件如另有详图，用一引出线指向要画详图的地方，在线的另一端画一个细实线圆，直径为 10mm。引出线应对准圆心，圆内通过圆心画一条水平直线，上半圆中用阿拉伯数字注明详图的编号，下半圆中用阿拉伯数字注明该详图所在图样的图样编号［图 8.7(a)］；如详图与被索引的图样在同一张图样内，则在下半圆中间画一条水平细实线［图 8.7(b)］。索引出的详图，如果采用标准图集，应在索引符号水平直径的延长线上加注该标准图集的编号［图 8.7(c)］。

索引的详图是局部剖面(或断面)详图时，在索引符号引出线的一侧加画一条表示剖切位置的直线，引出线在剖切位置线的哪一侧，就表示向该侧进行投射，如图 8.8 所示。

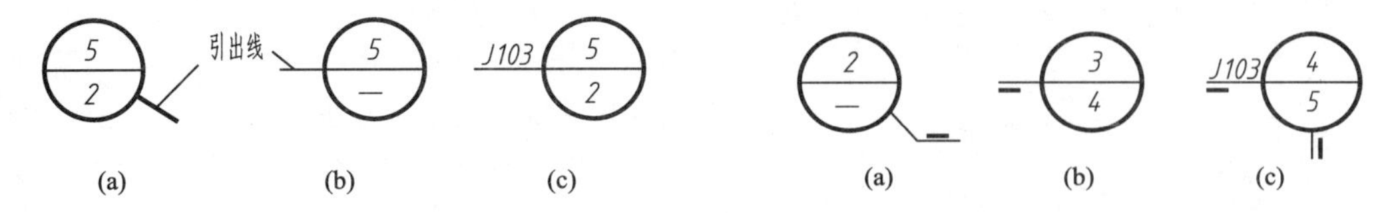

图 8.7　索引符号　　　图 8.8　用于索引剖面详图的索引符号

2) 详图符号

详图符号用粗实线画出来的，圆的直径为 14mm。当圆内只用阿拉伯数字注明详图的编号时，说明该详图与被索引图样在同一张图样内［图 8.9(a)］；当详图与被索引的图样不在同一张图样内时，可用细实线在详图符号内画一条平直线，在上半圆内注明详图编号，在下半圆中注明被索引图样的图纸号［图 8.9(b)］。

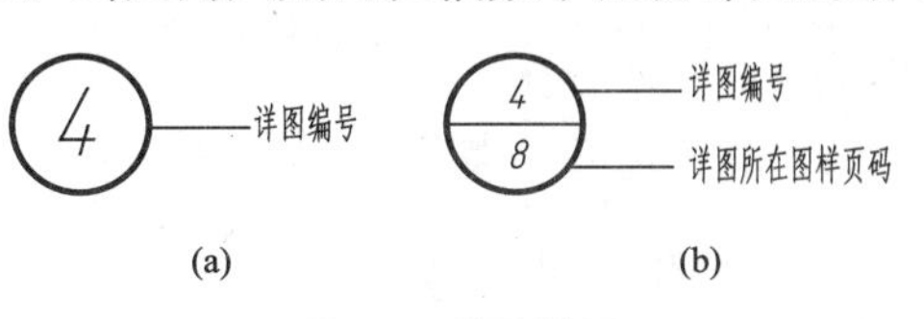

图 8.9　详图符号

8.2 建筑总平面图(Site Plan of Architectural Building)

8.2.1 图示内容与方法(Graphical Contents and Methods)

在建筑图中，总平面图是表达一项工程的总体布局的图样。总平面图又称总图(site plan)，是将新建、拟建、原有和拆除建筑物、构筑物连同周围的地形、地貌等状况，用水平投影的方法和相应的图例所画出的图样。它反映了上述建筑的平面形状、位置、朝向和周围原有建筑、道路、绿化、河流、地形、地貌及标高等。

总平面图是可用于对新建房屋进行定位、施工放线、土方施工、布置施工现场，并作为绘制水、暖、电等管线总平面图的依据。

1. 总平面图的主要标记

总平面图的常用比例为 1∶500、1∶1000、1∶2000 。总平面图中标高和尺寸均以米(m)为单位，且均以绝对标高(以青岛附近黄海的平均海平面定为绝对标高的零点，其他各地标高都以它作为基准)形式注明。标高符号为细实线画出的等腰直角三角形，高约 3mm，如图 8.10(a)所示；室外地坪标高采用全部涂黑的三角形，如图 8.10(c)所示。

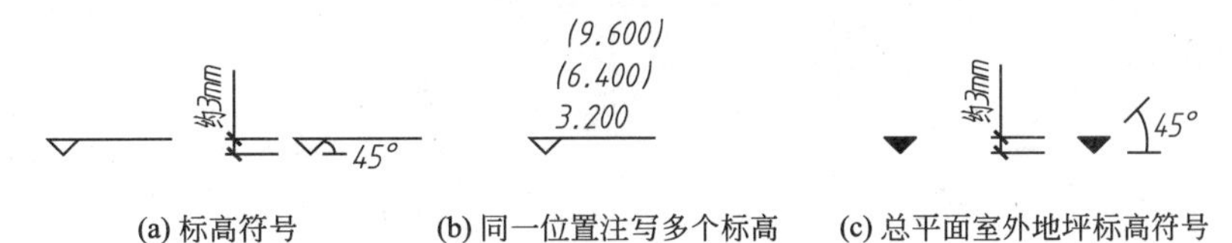

(a) 标高符号　(b) 同一位置注写多个标高　(c) 总平面室外地坪标高符号

图 8.10　标高符号与规定画法

总平面图上应画出指北针或风向频率玫瑰图(简称风玫瑰图)。指北针的形式如图 8.11(b)所示，圆的直径为 24mm，采用细实线绘制，针尖指向正北，尾端宽度为 3mm。需用较大直径绘画指北针时，指针尾部宽度宜为圆直径的 1/8。风玫瑰图是当地气象部门根据某一地区多年平均统计的各个方向风向和风速的百分数值，并按一定比例绘制，如图 8.11(b)所示为风玫瑰图，粗实线表示全年主导风向频率，细虚线表示 6、7、8 三个月的风向频率，玫瑰图上所表示风的吹向(即风的来向)，是指从外面吹向地区中心的方向。风玫瑰图可兼作指北针。总平面图应按上北下南的方向绘制，根据场地形状或布局，可向左或向右偏转，但不宜超过 45°。

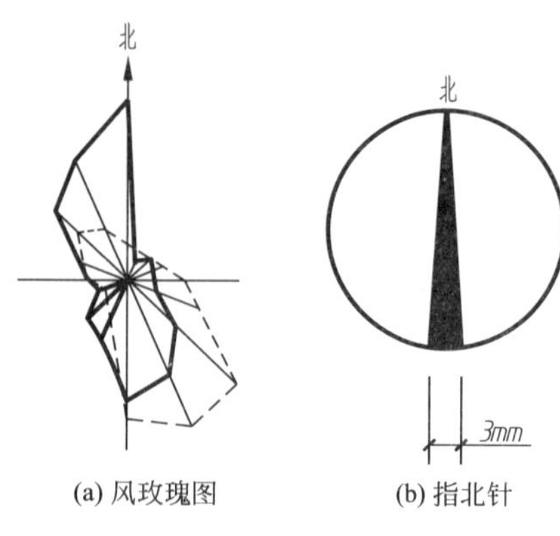

(a) 风玫瑰图　　(b) 指北针

图 8.11　风玫瑰图和指北针

2. 总平面图的基本内容与表达

(1) 新建建筑物的名称、层数、室内外地坪标高、外形尺寸及与周围建筑物的相对位置。

(2) 新建道路、广场、绿化、场地排水方向和设备管网的布置。

(3) 原有建筑物的名称、层数以及与相邻新建建筑的相对位置。

(4) 原有道路、绿化和管网布置情况。

(5) 拟建的建筑、道路、广场、绿化的布置。

(6) 新建建筑物的周围环境、地形(如等高线、河流、池塘、土坡等)、地物(如树木、电线杆、设备管井等)。

(7) 用风玫瑰图表示当地风向和建筑朝向。

3. 总平面图图例

在绘制总平面图时，对于图样上所表达的各项内容的表示方法都做出了相应的规定，见表 8-1。在较复杂的总平面图中若用到一些“国标”中没有规定的图例，必须在图中另加说明，如图 8.11 所示的风玫瑰图和指北针的图例说明。

表 8-1　总平面图图例(摘自 GB/T 50103—2010)

序号	名称	图例	说明
1	新建的建筑物	8 ▲	1. 需要时，可用▲表示出入口，可在图内右上角以点或数字(高层宜用数字)表示层数。 2. 用粗实线表示
2	原有的建筑物		用细实线表示
3	计划扩建的预留地或建筑物		用中粗虚线表示

（续）

序号	名称	图例	说明
4	拆除的建筑物	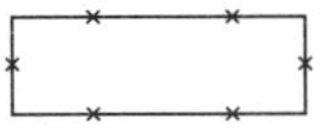	用细实线表示
5	围墙及大门		用细实线表示
6	挡土墙		被挡土在虚线一侧
7	填挖边坡		边坡较长时，可在一端或两端局部表示
8	护坡	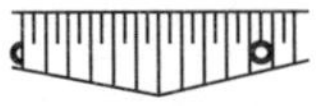	边坡较长时，可在一端或两端局部表示
9	测量坐标	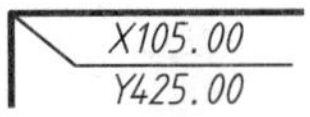 X105.00 Y425.00	X 为南北方向 Y 为东西方向
	施工坐标	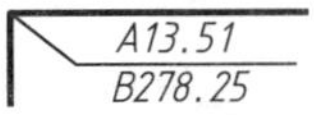 A13.51 B278.25	A 为南北方向 B 为东西方向
10	室内标高	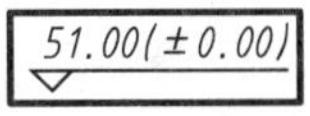 51.00(±0.00)	绝对标高
11	室外标高	▼ 143.00 ● 143.00	绝对标高
12	新建的道路	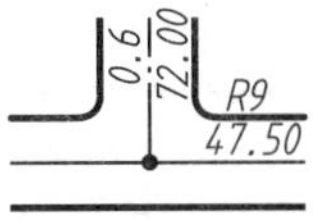 0.6 72.00 R9 47.50	“R”表示道路转弯半径为 9m，“47.50”为路面中心控制点标高，“72.00”表示变坡点距离
13	原有的道路	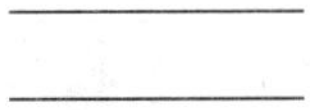	用细实线表示
14	计划扩建的道路	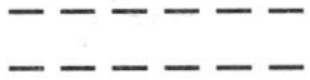	用中粗虚线表示

8.2.2 阅读例图(Reading Scales)

图 8.12 所示是编号为 B 的新建住宅楼的总平面图。从图 8.12 中的表达内容可以看出，该总平面图的绘制比例为 1∶500。新修建的 B 栋建筑物位于平面的东侧，总共规划修建 4 栋，其中位置靠南面的 2 栋是本次规划修建的(粗实线表示)，靠北面的 2 栋是未来计划扩建的住宅(中粗虚线表示)。从图中等高线所注写的数值，可知该地区地势是自东南向西北上升。从风玫瑰图可以看出该地区常年主导风向为西北风，建筑物的朝向为坐北朝

南。图中涂黑的三角形表示室外标高，它们分别标注了不同的高程，B栋房屋室外地坪标高为45.90m，室内首层地面标高为46.2m，该数值的确定是根据拟建房屋所在位置的前后等高线的标高(位于45m和47m之间)。图中7.00表示建筑物左侧于道路中心线之间的距离为7m，15.00表示前后两栋建筑物的间距为15m。图中还画出了拆除建筑、拟建建筑等，B栋建筑物前方有一栋建筑物要拆除，且南方有一池塘，池塘的北边和西边有护坡。B栋建筑物的东面为围墙，西面为一道路。整个小区的中心位置设置有一个中心花园，小区的主入口位于左下角。从总平面图可看出这是一个地势、朝向、交通、绿化环境都比较理想的位置。

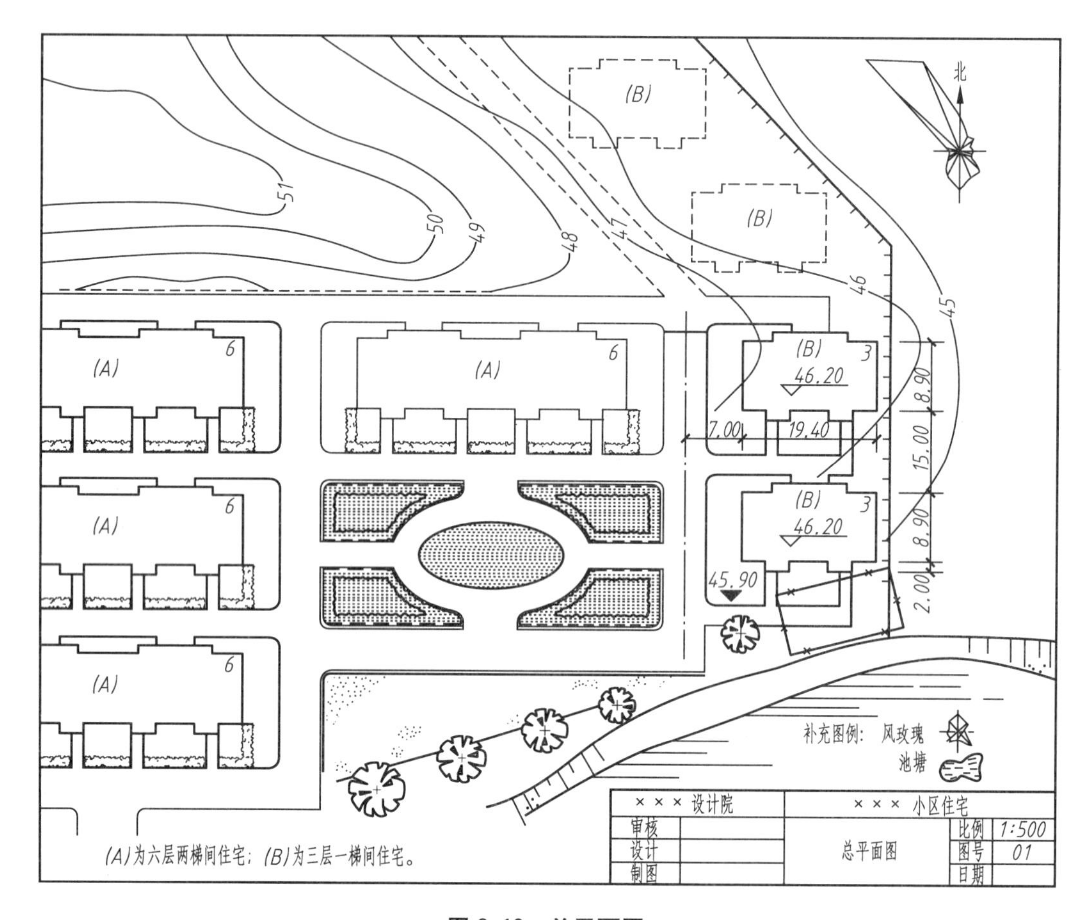

图8.12 总平面图

8.3 建筑平面图(Architectural Plan)

8.3.1 概述(Introduction)

建筑平面图是房屋的水平剖面图(屋顶平面图除外)。用一假想的水平剖切平面沿门窗洞的位置将房屋剖切开，将剖切面以上部分移去，对剖切面以下部分所作的水平正投影图，称为建筑物平面图(architectural plan)，简称平面图(plan)。

建筑平面图主要表示房屋的平面形状、水平方向各部分的布置和组合关系、门窗的类型和位置、墙和柱的布置以及其他建筑构配件的位置和大小等。建筑平面图是施工放线、砌墙和安装门窗等的依据，是施工图中最基本的图样之一。

一般来说，房屋有几层就应画几个平面图，并在图的下方注明相应的图名和比例，如底层平面图、二层平面图等，但对于中间各层，如果布置完全相同，可将相同的楼层用一个平面图表示，称为标准层平面图。此外还有屋顶平面图(对于较简单的房屋可以不画)，它是屋顶的水平正投影图。如房屋的平面布置左右对称时，可将两层平面画在一起，左边画出一层的一半，右边画出另一层的一半，中间用一对称符号做分界线，并在该图的下方分别注明图名。在比例大于 1∶50 的平面图中，被剖切到的墙、柱等应画出建筑材料图例，装修层也应用细实线画出。在比例为 1∶100、1∶200 的平面图中被剖切到的墙、柱等的建筑材料图例可用简化法(如砖墙涂红、钢筋混凝土涂黑等)，装饰层不画。比例小于 1∶200 的平面图可不画建筑材料图例。

8.3.2 图示内容与方法(Graphical Contents and Methods)

1. 平面图的主要标记

(1) 比例及名称。平面图采用的比例有 1∶50、1∶100、1∶200，在实际工程中，常用 1∶100 的比例绘制。通常，每层房屋画一个平面图，并在图的正下方标注相应的图名，如“一层平面图”、“二层平面图”等。图名下方加画一条粗实线，比例标注在图名右方，其字高比图名字高小一号或二号。如果房屋中间若干层的平面布局、构造情况完全一致，则可用一个平面图来表达，称为标准层平面图。

(2) 指北针。指北针标记了建筑的朝向，一般只在首层平面图中绘出指北针。

(3) 定位轴线。定位轴线是确定房屋主要的墙、柱和其他承重构件位置以及标注尺寸的基线。

2. 平面图的基本内容与表达

(1) 图线。凡是剖切到的墙、柱的断面轮廓线用粗实线，门扇的开启示意线用中粗线，其余可见轮廓线则用细实线表示。

(2) 图例。以 1∶100、1∶200 的比例绘制建筑平面图时不必画材料图例和构件的抹灰层，剖切到的钢筋混凝土构件应涂黑。

房屋中门、窗、楼梯，浴盆、坐便器等卫生设施，通风道、烟道等设施，统称建筑配件，在平面图中建筑配件一般都用图例表示，表 8-2 中列出了部分建筑配件，而更为详细的图例可以参看《建筑制图标准》(GB/T 50104—2010)。在绘制门、窗图例时应注明门窗名称代号，如 M1、M2……表示门；C1、C2……表示窗。同一编号的门窗，其类型、构造、尺寸都相同。门窗洞口的形式、大小及凸出的窗台等都按实际投影绘出。

建筑平面图上应根据建筑的使用性质注明房间的用途或名称。

表 8-2　常用建筑构造及配件图例(摘自 GB/T 50104—2010)

名称	图例	说明	名称	图例	说明
楼梯	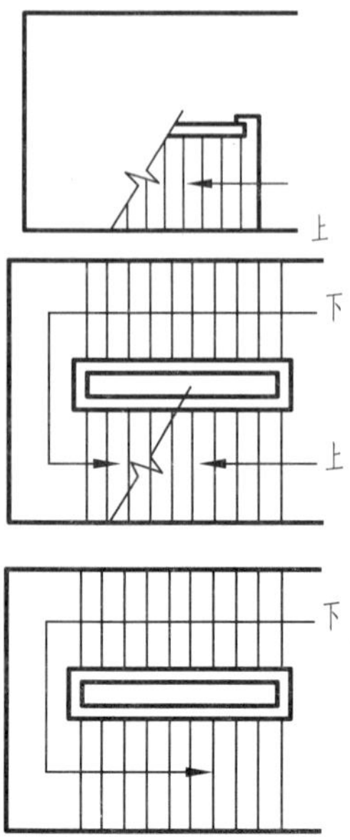 上 下 上 下	（1）上图为首层楼梯平面图、中图为中间层楼梯平面图、下图为顶层楼梯平面图 （2）楼梯及栏杆扶手的形式和梯段踏步数均按实际情况绘制	单层固定窗	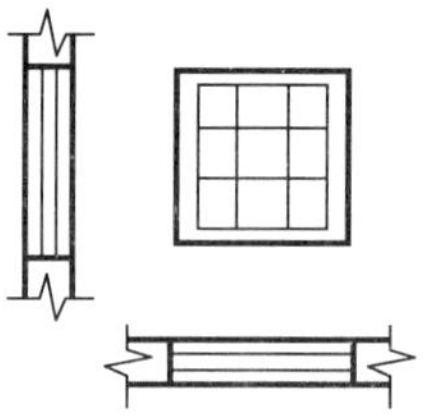	（1）立面图中的斜线表示窗的开启方向，实线为外开，虚线为内开；开启方向线交角的一侧为安装合叶的一侧，一般设计图中可不表示 （2）剖面图左为外，右为内；平面图下为外，上为内 （3）平、剖面图上的虚线仅说明开关方式，在设计图中不需表示 （4）窗的立面形式应按实际情况绘制
			单层外开上悬窗	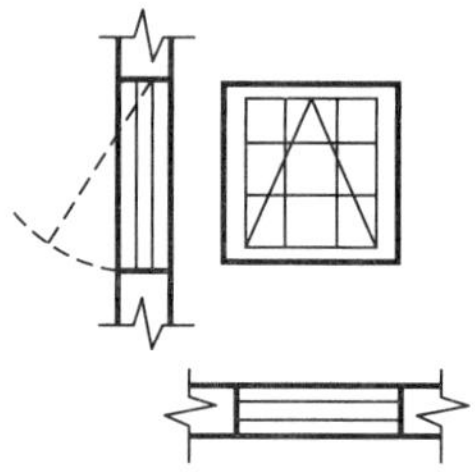	
检查孔		左图为可见检查孔，右图为不可见检查孔	单扇门（包括平开或单面弹簧）	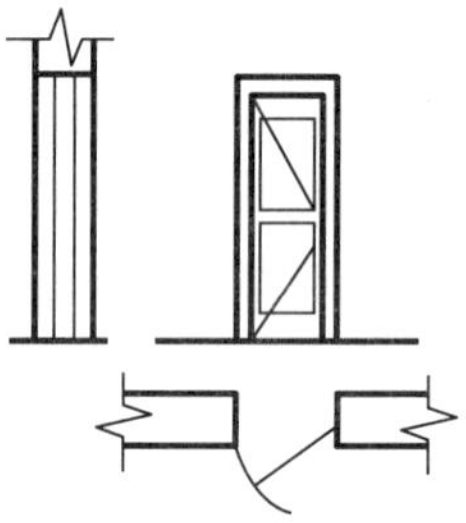	（1）在剖面图中，左为外，右为内；平面图中，下为外，上为内 （2）在立面图中，开启方向线交角的一侧为安装合叶的一侧，实线为外开，虚线为内开 （3）在平面图中，门线应 90°或 45°开启，开启弧线宜画出 （4）立面形式应按实际情况绘制
水塔、储藏	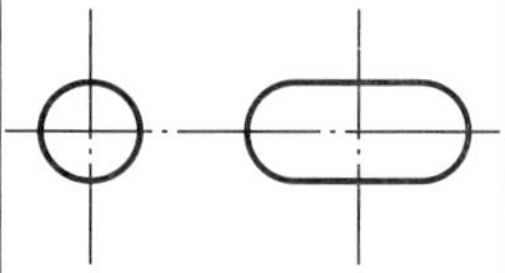	左图为水塔或立式储藏，右图为卧式储藏			
坑槽		也可不涂黑	双扇门（包括平开或单面弹簧）	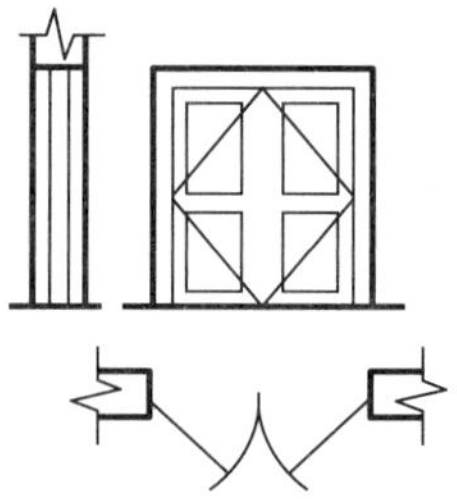	
烟囱	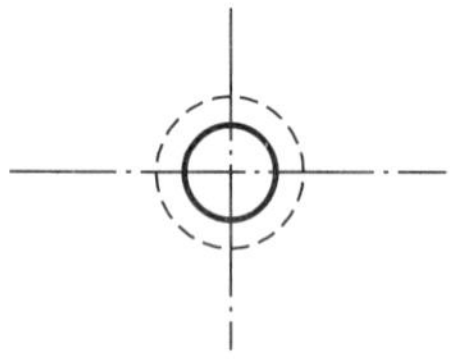	实线为烟囱下部直径，虚线为基础，必要时可注写烟囱高度和上、下口直径			
通风道	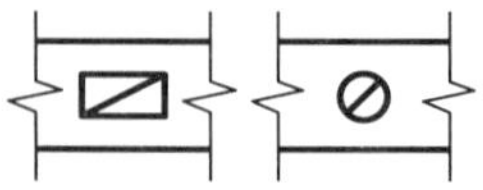		对开折叠门	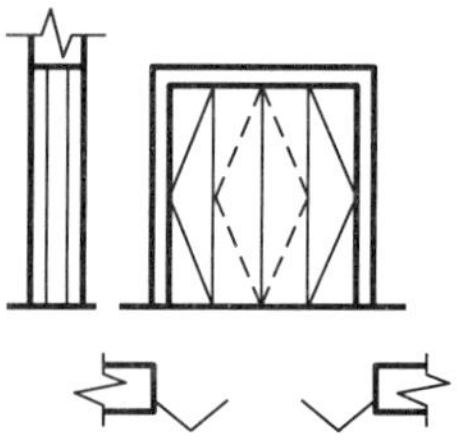	

（续）

名称	图例	说明	名称	图例	说明
墙中单扇门	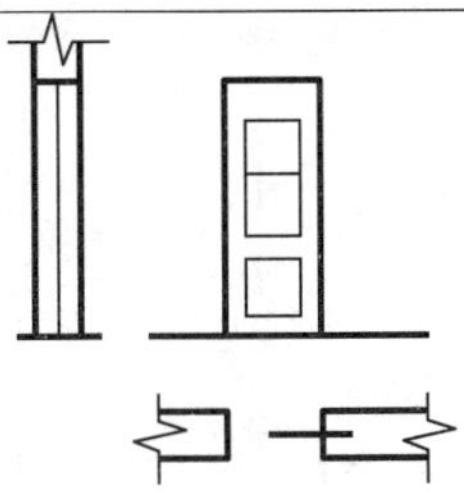	同单扇门说明	单层外开平开窗	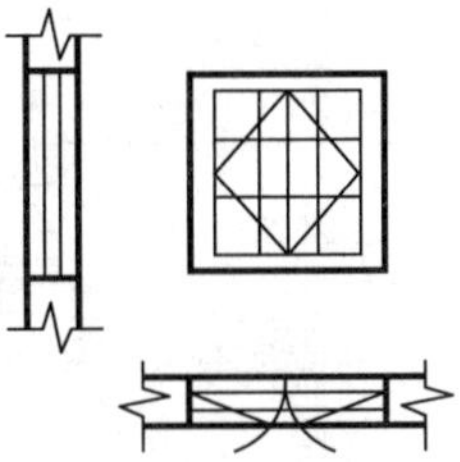	同单层固定窗说明
单扇双面弹簧门	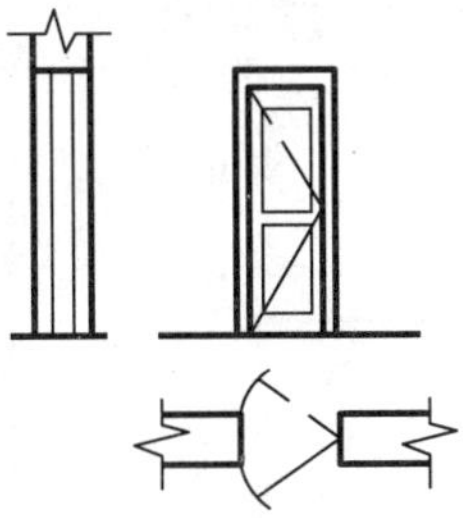		单层中悬窗	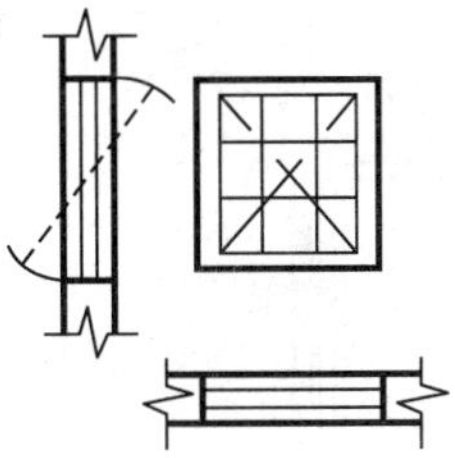	
双扇双面弹簧门	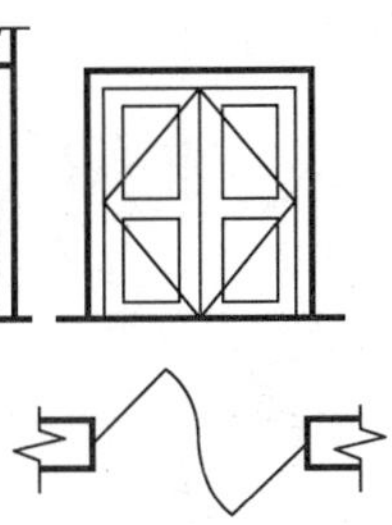				

3. 平面布局

如图 8.13 所示，一层平面图表示房屋底层的平面布局，即各房间的分隔与组合，房间的名称，出入口、楼梯的布置，门窗的位置，室外台阶、雨水管的布置，厨房、卫生间的固定设施等。

从一层平面图可知，该幢别墅有三个出入口：南面有门 ZM1，西面和北面有门 M4 和 M3，东面是车库。

4. 尺寸与数据

建筑平面图中标柱的尺寸有三类：标高、外部尺寸、内部尺寸。

建筑平面图中常以底层主要房间的室内地坪高度为相对标高的零点(标记为±0.000)，高于此处的为“正”(数字前加注“＋”)，低于此处的为“负”(数字前加注“－”)，如图 8.13

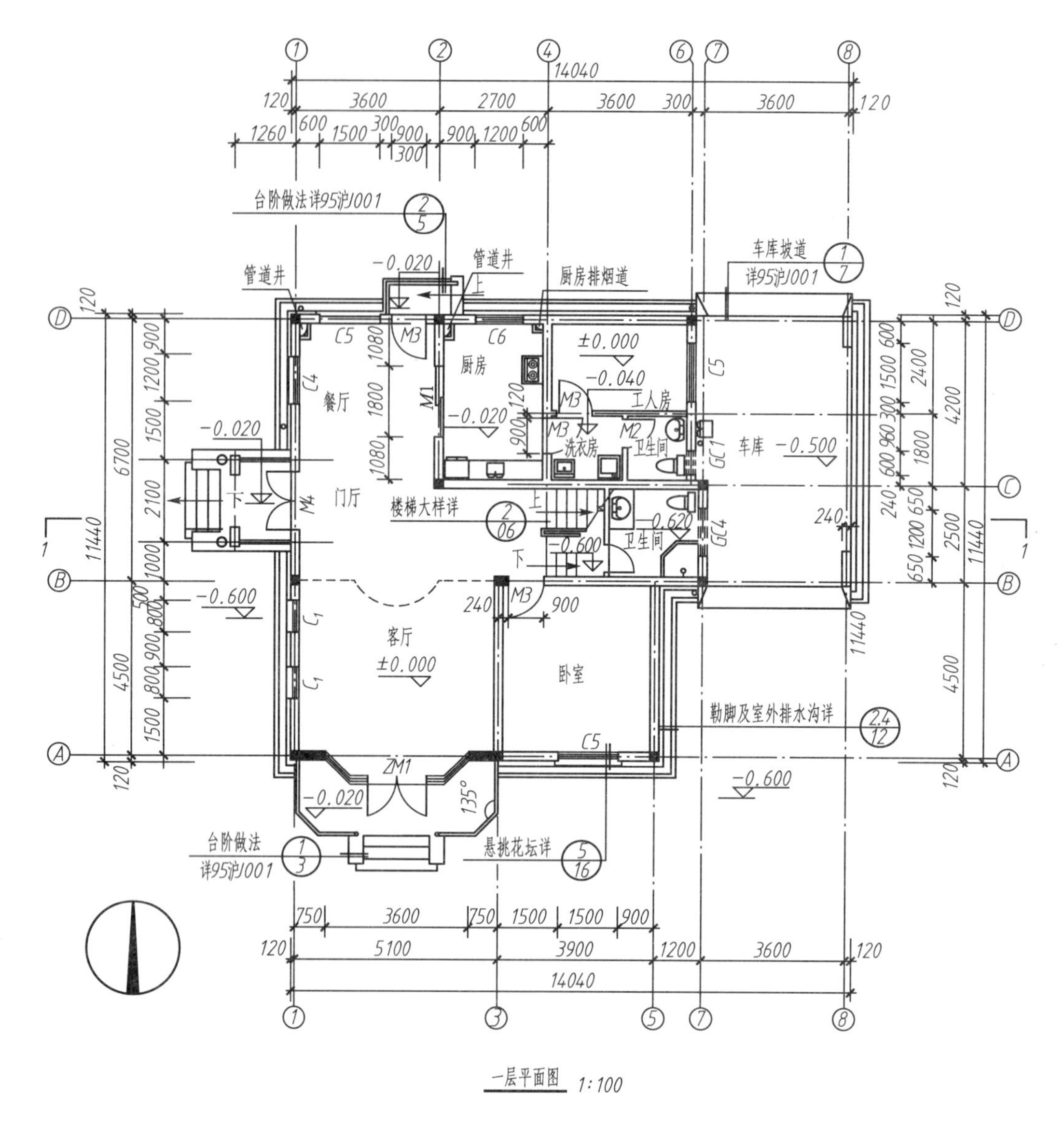

图 8.13 某别墅一层平面图

所示，客厅、门厅、餐厅、工人房的标高为±0.000m，厨房的标高为－0.020m，工人房、卫生间的标高为－0.040m，楼梯角卫生间的标高为－0.620m，车库的标高为－0.500m，室外地坪标高为－0.600m 等。

建筑平面图中的外部尺寸共有三排，由外至内，第一排是表示建筑总长、总宽的外形尺寸，称为外包尺寸。如图 8.13 所示，一层总长为 14040mm，总宽为 11440mm。

第二排为墙柱定位轴线间的尺寸，表明房屋的开间和进深大小；从房屋大门口进入房屋内部的深度，建筑上习惯称为“进深”，与进深垂直方向的轴线间距称为“开间”。如图 8.13 所示，①～②轴线之间的距离为 3600mm，Ⓐ～Ⓑ轴线之间的距离为 4500mm。

第三排，主要用来表示外门、窗洞口的宽度和定位尺寸，即注明其与最近的轴线间的尺寸。三道尺寸之间有联系，所有细部尺寸加起来等于轴线尺寸，所有轴线尺寸加起来等于总尺寸。看图时应认真复核该尺寸。

内部尺寸表示房间的净空大小、室内门窗洞的大小与位置、固定设施的大小与位置、墙体的厚度、室内地面标高(相对于±0.000m 地面的高度)。

8.3.3 阅读例图(Reading Scales)

现以图 8.14 所示某住宅楼的底层(或称一层、首层) 平面图为例，说明平面图的阅读方法。

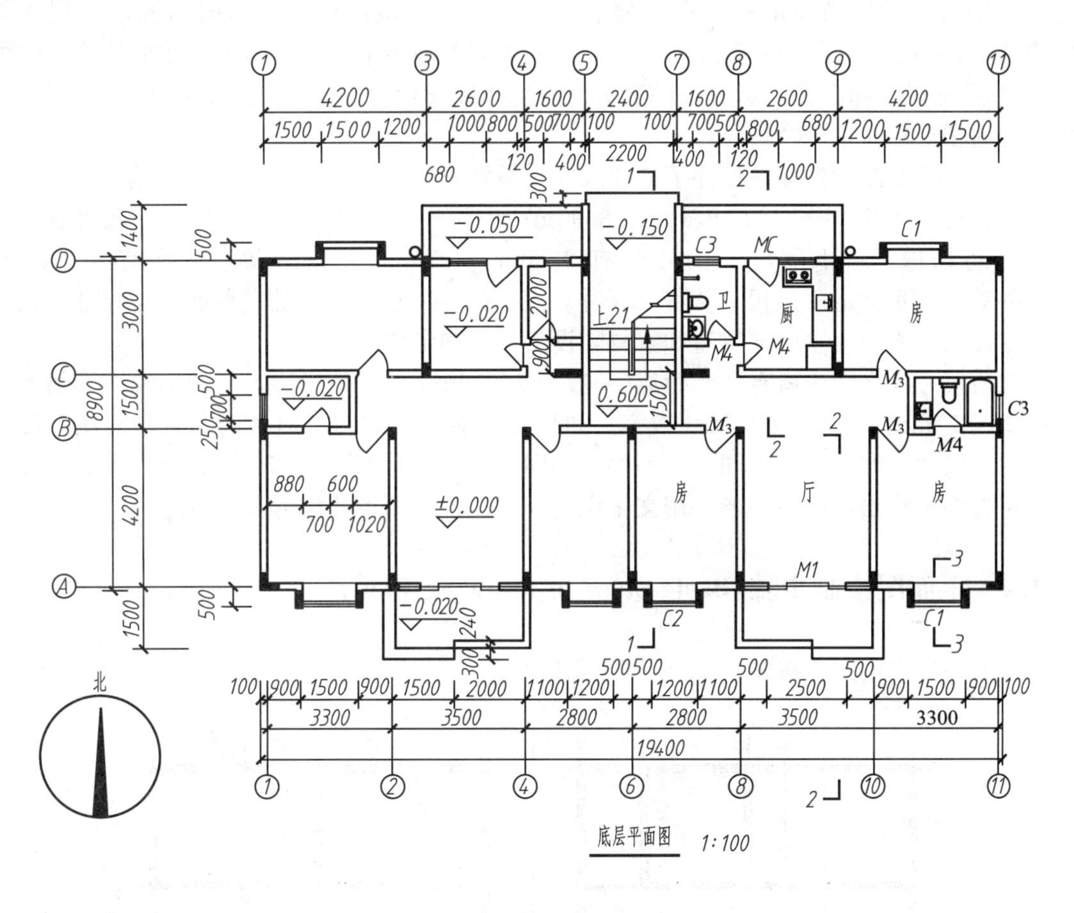

图 8.14 某住宅楼的底层平面图

1. 平面图的总体情况

由图 8.14 左下角的指北针和房屋主要轮廓等可知，该住宅楼是坐北朝南、一梯两户、户型为三室二厅双卫的框架结构住宅楼。该图绘图比例为 1∶100。由定位轴线、轴线间的距离以及墙柱的布置情况、各房间的名称可以看出各承重构件的位置及房间的功能与大小。本房屋的墙体中涂黑的方框是钢筋混凝土柱，每户有朝南两个卧室和朝北一个卧室，中间有一个餐厅和一个较大的起居厅，另外布置厨房一间、卫生间两间及南北阳台各一个。

2. 平面图的基本内容

由于底层平面图(图8.14)是在楼梯的第一梯段中取门、窗洞口的位置作水平剖切后向下投射而得到的全剖面图，因此本图被剖切到的墙身用粗实线绘制，门窗用图例绘制表示，阳台、台阶、室外散水等用中实线绘制，其余室内外的可见部分，如厨房卫生间的固定设施、楼梯等的主要轮廓线以细实线绘出，并标明相应的尺寸和数据，如门窗等的编号及相应的定形、定位尺寸。楼梯的投影用倾斜的折断线表示截断楼梯的梯段，画出可见梯段的投影，用细实线与箭头指明从本楼层至上一楼层的前行方向与级数，图中台阶的级数及前行方向也要表示出来。为反映该房屋的竖向情况，底层平面图应注有剖面图的剖切符号和编号。室内的主要地面标高也应注明，如本房屋的室内主要地面的相对标高是±0.000，厨房、卫生间和阳台地面标高是−0.020m，底层单元入口处的相对标高是−0.150m。

在建筑平面图中外部共标注了三道尺寸，最外侧的一道尺寸是建筑物两端外墙面之间的总长、总宽尺寸，分别为19.40m、8.90m；中间一道是轴线间的尺寸，一般可表示房间的开间和进深，本例房间的开间有3.30m、3.50m、2.80m等，进深有4.20m和3.00m等。最里面的一道尺寸为细部尺寸，表示门、窗水平方向的定形和定位尺寸。内部尺寸主要用于表示房屋内部构造和家具陈设的定形和定位尺寸。

三道尺寸线之间应留有适当距离(一般为7～10mm，但第三道尺寸线应离图形最外轮廓线10～15mm)，以便注写尺寸数字。如果房屋前后或左右不对称时，则平面图上四边都应注写尺寸。如有部分相同，另一些不相同，可只注写不同的部分。如有些相同尺寸太多，可省略不注出，而在图形外用文字说明，如：各墙厚尺寸均为240mm。

8.3.4 平面图绘制步骤(Basic Steps of Drawing Plan)

绘制建筑平面图应按图8.15所示步骤进行：

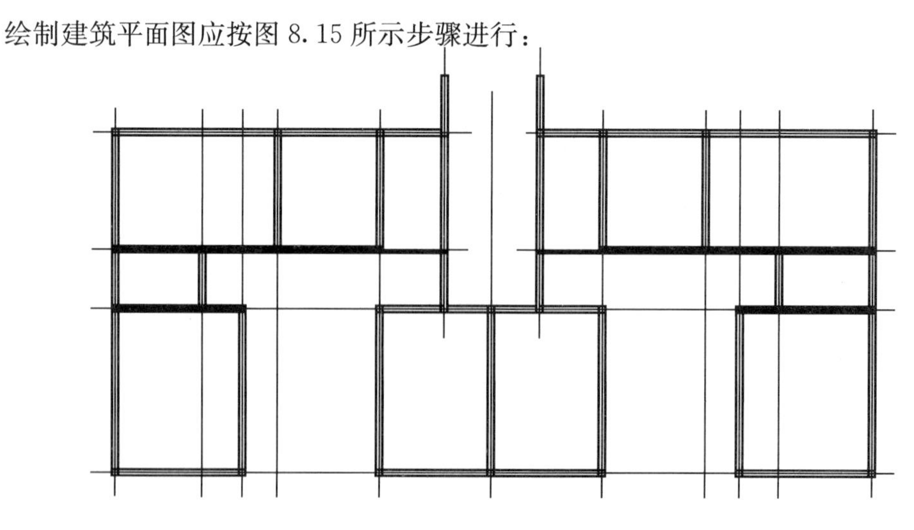

(a) 定轴线、画墙身和柱

图8.15 平面图画图步骤

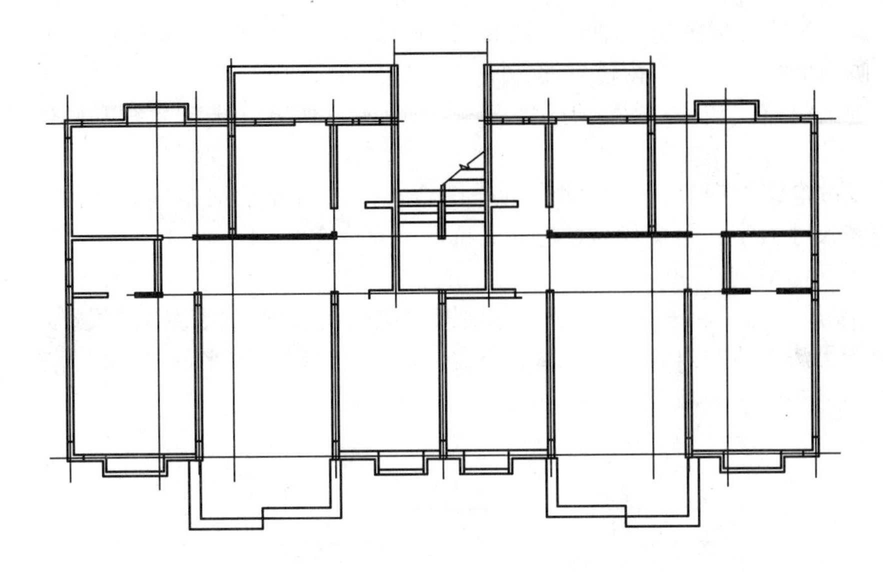

(b) 定门窗位置、画细部

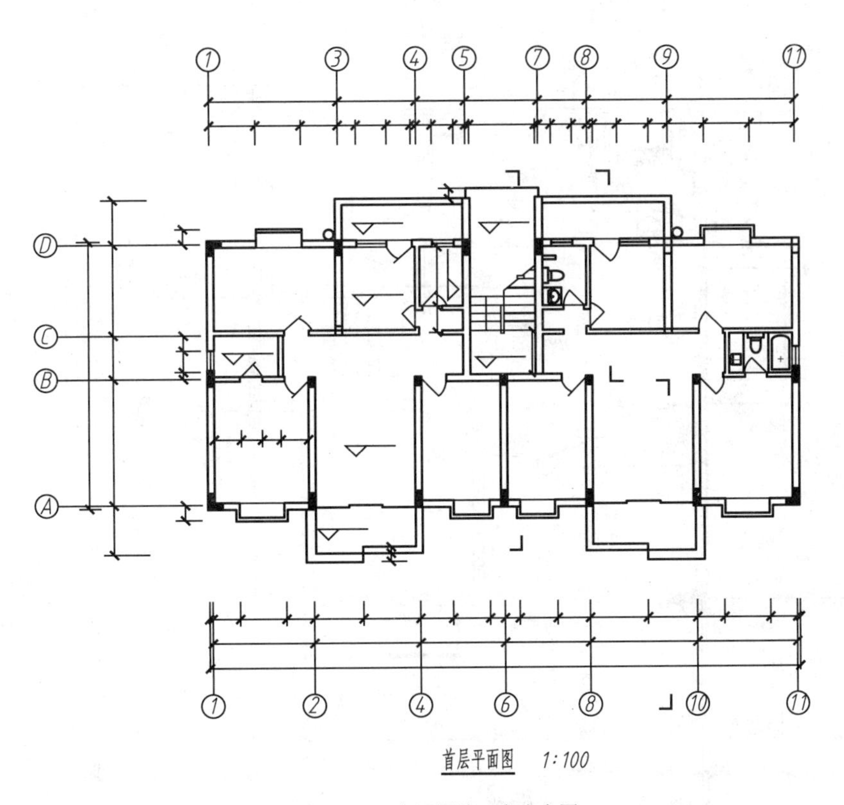

(c) 加深图线、完成全图

图 8.15 平面图画图步骤(续)

(1) 首先按图幅规格打好图样边框，然后选择合适比例安排各图位置，使各图之间关系恰当，疏密匀称。同时留出注写尺寸和有关文字说明的位置。

(2) 画出纵横方向的定位轴线［图 8.15(a)］。

(3) 画出墙身线和门、窗位置线［图 8.15(b)］。

(4) 画出门窗、楼梯、柱、卫生设备等的图例，画出三排尺寸线和轴线的编号圆圈［图 8.15(c)］。

(5) 经过检查无误后，擦去多余的作图线，按线型要求描粗描深各图线，对轴线编号、填写各尺寸数字、门窗代号、房间名称等，完成全图（图 8.14）。

建筑平面图举例。

图 8.16 所示为二层平面图。该层平面图除应画出房屋二层范围的投影内容外，还应画出平面图无法表达的内容，如雨篷、阳台、窗楣等。对一层平面图上已经表达清楚的台阶、散水等内容就不必画出。

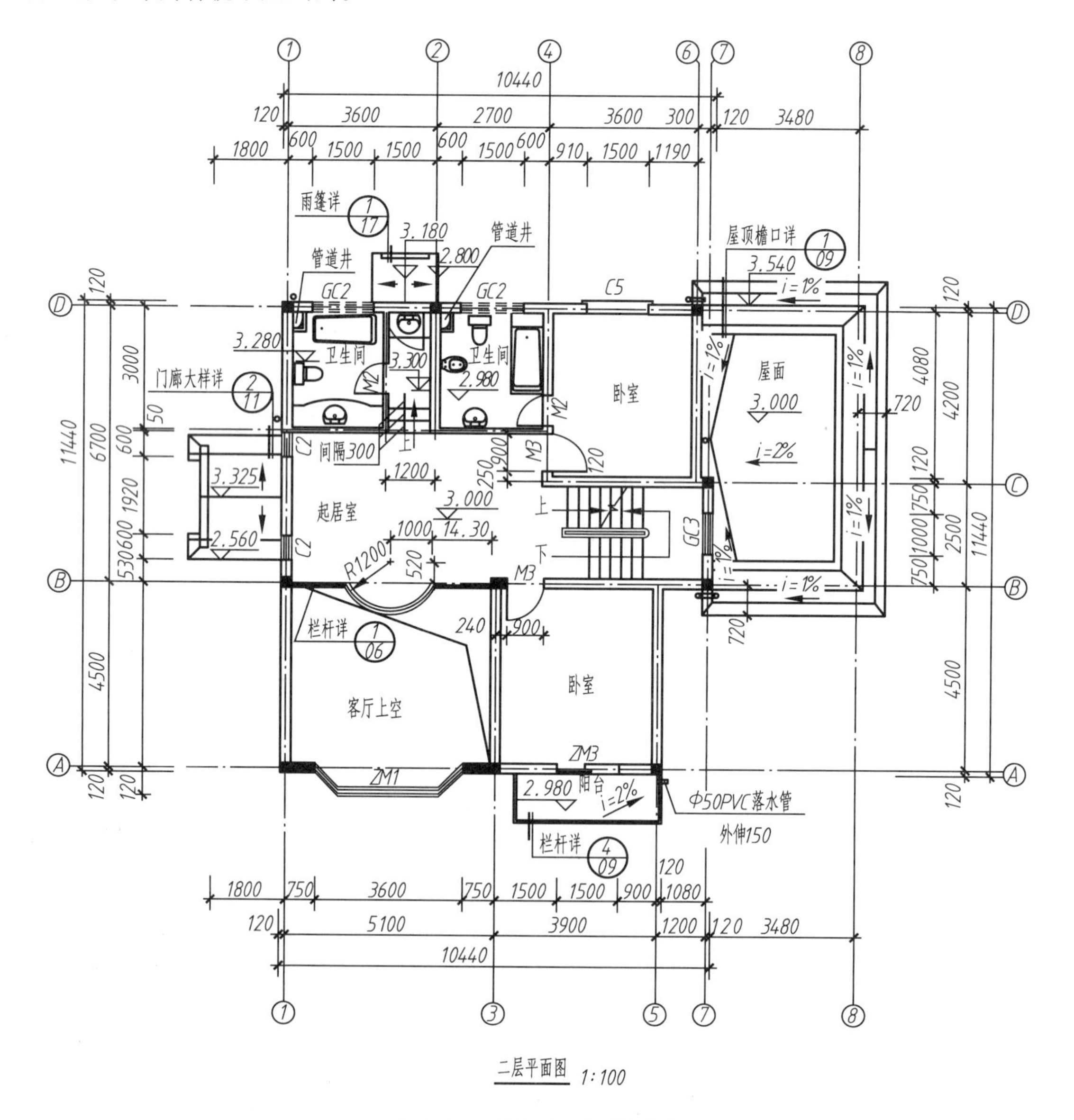

图 8.16　某住宅二层平面图

图 8.17 所示为三层平面图。三层以上的平面图只需画出本层的投影内容及下一层的窗楣、雨篷等在下一层平面图中无法表达的内容。

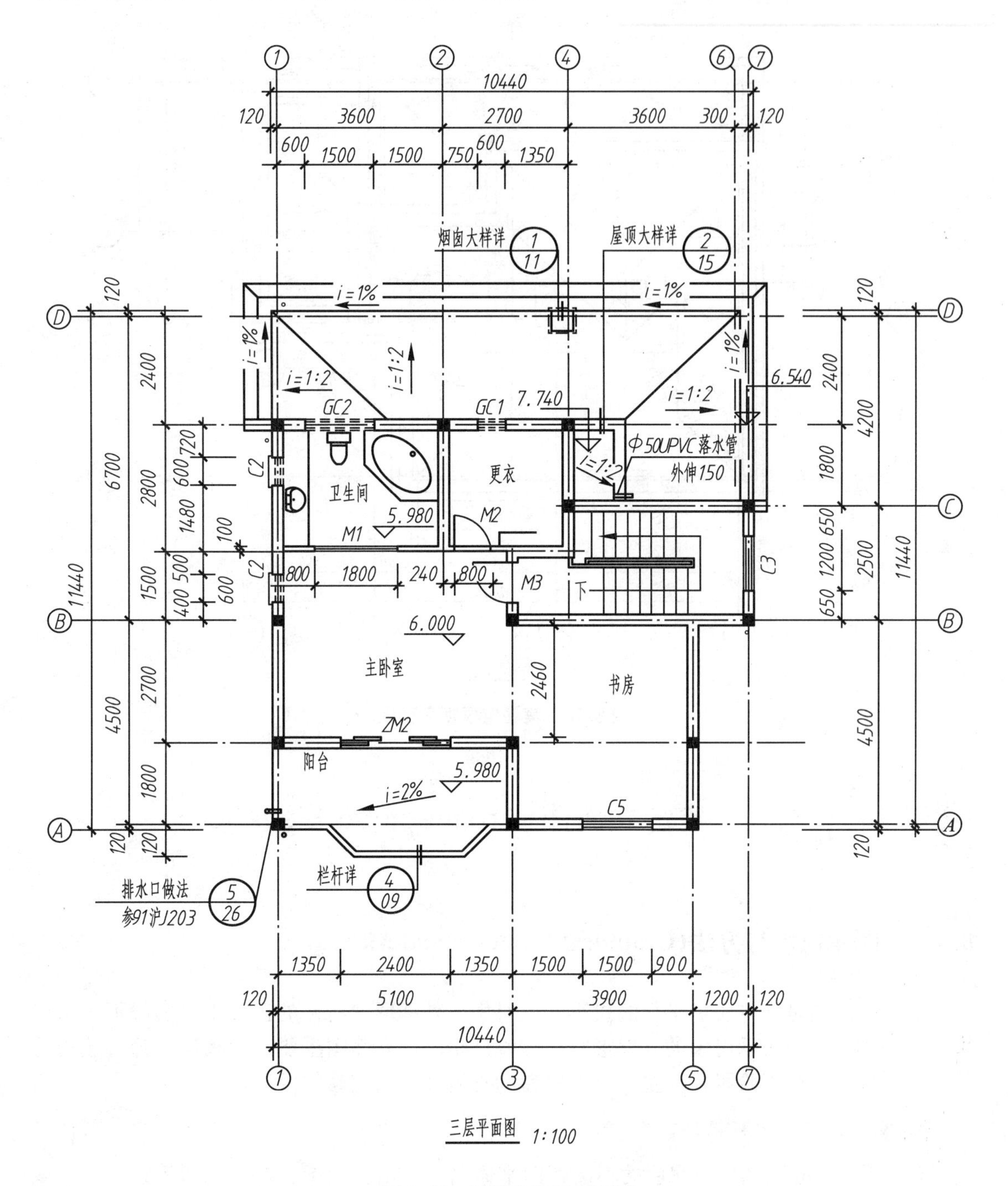

图 8.17 某住宅三层平面图

图 8.18 所示为屋顶平面图，表示了屋面的形状、交线以及屋脊线的标高等内容。

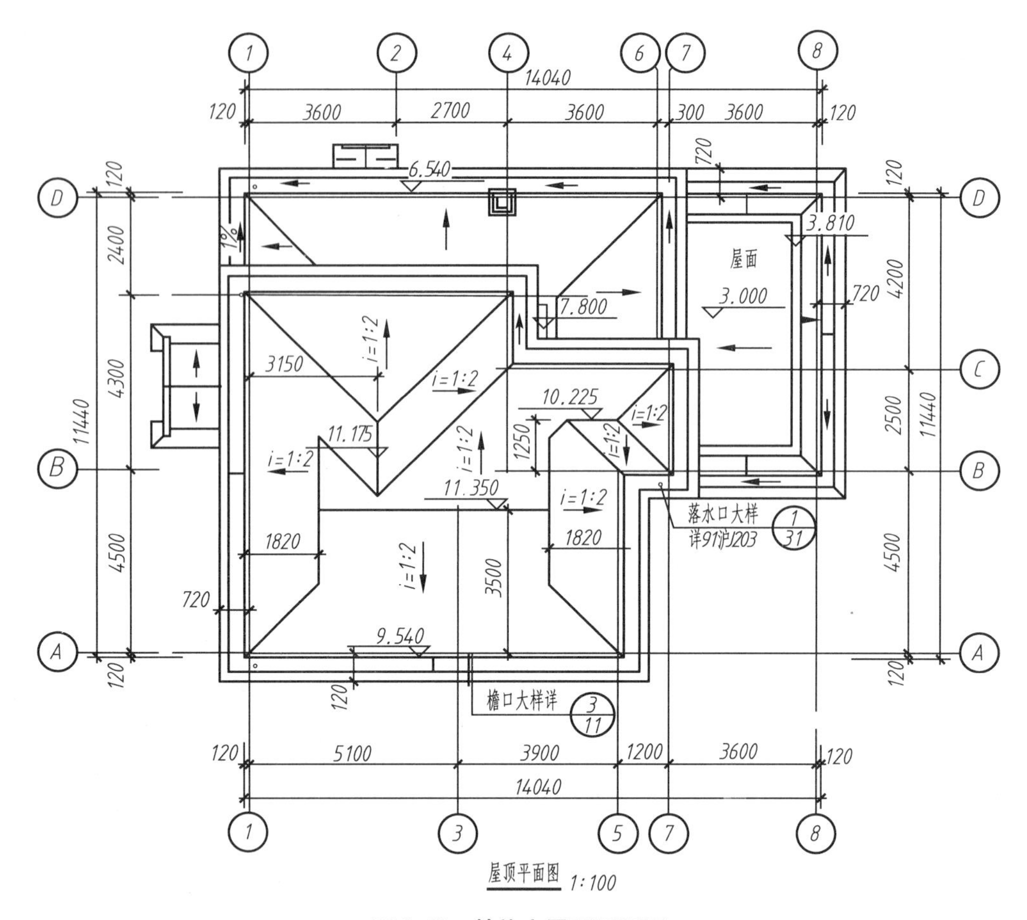

图 8.18　某住宅屋顶平面图

8.4 建筑立面图(Architectural Elevation)

8.4.1 图示内容与方法(Graphical Contents and Methods)

建筑立面图是在与房屋平行的投影面上对房屋外部形状所作的正投影，一般不表示房屋的内部构造，只表示房屋的外部形状。在设计阶段，立面图主要是反映设计师对建筑物的艺术处理。在施工阶段，它主要反映房屋的外貌和立面装修的做法。

1. 立面图的主要标记

(1) 图名。立面图可以房屋的不同朝向来命名，如南立面图、东立面图等；也可以该立面左、右两端的轴线编号命名，如①～⑦立面图，③～⑤立面图等；还可以房屋的主要入口命名。以房屋主要入口或比较显著地反映出房屋外貌特征的那一面为正面，投影所得的图称为正立面图，其余分别称为背立面图、左侧立面图和右侧立面图。

(2) 比例。立面图采用的比例通常与平面图相同。

(3) 定位轴线。立面图只标出两端的定位轴线，以便于明确与平面图的联系。

(4) 室外地坪线。立面图的室外地坪线用宽 1.4*b* 的加粗线绘制，以表达该房屋稳重牢靠的视觉信息。

2. 立面图的基本内容与表达

立面图中不可见的轮廓线一律不画。

(1) 图线。线型粗细的选配应能使立面图较清晰地表达房屋整体框架与细部轮廓等，产生突出整体、主次分明的立体效果。为此，房屋的整体外包轮廓用粗实线绘制；室外地坪用加粗线(粗度相当于标准粗度的 1.4 倍)绘制；阳台、雨篷、门窗洞、台阶等用中实线绘制；其余如门、窗、墙面分格线、落水管、材料符号引出线、说明引出线等用细实线画出。

(2) 图例。立面图中的门窗形式等按表 8-2 的规定绘制。相同的门窗、阳台、外檐装修、构造做法等，只需在局部将图例画全，或用文字注明；门窗框的双线间距不宜大于 0.8mm，以免引起稀疏的误觉。

立面图中的横向尺寸与平面图的相应部位相同。立面图中应标注必要的高度方向尺寸和标高，如室内外地坪、进出口地面、门窗洞的上下口、楼层面平台、阳台雨篷、檐口女儿墙等的高度，并整齐地标注在立面图的左、右两侧。

除此之外，还应对外墙面的各部分装饰材料、做法、色彩等用文字或列表说明。

8.4.2 阅读例图(Reading Scales)

现以图 8.19 所示某住宅楼南立面图为例，说明立面图的的内容及阅读方法。

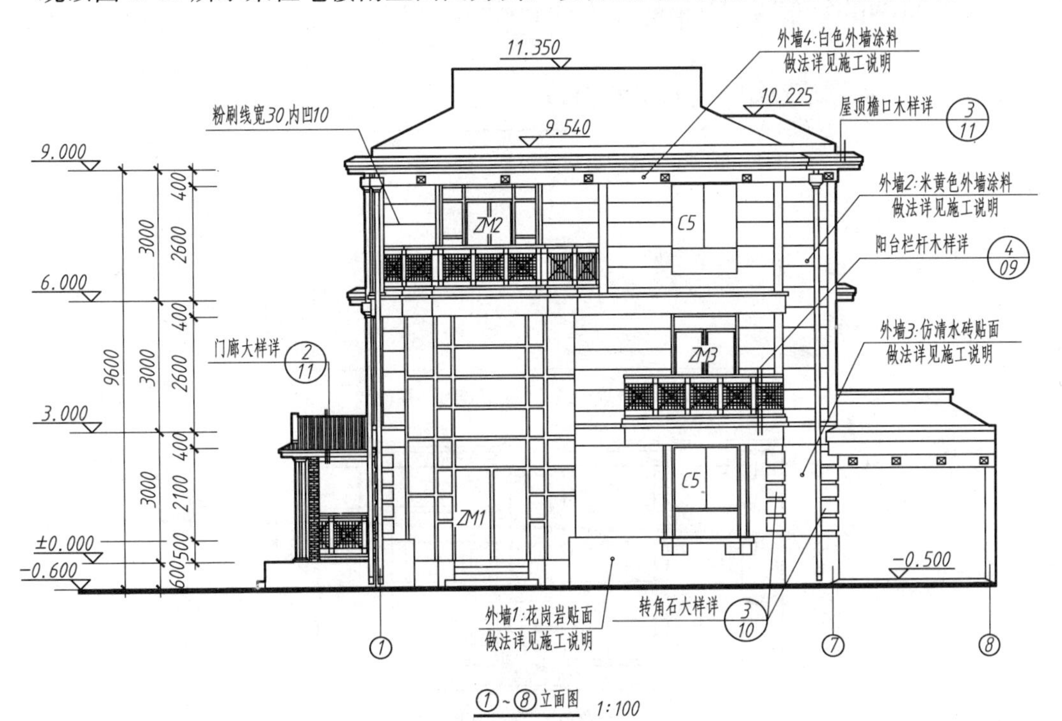

图 8.19 某住宅楼南立面图

1. 立面图的总体情况

在图 8.19 中，该住宅①～⑧立面图为正立面图，将其与平面图对照阅读可知，从门 ZM1 进去是一层客厅，客厅占有两层空间。客厅上方是阳台和门 ZM2，从该门进去是主卧室。在轴线⑦处，从一层到三层分别为：C5 是一层卧室的窗；ZM3 是二层卧室的门(外有阳台)；C5 是三层书房的窗。另外还可看到西面的侧门廊和雨篷，以及东面的车库。

2. 立面图的基本内容

通常在立面图上以文字说明外墙面装饰的材料和做法。如图 8.19 所示，南面外墙 2 采用米黄色外墙涂料，外墙 3 采用仿清水砖贴面，外墙 1 采用花岗岩贴面，外墙 4 采用白色外墙涂料。

为了加强图面效果，使外形清晰、重点突出和层次分明，在立面图上往往选用多种不同的线宽，习惯上室外地坪线用加粗线(线宽为 1.4b)、外轮廓用粗实线(线宽为 b)、门窗洞口和阳台轮廓等用中实线(线宽为 0.5b)，其余用细实线绘制(线宽为 0.25b)，文字和标高整齐排列，使整个图面构图均衡、稳重。

从图中所标注的标高可知，此房屋室外地面比室内±0.000 低 600mm。屋顶处为 11.35m，因此房屋总高度为 11.95m。标高一般标注在图形外，并做到符号排列整齐、大小一致。若房屋立面左右对称时，一般标注在左侧。不对称时，左右两侧均应标注。必要时为了更清楚起见，可标注在图内(如楼梯间的窗台面标高)。此外还应标注出房屋两端的定位轴线位置及其编号，以便与平面图(图 8.16)对应起来。

8.4.3 立面图的绘制步骤(Steps of Drawing Elevation)

绘制房屋立面图应按图 8.20 所示进行：

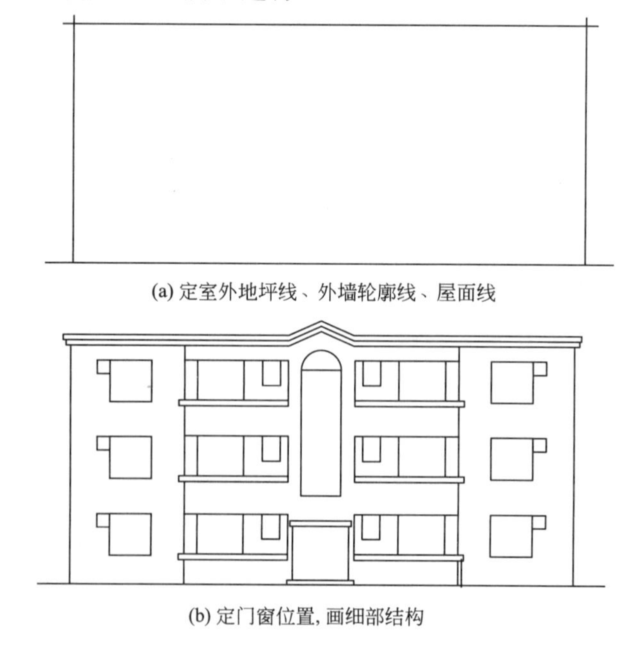

(a) 定室外地坪线、外墙轮廓线、屋面线

(b) 定门窗位置，画细部结构

图 8.20 立面图的画图步骤

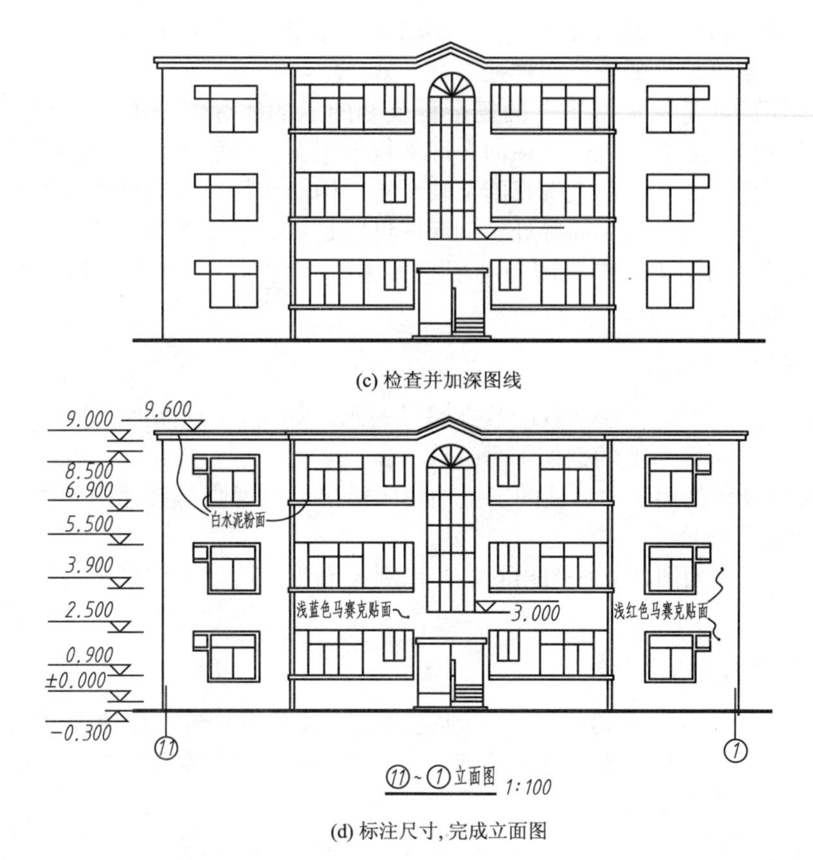

(c) 检查并加深图线

(d) 标注尺寸,完成立面图

图 8.20 立面图的画图步聚(续)

(1) 首先布图，然后选择和平面图相同的比例。

(2) 轮廓。先画出地坪线、外墙轮廓线、屋面线 [图 8.20(a)]。

(3) 细部构造。画出门窗、阳台、雨篷、檐口等建筑配件的轮廓线 [图 8.20(b)]。

(4) 画出门、窗、阳台、雨篷等的图例，检查并加深图线 [图 8.20(c)]。

(5) 完成作图。画出标高符号，标注尺寸与标高，书写图名、比例、轴线编号以及外墙装饰装修说明等 [图 8.20(d)]。

8.5 建筑剖面图(Architectural Section)

8.5.1 图示内容与方法(Graphical Contents and Methods)

建筑剖面图一般是指建筑物的垂直剖面图，也就是假想用一个或多个垂直于外墙轴线的铅垂剖切面将房屋剖开，移去剖切平面与观察者之间的部分，对留下的部分所作的正投影图称为建筑剖面图，简称剖面图。习惯上，剖面图中不画出基础部分。

建筑剖面图用以表示房屋内部的结构和构造形式、垂直空间的利用和各部位的高度、组合关系、所用材料及其做法等。建筑剖面图与平面图、立面图相互配合来表示整幢建筑物，是施工图中不可缺少的重要图样之一。

建筑剖面图的数量是根据房屋的复杂程度和施工的实际需要而定。剖切面一般为横向，即平行于侧面，必要时也可为纵向，即平行于正面。剖面图的剖切部位，应根据图样的用途或设计深度，在平面图上选择能反映全貌、构造特征以及有代表性的部位剖切，如门窗洞口、主要出入口、楼梯间等处。剖面图可以是单一剖面图或是阶梯剖面图，剖切符号应标注在底层平面图中。剖面图与各层平面图、立面图一起被称为房屋的三个基本图样，简称为"平、立、剖"。

1. 剖面图的主要标记

(1) 图名。剖面图的名称一般以数字编号表示，如1—1剖面图、2—2剖面图等，剖面图名的编号应与平面图上的剖切编号一致。

(2) 定位轴线。剖面图中墙柱的定位轴线应标出，以增强与其他图样的联系。剖面图中应注出详图索引符号。

(3) 比例。与平面图、立面图相同，若比例大于1∶50时，应画出构配件的材料图例(表8-2)。

2. 剖面图的基本内容与表达

剖面图除应包含被剖切到的墙柱等的定位轴线及其编号外，还应清楚表达各楼(地)面、屋面、女儿墙、楼梯与平台的高度与标高、各房间的净空高度、楼梯的结构形式与上下联系，以及详图索引符号等。

(1) 图线。被剖切到的主要构、配件的轮廓线用粗实线绘制，其余可见轮廓线用中实线或细实线绘制。

(2) 图例。剖面图的门窗等图例、钢筋混凝土材料符号以及粉刷面层等的表达原则与方法同平面图。

3. 尺寸标注

注写标高及尺寸时，注意与立面图和平面图保持一致。

(1) 标高内容：室内外地面、各层楼面与楼梯平台、檐口或女儿墙顶面，高出屋面的水箱间顶面、烟囱顶面、楼梯间顶面、电梯间顶面等处的标高。

(2) 高度尺寸内容。

① 外部内容：三道尺寸。最外面一道总高度，中间一道层高尺寸，最里面一道细部尺寸，门窗洞口及檐口等高度。三道尺寸也有联系，所有细部尺寸加起来等于层高尺寸，所有层高尺寸加起来等于总尺寸。

② 内部尺寸：地坑深度和隔断、搁板、平台、墙裙及室内门、窗等高度。

8.5.2 阅读例图(Reading Scales)

现以图8.21所示某住宅楼的1—1剖面图为例，说明剖面图的阅读方法。

1. 剖面图的总体情况

从剖面图的图名和轴线编号与底层平面图(图8.14)的剖切位置和轴线编号相对照，可

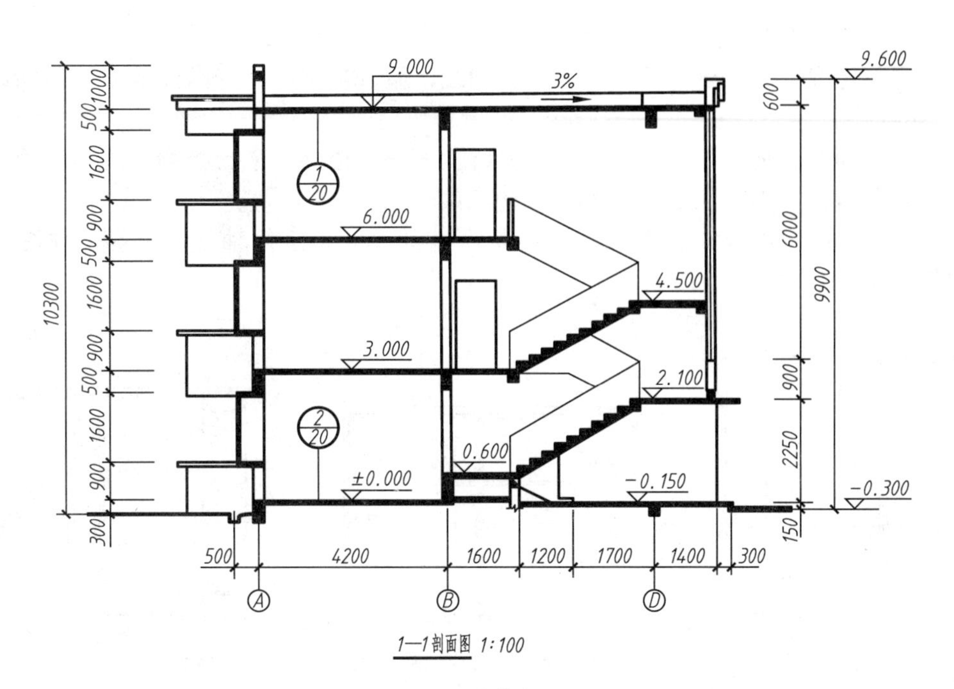

图 8.21 建筑剖面图

知 1—1 剖面图是剖切平面通过楼梯间，剖切后向左进行投射所得的横向剖面图。从 1—1 剖面图中画出的房屋地面到屋顶的结构形式和材料图例可以看出，这栋框架结构住宅楼的主要承重构件梁、楼板、屋面板等均用钢筋混凝土材料制成，因此该住宅楼为全框架结构。

2. 剖面图的基本内容与表达

1—1 剖面图主要表达了该栋住宅楼Ⓐ轴线处的外墙及 C2 窗和上下窗台、女儿墙、阳台等，表达了Ⓑ轴线内墙及与其相连的梁和屋(楼)面板、楼梯间各层上行第一梯段和休息平台，并表达了楼梯间外墙及其女儿墙，还有Ⓐ、Ⓓ轴线外的室外地面等。

按《建筑制图标准》(GB/T 50104—2010)的规定，在 1∶100 的剖面图中抹面层可不画，剖切到的室外地坪线及构配件轮廓线，如女儿墙、内外墙等的轮廓线用粗实线绘制，钢筋混凝土构件涂黑。剖切后的可见构件轮廓线，如女儿墙顶面、南北阳台外轮廓、各层楼梯的上行第二梯段与扶手轮廓等，以及剖切到的窗户图例用细实线绘制。

剖面图的竖向尺寸标注与立面图相似，主要部位如室外地面标高－0.300m、女儿墙顶面 9.60m、屋面板的顶面 9.00m、楼梯平台顶面 0.60m、2.10m、4.50m；各楼层的层高、门窗洞的高度及其定位尺寸等以竖向尺寸的形式标注，轴线的间距以横向尺寸的形式标注。

外墙、楼梯等处如需要另画详图，剖面图中应画出详图索引符号与编号。

8.5.3 剖面图绘制步骤(Steps of Drawing Section)

绘制建筑剖面图应按图 8.22 所示步骤进行。

(1) 选用和平面图、立面图相同的比例布图。

(2) 主要轮廓。先画出水平方向的定位轴线，屋(楼)层面、室内外地面的顶面高度线[图 8.22(a)]。

(3) 细部构造。画剖切到的内外墙、屋(楼)面板、楼梯与平台板梁、圈梁、雨篷等主要的配件的轮廓线，以及可见的细部构造轮廓线 [图 8.22(b)]。

(4) 完成作图。检查描深图线，标注所需全部尺寸、定位轴线、标高、详图索引符号、注写图名和比例 [图 8.22(c)]。

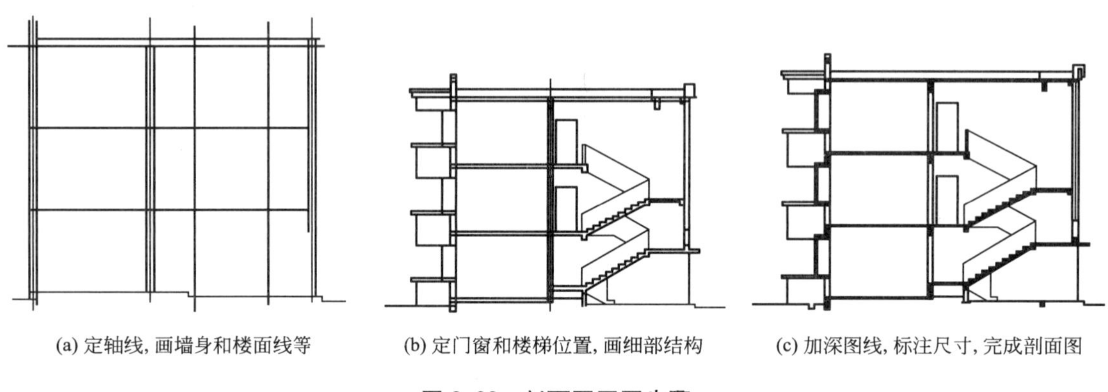

(a) 定轴线，画墙身和楼面线等　(b) 定门窗和楼梯位置，画细部结构　(c) 加深图线，标注尺寸，完成剖面图

图 8.22　剖面图画图步骤

8.6 建筑详图(Architectural Details)

房屋的平面图、立面图、剖面图一般用 1∶100 的比例绘制，因而对房屋的细部或建筑构件、配件和剖面节点等细部的样式、连接组合方式及具体的尺寸、做法和用料等不能表达清楚。为此常在这些部位用较大的比例绘制一些局部性的详图。

在施工图中，对房屋的细部或构配件用较大的比例(如 1∶20、1∶10、1∶5、1∶1 等)将其形状、大小、材料和做法等，按正投影的方法，详细而准确地画出来的图样，称为建筑详图(architectural detail)，简称详图(detail)。详图又称大样图或节点图。

建筑详图是建筑平、立、剖面图的补充，是房屋局部放大的图样。详图的数量视需要而定，详图的表示方法，视细部构造的复杂程度而定。详图同样可能有平面详图、立面详图或剖面详图。当详图表示的内容较为复杂时，可在其上再索引出比例更大的详图。

详图的特点是比例较大、图示详尽清楚、尺寸标注齐全、文字说明详尽。详图所画的的节点部位，除在有关的平、立、剖面图中绘注出索引符号外，还需在所画详图上绘制详图符号和注明详图名称，以便查阅。

8.6.1 外墙身详图(Detail of Exterior Wall)

外墙身详图常用的是外墙身剖面图，它是建筑剖面图的局部放大图。它表达房屋的屋面、楼层、地面和檐口构造、楼板与墙的连接、门窗顶、窗台和勒脚，散水等处构造的情况，是施工的重要依据。多层房屋中，若各层情况一样时，可只画底层、顶层或加一个中间层来表示。画图时，往往在窗洞中间处断开，成为几个节点详图的组合。

1. 外墙身详图的主要标记

(1) 图名。详图的名称以详图图例与数字编号表示，如图 8.23 中有两个详图，分别表示Ⓐ、Ⓓ两个轴线的墙身，即在①～⑪轴线范围内，Ⓐ、Ⓓ两个轴线上设置有 C1 的地方，墙身各相应部分的构造情况相同。

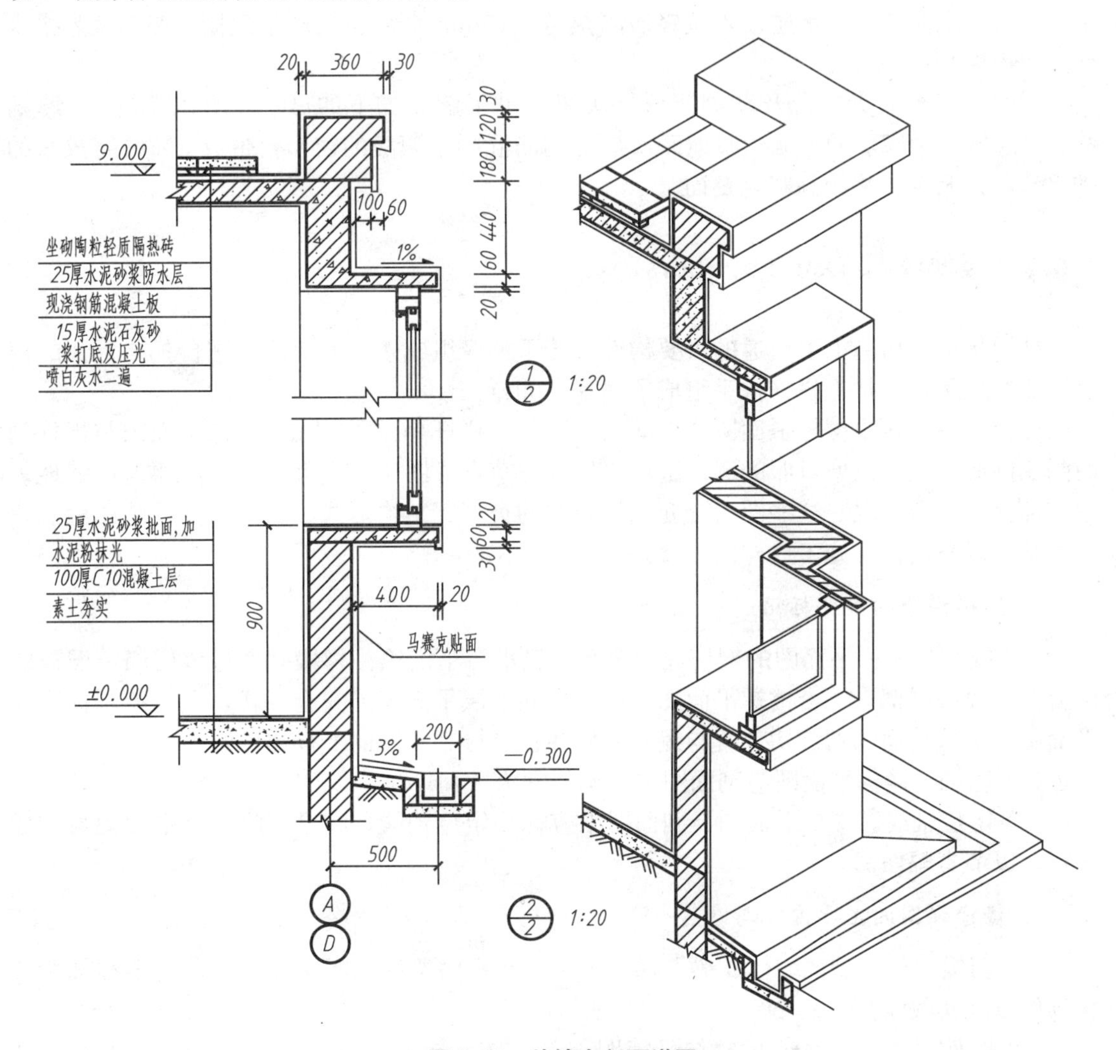

图 8.23 外墙身剖面详图

(2) 比例。外墙身详图的比例一般为 1∶20 或 1∶25。

(3) 定位轴线。墙的定位轴线应标出，以增强与其他图样的联系。

2. 外墙身节点详图主要内容与表达

(1) 图线。因详图的绘制比例一般较大，凡剖切到的房屋结构构件的轮廓线应以粗实线表示；抹面层应画出，其轮廓线用细实线表示。

(2) 图例。各建筑配件的材料符号按《建筑制图标准》(GB/T 50104—2010)绘制。

(3) 尺寸标注。详图中的尺寸标注应完整、齐全，以便满足施工的需要，主要部位的标高也应注出。

3. 阅读例图

如图 8.23 所示的外墙身详图对屋面和地面的构造，采用多层构造说明方法来表示。女儿墙大小，窗台高度以及飘板窗尺寸也在图中进行详细说明。

详图的上半部为檐口部分，从图中可了解到屋面板为现浇钢筋混凝土板、砖砌女儿墙、25mm 水泥砂浆防水层、陶粒轻质隔热砖、15mm 水泥石灰砂浆顶棚和带有 1%排水坡度飘板窗顶。

详图的下半部为窗台及勒脚部分，从图中可了解到如下的做法，有以 100mm 厚的 C10 素混凝土做底层的水泥砂浆地面，带有钢筋混凝土飘板的窗台，带有 3%坡度散水的排水沟，以及勒脚采用马赛克贴面。

8.6.2 楼梯详图(Detail of Stairs)

楼梯是多层房屋上下交通的主要构件，若干梯级组成楼梯的梯段，平台板与下面的横梁组成休息平台，加上栏杆扶手组成了楼梯(stair)。

楼梯详图一般由楼梯平面图、剖面图及踏步、栏杆等详图组成。楼梯平面图与楼梯剖面图比例要一致，以便对照阅读。踏步、栏杆等节点详图比例要大一些，以便能清楚地表达该部分的构造情况。这些图组合起来将楼梯的类型、结构形式、材料尺寸及装修做法表达清楚，以满足楼梯施工放样的需要。

1. 楼梯详图的主要标记

(1) 视图。楼梯平面图的剖切通常选在休息平台下的第一梯段并通过该层门窗洞口的位置。一般每层都有一个楼梯平面图，如果中间数层平面布局完全一样，可以绘制标准层平面图。楼梯剖面图的剖切位置与编号应标注在首层平面图的上行梯段处。

(2) 比例。楼梯平面图与剖面图的比例通常为 1∶50。

(3) 定位轴线。楼梯平面图与剖面图中应标注定位轴线，在绘图时几个平面图可排成一行，以节省幅面。

2. 楼梯详图的主要内容与表达

(1) 图线。剖切到的墙体、梁、梯段、平台、平台梁等以粗实线绘制，其余细部构造轮廓线以细实线绘制。

(2) 图例。大于 1∶50 的楼梯平面图与剖面图，应绘制材料图例。平面图中各层被剖切到的梯段，以一条 45°折断线截断，并在上、下梯段处画一长箭头，并注明“上”或“下”和踏步数量，表明从该层楼(地)面到达上一层或下一层楼(地)面的踏步数，如图 8－24 中间层平面图中箭尾处的“上 20”和“下 21”。

(3) 尺寸。楼梯详图中，应注出楼梯间的开间和进深尺寸，楼地面和平台的标高尺寸，以及梯井、梯段、窗等细部的详细尺寸。梯段的尺寸标注方法是：平面图中的梯段长度以踏面数乘以踏面宽等于梯段总长度的形式表示；剖面图中的梯段高度以踢面数乘以踢面高等于梯段总高度的形式表示。

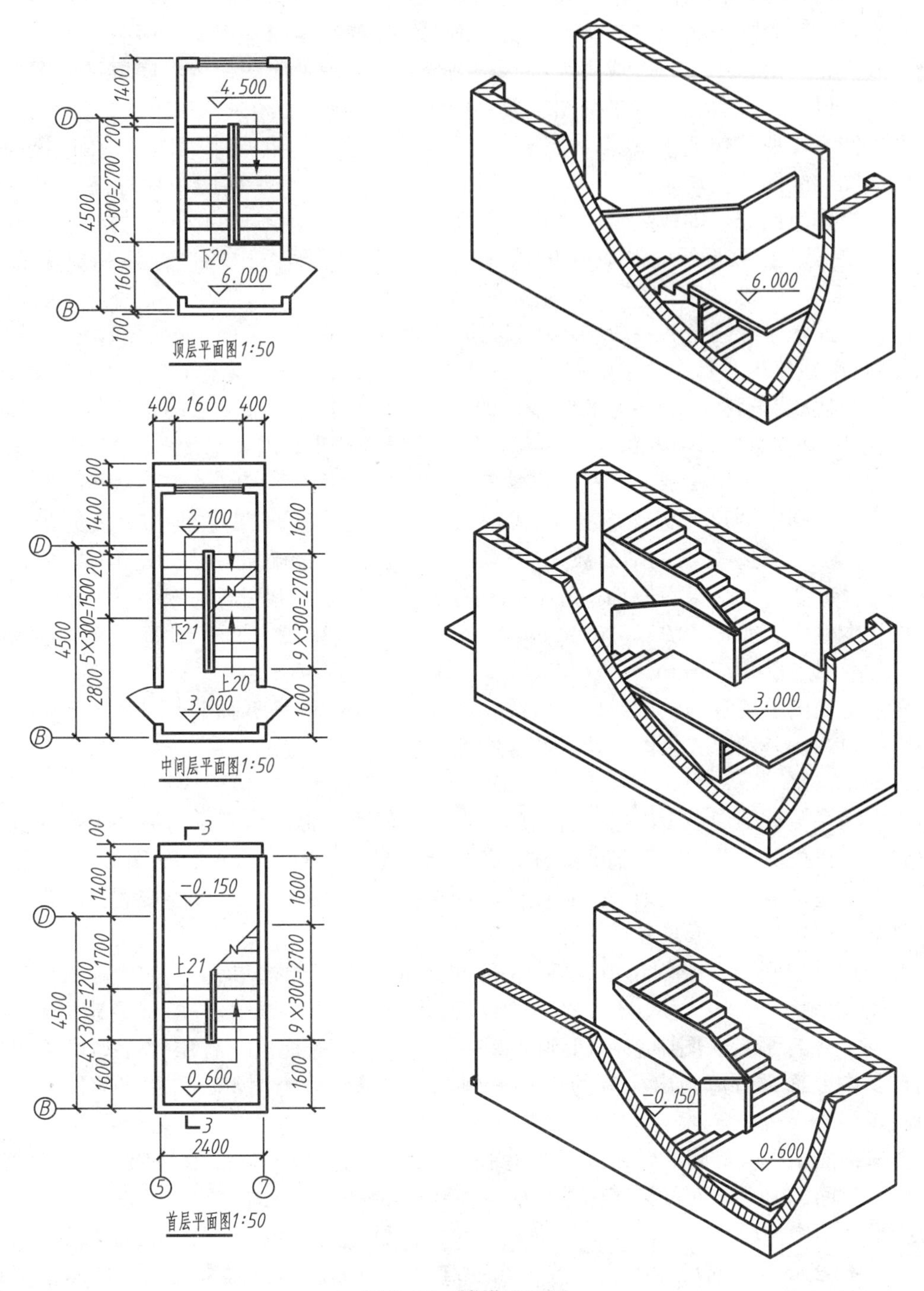

图 8.24 楼梯平面图

3. 阅读例图

1）楼梯平面图

楼梯平面图的形成同建筑平面图一样，假设用一个水平剖切平面在该层往上的第一个楼梯段中部剖切开，移去剖切平面及以上部分(图 8.24)，将余下的部分按正投影的原理投射在水平投影面上所得到的图，称为楼梯平面图。楼梯平面图是房屋平面图中楼梯间部分的局部放大，一般常用 1∶50 或更大一些比例绘制。楼梯平面图一般由底层平面图、二层平面图(标准层平面图)和顶层平面图组成，如图 8.24 所示。

根据图 8.1 所示住宅楼情况，绘制了三个楼梯平面图：底层平面图、中间层平面图、顶层平面图，绘图比例均定为 1∶50，如图 8.24 所示。三个平面图中均标注了带有编号⑤、⑦、Ⓑ和Ⓓ的定位轴线。本例楼梯因需要满足入口处净空≥2000mm 的要求，首层设有三个楼梯段。在底层平面图、中间层平面图、顶层平面图中均应标注相应平台板的标高。

楼梯平面图中应画出各梯段踏步的投影，在底层、标准层平面图中被剖切到的梯段均用 45°斜折断线绘出，其中底层既有下行的 5 个踏步通向室外，又有上行的 16 个踏步通向二层；标准层既有通往上一层楼的踏步，即“上 20”，又有通往下一层楼的踏步，即“下 21”；顶层因没有通向屋顶的踏步，只有通向下一层的踏步，即“下 20”，平面图中多了一处楼梯栏板。由于顶层楼梯的梯段没有被剖切到，所以梯段中省略了 45°折断线。

楼梯平面图中的尺寸标注应齐全、清晰，以作为施工的依据。设一梯段的步级数为 n，踏面宽为 b，则该梯段的踏面数为$(n-1)$，因为最后一个踏面就是平台面或者楼地面。n 条线表示步级的 n 个铅垂踢面。在平面图上标注梯段长度尺寸时，标注为$(n-1)\times b=$梯段长。本例中(图 8.24)$9\times300=2700$(mm)，表示该梯段有 9 个踏面，每个踏面宽为 300mm，梯段长为 2700mm。

楼梯平面图中墙身的轮廓线用粗实线绘制，被剖切的墙身不画剖面材料图例；柱的断面采用材料图例表示，其余图线均用细实线绘制。

2) 楼梯剖面图

假想用一铅垂剖切平面，通过各层的一个楼梯段将楼梯剖切开，向另一未剖切到的楼梯段方向进行投射，所绘制的剖面图称为楼梯剖面图(stairs section)，如图 8.25 所示。剖面图可以完整、清楚、直观地观察到楼梯休息平台、楼层平台、踏步的步数、踏步的高和宽、斜梁、栏杆等结构形式和搭接方法。

由楼梯首层平面图中剖切位置 3—3 可知，剖切平面通过单元入口门洞，为全剖面图，绘图比例为 1∶50 。从图 8.25 可知，这是两跑楼梯，即上一层楼要走两个梯段，中间有一个休息平台。图中被剖切到的墙、平台、楼梯的梯段、各层楼面等均用粗实线绘制，其中断面部分应画出相应的材料图例，如钢筋混凝土图例、自然土壤图例、普通砖图例等。

楼梯剖面图中楼梯间的轴线编号为Ⓑ和Ⓓ，与平面图中的轴线编号相互对应。地面、楼面、平台面、窗台、窗过梁底面等均应标注相应的标高和竖向尺寸。梯段高度尺寸注法与楼梯平面图中梯段长度注法相同，在高度尺寸中注的是步级数，而不是踏面数(两者相差为 1)。梯段高度方向尺寸以步级数×踢面高＝梯段高度的方式来表示，如图中“$10\times150=1500$”。栏板高度是从踏面中间至扶手顶面，一般为 900mm，扶手坡度与楼梯的梯段坡度必须保持一致。

楼梯剖面图中的一些细部构造如栏板、扶手和踏步采用 1∶5 和 1∶10 的比例绘出它们的形式、大小、材料以及构造情况等(图 8.26)，并在剖面图中的相应位置注有详图索引符号。

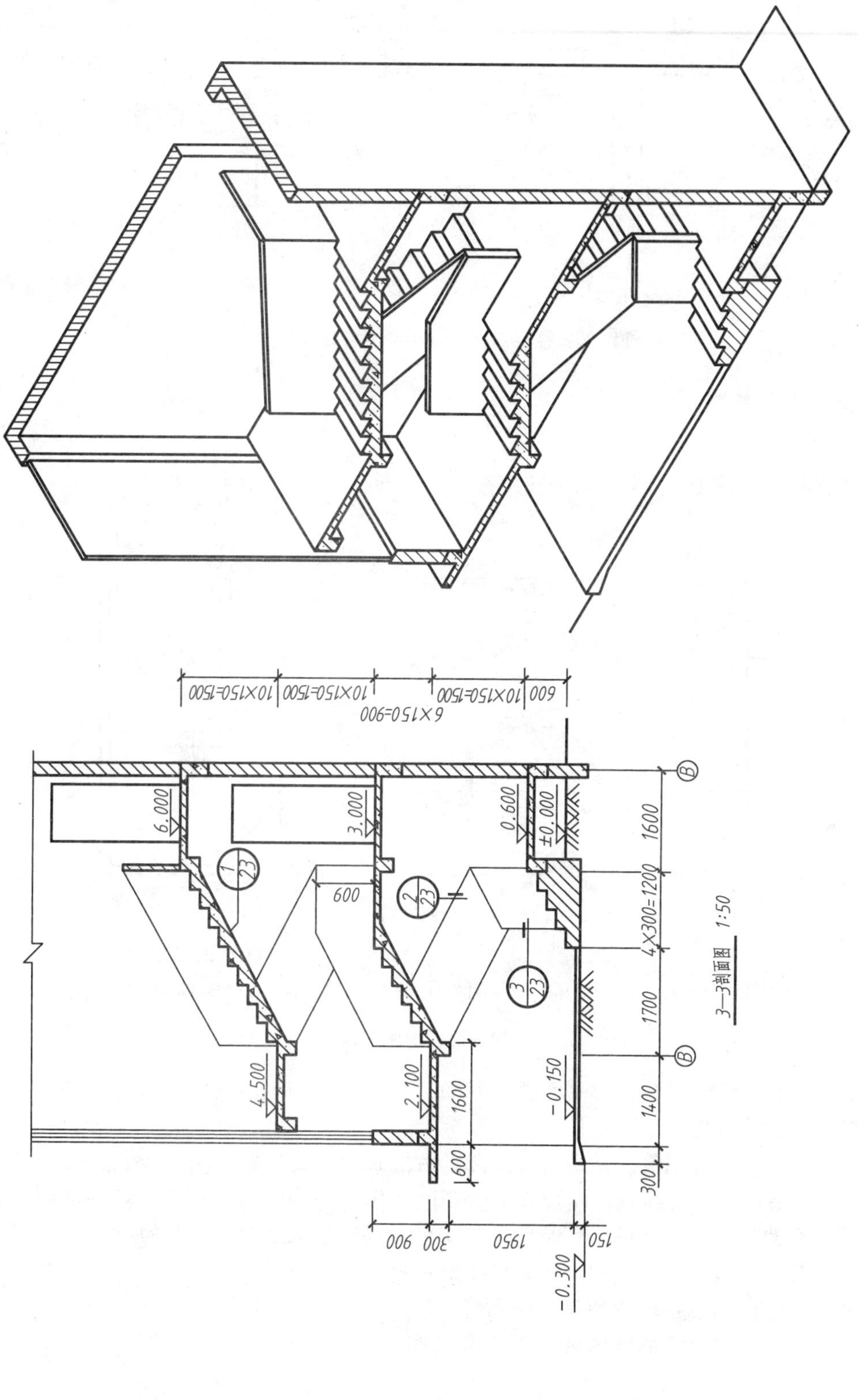

图 8.25 楼梯剖面图

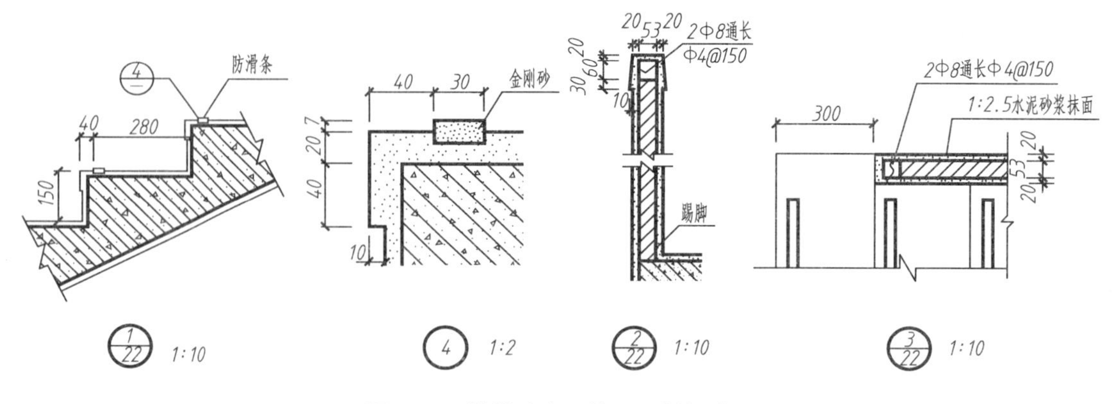

图 8.26　楼梯踏步、扶手、栏板详图

4. 楼梯详图的绘制

1）楼梯平面图

绘制楼梯平面图按图 8.27 所示步骤进行。

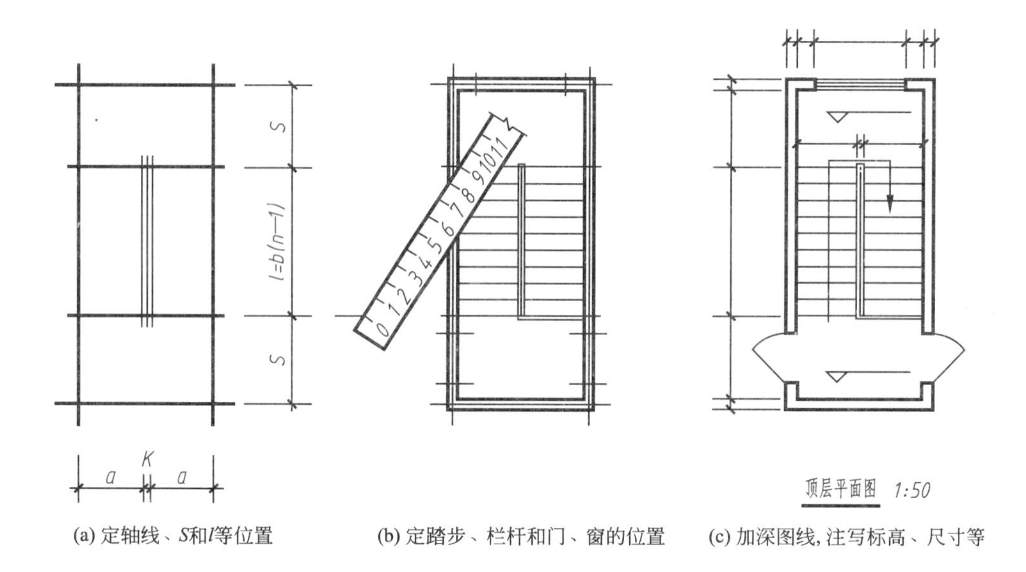

(a) 定轴线、S和l等位置　(b) 定踏步、栏杆和门、窗的位置　(c) 加深图线，注写标高、尺寸等

图 8.27　楼梯平面图的画法步骤

(1) 主要轮廓。依据底层楼梯平面图的开间、进深、剖切到的楼梯间墙体等尺寸，绘制楼梯间的主要轮廓［图 8.27(a)］。

(2) 根据 l、b、n 可用等分两平行线间距的方法画出踏面投影［图 8.27(b)］。

(3) 细部构造。用细实线画出楼梯间剖切到的墙体上的门窗洞口、可见的梯井等投影线，此时要注意的是楼梯平面图中反映踏面投影的矩形线框的数量应比该梯段的级数少一个，主要因为最后一级梯级的踏面与楼梯的平台或楼层面重合的缘故。最后画全所需全部尺寸的尺寸线、定位轴线及轴线编号、标高符号等［图 8.27(c)］。

(4) 完成作图。检查并描深图线，涂黑柱的断面，填写数字等，成图见图 8.27 中的楼梯平面图。

2）楼梯剖面图

楼梯剖面图的绘制按图 8.28 所示步骤进行。

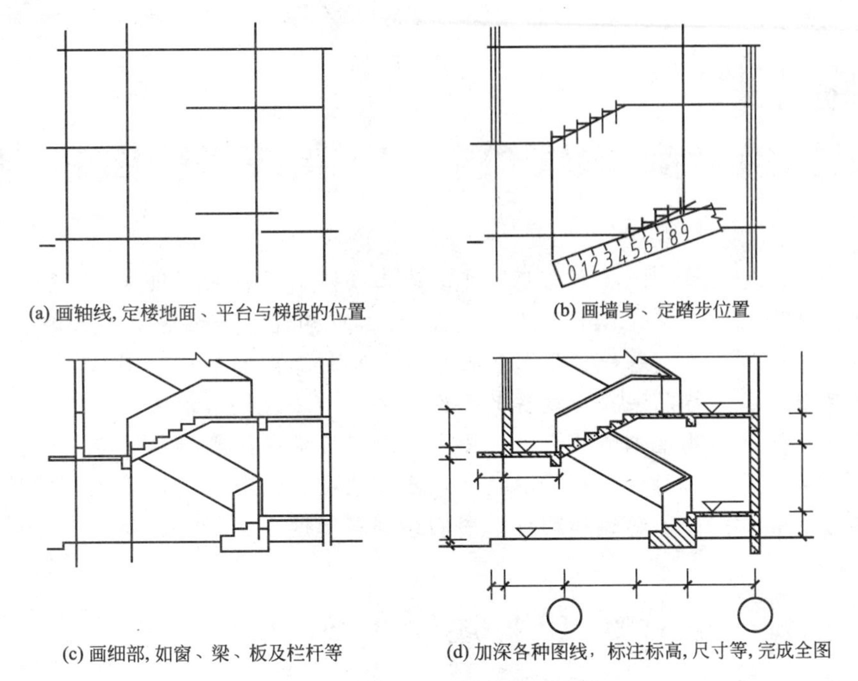

(a) 画轴线，定楼地面、平台与梯段的位置　(b) 画墙身、定踏步位置

(c) 画细部，如窗、梁、板及栏杆等　(d) 加深各种图线，标注标高，尺寸等，完成全图

图 8.28　楼梯剖面图的画法步骤

(1) 主要轮廓。依据首层楼梯平面图所标注的剖面符号的位置，确定与楼梯平面图相对应的定位轴线、墙体、楼地面、楼梯平台板、室外地坪的位置［图 8.28(a)］。

(2) 细部构造。画出楼梯间剖切到的墙体及其门窗洞口、窗台与窗楣、各层楼板、楼梯平台板、圈梁、门窗过梁、楼梯梯段板与踏步、栏板等所有可见轮廓线。这里要注意，剖面图上每一级踏步的高度等于该梯段每一梯级踢面的高度，绘制时要用等分斜直线的方法分配均匀，并保证该梯段板的斜线与扶手顶面的投影线相互平行，上下层的楼梯踢面线竖向整齐，不可出现偏斜［图 8.28(b)、图 8.28(c)］。

(3) 标注尺寸、图例。检查描深图线，绘制出全部尺寸的尺寸线、定位轴线、详图索引符号、标高、材料图例等［图 8.28(d)］。

(4) 完成作图。填写数字和字母，书写图名、比例等，完成全图。

思　考　题

1. 什么叫建筑施工图？建筑施工图有何特点？
2. 建筑总平面图有什么作用？主要应表达哪些内容？
3. 建筑平面图、立面图、剖面图是如何产生的？在绘制这些图样时有什么要求？
4. 什么叫建筑详图？建筑详图有哪几种？对建筑详图有什么要求？
5. 建筑平面图、立面图、剖面图分别应该标注哪些内容？
6. 绝对标高、相对标高是什么意思？

第9章 结构施工图（Architectural Structural Working Drawing）

教学提示：建造房屋，既要求实用，更要求安全。从结构的角度来说，一幢房屋是由许多承重构件组成的。本章介绍目前广泛使用的承重构件——钢筋混凝土构件的基本知识，并通过典型的例子说明基础、楼层和楼梯等结构施工图的形成、图示方法、有关规定以及绘制方法和步骤，钢筋混凝土构件的平面整体表示法和钢结构施工图的相关规定。

教学要求：了解结构施工图的分类、内容和一般规定；熟悉钢筋混凝土构件的平面整体表示法；掌握结构平面图、基础图、构件详图、楼梯结构图的图示方法、符号规定以及绘制与阅读方法和步骤；了解钢结构施工图的绘制与阅读方法。

9.1 概述(Introduction)

建筑施工图主要表达房屋的外形、内部布局、建筑构造和内外装修等内容，而房屋各承重构件如基础、梁、板、柱等的布置、形式和结构构造等内容都没有表达出来。因此，在房屋设计中，除了进行建筑设计，绘制建筑施工图以外，还要进行结构设计。

结构设计是根据建筑设计中各方面的要求，进行结构选型和构件布置，再通过力学计算确定各承重构件的形状、大小、材料及构造等，并将设计结果绘制成图样，以指导施工，这种图样称为结构施工图，简称“结施”。

结构施工图与建筑施工图一样，是房屋施工的依据。结构施工图主要用来作为施工放线、挖基槽、支模板、绑扎钢筋、设置预埋件和预留孔洞、浇灌混凝土，安装梁、板、柱等构件，以及编制预算和施工组织设计等的依据。

结构布置平面图与建筑平面图的定位轴线及编号应完全一致。结构布置平面图绘图的比例一般与建筑平面图的绘图比例相同，但在尺寸标注上，结构平面图一般只标注出定位轴线间的尺寸和总尺寸。

具体地说，结构布置平面图要标出墙、柱、梁、板等承重构件的详细位置、尺寸和编号，而在建筑平面图中只是大致标出这些构件的尺寸、位置。结构布置平面图中各种梁和板的标高往往与建筑图的标高不同，因为它们表示的是结构标高。除了梁、柱外，一般有圈梁和门窗过梁的结构还要标注出圈梁和过梁的位置、代号和编号。结构布置平面图中要标出现浇板的位置、厚度、配筋、构造及预留孔和预埋件的位置与尺寸，预制板的铺设范围、铺设方向、数量、代号及相同铺设房间的编号等，这一点与建筑平面图有很大的区别。结构布置平面图中有关剖切符号、详图索引等符号与建筑平面图表示方法一样。每一张结构布置平面图上往往有设计说明，主要内容是本楼层中需要特别说明的构件布置、特殊材料及构造措施等。例如圈梁的布置、现浇板的厚度、配筋等。

结构施工图主要表达结构设计的内容，它是表示建筑物各承重构件的布置、形状、大小、材料、构造及其相互关系的图样。它还要反映出其他专业(如建筑、给水排水、暖通、电气等)对结构的要求。

结构施工图一般包括以下几部分。

1. 结构设计总说明

结构设计总说明是带全局性的文字说明，对于较小的房屋一般不必单独编写。它包括：抗震设计与防火要求，选用材料的类型、规格、强度等级，地基情况，施工注意事项，选用标准图集等。

2. 结构平面布置图

结构平面布置图是表示房屋中各承重构件总体平面布置的图样，包括：

(1) 基础平面图，工业建筑还有设备基础布置图；

(2) 楼层结构平面布置图，工业建筑还包括柱网、吊车梁、柱间支撑、连系梁等构件的布置图等；

(3) 屋面结构平面图，包括屋面板、天沟板、屋架、天窗架及支撑布置等。

3. 构件详图

构件详图包括：

(1) 梁、板、柱及基础结构详图；

(2) 楼梯结构详图；

(3) 屋架结构详图；

(4) 其他详图，如天窗、雨篷、过梁、柱间支撑等详图。

房屋结构的基本构件，种类繁多，布置复杂，为了图示简明扼要，并把构件区分清楚，便于施工、制表、查阅，把每类构件给予代号，代号的规律是用汉语拼音的第一个字母表示。结构施工图中常用的构件代号见表9-1。

表9-1 常用构件代号(部分)

序号	名称	代号	序号	名称	代号
1	板	B	11	框支梁	KZL
2	屋面板	WB	12	屋面梁	WL
3	楼梯板	TB	13	圈梁	QL
4	墙板	QB	14	过梁	GL
5	天沟板	TGB	15	连系梁	LL
6	槽形板	CB	16	楼梯梁	TL
7	空心板	KB	17	基础梁	JL
8	檐口板	YB	18	吊车梁	DL
9	梁	L	19	屋面框架梁	WKL
10	框架梁	KL	20	屋架	WJ

（续）

序号	名称	代号	序号	名称	代号
21	框架	KJ	31	基础	J
22	支架	ZJ	32	梯	T
23	钢架	GJ	33	阳台	YT
24	檩条	LT	34	挡土墙	DQ
25	柱	Z	35	地沟	DG
26	框架柱	KZ	36	雨篷	YP
27	构造柱	GZ	37	预埋件	M
28	芯柱	XZ	38	钢筋网	W
29	暗柱	AZ	39	承台	CT
30	桩	ZH	40	梁垫	LD

预应力钢筋混凝土构件的代号，应在上列构件代号前加注“Y -”，例如 Y - KL 表示预应力钢筋混凝土框架。

9.2 钢筋混凝土构件图(Reinforced Concrete Structure Drawing)

9.2.1 钢筋混凝土结构简介(Brief Introduction to Reinforced Concrete Structures)

钢筋混凝土构件由钢筋和混凝土两种材料组合而成。混凝土(concrete)是用水泥(cement)、砂子(sand)、石子(stone)和水(water)四种材料按一定的配合比搅拌在一起，在模板中浇捣成型，并在适当的温度、湿度条件下养护，经过一定时间的硬化而成。《混凝土结构设计规范》(GB 50010—2010)规定混凝土的强度等级按混凝土的抗压强度确定，分为 C15、C20、C25、C30、C35、C40、C45、C50、C55、C60、C65、C70、C75、C80 共 14 个等级，数字越大，强度越高。

由于混凝土的抗拉强度低，当用于受弯构件时，在受拉区出现裂缝，导致梁断裂不能正常使用，如图 9.1(a)所示。因此，混凝土不能作为受拉构件使用，可在混凝土构件的受拉区域配置钢筋，使钢筋承受拉力，混凝土承受压力，在两者共同作用下共同受力，如图 9.1(b)所示。这种配有钢筋的混凝土，称为钢筋混凝土。

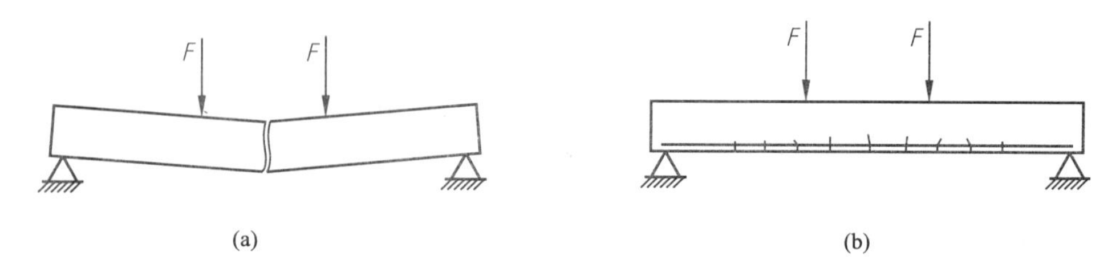

图 9.1　钢筋混凝土梁受力示意图

用钢筋混凝土制成的梁、柱、板、基础等构件，称为钢筋混凝土构件。钢筋混凝土构件，有的是在工地上现场浇制，称为现浇钢筋混凝土构件(element)；有的是在工厂或工地以外预先把构件制作好，然后运到工地现场安装，称为预制钢筋混凝土构件。此外还有构件是在制作时对钢筋预加一定的应力以提高构件的强度和抗裂性能，称为预应力(prestressed)钢筋混凝土构件。

构件中的钢筋按其作用可分为下列几种(图 9.2)：

(1) 受力筋：又称构件中的受力主筋，主要用于承受拉、压应力，用于梁、板、柱等各种钢筋混凝土构件。

(2) 箍筋(钢箍)：固定受力筋，并承担部分斜截面上的拉应力，一般用于梁和柱内。

(3) 架立筋：与受力筋、箍筋一起构成钢筋骨架，一般只在梁内使用。用以固定梁内箍筋的位置。

(4) 分布筋：多设置在板类构件中，与受力筋垂直绑扎，起固定受力筋和将承受的荷载均匀地传给受力筋。

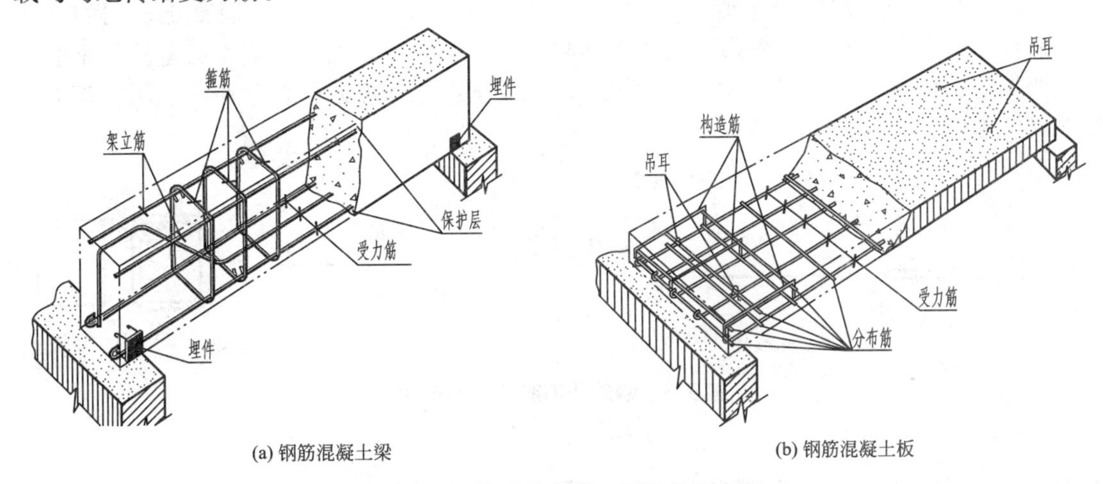

(a) 钢筋混凝土梁　　(b) 钢筋混凝土板

图 9.2　钢筋混凝土梁、板配筋示意图

为了防止钢筋的锈蚀，增强钢筋与混凝土之间的粘结力，钢筋的外面应有一定的混凝土厚度，称为保护层(protecting layer)，见表 9-2。环境等级具体可查《混凝土结构设计规范》(GB 50010—2010)。

表 9-2　构件保护层厚度

环境等级	板墙壳	梁柱
一	15	20
二 a	20	25
二 b	25	35
三 a	30	40
三 b	40	50

注：1. 混凝土强度等级不大于 C25 时，表中保护层厚度数值应增加 5mm；

2. 钢筋混凝土基础宜设置混凝土垫层，其受力钢筋的混凝土保护层厚度应从垫层顶面算起，且不应小于 40mm。

对国产建筑用钢筋，在混凝土结构设计规范中对不同技术产品种类和强度值等级，分别给予不同符号，以便标注及识别，见表 9－3。

表 9－3　钢筋符号及强度标准值

符号	公称直径 d/mm	屈服强度标准值 f_{yk}/(N/mm^2)	极限强度标准值 f_{stk}/(N/mm^2)
Φ	6～22	300	420
Φ ΦF	6～50	335	455
Φ ΦF ΦR	6～50	400	540
Φ ΦF	6～50	500	630

如果光圆钢筋用作受力主筋，则两端必须做弯钩，以加强钢筋与混凝土之间的粘结力，避免钢筋在受拉时产生滑移。带肋钢筋与混凝土的粘结力强，两端不必弯钩。钢筋端部的弯钩常用两种形式［图 9.3(a)］：带有平直部分的半圆弯钩和直弯钩。常用钢箍的弯钩形式，如图 9.3(b)所示。

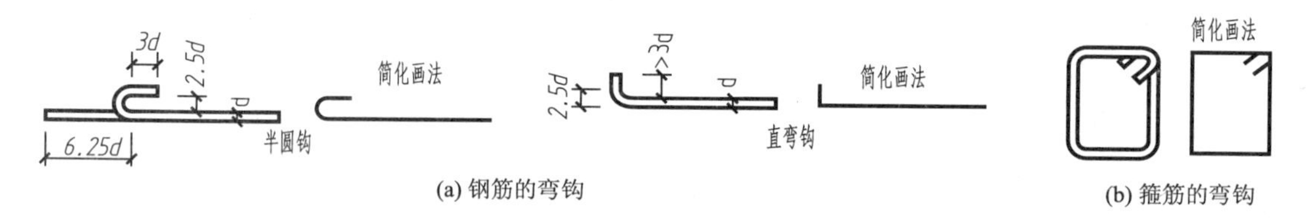

图 9.3　钢筋和箍筋的弯钩形式

9.2.2　钢筋混凝土构件图的内容与图示特点(Contents and Characteristics of Reinforced Concrete Element Drawing)

1. 钢筋混凝土构件图的内容

(1) 结构平面布置图：表示受力构件的类型、位置、数量和配筋情况等。

(2) 构件详图：通常包括配筋图、模板图、预埋件详图及钢筋表等。

2. 图示特点

(1) 结构图表达的重点是钢筋及其配置，而不是构件的形状。为此，构件的立面图和断面图上，轮廓线采用中或细实线画出，且不填充任何材料符号。

(2) 假想钢筋混凝土构件是透明体的，构件内的钢筋则可见，构件立面图上，钢筋采用粗线(单线)绘出，可见的是粗实线，不可见的是粗虚线。构件的断面图上，钢筋用涂黑的圆点表示。

(3) 配筋图上各类钢筋的交叉重叠繁多，为便于结构图的阅读与绘制，对配筋图上的钢筋画法与图例都做了相关规定，常见的表示方法见表 9－4。

表 9-4　钢筋表示方法

名称	图例	备注
钢筋断面	•	
无弯钩的钢筋端部		下图表示长短钢筋投影重叠时，可在短钢筋端部用 45°短画线表示
带半圆形弯钩的钢筋端部		
带直弯钩的钢筋端部		
带螺纹的钢筋端部		
无弯钩的钢筋搭接		
带半圆形弯钩的钢筋搭接		
带直钩的钢筋搭接		
单根预应力钢筋横断面	＋	
预应力钢筋或钢绞线	——··——	用粗双点长画线

(4) 为了保证结构图的清晰，构件中的各种钢筋均应进行标注，包括编号、数量或间距、种类、直径及所在的位置，编号数字注写在直径为 4～6mm 的细线圆中，编号圆应绘制在引出线的端部，具体形式如图 9.4 所示。简单的构件，钢筋可不编号。

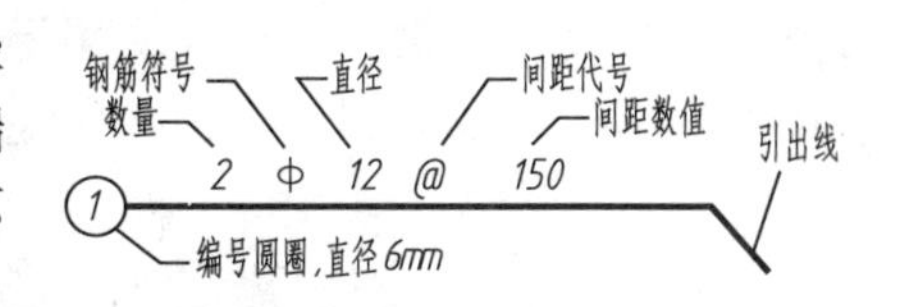

图 9.4　钢筋的标注方法

(5) 钢筋的画法应符合表 9-5 的规定。

表 9-5　钢筋的画法

序号	图例	说　明
1	(底层) (顶层)	在结构平面图中配置双层钢筋时，底层钢筋的弯钩应向上或向左，顶层钢筋的弯钩则向下或向右
2	JM YM	钢筋混凝土墙体配双层钢筋时，在配筋立面图中，远面钢筋的弯钩应向上或向左，而近面钢筋的弯钩向下或向右。 注：JM 表示近面；YM 表示远面
3		若在断面图中不能表达清楚的钢筋布置，应在断面图外增加钢筋大样图(如钢筋混凝土墙、楼梯等)
4	或	图中所表示的箍筋、环筋等若布置复杂时，可加画钢筋大样及说明
5		每组相同的钢筋、箍筋或环筋，可用一根粗实线表示，同时用一两端带斜短画线的横穿细线，表示其余钢筋及起止范围

(6) 钢筋混凝土结构图绘制完成后，还要制作钢筋统计表(表 9-6)，简称钢筋表，以便更清楚地反映钢筋类型、数量等，方便施工下料以及预决算工作。

表 9-6 钢 筋 表

构件名称	钢筋编号	钢筋类型	简图	每根长度/mm	根数	总长度/mm	备注

9.2.3 阅读例图(Reading Scales)

1. 楼层结构平面图

1) 图示方法

楼层结构平面布置图是假想沿楼板面将房屋水平剖开后所作的楼层结构水平投影图，用来表示每楼层的梁、板、柱、墙等承重构件的平面布置，现浇楼板的构造与配筋以及它们之间的结构关系。图 9.5 为某住宅的二层结构平面布置图，该结构平面图为现场安装或

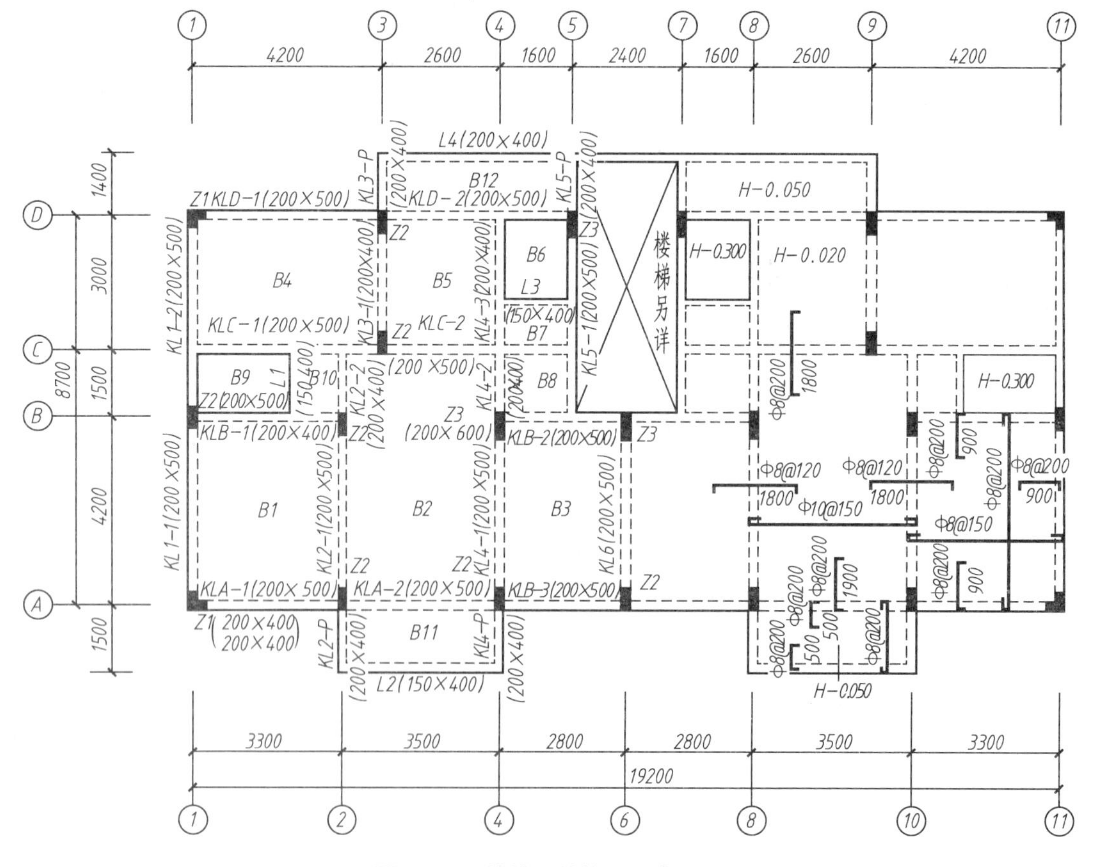

图 9.5 二楼楼层结构平面布置图

制作构件提供施工依据。如平面对称时，可采用对称画法。楼梯间或电梯间若另有详图，可在平面图上只用一条交叉对角线表示。

2）图示内容

（1）标注出轴网以及墙、柱、梁等构件的位置和编号，注出轴线间的尺寸。注意：轴网必须与建筑平面图保持一致。

（2）在现浇板的平面图上，画出其钢筋配置，并标注预留孔洞的大小及相对位置，并注明圈梁或门窗过梁的编号。

（3）注出各种梁、板的结构标高，有时还可注出梁的断面尺寸。

（4）注出有关剖切符号或详图索引符号。

（5）附注说明各种材料强度等级，板内分布筋的符号、直径、间距及其他要求等。

3）阅读例图

现以图9.5为例，介绍楼层结构平面布置图的阅读方法。

首先，在各层结构平面图中，除了外边线为实线外，其他均为虚线，这主要是由结构平面图的形成方式决定的。假定用一平面将建筑物从各楼层地面剖开，移去上面部分后将剩下的部分向水平面进行投影，此时我们只能看见外墙的外边线，而外墙的内边线和梁等部位是看不见的，所以用虚线来表示。

通过图9.5可以看出，该住宅为带有异形柱(在轴Ⓐ和轴Ⓓ的拐点处)和扁柱的框架结构，楼板采用全现浇的钢筋混凝土结构，以轴⑥为中线左右对称分为两个单元(户)，左半部分标注各构件代号与截面尺寸，右半部分为板的配筋。图中涂黑部分表示钢筋混凝土柱，一共有三种类型，分别编号为Z1(200×400，200×400)，Z2(200×500)和Z3(200×600)。柱与柱之间用虚线表示的是框架梁KL，如轴线②处的框架梁KL2合计三跨：KL2-1(200×500)支承在轴Ⓐ和轴Ⓑ的Z2上，截面尺寸为200×500；KL2-2(200×400)支承在轴Ⓑ的Z2和轴Ⓒ的KLC-1上；另外轴Ⓐ以南是悬挑梁，编号为KL2-P(200×400)。在轴线⑤和轴线⑦之间有楼梯间，由于楼梯间另有结构详图，所以此处只用细实线画出交叉的对角线。每一户的楼板被分割成12块，分别编号为B1至B12。另外，一般板面标高为H(该楼层的结构标高)，而B6和B9是卫生间，板面标高为H－0.300，即下沉300mm以便于安装各种卫生洁具。南侧和北侧的阳台板B11和B12的板面标高为H－0.050，比室内房间低50mm，以防止阳台地面的水流入房间。

图中右半部分画出了板B1、B2和B11的钢筋配置情况。B1为双向板，有两个方向的受力钢筋：南北向底层配置φ8@200，即每隔200mm放置一根直径为8mm的一级钢筋，弯钩向左；东西向底层配置φ8@150，即每隔150mm放置一根直径为8mm的一级钢筋，弯钩向上；另外在板边配置面筋φ8@200，长度为900mm。两板B1和B2之间顶层配置面筋φ8@120，长度为1800mm。B2为单向板，只有东西向底层配置受力钢筋φ10@150。阳台板B11也是单向板，受力筋φ8@200南北向配置，板南北两侧配置面筋φ8@200，长度为500mm。

2. 钢筋混凝土梁

1）图示内容

梁是一种横向受力构件，它们架设在柱或墙体等竖向受力构件上，把板及其上部活荷载通过柱和墙向基础和地基传递。钢筋混凝土梁一般用立面图和断面图来表示梁的外形尺寸和钢筋配置。

立面图是假想构件为一透明体而画出的一个纵向正投影图。它主要表明钢筋的立面形状及其上下排列的情况，而构件的轮廓线(包括断面轮廓线)是次要的。所以钢筋用粗实线表示，构件的轮廓用细实线表示(图 9.6)；断面图是构件的横向剖切投影图，表示钢筋的上下和前后排列、箍筋的形状及与其他钢筋的连接关系。一般在构件断面形状或钢筋数量和位置有变化之处，都要绘制断面图(但不宜在斜筋段内截取断面)。图中钢筋的横断面用黑圆点表示，构件轮廓线用细实线表示。

当配筋较复杂时，通常在立面图的正下(或上)方用同一比例绘制出钢筋详图。同一编号的钢筋只画一根，并详细注出它的编号、数量(或间距)、类别、直径及各段的长度与总尺寸。对简单的构件，钢筋详图不必画出，可在钢筋表用简图表示。

2）阅读例图

图 9.6 所示是编号为 KL－2 的现浇钢筋混凝土楼梯梁的配筋图，它由配筋立面图、断面图组成。由立面图可知，这是轴线编号Ⓐ、Ⓑ两轴线间的一根横梁。该梁上部两根编号为③的架立筋，直径为 10mm 的 HRB335 钢筋；梁下部有 2 根编号为①的受力筋和 1 根编号为②的弯起钢筋，均为直径为 16mm 的 HRB335 钢筋；箍筋编号为④，是直径为 6mm 的 HPB300 钢筋，钢筋间距为 200mm，实际施工时在梁两端可适当加密。

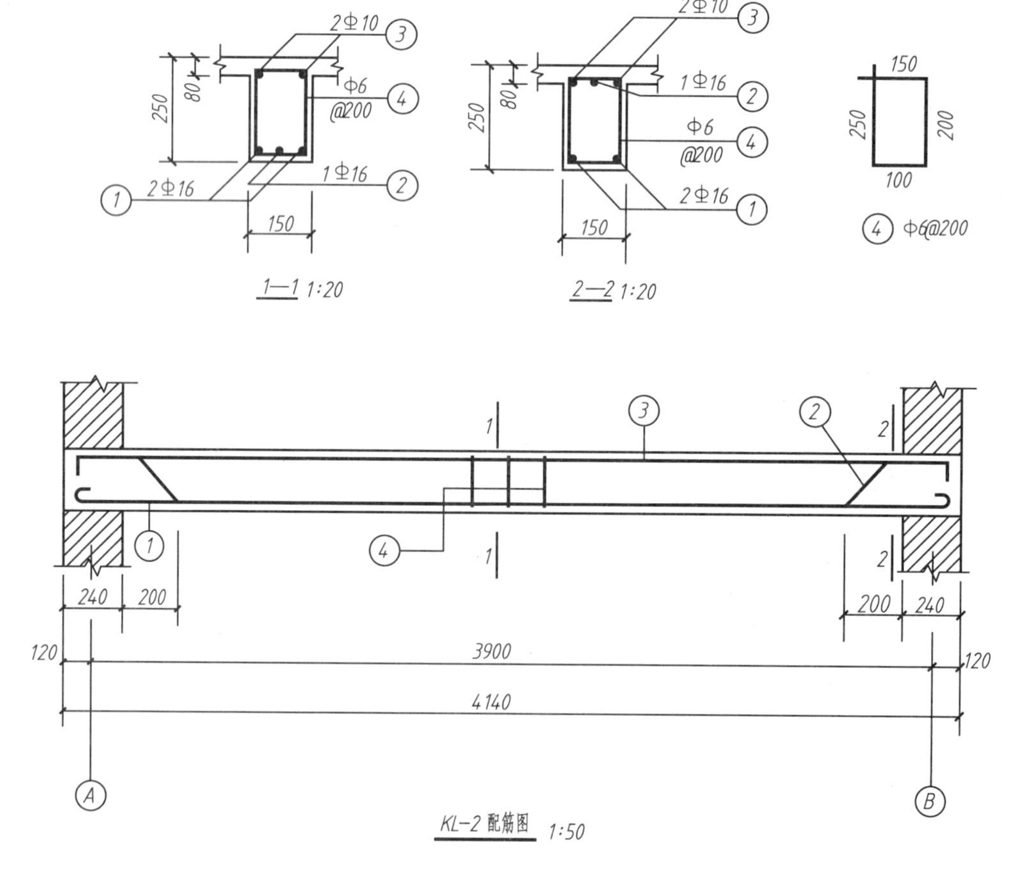

图 9.6　现浇钢筋混凝土梁配筋图

在钢筋表中(表 9-7)，详细注明出每种钢筋的编号、根数、直径、各段下料长度，方便下料加工、统计用料以及编制预决算等。但近年来考虑抗震要求，已大多采用在支座处放置面筋和支座边加密钢箍以代替弯起钢筋，以提高建筑物整体的抗震性能。

表 9-7 钢 筋 表

构件名称	编号	简图	直径	长度	根数	总长度	备注
KL-2	①	75 4090	Φ16	4240	2	8480	
	②	215 200 282 3260	Φ16	4654	1	9308	
	③	4090 63	Φ10	4196	2	8392	
	④	150 250 200 100	Φ6	700	20	14000	

3) 断面图绘制要求

在绘制断面图表示梁的钢筋编号时，引出线可转折，但要清楚，避免交叉，方向及长短要整齐(图 9.7)；有时，这些内容也可直接注在钢筋的上方(图 9.6)。如立面图、断面图及钢筋详图都同时画出，这些内容应标注在钢筋详图上，在立面图、断面图中只标出编号，其余内容均可省。

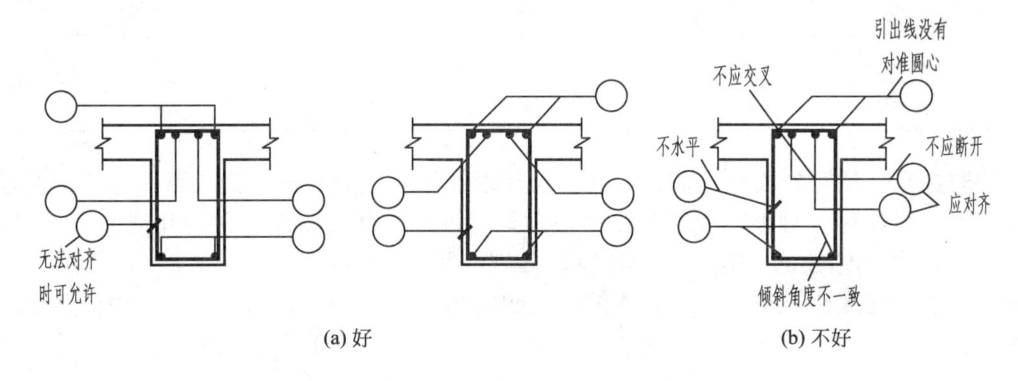

图 9.7 钢筋符号标注要求

9.2.4 混凝土结构施工平面整体表示法(Explanative Plane Method of Concrete Structure Working Drawing)

混凝土结构施工图平面整体表示方法(简称“平法”)对我国目前混凝土结构施工图的设计表示方法作了重大改革。传统构件表示法中各构件结构逐个表达，大量内容重复表达，降低了制图效率，造成浪费。而“平法”按照平面整体表示法的制图规则，把构件的尺寸和配筋等整体直接表达在各类构件的结构平面布置图上，并与标准构造详图配合使用，形成了一套完整的结构施工图。从而使结构设计快捷方便，表达准确全面，又易于修改，提高了设计效率。同时，由于表达顺序与施工顺序一致，也便于施工和验收。

1. 柱平法整体表示法

柱平法施工图是在柱平面布置图上采用列表注写方式或截面注写方式表达。

列表注写方式是在柱平面布置图上同一编号的柱中选择一个截面标注几何参数代号，在柱表中注写柱编号、柱段起止标高、几何尺寸(含柱截面对轴线的偏心情况)与钢筋的具体数值，并配以各种柱截面形状及其箍筋类型图的方式来表达柱平法施工图，如图 9.8 所示。

柱平法施工图列表注写方式的几个主要组成部分为：平面图、柱截面图类型、箍筋类型图、柱表、结构层楼面标高及结构层高等。平面图明确定位轴线、柱的代号、形状及与轴线的关系；柱的截面形状为矩形时，与轴线的关系分为偏轴线、柱的中心线与轴线重合两种形式；箍筋类型图重点表示箍筋的形状特征。

柱表注写内容包括柱编号，柱标高截面尺寸与轴线的关系，纵筋规格(包括角筋、中部筋)，箍筋类型，箍筋间距等。

注写柱编号：柱编号由类型代号和序号组成，应符合表 9 - 8 的规定。

表 9 - 8　柱编号

柱类型	代号	序号
框架柱	KZ	××
框支柱	KZZ	××
芯柱	XZ	××
梁上柱	LZ	××
剪力墙上柱	QZ	××

注写标高：注写各段柱的起止标高，自柱根部往上以变截面位置或截面未变但配筋改变处为界分段注写。对于矩形柱，注写截面尺寸 $b\times h$ 及与轴线关系的几何参数代号 b_1、b_2和 h_1、h_2的具体数值，需对应于各段柱分别注写。其中 $b=b_1+b_2$，$h=h_1+h_2$。当截面的某一边收缩变化至与轴线重合或偏到轴线的另一侧时，b_1、b_2、h_1、h_2中的某项为零或为负值。对于圆柱，在圆柱直径数字前加 d 表示。为表达简单，圆柱截面与轴线的关系也用 b_1、b_2和 h_1、h_2表示，并使 $d=b_1+b_2$，$h=h_1+h_2$。

注写柱纵筋：当柱纵筋直径相同，各边根数也相同时(包括矩形柱、圆柱和芯柱)，将纵筋注写在“全部纵筋”一栏中；除此之外，柱纵筋分角筋、截面 b 边中部筋和 h 边中部筋三项分别注写(对于采用对称配筋的矩形截面柱，可仅注写一侧中部筋，对称边省略不注)。

注写柱箍筋：①注写箍筋类型号及箍筋肢数，在箍筋类型栏内注写。②注写柱箍筋，包括钢筋级别、直径与间距。

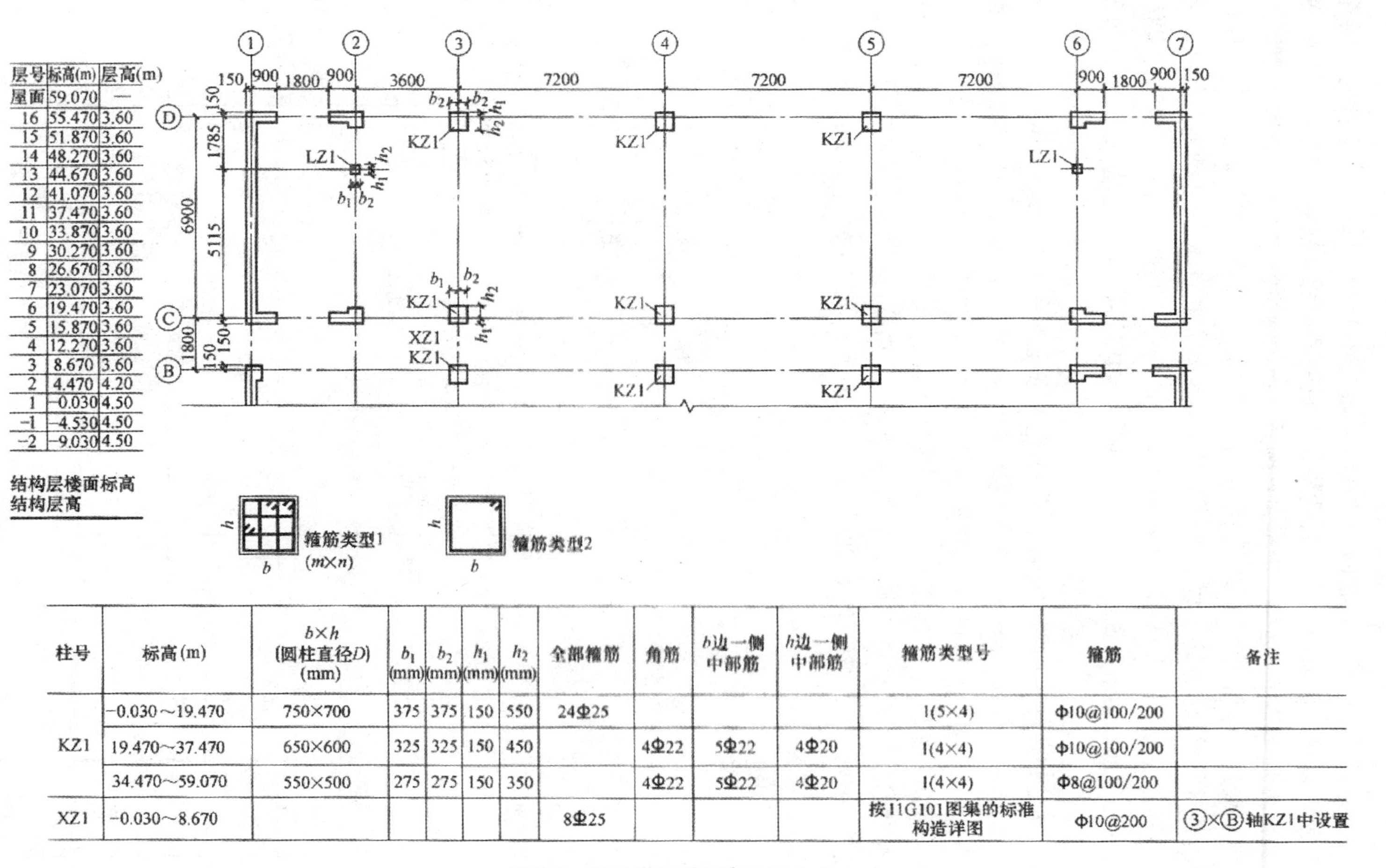

层号	标高(m)	层高(m)
屋面	59.070	—
16	55.470	3.60
15	51.870	3.60
14	48.270	3.60
13	44.670	3.60
12	41.070	3.60
11	37.470	3.60
10	33.870	3.60
9	30.270	3.60
8	26.670	3.60
7	23.070	3.60
6	19.470	3.60
5	15.870	3.60
4	12.270	3.60
3	8.670	3.60
2	4.470	4.20
1	−0.030	4.50
−1	−4.530	4.50
−2	−9.030	4.50

柱号	标高(m)	$b\times h$ (圆柱直径D) (mm)	b_1 (mm)	b_2 (mm)	h_1 (mm)	h_2 (mm)	全部箍筋	角筋	b边一侧中部筋	h边一侧中部筋	箍筋类型号	箍筋	备注
KZ1	−0.030～19.470	750×700	375	375	150	550	24Φ25				1(5×4)	Φ10@100/200	
	19.470～37.470	650×600	325	325	150	450		4Φ22	5Φ22	4Φ20	1(4×4)	Φ10@100/200	
	34.470～59.070	550×500	275	275	150	350		4Φ22	5Φ22	4Φ20	1(4×4)	Φ8@100/200	
XZ1	−0.030～8.670						8Φ25				按11G101图集的标准构造详图	Φ10@200	③×Ⓑ轴KZ1中设置

图9-8　平法施工图列表注写方式

截面注写方式是在柱平面布置图的柱截面上同一编号的柱中选择一个截面，以直接注写截面尺寸和配筋具体数值的方式来表达柱平法施工图。所有柱截面按表 9-8 的规定进行编号，从相同编号的柱中选择一个截面，按另一种比例原位放大绘制柱截面配筋图，并在各配筋图上继其编号后再注写截面尺寸 $b\times h$、角筋或全部纵筋(当纵筋采用一种直径且能够图示清楚时)、箍筋的具体数值，以及在柱截面配筋图上标注柱截面与轴线关系 b_1、b_2、h_1、h_2 的具体数值。当纵筋采用两种直径时，需再注写截面各边中部筋的具体数值(对于采用对称配筋的矩形截面柱，可仅在一侧注写中部筋，对称边省略不注)，如图 9.9 所示。

从图 9.9 可知，柱平面图中分布有两种类型的框架柱，分别编号为 KZ1、KZ2，并采用截面注写方式绘制配筋图。KZ1 的截面尺寸为 500mm×500mm，“12Φ16”表示在柱四周配置 12 根直径为 16mm 的二级钢筋(HRB335)，“Φ10@100/200”表示箍筋采用直径为 10mm 的一级钢筋(HPB235)，非加密区间距为 200mm，加密区间距为 100mm，箍筋肢数为“4×4”；KZ2 在四周配置 12 根直径为 16mm 的二级钢筋(HRB335)，箍筋采用直径为 8mm 的一级钢筋(HPB235)，非加密区间距为 200mm，加密处间距为 100mm。

结构层楼面标高

层号	标高	层高
1	0.000	4.500
2	4.500	4.500
3	9.000	3.300
4	12.300	3.300
5	15.600	3.300
6	18.900	3.300
7	22.200	3.300
屋面	25.500	—

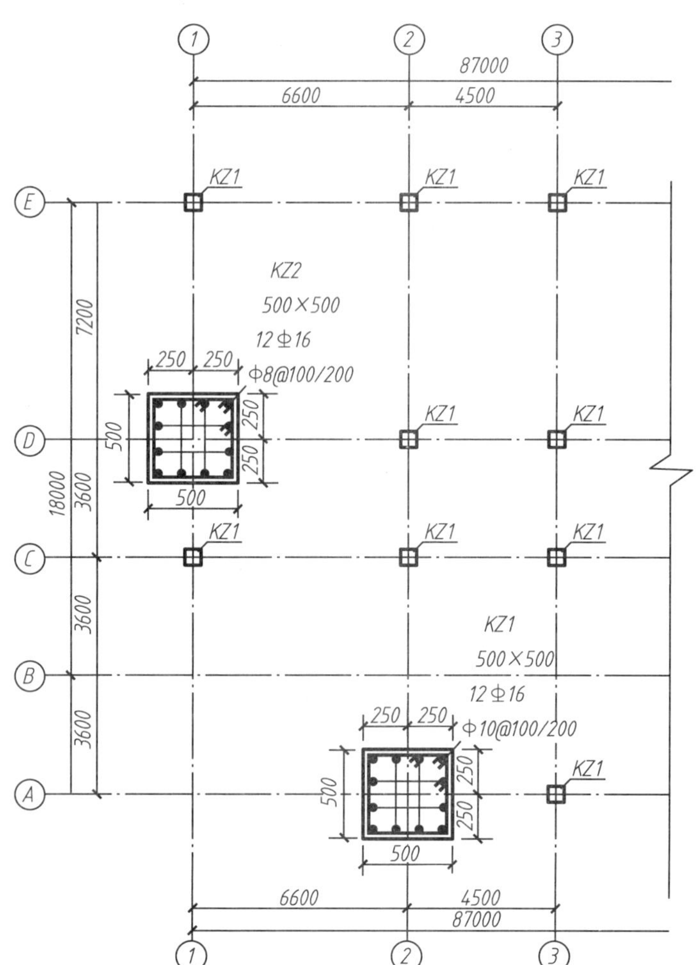

图 9.9 柱的截面注写方式

图 9.9 左侧为结构层楼面标高，图中竖直方向上有两根粗实线，指向标高范围在“9.000～18.900m”，表示该柱结构施工图仅适用于标高在 9.000～18.900m 范围内的 KZ1 和 KZ2，同时该结构图以“9.000～18.900m 柱平法施工图”来命名。

2. 梁平面整体表示法

梁的“平法”表达方式是在梁的平面布置图上直接注写梁内配筋情况等相关数据，可以采用两种注写方式，即平面注写和截面注写。

平面注写方式(平法)是在梁平面布置图中分别从不同编号的梁中各选一根，直接注明梁的几何尺寸和配筋具体数据。图 9.10 是一框架梁传统标注方法中的断面图，图 9.11 为其对应的平面注写方式。从图 9.12 可以看出，平面注写包括集中标注和原位标注两部分。集中标注表达梁的通用数值，如图中引出线所注写的四排数字，表示出梁的编号、梁的截面尺寸、箍筋配置情况，贯通筋或架立筋根数(架立筋写在括号内以区别贯通筋)。当梁顶面标高与楼层结构标高有高差时，还要注出高度差(写在括号内)。梁的原位标注表达梁的特殊值，在实际取值时以原位标注为准。

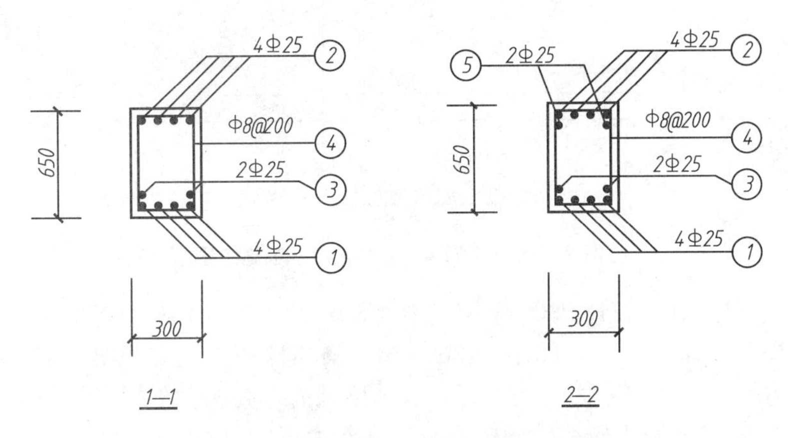

图 9.10 梁的传统注写方式

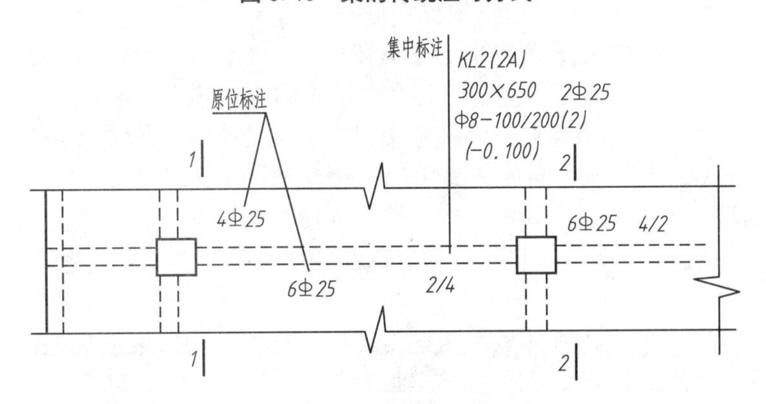

图 9.11 梁的平面注写方式

根据规范相关规定(11G101－1)，第一排数字注明梁的编号和断面尺寸：KL2(2A)，其中 KL2 是框架梁的编号，(2A)表示该梁有 2 跨，A 表示单边悬挑，如果是 B 则表示双边悬挑；第二排 300×650 2Φ25 表示梁的断面尺寸为 300mm×650mm，上部配置 2 根直

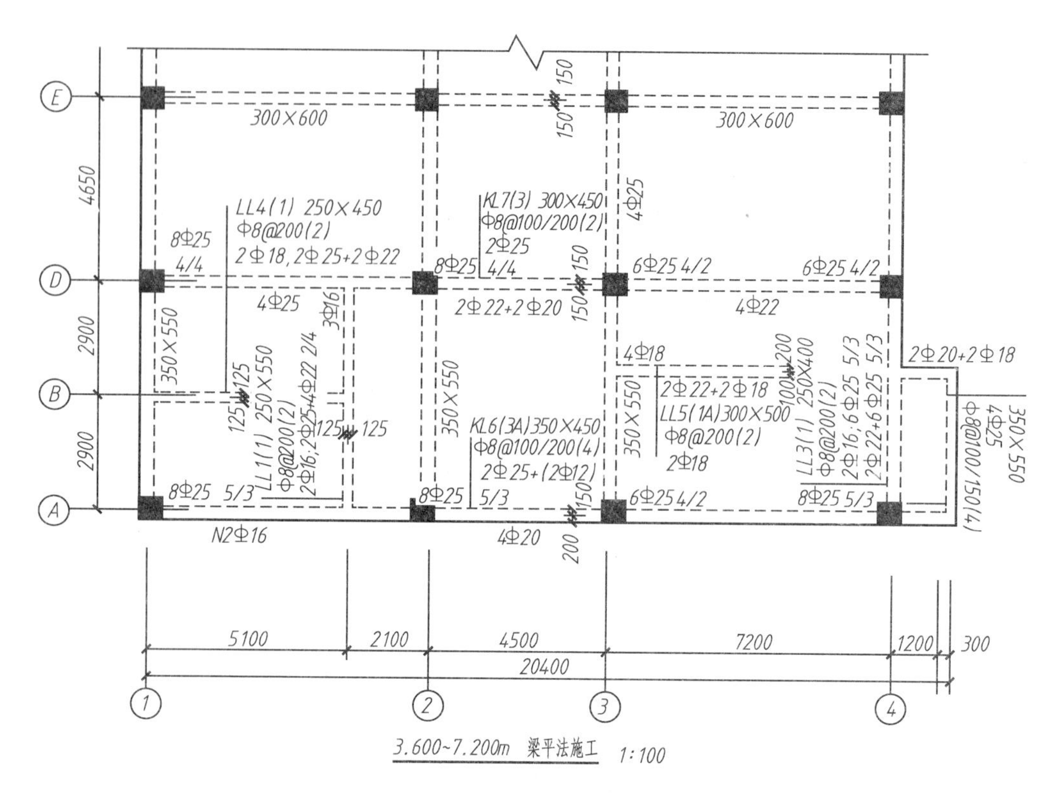

图 9.12 3.600～7.200m 梁平法施工图

径为 25mm 的二级贯通筋(HRB335)；第三排Φ 8－100/200(2)表示梁采用直径为 8mm 的一级钢筋(HPB235)作为箍筋，间距为 200mm，梁与柱相交的节点处箍筋加密，间距为 100mm；第四排(－0.100)：为选注内容，表示梁顶面标高相对于楼层结构标高的高差值，需写在括号内。梁顶面高于楼层结构标高时，高差为正(＋)值，反之为负(－)值。本图中(－0.100)表示该梁顶面标高比楼层结构标高低 0.1m。

当梁采用集中标注的某项数值不适用于该梁的某一部位时，则将该项数值在该部位原位标注，施工时原位标注取值优先。图 9.11 左边支座上侧注写 4Φ25 表示该处除放置集中标注中注明的 2Φ25 上部贯通筋外，还在上部放置了 2Φ25 的端部支座钢筋；右边支座上侧注写 6Φ25　4/2 表示该处除放置集中标注中注明的 2Φ25 上部贯通筋外，还在上部放置了 4Φ25 的端部支座钢筋，其中上层 4 根，下层 2 根，见图 9.10 中 2—2 断面图所示；而中间支座下侧注明 6Φ25　2/4 表示梁的底部配置 6 根受力主筋，其中下排 4 根，上排 2 根，如图 9.10 所示。

为了进一步说明梁的平面整体表示法，下面以一框架结构的梁平法施工图(部分)进行说明，如图 9.12 所示。在Ⓐ轴线上②～③轴线的集中标注：梁编号为 KL6，合计三跨带单边悬挑，即①～②、②～③、③～④和④右边的悬挑梁，梁截面尺寸为 350mm×450mm；采用Φ 8 箍筋，非加密区为 200mm，加密区(靠近支座处)间距为 100mm，均采用 4 肢箍；第三排 2Φ25＋(2Φ12)，表示上部配 2Φ25(HRB335)的贯通筋，2Φ12 的架立筋(括号内标注的内容)。如果梁的上部和下部都配有贯通筋，且各跨配筋相同，可在此处统一标注，图中 LL4(1)第三标注为“2Φ18；2Φ25＋2Φ12”，表示上部配置 2Φ18(HRB335)的贯通筋，下部配置 2⌀25＋2⌀12 的贯通筋，两者以分号“；”分隔。第四排注写梁侧面纵向构造钢筋或受扭钢筋：G 表示梁侧面纵向构造钢筋，N 表示梁侧面纵向受扭钢筋，如①～②轴线间标注的 N2⌀16，表示梁的两个侧面共配置 2⌀16 的受扭钢筋，每侧各配置 1⌀16。其他集中标注和原位标注见图 9.12 中所注内容。

在图 9.12 中并未标注各类钢筋的长度及伸入支座长度等尺寸，这些尺寸都要求施工单位的技术人员查阅图集 11G101－1 中的标准构造详图，对照确定。采用平面注写方式表达时，不需绘制梁截面配筋图。

3. 板的平面整体表示法

楼板的“平法”表达方式是在楼面板、屋面板的平面布置图上注写板内配筋情况的相应数据，板平面整体表示法主要包括板块集中标注和板块支座原位标注两个部分，如图 9.13 所示。

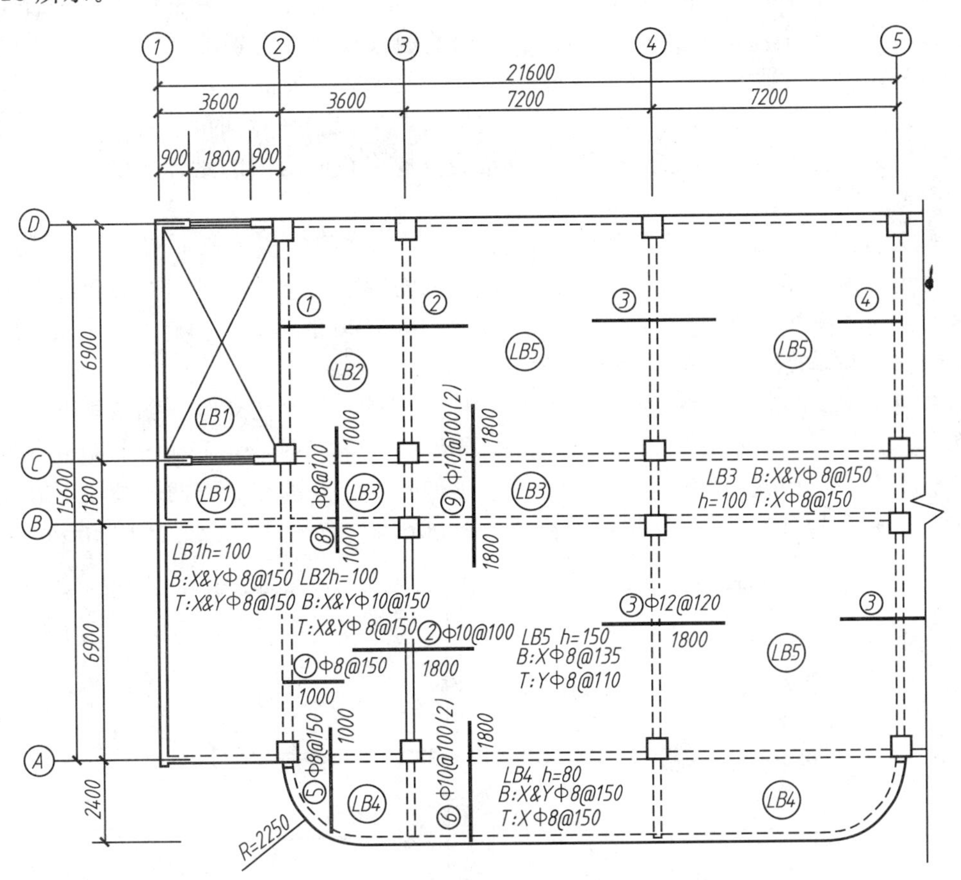

图 9.13　15.870～26.670m 板平法施工图

板块集中标注的内容为：板块编号、板厚、贯通纵筋以及当板面标高不同时的标高高差。

板块编号包括楼面板(LB)、屋面板(WB)、延伸悬挑板(YXB)和纯悬挑板(XB)四种类型。

板厚注写为 h＝×××(垂直于板面的厚度)，当悬挑板的端部改变厚度时，用斜线分隔根部与端部的高度值，注写为 h＝×××/×××；当设计已在图注中统一注明板厚时，此项可省略。

贯通纵筋按板块下部和上部(当上部没有贯通纵筋时则不注)分别注写，下部以 B 表示，上部以 T 表示，B&T 代表下部与上部；为方便设计表达和施工识图，规定当定位轴网正交布置时，图面从左至右为 X 向，从下至上为 Y 向。X 向贯通纵筋以 X 打头，Y 向贯通纵筋以 Y 打头，两向贯通纵筋配置相同时则以 $X\&Y$ 打头；当在板内(如延伸悬挑板 YXB、纯悬挑板 XB)配置有构造钢筋时，则 X 向以 Xc 打头，Y 向以 Yc 打头注写。

在图 9.13 中，板的类型合计 5 种，分别以 LB1、LB2 等表示，对于每一种类型的板只选择其中一处进行集中标注。例如 LB1：板厚 $h=100$mm，板的下部(B)在 X 向和 Y 向配置ϕ 8@150 的贯通纵筋。板的上部(T)X 向和 Y 向配置ϕ 8@150 的贯通纵筋。LB2：板厚为 100mm，板的下部(B)在 X 向配置ϕ 10@150 的贯通纵筋，板的上部(T)在 X 向和 Y 向配置ϕ 8@150 的贯通纵筋。

板支座原位标注的内容为板支座上部非贯通纵筋和纯悬挑板上部受力钢筋，且标注的钢筋应在配置相同跨的第一跨表达。在配置相同跨的第一跨(或梁悬挑部位)，垂直于板支座(梁或墙)绘制一段适宜长度的中粗实线(当该筋通长设置在悬挑板或短跨板上部时，实线段应画至对边或贯通短跨)，以该线段代表支座上部非贯通筋，并在线段上方注写钢筋编号、配筋值、横向连续布置的跨数(注写在括号内，且当为一跨时可不注写)，以及是否横向布置到梁的悬挑端。板支座上部非贯通筋自支座中线向跨内的延伸长度，注写在线段的下方位置。

在图 9.13 中，对Ⓑ～Ⓒ之间的走廊，轴线②～③之间的板上部非贯通纵筋⑧号钢筋向支座两侧对称延伸 1000mm，采用ϕ 8@100 的钢筋；轴线③～④之间的板上部非贯通纵筋⑨号钢筋向支座两侧对称延伸 1800mm，采用ϕ 10@100 的钢筋，横向连续布置 2 跨。楼板其他位置上部非贯通纵筋配置情况请参看图 9.13 所示。

当中间支座上部非贯通纵筋向支座两侧对称延伸时，可仅在支座一侧线段下方标注延伸长度，另一侧不注，如图 9.14(a)所示，中间支座上部配置ϕ 14@120 的非贯通纵筋，两边延伸长度为 1800mm；当向支座两侧非对称延伸时，应分别在支座两侧线段下方注写延伸长度，如图 9.14(b)所示，左侧延伸长度为 1500mm，右侧延伸长度为 1200mm。

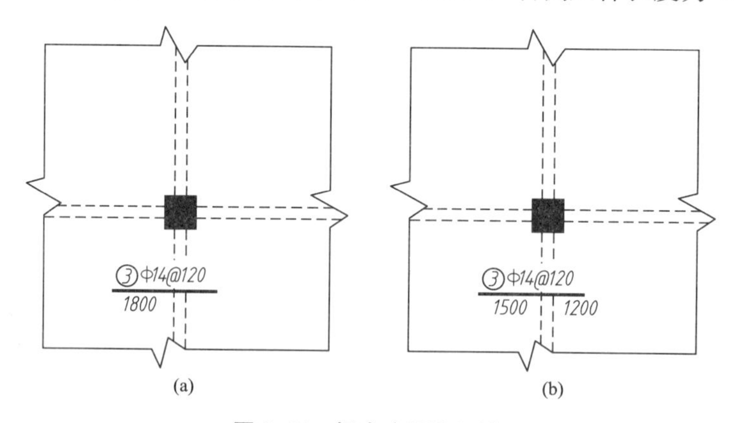

图 9.14 板支座原位标注

对线段画至对边贯通全跨或贯通全悬挑长度的上部通长纵筋，贯通全跨或延伸至全悬挑一侧的长度值不注，只注明非贯通另一侧的延伸长度值，如图 9.15 所示。

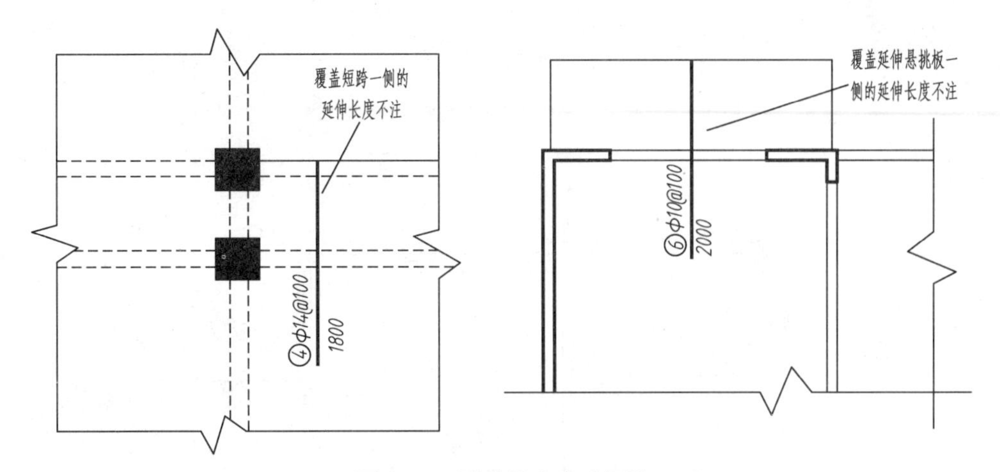

图 9.15 延伸长度省略标注

9.3 基础图(Foundation Drawing)

基础(foundation)是墙或柱下的扩大部分，其作用是将建筑上部的荷载传给基础下方的地基。由于地基土质各不相同、建筑结构也不相同，因此建筑下方的基础类型也不尽相同。通常的基础有：条形基础、独立基础、桩基础、筏形基础、井格基础和箱形基础等。虽然基础的类型不同，但表达方法基本相同，基础施工图一般由基础平面图和基础详图组成。

下面以条形基础为例介绍基础相关的一些知识，如图 9.16 所示。

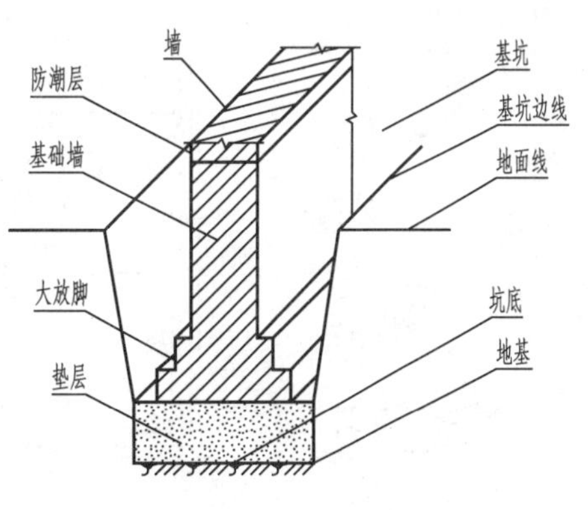

图 9.16 基础的组成

房屋建造前，首先依据基础平面图上的定位轴线、基础形状、尺寸等在施工现场挖土坑(称为基坑)。基础的埋置深度是指房屋首层室内地面±0.000 到基础底面的深度。基础底下天然或经过加固的土层岩石层称为地基(subgrade)。基础与地基之间设有垫层，基础呈台阶形放宽的，俗称大放脚(spread footing)。基础的上部设有防潮层(moistureproof layer)，以防止地下水沿墙体向上渗透。防潮层的上面是房屋的墙体。

1. 基础平面图

1) 图示方法与内容

基础平面图是假想用一个水平面沿房屋的地面与基础之间将房屋剖切开，移去剖切平面上部的房屋和周围土层(基坑没有填土)，然后向下投射而得到的全剖面图。

基础平面图中，对于条形基础的基础墙画成粗实线，基坑边线采用细实线绘制(图 9.17)；

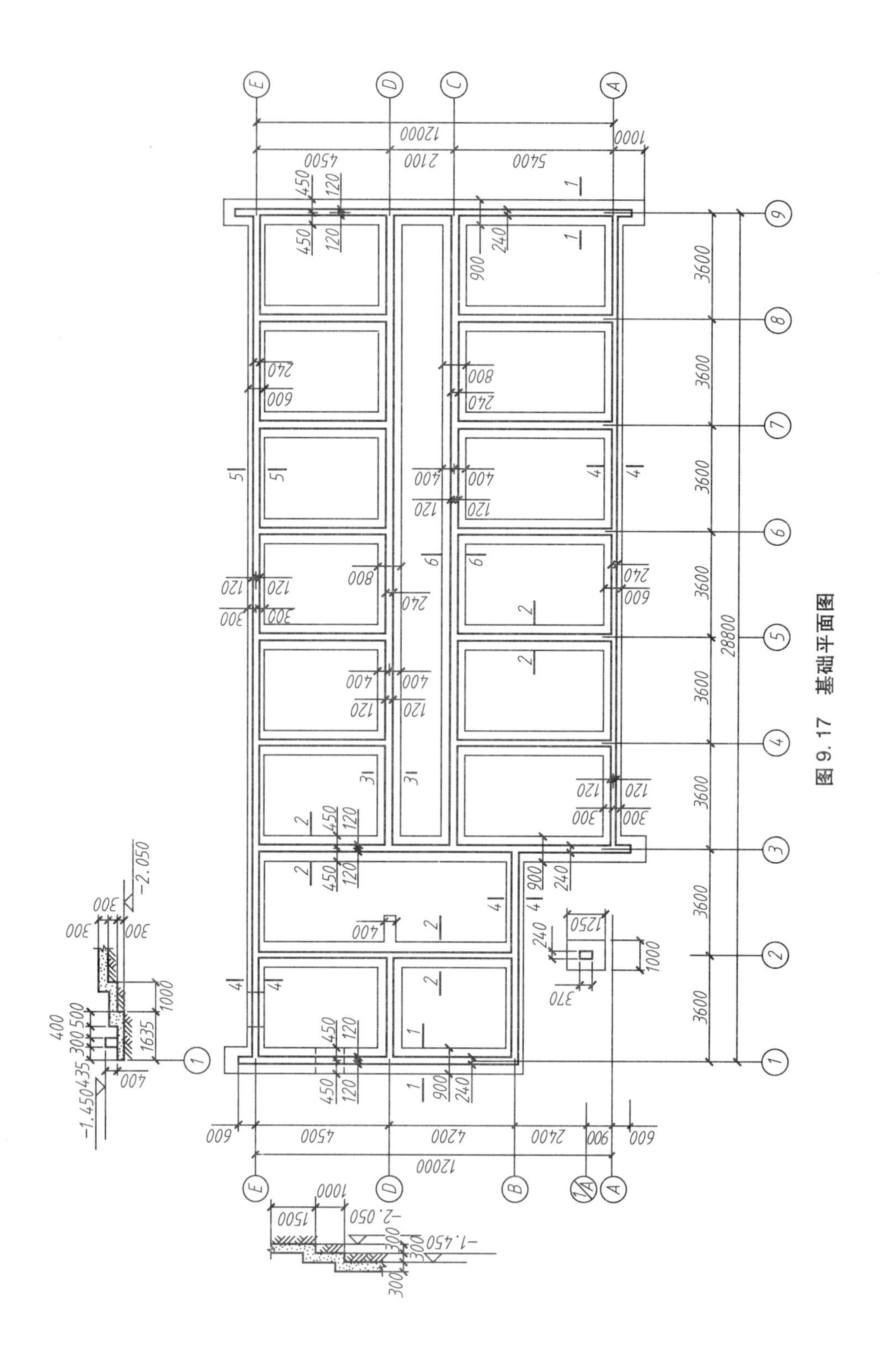

图 9.17 基础平面图

柱下独立基础剖切到的钢筋混凝土柱涂黑，其余可见的基础梁、基础外轮廓线等画成细实线(图 9.18)。基础平面图应标注基础编号及基础的定形、定位的尺寸。

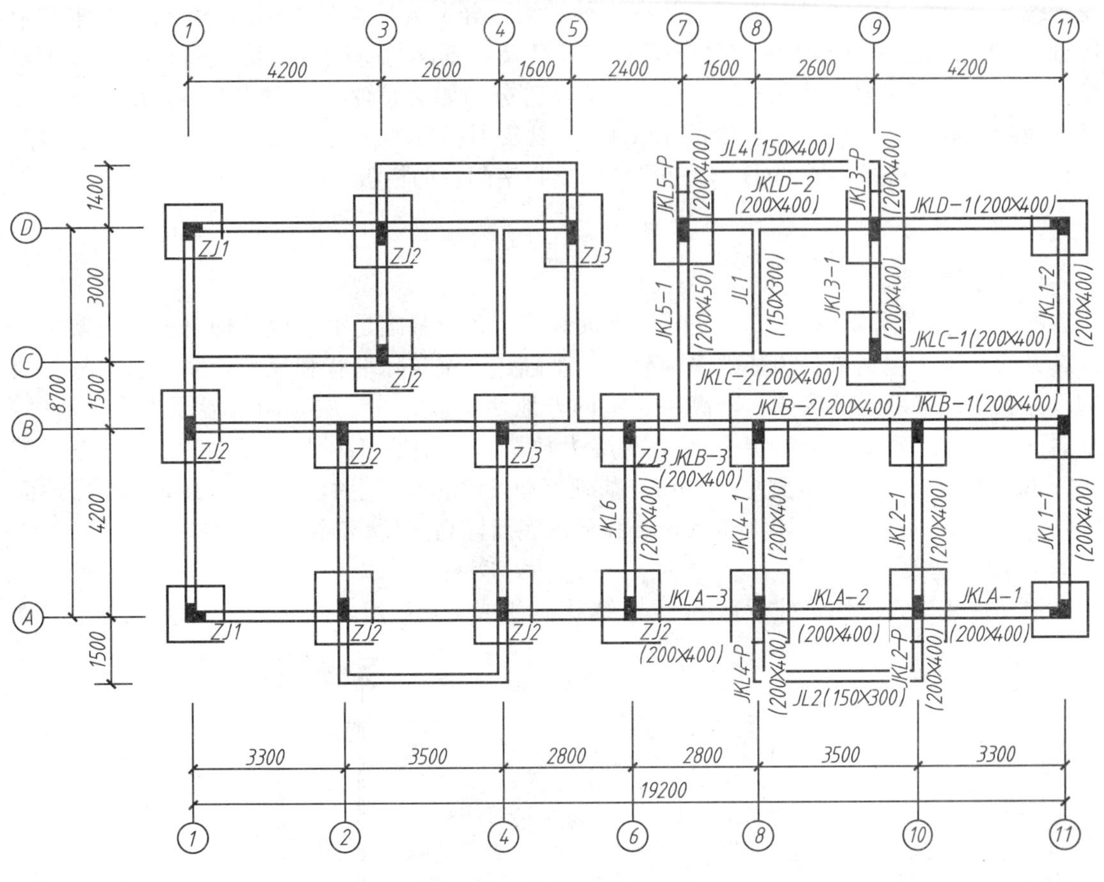

图 9.18　住宅基础平面图

基础平面图的绘图比例一般采用与建筑平面图相同的比例。基础平面图中的定位轴线及编号也应该与建筑平面图一致。基础平面图中应注出房屋轴线间的开间、进深、总长、总宽尺寸、剖切位置及符号等。

2）阅读例图

图 9.17 所示是一栋住宅楼的基础平面布置图，从图中可以看出，该房屋绝大部分采用的是条形基础，只在左侧入口处采用的是独立基础。图中轴线两侧的粗实线表示墙线，细实线表示基坑开挖边线。

以轴线③为例，图中标出基础底宽度尺寸 900mm，墙厚 240mm，基底左右边线到轴线的定位尺寸 450mm，左右墙边到轴线的定位尺寸 120mm。Ⓔ×①屋角处有孔洞通过基础下部，其标高为－1.450。规范规定基础下不得留孔洞，构造上要把该段墙基础加深 600mm，形成阶梯状，称为阶梯基础，同时坑底也挖成阶梯形。

条形基础的断面几何尺寸及埋置深度应根据上部建筑物的荷载和地基承载力共同决定。而在同一栋房屋中，各处有不同的荷载和地基承载力，因此下部基础就不相同。因此对于每一种不同类型的基础都要绘制出它们的断面图，并在基础平面图的相应部位用剖切符号表示位置与投影方向，如图 9.17 中 1—1，2—2……

图 9.18 是某住宅的基础平面图，由于该住宅为全现浇钢筋混凝土框架结构，所以采用独立基础。图中涂黑的方块表示钢筋混凝土柱，柱外细线方框表示该独立柱基础的外形轮廓线。基础沿定位轴线布置，一共有三种类型，分别编号为 ZJ1、ZJ2 和 ZJ3(图中左半部分)。为了加强独立基础的整体性以及支托砖墙，基础与基础之间设置基础梁，图中以细线画出，它们的编号及截面尺寸标注在右半部分。如沿⑩轴线的 JKL2－1，用以支托在其上面的砖墙。又如②和⑧轴线的 JKL4－P 以及④和⑩轴线的 JKL2－P，是两根悬挑的基础梁，在它们的端部支承 JL2，三梁共同支托南阳台的栏板。

2. 基础详图

1) 条形基础详图

图 9.19 是条形基础(图 9.17)1—1 断面详图，条形基础是沿砖混结构房屋受力墙体下方设置的基础，包括垫层和基础墙两部分。基础详图按实际形状和尺寸绘制，画出材料图例，并表示出基础上的墙体、防潮层、室内外地坪位置等。垫层采用素混凝土浇筑而成，厚 300mm、宽 900mm。垫层上面是两层大放脚，每层高 120mm(即两皮砖)，底层宽 500mm，依次向上每层每侧缩 60mm，基础墙厚 240mm。同时图中还注出室内首层地面标高±0.000，室外地面标高－0.450m 和基础底面标高－1.450m。

2) 独立基础详图

独立柱基础常应用于柱承重的框架结构建筑或工业厂房，图 9.20 所示是某住宅独立

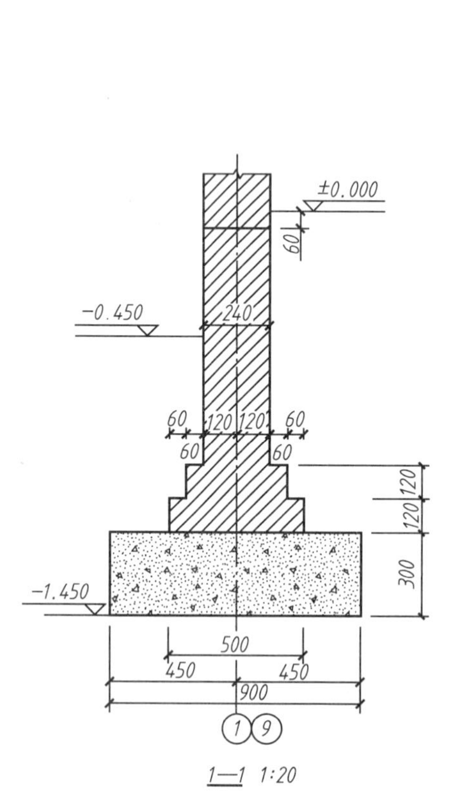

图 9.19 条形基础详图

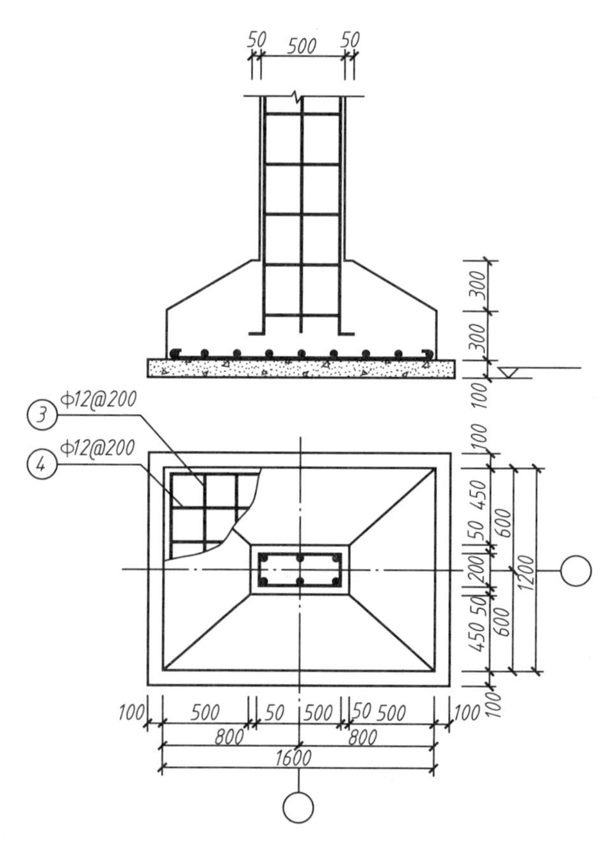

图 9.20 独立基础详图

基础 ZJ2(图 9.18)的详图，它由平面图和断面图组成，常用绘图比例为 1∶20。由断面图可知，独立柱基础下面有 100mm 厚素混凝土垫层，基础为坡形。基础平面图中以局部剖面图的形式表明基础底部配有Φ 12@200 的双向钢筋网。基础的详细尺寸在平面图和断面图中均完整标注出来，为施工提供依据。

9.4 钢结构图(Steel Structure Drawing)

钢结构是由各种形状的型钢，经焊接、铆接或螺栓连接组合而成的构造物，常用于大跨度、高层建筑或工业厂房中。

9.4.1 型钢及其连接的图示方法(Methods of Shaped Steels and Their Connections)

1. 型钢的图例及标注

钢结构(steel structure)的钢材是由轧钢厂按标准规格(型号)轧制而成，通称为型钢(shaped steel)。工业与民用建筑中常用型钢的类别及标注方法见表 9-9。

表 9-9 型钢的类别及标注方法

名称	截面	标注	立体图	备注
等边角钢	∟	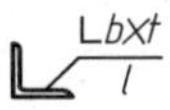 ∟b×t l	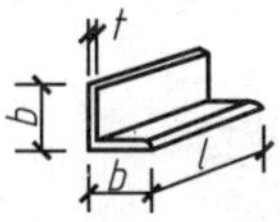 t b b l	b—肢宽 t—肢厚 l—板长
不等边角钢	∟	 ∟B×b×t l	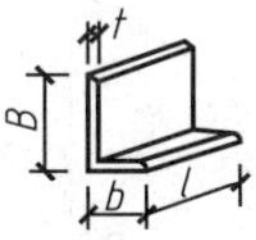 t B b l	B—长肢宽 b—短肢宽 t—肢厚 l—板长
槽钢	[	 [N l	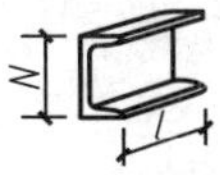 N l	轻型槽钢加注 Q 字， N 为槽钢的型号； l—板长
工字型	I	 IN l	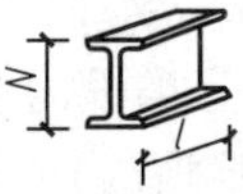 N l	轻型工字钢加注 Q 字， N 为工字钢的型号； l—板长
扁钢	—	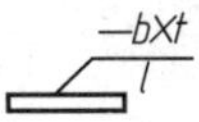 —b×t l	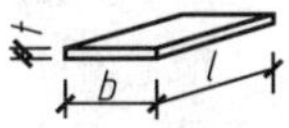 t b l	b—板宽 t—板厚 l—板长
钢板	—	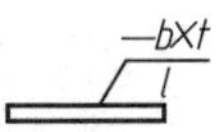 —b×t l	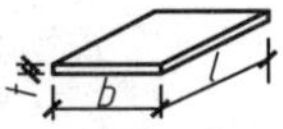 t b l	

2. 焊接及焊缝代号

焊接是目前钢结构应用最广泛的连接方法，其优点是构造简单、节约钢材、操作方便、不削弱截面、易于采用自动化操作等。其缺点是焊缝附近热影响区的材质变脆，对裂纹敏感，在加热和冷却过程中产生的焊接残余应力和残余变形对结构有不利影响。

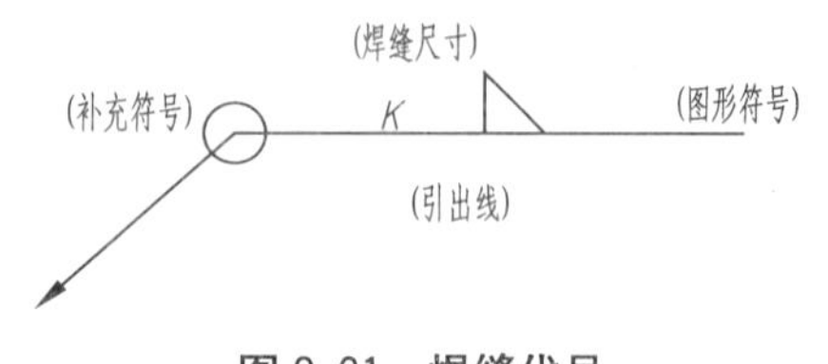

图 9.21　焊缝代号

在焊接的钢结构图中，必须把焊缝的位置、形式和尺寸标注清楚。施工图中一般用焊缝代号表示。焊缝代号如图 9.21 所示，由带箭头的引出线、焊缝辅助符号、焊缝尺寸和图形符号组成。

常用焊缝的图形符号和辅助符号见表 9 - 10。

表 9 - 10　焊缝的图形符号(部分)和辅助符号

焊缝名称	示意图	图形符号	符号名称	示意图	补充符号	标注方法
V 形			周围焊缝			
单边 V 形			现场焊接			
角焊缝			相同焊接			
I 焊缝			尾部符号			90°

表 9 - 10 中相同焊缝符号按下列方法使用：

(1) 在同一图形上，当焊缝形式、断面尺寸和辅助要求均相同时，可只选择一处标注焊缝的符号和尺寸，并在引出线的转折处加注“相同焊接符号”(表 9 - 10)。

(2) 在同一图形上，当有多种相同焊缝时，可将焊缝进行分类编号，在同一类焊缝中可选择一处标注焊缝的符号和尺寸，分类编号采用大写的拉丁字母 A、B、C，并写在横线尾部符号内(图 9.22)。基准线一般画成横线，在它的上侧和下侧标注各种符号和尺寸，箭头线指向焊缝，它可画在横线的左端或右端，也可把它引向上方或下方，有时在横线的末端加一尾部符号，标注相同焊缝的编号。

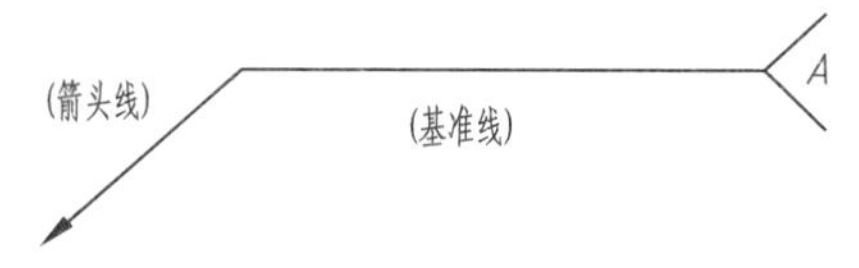

图 9.22　引出线

3. 螺栓连接及其图示方法

螺栓连接拆装方便，便于维护，其图示方法见表 9 - 11。

表 9-11 螺栓、孔、电焊铆钉图例

名称	图例	名称	图例
永久螺栓	M φ	圆形螺栓孔	φ
安装螺栓	M φ	长圆形螺栓孔	φ b
高强螺栓	M φ	电焊铆钉	d

注：1. 细“+”表示定位轴线。

2. M 表示螺栓型号，ϕ 表示螺栓孔直径，d 表示电焊铆钉直径，b 表示螺栓孔长度。

9.4.2 钢屋架结构图(Steel Roof-truss Structure Drawing)

钢屋架(steel roof-truss)是用型钢通过节点板以焊接或铆接的方法将各个杆件汇集在一起而制成的，表示屋架的形式、大小、型钢的规格、杆件的组合和连接情况，主要有屋架简图、屋架立面图、节点详图、预埋件详图以及钢材用量表等。

1. 屋架简图

屋架简图又称屋架示意图或者屋架杆件几何尺寸图，用单线图表示各杆件的几何中心线，一般用粗(或中粗)实线绘出，常选用 1∶100 或者 1∶200 的比例，用以表达屋架的结构形式、各杆件的计算长度，作为施工预算、备料和放样的依据，且常画在整张图样的左上角(或右上角)，如图 9.23 所示。从图可知，此屋架由上、下弦杆和斜杆连接而成，杆件连接处称为节点。节点间的水平距离分别为 4330mm、4400mm、4330mm。屋架简图中还应注出各杆件的长度，屋架的跨度(13060mm)、高度(2600mm)等主要尺寸。

2. 屋架立面图

图 9.23 所示为钢屋架立面图，是钢屋架结构图中的主要图样。因杆件长度与断面尺寸相差较大，经常采用两种比例，屋架轴线长度采用 1∶20 的较小比例，而杆件的断面则采用 1∶10 的较大比例。由于屋架完全对称，所以只画出半个屋架，并把对称轴线上的节点结构画出，图中没有注明对称符号。在该图样中，详细画出各杆件的组合、各节点的构造和连接情况，以及每个杆件的型号、长度和数量等。对构造复杂的上弦杆，还补充画出上弦杆斜面实形的辅助投影图，该图详细表明檩条⑱和两个安装屋架支撑所用的螺栓孔

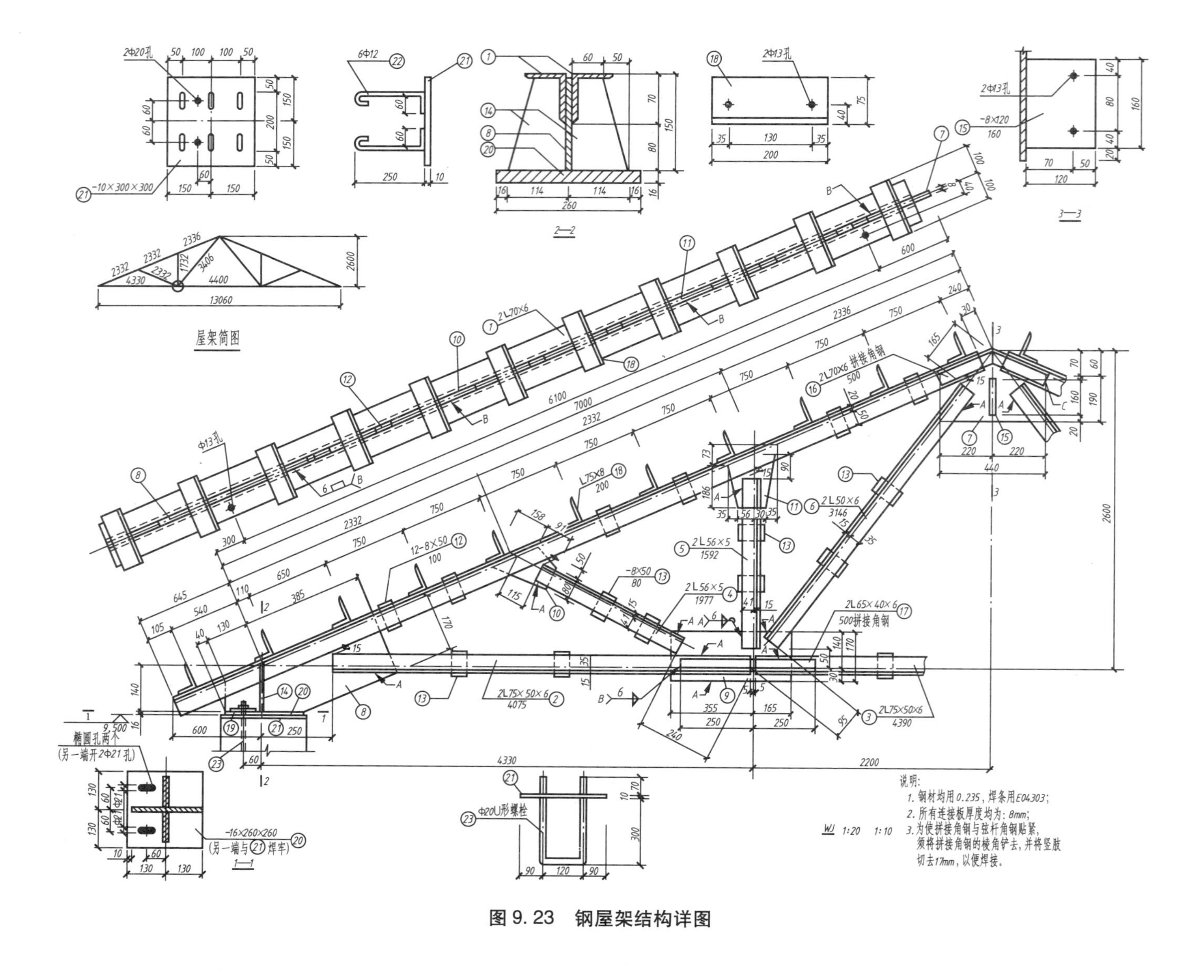

图 9.23　钢屋架结构详图

(ϕ13)的位置。钢屋架立面图及上、下弦杆辅助投影图中杆件和节点板轮廓用粗(或中粗)线，其余采用细实线绘制。

从图 9.23 可了解到组成各杆件的角钢型号、根数、长度等情况，如编号为①的上弦杆2∟70×6 表示由两根等边角钢组成，肢长 70mm，肢厚 6mm。又如编号为②的下弦 2∟75×50×6 表示由两根不等边角钢组成，长肢宽 75mm，短肢宽 50mm，肢厚 6mm。从屋架立面图中还可了解各节点处的连接板情况，从图中可知，根据节点处杆件的根数和方向，连接板大部分为矩形或梯形。

3. 屋架节点详图

图 9.24 所示为编号 2 的节点详图，为下弦杆与三根腹杆的连接处。节点详图是屋架制作、施工中的主要图样之一，常选用 1∶10 的比例绘制。在节点详图中，不仅应标注各型钢的规格尺寸和它的长度，如图中编号为⑤的竖杆 2∟56×5，长度为 1592mm，还应注明各杆件的定位尺寸(如图 9.24 中的 250mm、95mm、240mm)和连接板的定位尺寸(如图中的 355mm、165mm、170mm)。节点详图还应表达杆件与连接板之间的连接方式，从图 9.24 可知，节点 2 竖杆⑤中画出编号为 A 的焊缝符号，采用双面贴角焊缝，焊缝高 6mm。斜杆④、斜杆⑥以及下弦杆②与节点板之间也采用相同焊缝，此时只需要用引出线注明，并标注相同焊接符号 A 即可。

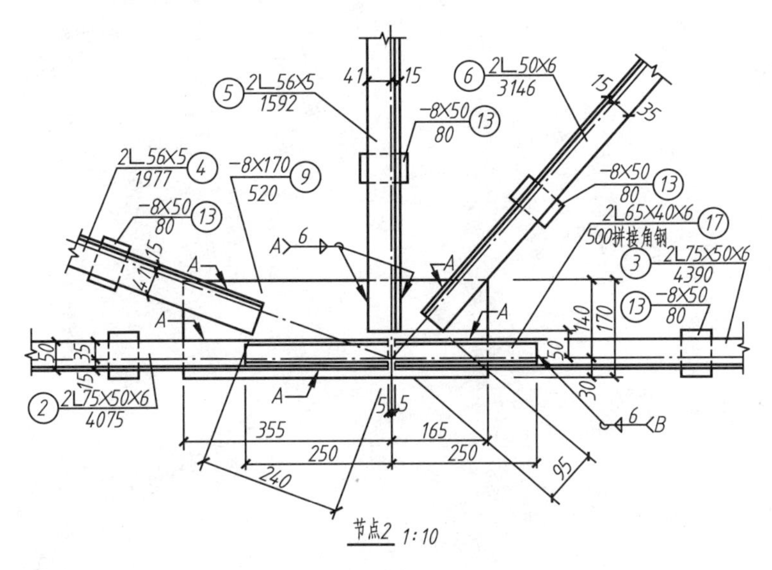

图 9.24 节点 2 详图

最后需指出，钢屋架结构图中一般还有预埋件详图、若干断面图、剖面图和钢材用料表等，如图 9.23 中 1—1、2—2、3—3 断面图。

思 考 题

1. 什么叫结构施工图？结构施工图包含哪些内容？
2. 结构平面图主要表达哪些内容？它在图示方法上有何特点？

3. 钢筋混凝土构件详图由哪些部分组成?
4. 钢筋有什么作用? 分为哪些类型?
5. 柱、梁、板平法施工图的图示规则有哪些?
6. 基础图由哪些图样构成? 如何阅读?

第10章

建筑设备图(Architectural Equipment Drawing)

教学提示：一套完整的房屋施工图除建筑施工图、结构施工图外，还应包括建筑设备施工图。设备施工图包括：室内给排水施工图、采暖与通风施工图、建筑电气施工图，简称水、暖、电设备施工图。

教学要求：通过本章的学习，要求学生掌握如何绘制和识读常见的建筑设备施工图。

10.1 给水排水施工图(Building Water Supply and Drainage Working Drawing)

在现代化城市及工矿建设中，给排水工程是主要的基础设施之一。通过这些设施从水源取水，由自来水厂将水进行净化处理后，由管道等输配水系统输送给用户，然后将经过生活或生产使用后的污水、废水以及雨水排入管道，经污水厂处理后排放至自然水体中去。给排水工程系统是由室内外管道及其附属设备、水处理构筑物、储存设备等组成。整个工程与房屋建筑、水力机械、水工结构等工程有着密切的联系。因此，在学习给排水工程图之前，对房屋建筑图、结构施工图应有一定的了解，同时也应熟练掌握旋转、展开剖视图和轴测图的画法。

给排水工程按其内容可大致分为：室内给排水施工图、室外管道及附属设备图、净水设备工艺图。本章主要介绍室内给排水施工图。

室内给排水系统都是由相应的管道及配件组成，如图10.1所示。

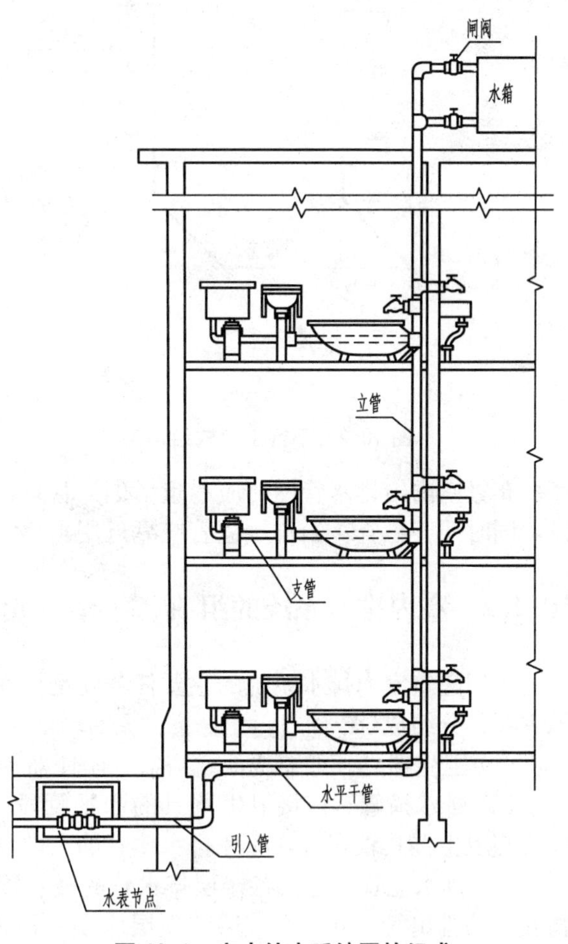

图10.1 室内给水系统图的组成

10.1.1 室内给水系统的组成(Component of Indoor Supplying Water System)

民用建筑室内给水系统按供水对象要求不同，可分为生活用水系统和消防用水系统。对于一般的民用建筑，可以只设生活用水系统。室内给水系统一般由以下主要部分组成：

(1) 引入管(entrance pipe)。自室外管网引入房屋内部的一段水平管道。

(2) 水表节点(water meter)。用于记录用水量的装置，安装在引入管道上的水表及前后阀门等装置的总称。在引入管上安装的水表、阀门、防水口等装置都应设置在水表井中。

(3) 室内配水管网(pipe network)。包括室内水平位置的干管，垂直方向或穿越楼层的立管和连接各种用具的支管。

(4) 配水器具与附件。包括各种配水龙头、闸阀、消火栓等。

(5) 升压及储水设备。当用水量大或水压不足时需要设置水箱(water chamber)、水泵(water pump)、水池等设备。

根据给水干管敷设位置的不同，给水管网系统可分为下行上给式和上行下给式两种，如图 10.2、图 10.3 所示。

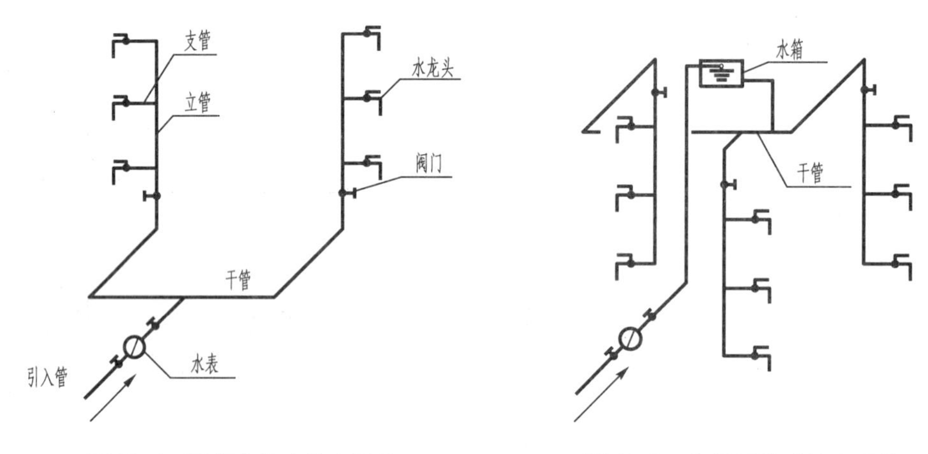

图 10.2 下行上给式给水系统　　图 10.3 上行下给式给水系统

布置室内给排水管网时应尽量考虑：管系的选择应使管道最短并与墙、梁、柱平行敷设，同时便于检查；给排水立管应靠近用水房间和用水点。

10.1.2 室内排水系统的组成(Component of Indoor Drainage System)

民用建筑室内排水系统的主要任务就是排除生活污水和废水。一般室内排水系统由以下主要部分组成(图 10.4)：

(1) 卫生器具。如盥洗池、浴盆、坐便器等。

(2) 排水横管。连接卫生器具的水平管段。排水横管应沿水流方向设 1%～2%的坡度。当卫生器具较多时，应在排水横管的末端设置清扫口。

(3) 排水立管。连接各楼层排水管的竖直管道，它汇集各横管的污水，将其排至建筑物底层的排出管。立管在首层和顶层应设有检查口，多层建筑则每隔一层设一个检查口，通常检查口的高度距室内地面为 1.00m。

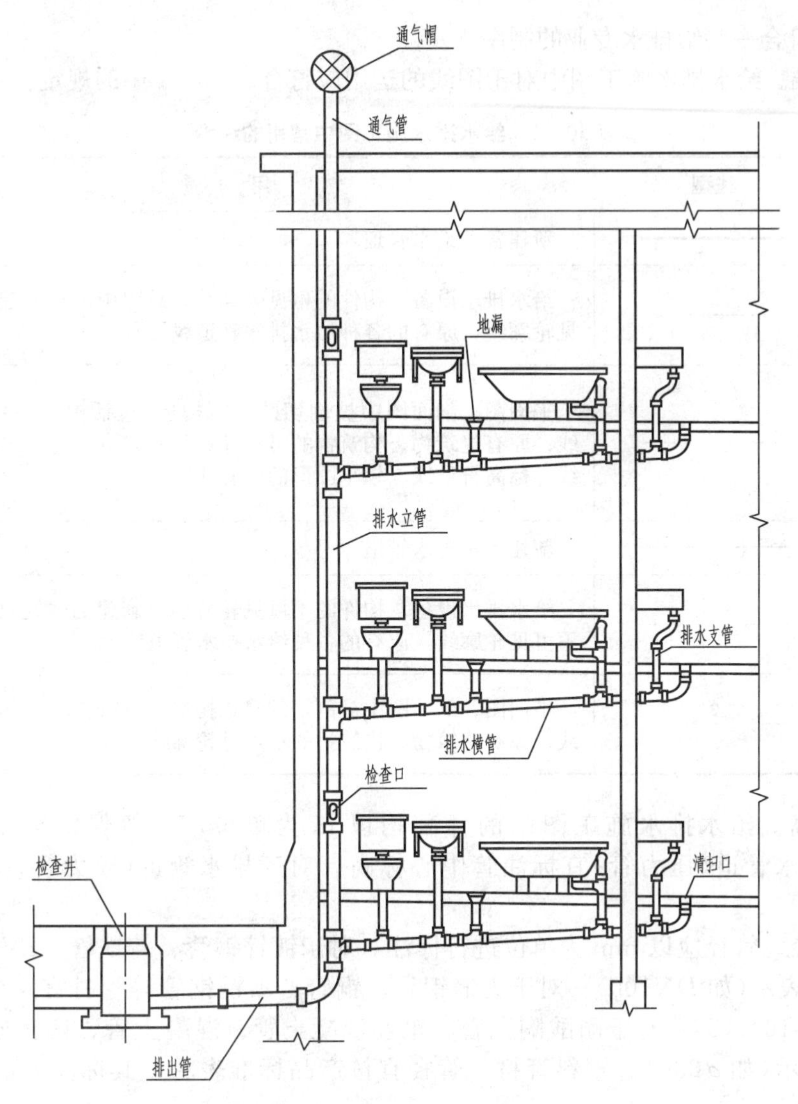

图 10.4 室内排水系统的组成

(4) 排出管。将排水立管的污水排至室外检查井的水平横管。其管径应大于连接的立管，且设有坡向检查井 1%～2%的坡度。

(5) 通气管。顶层检查口以上的一段立管称为通气管，用来排除臭气、平衡气压。通气管高出屋面 300～700mm，且在管顶设置网罩以防杂物落入。

布置室内排水管网时应尽量考虑：立管的布置要便于安装和检修；立管应尽量靠近污物、杂质最多的卫生设备，横管设有斜向立管的坡度；排出管应以最短的途径与室外管道连接，并在连接处设检查井。

10.1.3 给排水施工图的有关制图规定(Rules of Water Supply and Drainage Working Drawing)

给水排水施工图除了要遵循《房屋建筑制图统一标准》(GB/T 50001—2010)中的规

定外，还应符合一些给排水专业的制图规定。

(1) 图线。给水排水施工图中对于图线的运用应符合表10-1中的规定。

表10-1 给水排水施工图中常用的线型

名称	线型	用 途
粗实线	————	新建各种给水管道
中实线	————	给水排水设备、构件的可见轮廓线；总图中新建的建筑物等的可见轮廓线，原有的各种给水排水管道线
细实线	————	平面图、剖面图中被剖切的建筑构造(包括构配件)的可见轮廓线；原有建筑物、构筑物的可见轮廓线；尺寸线、尺寸界线、引出线、标高符号线、较小图形的中心线等
粗虚线	— — — —	新建各种排水管道
中虚线	- - - - - -	给水排水设备、构件的不可见轮廓线；新建的建筑物、构筑物的不可见轮廓线，原有的各种给水排水管道线
细虚线	----------	平面图、剖面图中被剖切的建筑构造(包括构配件)的不可见轮廓线；原有建筑物、构筑物的不可见轮廓线

(2) 标高。给水排水施工图中的标高均以m为单位，一般保留至小数点后三位。对于给水管道(压力管)宜标注管中心标高，对于排水管道(重力管)宜标注管内底标高。

(3) 管径。管径应以mm为单位进行标注。对于镀锌钢管、铸铁管、PVC管宜用公称直径DN表示(如$DN100$)；对于无缝钢管、铜管、不锈钢管等管材宜用外径$D\times$壁厚表示(如$D104\times5$)；对于耐酸陶瓷管、钢筋混凝土管、混凝土管、陶土管等管材宜用内径d表示(如$d230$)。塑料管材，管径宜按产品标准表示。其标注方法如图10.5所示。

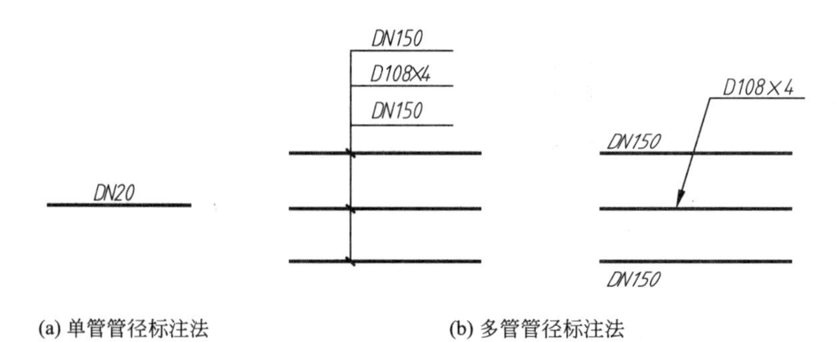

(a) 单管管径标注法　(b) 多管管径标注法

图10.5 管径标注方法

(4) 图例。表10-2中列出了给排水施工图中常用的图例。

表 10-2　给排水施工图中常用的图例

名称	图例	备注	名称	图例	备注
生活给水管	 —— J ——		存水弯	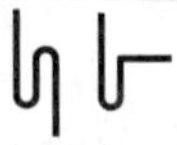	
污水管	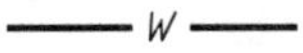 —— W ——		闸阀		
通风管	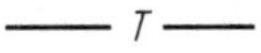 —— T ——		截止阀		
多孔管			放水龙头		左侧为平面，右侧为系统
管道立管	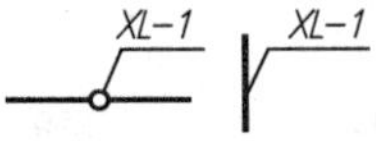 XL-1　XL-1	X：管道类别 L：立管 1：标号	立式面盆		
立管检查口			浴盆	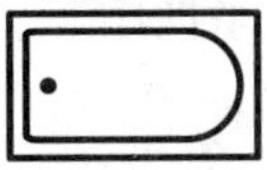	
清扫口			自动冲水器	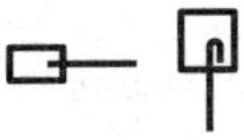	
通气帽			污水池		
圆形地漏		通用。如为无水封，地漏加存水弯	坐式大便器	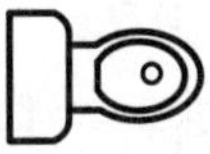	
方形地漏	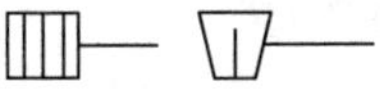		蹲式大便器	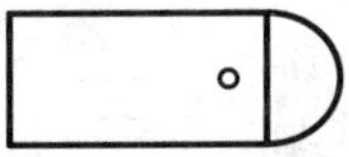	
承插连接			淋浴喷头	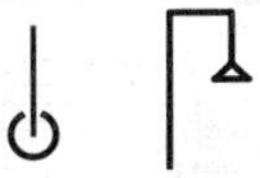	
法兰连接	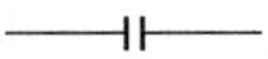		阀门井、检查井		

给水排水工程图的图示特点如下。

(1) 给水排水工程图中的平面图、剖面图、高程图、详图及水处理构筑物工艺图等都是用正投影法绘制的；轴测图是用斜投影法(正面斜轴测投影)绘制的；纵断面图是用正投影法取不同比例绘制的；工艺流程图则是用示意法绘制的。

(2) 图中的管道、器材和设备一般采用统一图例表示，如卫生器具图例是较实物大为简化的一种象形符号，一般应按比例画出。

(3) 给水及排水管道一般采用单线表示；纵断面图的重力管道、剖面图和详图的管道宜用双线绘制，而建筑结构的图形及有关器材设备均采用中、细实线绘制。

(4) 不同直径的管道，以同样线宽的线条表示，管道坡度无需按比例画出(即仍画成水平的)，管径和坡度均用数字注明。

(5) 靠墙敷设的管道，不必按比例准确表示出管线与墙面的微小距离，图中只需略有距离即可。即使暗装管道亦与明装管道一样画在墙外，只需说明哪些部分要求暗装便可。

(6) 当在同一平面位置上布置有几根不同高度的管道时，若严格按投影来画，平面图就会重叠在一起，这时可画成平行排列的。

(7) 为了删掉不需表明的管道部分，常在管线端部采用细实线的"～"形折断符号表示。

(8) 有关管道的连接配件均属规格统一的定型工业产品，在图中均不予画出。

10.1.4 室内给排水施工图 (Indoor Water Supply and Drainage Working Drawing)

室内给排水施工图包括室内给排水平面图、室内给排水系统图、管道安装详图、施工说明。室内给排水平面图主要反映卫生设备、管道及其附件的平面布置情况。

1. 平面布置图

1) 图示内容

如图 10.6 所示，平面布置图表示建筑物室内给排水管道及设备的平面布置情况，一般包括如下内容：

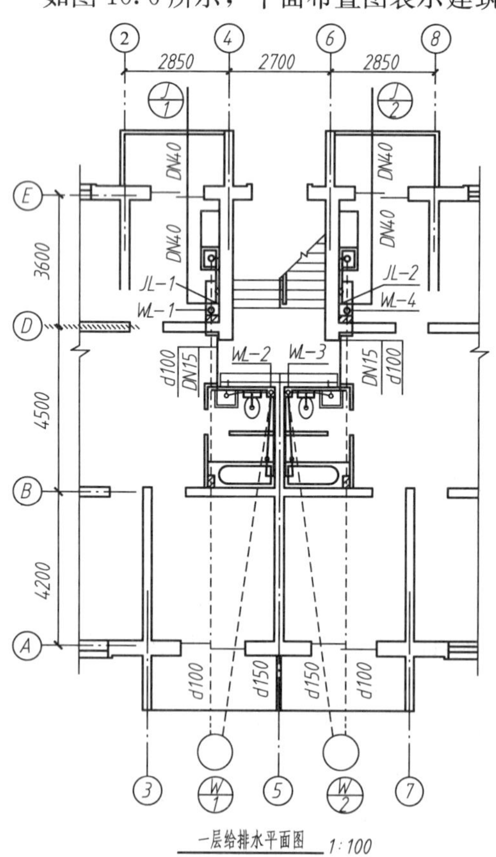

图 10.6 室内给排水系统平面布置图

(1) 房屋平面图中的内容，一般只绘制墙、柱、楼梯、门窗等主要部分，不必画出细部构造。

(2) 用水设备如洗涤盆、大便器、地漏、浴缸等的类型、位置及安装方式。

(3) 各给排水管道的平面布置，注明管径、立管编号等。

(4) 各管道零件如清扫口、阀门的平面位置。

(5) 有关图例、施工说明以及采用的标准图集名称。

2) 表达方法

(1) 比例。平面布置图的比例，可与房屋建筑平面图相同，一般为 1∶100，根据需要也可用更大比例绘制，如 1∶20、1∶50 等。

(2) 绘制房屋建筑图。室内给水排水平面布置图中的房屋平面图部分，是绘制房屋建筑图中的有关用水房间而画成的平面图，与房屋建筑图是相互配合的，但它们的表达要求又是不同的。图中的墙、柱只需用细实线(宽度 0.25b)画出轮廓线即可。门窗不必注写编号，窗可不画窗台而只画出图例，门也可只留出门洞位置，不画门扇。

底层平面布置图中由于室内管道与户外管道相连接，因而需要完整画出。楼层平面图则只需画出用水房间范围内的平面图即可。通常每个楼层都要绘出平面图，但当楼层用水房间和卫生设备及管路布置完全相同时，则只需画出一个标准层平面图。如屋顶设有水箱及有管道布置时，应单独画出屋顶给水排水平面图。当管道布置比较简单时，也可在顶层平面图中用中虚线画出水箱位置。各层平面布置图上均需标明定位轴线，并标注轴线间尺寸。

(3) 卫生器具和设备的画法。室内的卫生设备一般已在房屋建筑的平面图上布置，可以直接绘制在用于室内给排水的平面布置图上。各类卫生器具和配水设备，均可按表 10－2 中的图例，用中实线(宽度 0.5b)按比例画出其外轮廓线，用细实线(宽度 0.25b)画出其内轮廓线。

(4) 管道的画法。室内给排水工程图中的各种管道不论直径大小，一律用粗单线(宽度为 b)来表示，并将粗单线断开，断开处加注管道用途的中文拼音第一个字母，见表 10－2。

本文采用不同线型来表示不同的管道种类，给水管道用粗实线表示，排水管道用粗虚线表示。管道无论在楼面(地面)以上或以下，均不考虑其可见性，在平面图中仍按管道类别用规定的线型要求画出。给水立管及排水立管在平面图中用小圆圈表示。

截止阀、水表、闸阀等管道附件，均应按国家标准图例或表 10－2 中所列的画出。

平面图中一般不标注管径、管道坡度等数据，由于管道的长度在施工是以实测尺寸为依据，所以在图上也不必标出。

(5) 管路系统及立管的编号。为使平面图能与管道系统图相对照及便于阅读，当室内给排水管路系统的进出口数大于等于两个时，各种管路系统应分别予以标志及编号。给水系统可按每一引入管为一系统，排水系统可按每一排水管为一系统。编号如图 10.7 所示细实线圆直径为 12mm，可直接画在管道进出口的端部，也可用指引线与引入管或排出管相连。用一段水平直径分开上下半圆，圆的上半部用拼音代号表示该管路系统的类别，如“J”表示给水系统，“P”表示排水系统，“W”表示污水系统等，圆的下半部用阿拉伯数字顺序注写编号。当建筑内穿越楼层的立管数量多于一根时，也需用需拼音字母和阿拉伯数字进行编号。

以指引线连向立管，在横线上标注管道类别代号、立管代号及数字编号。如图 10.8 所示用字母“J”表示给水管道，“L”表示立管，“JL－1”表示 1 号给水立管，“WL－2”表示 2 号排水立管，以此类推。

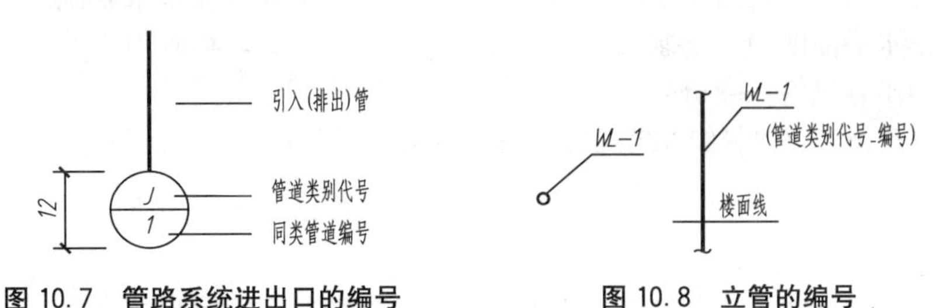

图 10.7　管路系统进出口的编号　　　图 10.8　立管的编号

(6) 图例及说明。为使施工人员便于阅读图样，无论是否采用标准图例，最好都应附上各种管道、管道附件及卫生设备等的图例，并对施工要求、有关材料等情况用文字加以说明。

3）平面图的识读

如图 10.6 所示的底层给排水平面图，图中$\frac{J}{1}$、$\frac{J}{2}$的“J”为给水系统代号，在下方注写的“1”“2”为给水系统编号。穿越楼层的立管，当数量超过一根时，也应进行编号，如“JL－1”，其中“JL”为给水立管代号，“1”为立管编号。

从图 10.6 底层平面图可知，引入管$\frac{J}{1}$、$\frac{J}{2}$分别自房屋东西两户轴线④、Ⓔ和⑥、Ⓔ汇交处附近由北向南进入户内，管径为 $DN40$。引入管$\frac{J}{2}$进入室内后，由北向南，再折向西，将水送入给水立管 JL－2(实心圆)。立管 JL－2 分两路支管，其中一路支管向北接出一根水平支管，并在支管上安装截止阀、水表、配水龙头各一个，供厨房洗涤池用水。另一路支管由水表北侧接出，沿轴线⑥，绕烟道分别向南、向西将水送入卫生间洗手盆和坐便器水箱，水平支管继续向西再折向南，将水送入浴盆。引入管$\frac{J}{1}$与$\frac{J}{2}$对称，表达方法类同，不再赘述。

如图 10.6 所示，室内排水平面图反映室内外排水管道、卫生器具等组成部分的平面布置。排水管道通常以一个检查井为一个系统，编号与给水系统类同，如$\frac{W}{1}$、$\frac{W}{2}$，其中“W”为污水系统代号，“1”“2”为排水管道编号。

从图 10.6 底层给排水平面图可以看出，图中粗虚线表示排水管道，空心圆圈表示排水立管。室外南侧两个圆表示检查井。第 2 号排污系统有两根排出管引向室外检查井。第一根排出管将厨房洗涤池的污水，通过排水横管汇入排水立管 WL－4，再沿排出管 $d100$ 直接排入室外检查井。另一根排出管 $d150$ 将卫生间的洗手盆、地漏、坐便器的污水通过排出横管排入立管 WL－3。同时，浴盆、浴室地漏的污水由南向北也汇入立管 WL－3，沿排出管汇入室外检查井。$\frac{W}{1}$与$\frac{W}{2}$对称，画法类同，读者可自行分析。

通常还应画出顶层或标准层给水、排水平面图，本例省略未画出。

4）绘图步骤

绘制室内给排水平面图时，一般先绘制首层给排水平面图，再绘制其他各层(或标准层)的给排水平面图。绘制底层给排水平面图时的绘图步骤如下：

(1) 绘制该楼层的建筑平面图。只绘制主要建筑构件及配件的轮廓线，其方法同建筑平面图。

(2) 按图例绘制卫生器具。

(3) 绘制管道的平面布置。凡是连接某楼层卫生设备的管道，不论安装在楼板上面或下面，均应画在该楼层的给排水平面图上。给水系统的引入管和排水系统的排出管只需出现在底层给排水平面图中。绘制管道布置时，一般先画立管，再画引入管或排出管，最后按水流方向画出各支管及管道附件。

(4) 标注建筑平面图的轴线尺寸，标注管径、标高、坡度、系统编号，书写文字说明。

2. 室内给排水系统图

给排水系统图用来表达各管道的空间布置和连接情况，同时反映了各管段的管径、标高及附件在管道上的位置。

因为给排水管道在空间往往有转折、延伸、重叠及交叉的情况，所以为了清楚地表现管道的空间布局、走向及连接情况，系统图采用了轴测投影原理形成轴测图的绘制方法。

《给水排水制图标准》(GB/T 50106—2010)规定，系统图采用45°正面斜等轴测绘制，一般将*OZ*轴竖向表示管道高度，*OX*轴与建筑横向一致，*OY*轴作为建筑的纵向化成45°斜线方向。系统图主要表示给水系统的空间走向，管道直径、坡度、标高以及各种管件连接及相对位置情况。

1）给排水系统图的图示特点及表达方法

平面图只能表示给排水系统的平面布置情况，对给排水系统在室内空间的布置及相对关系则无法表示，因此要画出给排水系统轴测图，简称给排水系统图，如图10.9、图10.10所示。

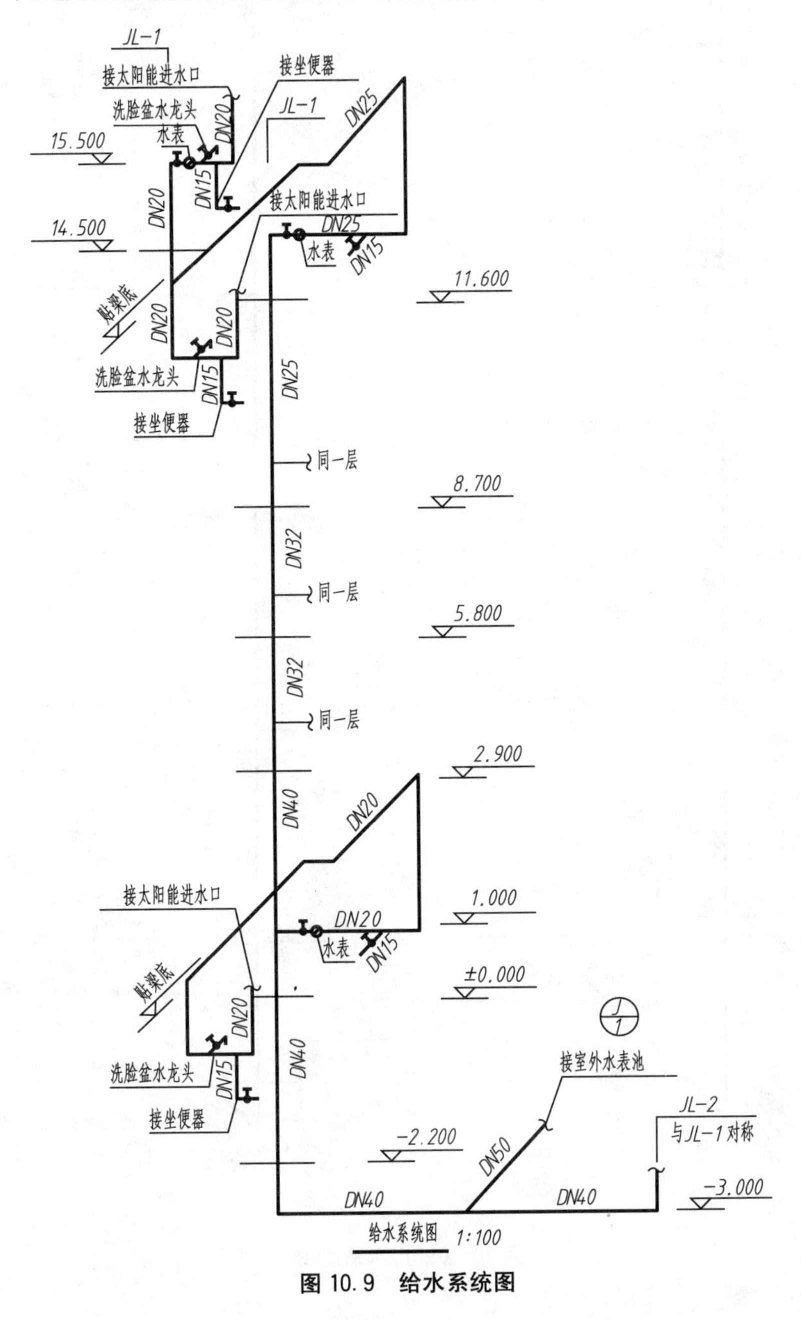

图10.9 给水系统图

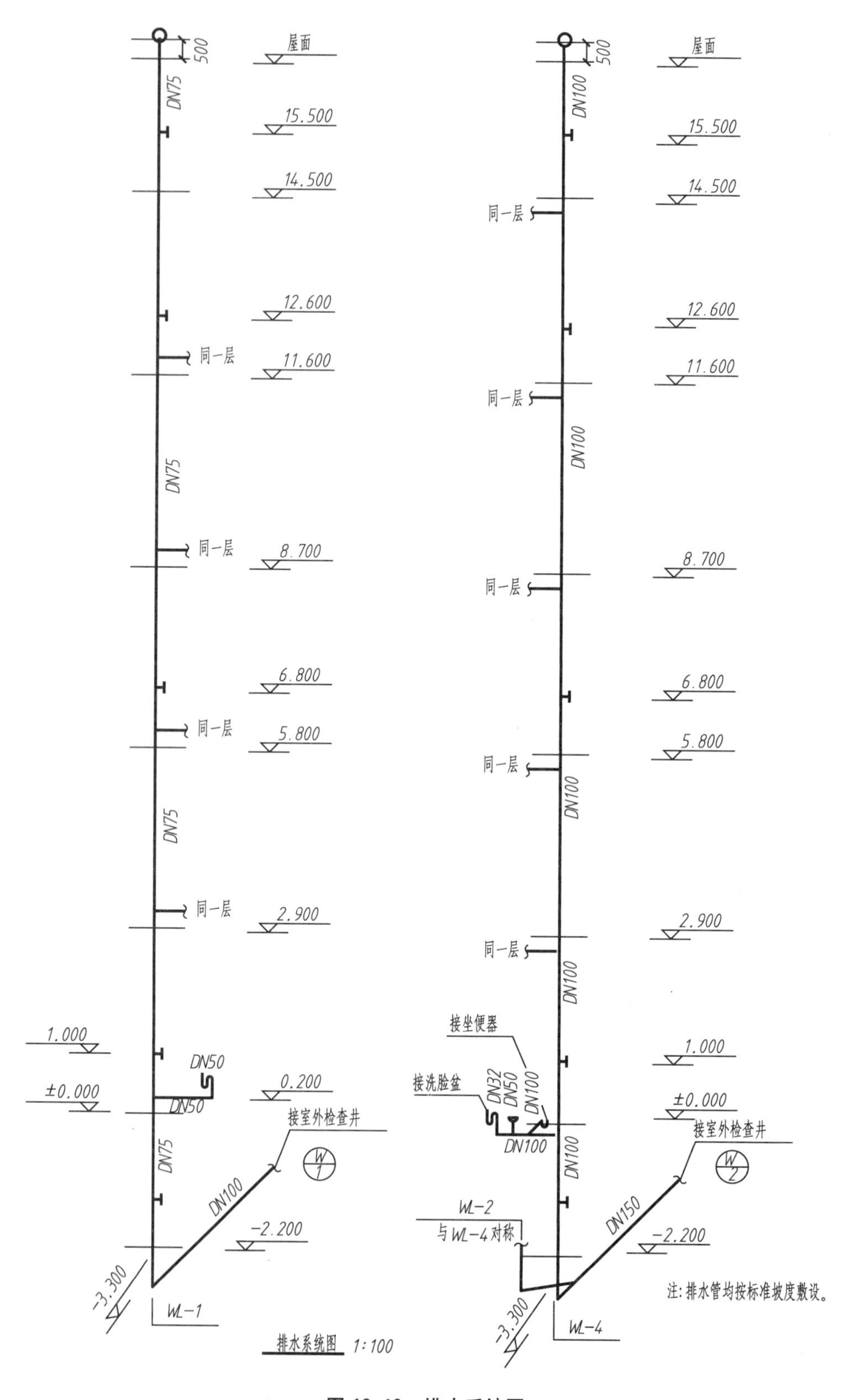
屋面
500
DN75
15.500
14.500
12.600
同一层
11.600
DN75
同一层
8.700
6.800
同一层
5.800
DN75
同一层
2.900
1.000
DN50
±0.000
0.200
DN50
接室外检查井
DN75
W
1
DN100
-2.200
-3.300
WL-1
排水系统图 1:100
屋面
500
DN100
15.500
14.500
同一层
12.600
11.600
同一层
DN100
同一层
8.700
6.800
同一层
5.800
DN100
2.900
同一层
DN100
接坐便器
1.000
接洗脸盆
DN32
DN50
DN100
±0.000
DN100
接室外检查井
DN100
W
2
WL-2
与WL-4对称
DN150
-2.200
-3.300
WL-4
注:排水管均按标准坡度敷设。

图 10.10 排水系统图

室内给水、排水系统图通常分开绘制，分别表现给水系统和排水系统的空间枝状结构，即系统图通常按独立的给水或排水系统来绘制，每个系统图的编号应与底层给水排水平面图中的编号一致。

系统图中的管道依然用粗线型表示，其中给水管用粗实线表示，排水管用粗虚线表示。管道的配件或附件(如阀门、水表、龙头等)用图例表示，卫生器具(如洗涤池、坐便器、浴盆等)不再绘制，只是画出相应卫生器具下面的存水弯或连接的横支管。

为使图面清晰和绘图简便，对于在多层或高层建筑中的楼层，当其卫生器具和管道布置完全相同时，可只画出一层的管道布置，其他各层省略不画。在立管分支处用波浪线断开表示，并以指引线标明“同底层”等注解。如按原画法，前面的管路和后面的管路相互交叉重叠以至影响阅读，这时可用“移出画法”，将管道在某点用波浪线断开，把前面的管道移至空白处画出，在两端断开处应注明相应的标号如“A”，以便阅读，如图10.11所示。当有两根空间交叉的管道在系统轴测图中重影时，为鉴别其可见性，一般在投影交点处将前面或上面能看见的管道画连续线，后面的或下面被遮掩的部分画成断开线。

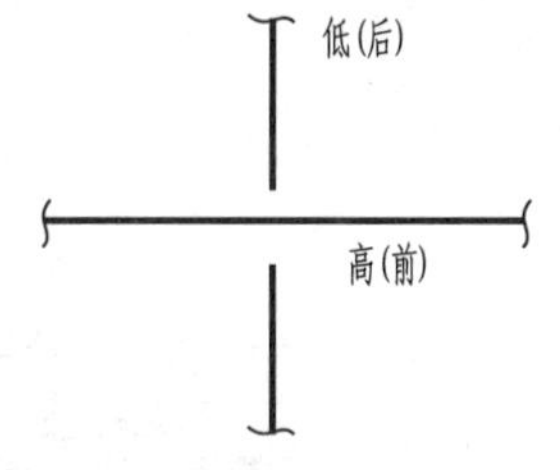

图10.11 水管交叉的表达

在给水系统图中，应对所有的管段的直径、坡度和标高进行标注。管段的直径可以直接标注在管段的旁边或由引出线引出。给水管为压力管，不需设置坡度；排水管为重力管，应在排水横管旁边标注坡度，如“$i=0.02$”，箭头表示坡向，当排水横管采用标准坡度时，可省略坡度标注，在施工说明中写明即可。给水系统图中应注明管系引入管、各水平管段、阀门、放水龙头、卫生器具的连接支管、与水箱连接的管路及水箱的底部与顶部等的标高。排水系统图中应注出立管上的通气网罩、检查口、排出管的起点处的标高。在室内给排水工程图中，均采用相对标高，并应与房屋建筑图相一致，底层室内地面标高为±0.000。

2）给排水系统图的绘制步骤及识读

(1) 确定轴测方向。

(2) 先画立管，定出室内楼地面的标高线，再画出包括阀门、水表的引入管。

(3) 从立管上引出水平干管、支管、配水支管。在支管上画出截止阀、分户表，在配水支管上画出配水龙头。

(4) 画其他附属设备。

(5) 标注尺寸。

阅读系统图时，应与平面图中相同编号系统的平面布置图对照阅读。

3. 安装详图

室内给水排水管网平面布置图及管网轴测图，只表示了管道的连接情况、走向和配件的位置。这些图样比例较小，而且配件的构造和安装情况均用图例表示。为了便于施工，对构配件的具体安装方法，需用较大的比例(一般为1∶25～1∶5)画出其安装详图。

详图主要有水表井、消火栓、水加热器、检查井、卫生器具、穿墙套管、管道支架、水泵基础等设备。对于设计和施工人员，必须熟悉各种设备的安装详图，并使平面布置图与管系轴测图上的有关安装位置和尺寸与安装详图相一致，以免施工安装时引起差错。

图 10.12 是给水管道穿墙防漏套管安装详图。图 10.12(a)是水平管穿墙安装详图。由于管道都是回转体，可采用一个剖面图表示。图 10.12(b)是 90°弯管穿墙安装详图。两投影都采用全剖面图，剖切位置都通过管道的轴线。图 10.13 所示为低水箱坐式大便器安装详图。

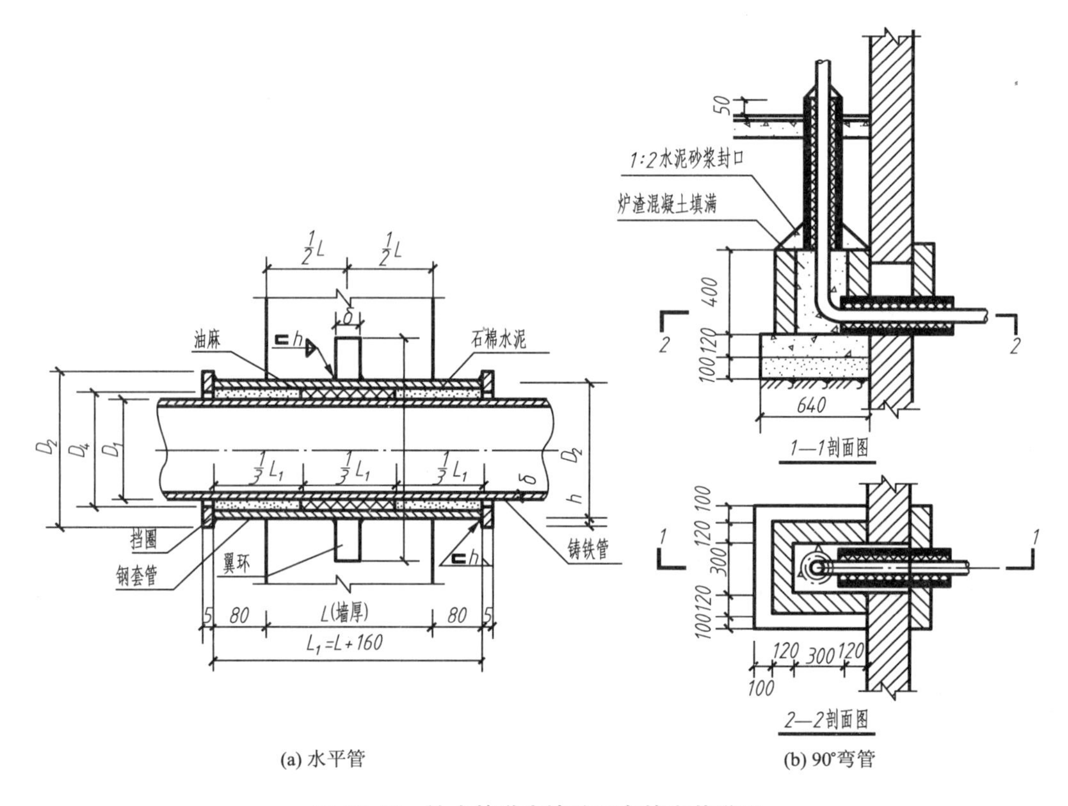

图 10.12　给水管道穿墙防漏套管安装详图

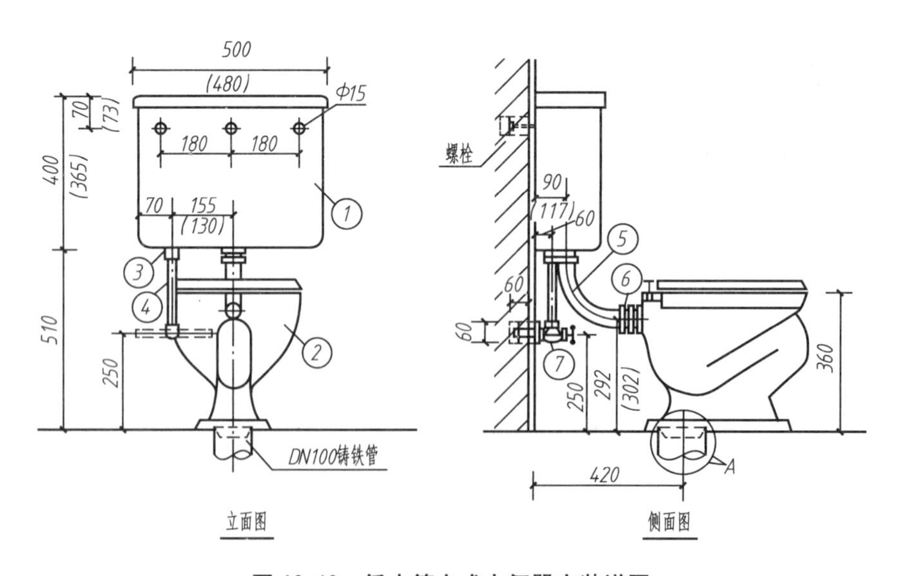

图 10.13　低水箱坐式大便器安装详图

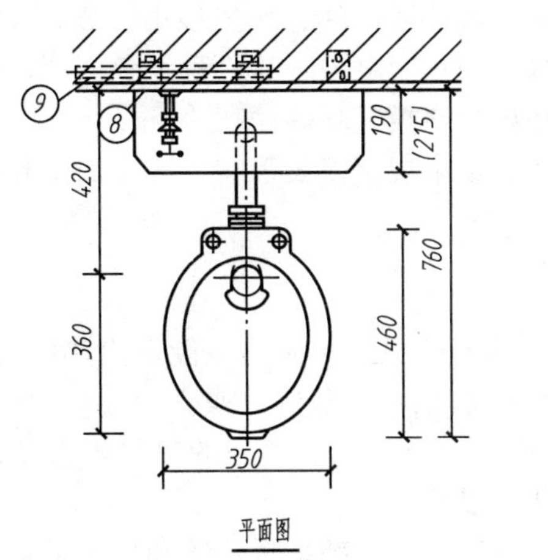

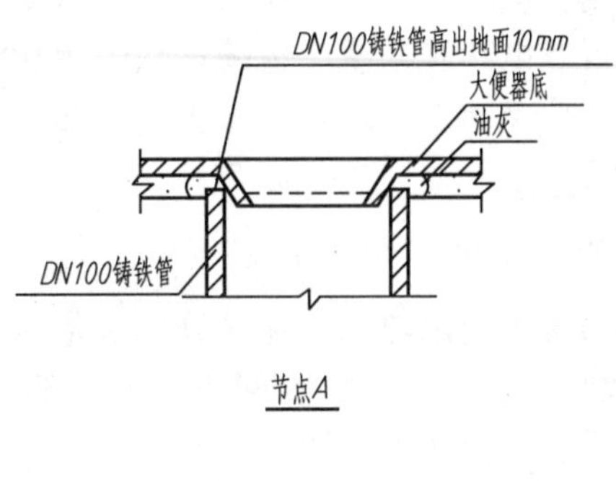

说明：

1. 本图按 3 号、4 号坐式大便器和 5 号、12 号低水箱编制。
2. 图中有两个尺寸者，其中带括号的为 4 号坐式大便器和 12 号低水箱尺寸，单一尺寸均为共用尺寸。
3. 给水管可暗装或明装，由项目设计决定。

编号	名称	规格	材料	单位	数量
1	低水箱	5 号或 12 号	陶瓷	个	1
2	坐式大便器	3 号或 4 号	陶瓷	个	1
3	浮球阀配件	*DN*15	铜	套	1
4	水箱进水管	*DN*15	铜管或镀锌钢管	m	0.26
5	冲洗管及配件	*DN*50	铜管或塑料管	套	1
6	锁紧螺母	*DN*50	铜或锦纶	套	1
7	角式截止阀	*DN*15	铜	个	1
8	三通	—	锻铁	个	1
9	给水管	—	镀锌钢管	—	—

图 10.13　低水箱坐式大便器安装详图(续)

10.2 采暖通风图(Heating and Ventilation Drawing)

随着人们生活水平的提高和健康意识的增强，建筑室内环境的舒适程度已是人们越来越关心的话题。构造室内环境舒适程度的要素很多，如热舒适性、视觉舒适和空气品质、噪声等综合影响着人们的身体健康。在这些因素中，空气品质是一个极为重要的因素，它和人的身体健康有着直接关系。采暖通风系统应运而生，它是为了改善建筑内人们的生活和工作条件，以及满足某些生产工艺和科学实验的环境要求而设置的。

10.2.1 采暖系统图(Heating System Drawing)

下面首先对采暖系统做一个简单的介绍，采暖工程按采用热媒的不同可分为热水采暖、蒸汽采暖和电采暖。其中热水采暖由于能实现低温供热，热损耗小，节省能源，所以被普遍采用；蒸汽采暖能耗比较大，现已很少使用；而电采暖是一种绿色能源，近年来发展很快，现有电热膜采暖、电缆地热采暖和辐射电热板采暖等。

本节主要介绍热水采暖系统工程图的组成、基本规定以及采暖系统平面图和系统图的绘制与识读。

1. 采暖系统的组成与分类

采暖系统主要由热源、输热管网和散热三部分组成。热源是指能产生热能的部分(如锅炉房、热电站等)。输热管网通过输送某种热媒(如水、蒸汽等媒介物)将热能从热源输送到散热设备。散热设备以对流或辐射的方式将输热管道输送来的热量传递到室内空气中，一般布置在各个房间的窗台下或内墙布置，以明装为多。

根据热源与散热器的位置关系，采暖系统可以分为局部采暖系统和集中采暖系统两种形式。局部采暖系统是指热源和散热器在同一个房间内，以使室内局部区域或局部工作地点保持一定温度要求而设置的采暖系统(如火炉采暖、煤气采暖、电热采暖等)。集中采暖系统是指热源和散热设备分别设置，利用一个热源产生的热量通过管道向各个房间或各个建筑物供给热量的采暖方式。

2. 采暖平面图

采暖平面图主要表示管道、附件及散热器的布置情况，是采暖施工图的重要图样。采暖平面图一般采用1∶100、1∶50的比例绘制。为了突出管道系统，用细实线绘制建筑平面图中的墙身、门窗洞、楼梯等构件的主要轮廓；用中实线以图例形式画出散热器、阀门等附件的安装位置；用粗实线绘制采暖干管；用粗虚线绘制回水干管。在底层平面图中应画出供热引入管、回水管，并注明管径、立管编号、散热器片数等。采暖施工图中常用的图例见表10-3。

表10-3 采暖施工图中常用的图例

名称	图例	备注
阀门(通用)截止阀		1. 没有说明时，表示螺纹连接；法兰连接时表示为 ，焊接时表示为 2. 轴测画法：阀杆垂直时表示为 ；阀杆水平时表示为
闸阀		
手动调节阀		
止回阀	通用 升降	
集气灌、排气装置	平面图 系统图	
矩形补偿器		
固定支架		

（续）

名称	图例	备注
坡度及坡向	i=0.003 或 i=0.003	
散热器及手动放气阀	 平面图 剖面图 系统图	
百叶窗	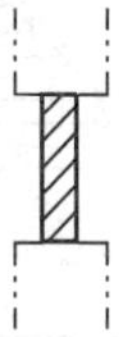	
防火阀		
气流方向	 通用 送风 回风	
水泵		
防火栓	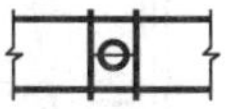	

采暖平面图主要表示各层管道及设备的平面布置情况。通常只画房屋底层、标准层及顶层采暖平面图。当各层的建筑结构和管道布置不相同时，应分层绘制。

采暖平面图一般采用1∶100、1∶50的比例绘制。为了突出管道系统，用细实线绘制建筑平面图中的墙身、门窗洞、楼梯等构件的主要轮廓；用中实线以图例形式画出散热器、阀门等附件的安装位置；用粗实线绘制采暖干管；用粗虚线绘制回水干管。在底层平面图中应画出供热引入管、回水管，并注明管径、立管编号、散热器片数等。

图10.14所示为底层采暖平面图，图中粗虚线表示回水干管，与其连接的空心圆圈表示立管，室外引入管与回水总管均在⑤轴外墙左侧进入室内，引入管穿墙进入室内，接总立管并升至顶层与供热干管连接。

图中除供热总管外，共有10根立管(L1～L10)。多数散热器明装窗下，回水干管分别从北向南接收东侧L4～L1、西侧L5～L8各立管和散热器的回水，并沿0.003的坡度汇入回水总管。

图中还注明了散热器的片数，如L1立管上的“6A”，回水干管管径“*DN*40”等。

3. 采暖系统图的绘制

根据《暖通空调制图标准》(GB/T 50114—2010)规定，系统图应按45°的正面斜等测绘制。通常将*OZ*轴竖放表示管道高度方向尺寸，*OX*轴与建筑横向一致，*OY*作为建筑纵向并画成45°斜线方向。采暖系统图通常采用与采暖平面图相同的比例绘制，特殊情况下可以放大比例或不按比例绘制。当局部管道被遮挡、管线重叠，可采用断开画法，断开处宜用小写拉丁字母连接表示，也可用双点画线连接示意，如图10.15所示。

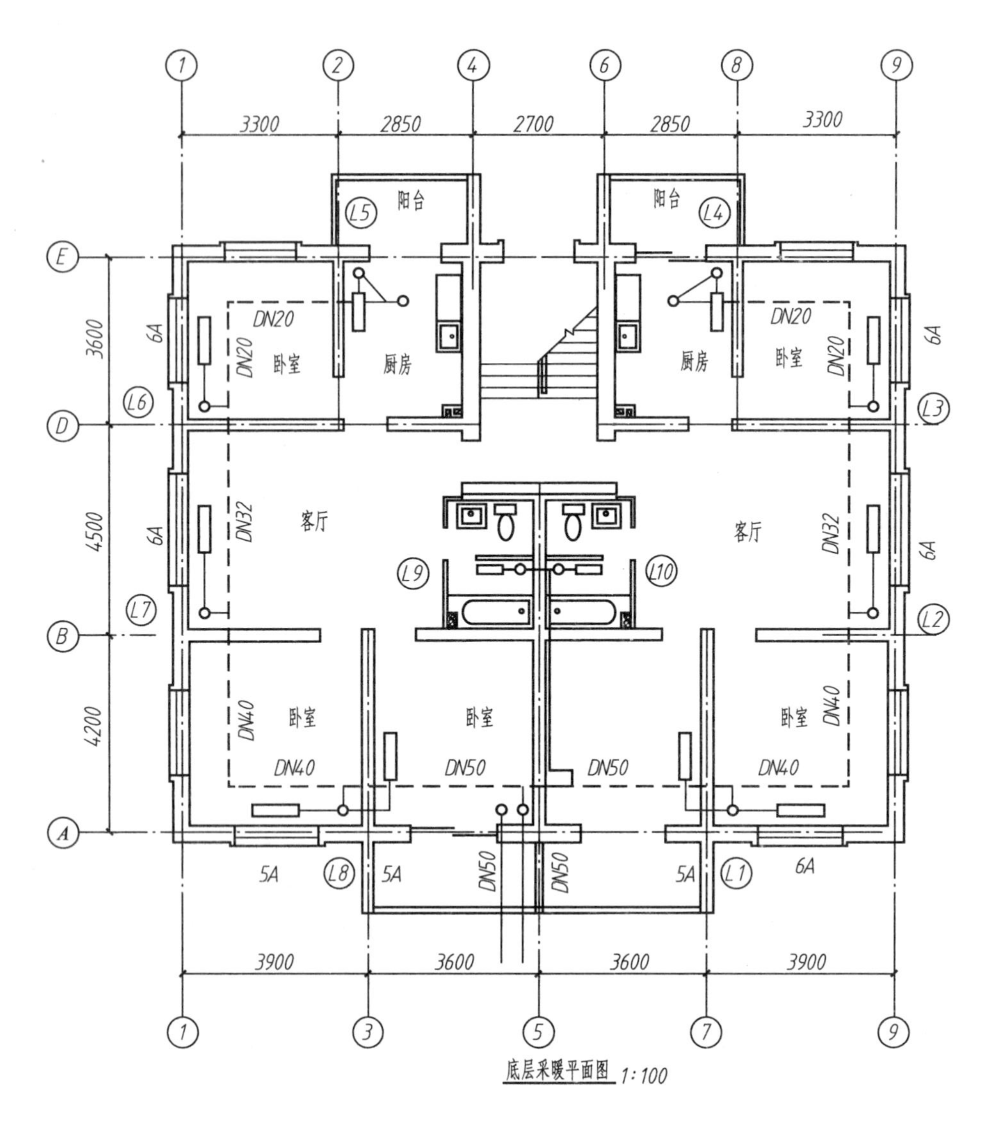

图 10.14 底层采暖平面图

采暖系统图中供热干管用粗实线绘制，回水干管用粗虚线绘制，散热设备、管道阀门等以图例形式用中实线绘制，并在管道或设备附近标注管道直径、标高、坡度、散热器片数及立管编号。标注各楼层地面标高及有关附件的高度尺寸等。

图 10.15 所示为采暖系统图，对照图 10.14 可以看出，室外引入管由本住宅⑤轴线左侧，标高为-1.700m 处穿墙进入室内，然后竖起，穿越二、三层楼板到达四层顶棚下标高 10.700m 处，其管径为 $DN50$。在此处，总立管沿东西分为两根水平干管，沿墙敷至立管 L4、L5 处。直径分别为 $DN50$、$DN40$、$DN32$、$DN20$。两水平干管末端最高处(立管 L4、L5 附近)各装有一集气罐，以排出系统中的空气。

在两根水平干管上依次接出 10 根立管，各立管经支管向一侧或两侧散热器供水，散热器中的热水放热后，再经回水支管、立管将热水送入下一层散热器。热水依次经顶层、三层、二层、一层散热器进入回水管。回水管呈“凹”形，从东西两侧接收 L4～L1 和 L5～

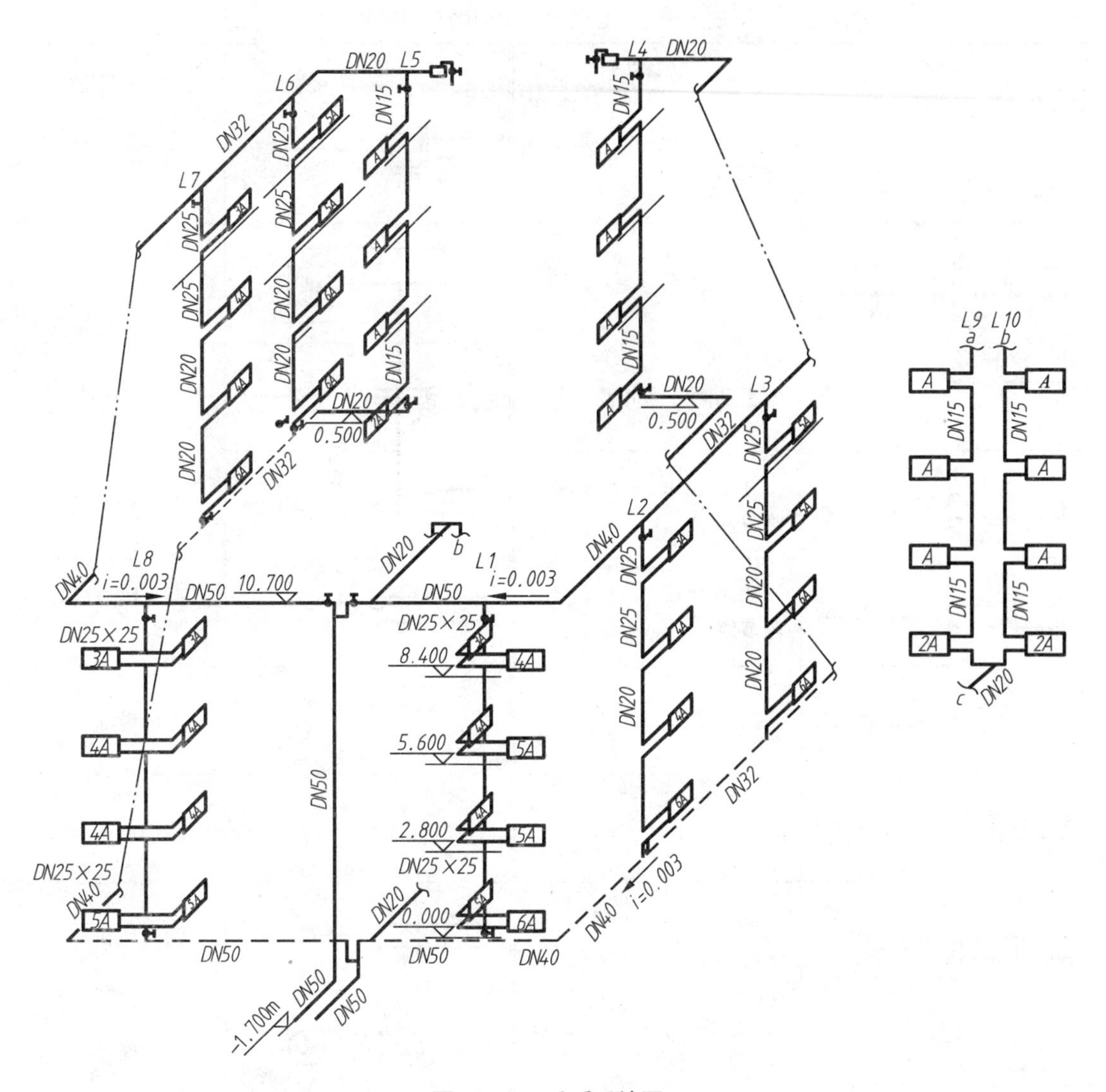

图 10.15 采暖系统图

L8 各立管的回水，并沿 0.003 的坡度汇入回水总管，排入室外管网。回水干管的起点分别在 L4、L5 两立管底层散热器的支管上，标高为 0.500m。

图 10.15 中还标明了散热器的片数、各管段的管径等。

图 10.15 中卫生间两立管 L9、L10 与 L1 立管投影重叠，故采用移出画法，并用连接符号 a、b 和 c 示意连接关系。西侧 L5、L6、L7 三根立管采用断开画法，用双点画线将两断开处连接示意。

10.2.2 通风施工图(Ventilation Working Drawing)

通风施工图由系统平面图、剖面图、系统轴测图以及详图组成。施工通风图一般都是用一些图例符号表示的，见表 10 - 4。

表 10-4 通风施工图中的常用符号

图例	名称	图例	名称
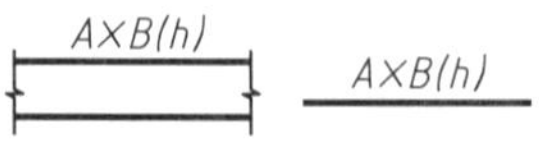 A×B(h) A×B(h)	风管及尺寸[宽×高(标高)]		消声弯头
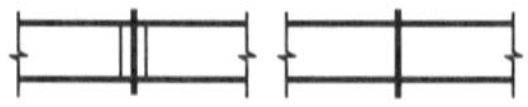	风管法兰	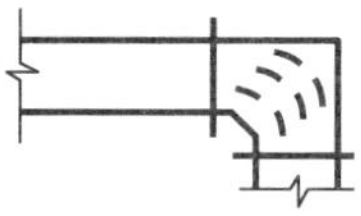	带导流片弯头
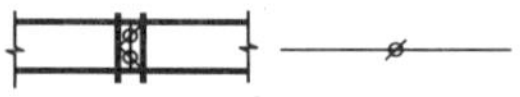	手动对开多叶调节阀	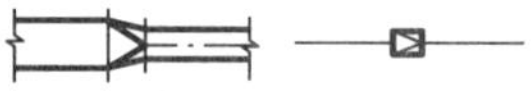	方圆变径管
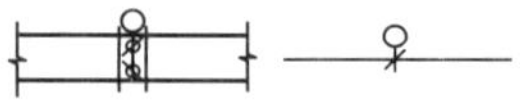	开关式电动对开多叶调节阀	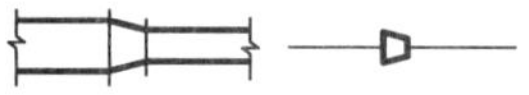	矩形变径管
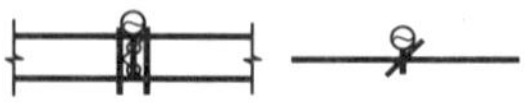	调节式电动对开多叶调节阀	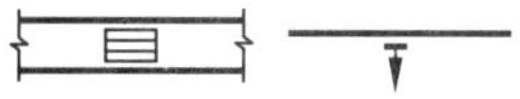	百叶风口(DBY-，SBY-)
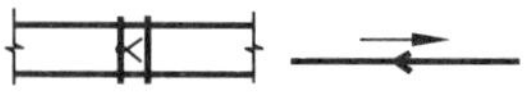	风管止回阀	 FS	方形散流管
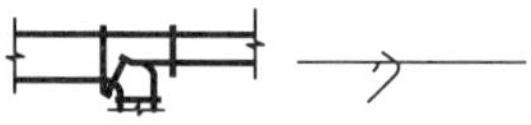	三通调节阀	 YS	圆形散流管
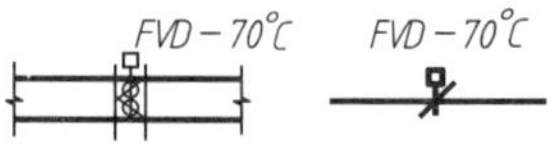 FVD-70℃ FVD-70℃	防火调节阀(70℃熔断)	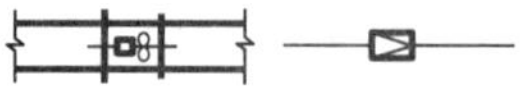	轴流风机
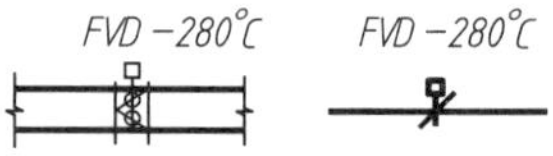 FVD-280℃ FVD-280℃	防烟防火调节阀(280℃熔断)		离心风机
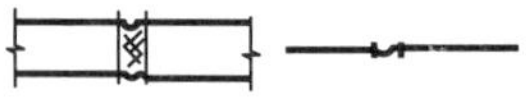	风管软接头		屋顶风机
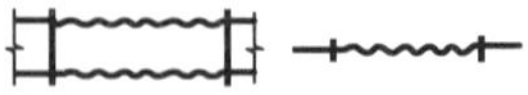	软风管		送风气流方向
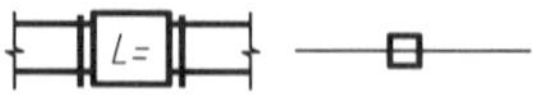 L=	消声器		回风气流方向

1．通风系统平面图

通风系统平面图是表示通风管道和设备的平面布置。主要内容如下：

(1) 通风管道、风口和调节阀等设备和构件的位置。

(2) 各段通风管道的详细尺寸，如管道长度和断面尺寸，送风口和回风口的定位尺寸及风管的位置、尺寸等。

(3) 用图例符号注明送风口和回风口的空气流动方向。

(4) 系统的编号。

(5) 风机、电动机等设备的形状轮廓及设备型号。

图 10.16 是某建筑送风系统平面图。图中详细标注了各段通风管的长度、断面尺寸；绘出了截面变化的位置以及分支方式和分支位置；表示了风口的位置和方向。

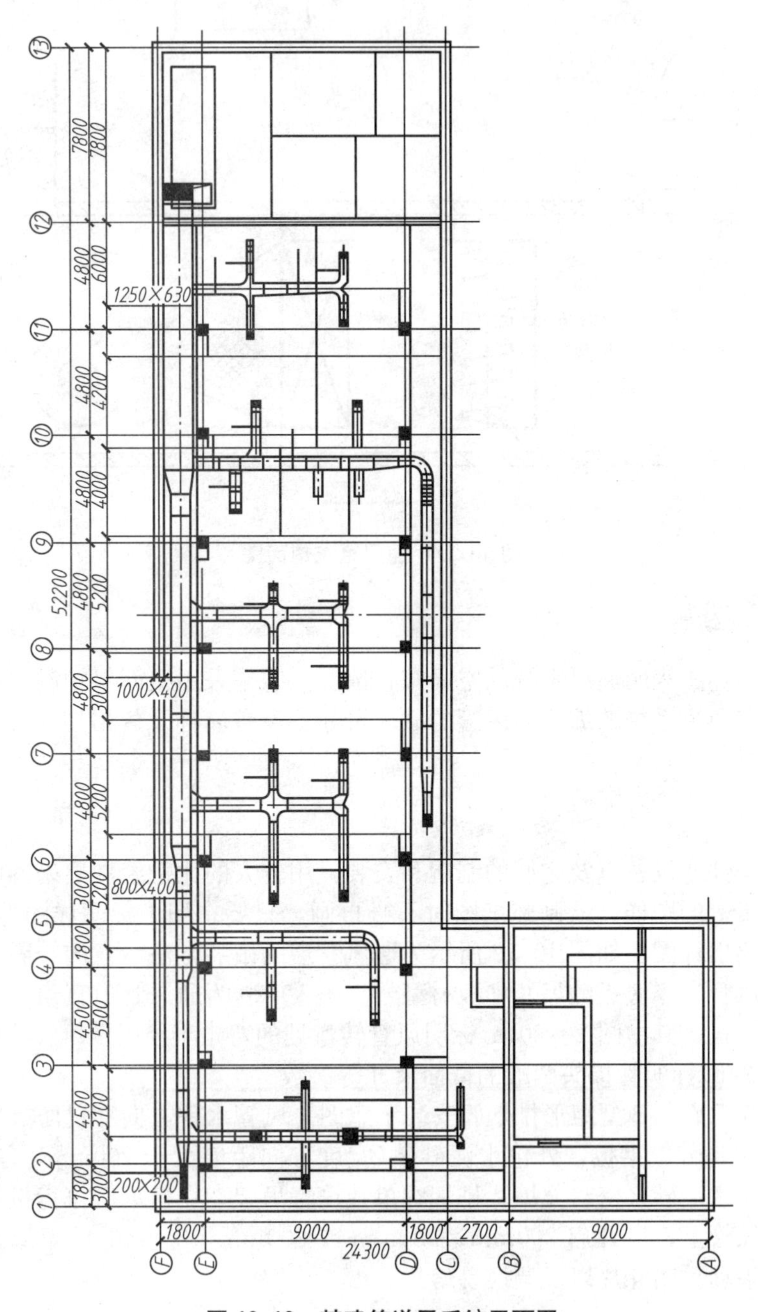

图 10.16 某建筑送风系统平面图

2. 通风系统剖面图

通风系统剖面图主要表示通风管道竖直方向的布置，送风管道、回风管道、排风管道间的交叉关系。有时用来表达风机箱、空调器、过滤器的安装和布置。

图 10.17 中 1—1 剖面图表达了空调机箱的构造与布置。

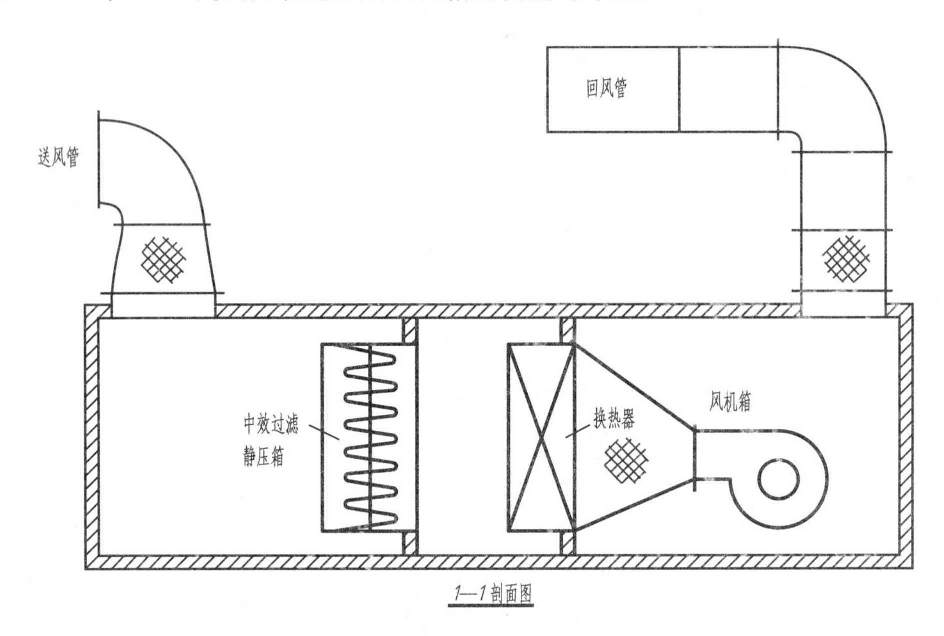

图 10.17　通风系统剖面图

3. 通风系统轴测图

通风系统轴测图表明通风系统的空间布置情况。它是采用正面斜轴测技影法绘制的轴测图。图中注有通风系统的编号、风管的截面尺寸、设备名称及规格型号等。图 10.18 为送风管道轴测图。

4. 详图

详图是将构件或设备以及它们的制造和安装，用较大的比例绘制出来的图样。如果采用的是标准图集上的图样，绘制施工图时不必再画，只要在图中标明详图索引符号即可。非标准详图应绘出详图。如图 10.19 所示为通风管道的吊装方法示意图，图中标明吊装杆的直径以及通风管支撑底板的尺寸和板材型号。图 10.20 为通风管道直角拐弯处接头和管径不同的相接方式，其中图 10.20(a)标明风管转弯处的弯角半径以及风管截面尺寸和管壁厚度，图 10.20(b)标明管接头两端的截面尺寸等参数。

图 10.21 为 PY－1B 型矩形排烟阀安装示意图。风管水平方向穿过防火墙时，过墙处风管材质采用 20mm 厚钢板，外包水泥砂浆(宽度方向距墙大于 200mm，厚 35mm)，风管与防火墙处用水泥砂浆密封充填。排烟阀单独设置吊架，在排烟阀执行机构的一侧，在易熔片的前方风管上，应开启 200mm×200mm 或 200mm×350mm 的矩形检修门，便于检查、检修、手动关闭叶片以及调换易熔片。

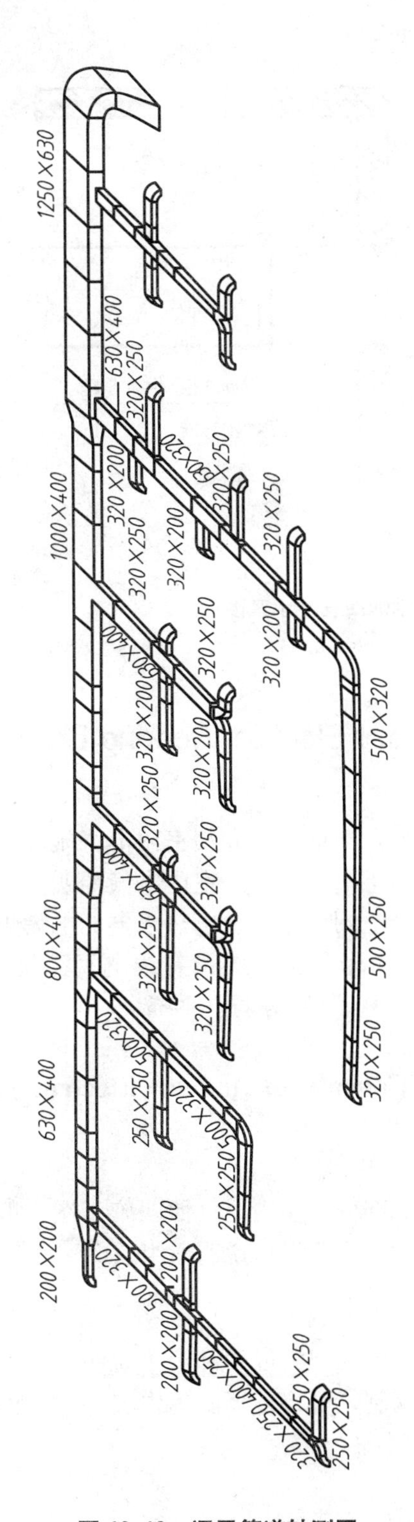

图 10.18 通风管道轴测图

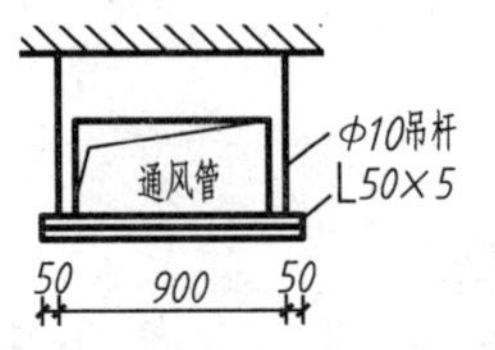

图 10.19 吊装通风管

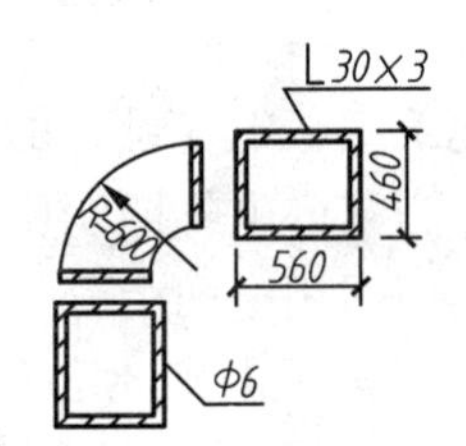

(a) 风管转弯处

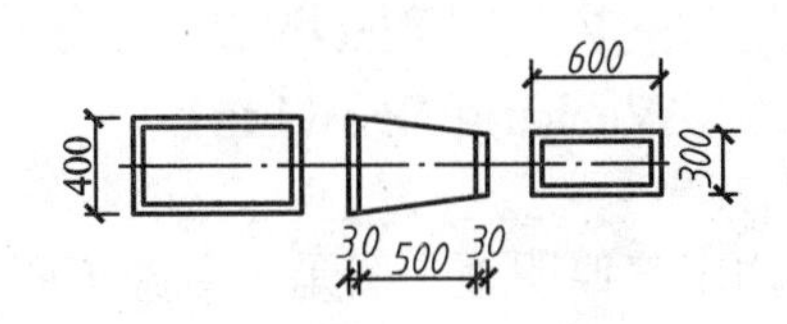

(b) 管道接头(大小头)

图 10.20 风管接头

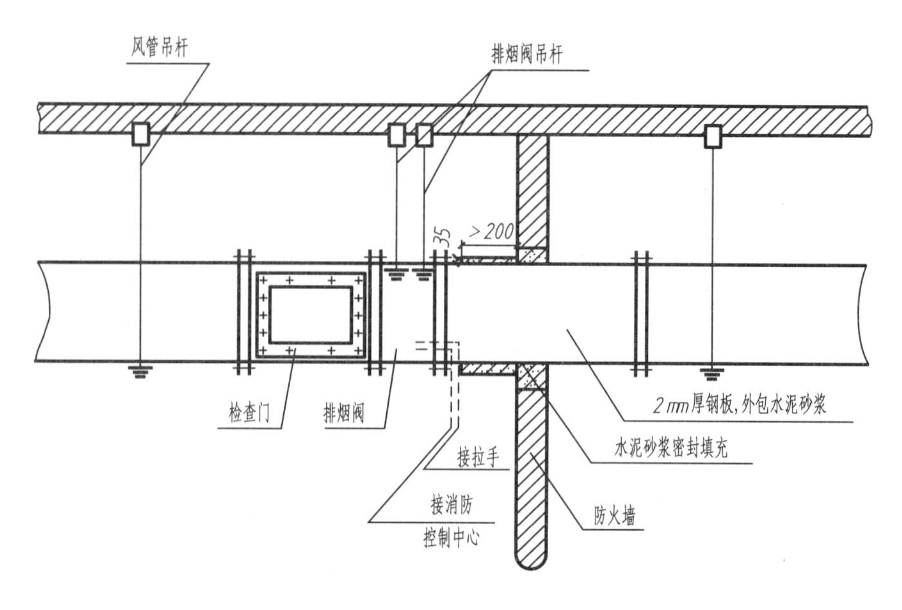

图 10.21　PY-1B 型矩形排烟阀安装示意图

10.3 建筑电气施工图(Architectural Electric Working Drawing)

在房屋建筑中，电气设备的安装是不可缺少的。本章主要介绍室内电气施工图。室内电气施工图分为室内电气照明施工图和室内弱电施工图两部分。室内电气照明施工图又分为设备用电和照明用电两个分支，设备用电主要指空调、冰箱、电热水器、电烤炉等高负荷用电设备，照明用电则指各种灯具的用电。室内弱电施工图指有线电视系统(简称为CATV 系统)、电话系统和火灾自动报警控制系统(联动型)等弱电系统。

10.3.1　室内电气照明施工图的内容(Conents of Indoor Electric Lighting Working Drawing)

室内电气照明施工图是设备施工图的一个组成部分。室内电气照明施工图一般由首页图、电气照明及插座平面图、供电系统图和电气大样图及设计说明所组成。

1. 首页图

首页图主要包括：电气工程图样目录、图例及电气规格说明和施工说明三部分。但在工程比较简单，仅有三五张图样时，可不必单独编制，可将首页图的内容并入平面图内或其他图内。

2. 电气照明及插座平面图

电气照明平面图是电气施工的主要图样，它表明电源进户线位置、规格、穿线管径；配电盘(箱)位置、编号；配电线路位置、敷设方式；配电线规格、根数、穿线管径；各种电器位置——灯具的位置、种类、数量、安装方式及高度以及开关、插座位置；各支路的编号及要求等。

插座平面图主要表明配电盘(箱)位置、编号；配电线路位置及敷设方式；各支路编号、根数及穿管管径；各种插座位置、数量、安装方式及高度要求等、是电气施工的重要图样。

3. 供电系统图

供电系统图是根据用电基本要求和配电方式画出的，它是表明建筑物内配电系统图组成与连接的示意图。从图中可以看到电源进户线型号、敷设方式、系统用电的总容量；进户线、干线、支线连接与分支的情况；配电箱、开关、熔断器型号与规格，以及配电导线型号、截面、采用管径及敷设方式等。

4. 电气大样图

凡在平面图、供电系统图中表示不清而又无通用图可选的视图，须绘制施工大样图，如有通用图可选，则图上只需标注所引用的图册代号及页数即可。

5. 设计说明

在上述图样中的未尽事宜，应在“说明”中提出。“说明”一般是说明设计的依据，及对施工、材料或制品的要求等。

10.3.2 室内电气施工图的有关规定(Rules of Indoor Electric Working Drawing)

1. 图线

电气照明施工图各种图线的使用应符合表 10-5。

表 10-5 电气施工图中常用的线型

名称	线型	用途
粗实线	————————	基本线、可见轮廓线、可见导线、一次线路、主要线路
细实线	————————	二次线路、一般线路
细虚线	----------------	辅助线、不可见轮廓线、不可见导线、屏蔽线等
点画线	——·——·——	控制线、分界线、功能图框线、分组图框线等
双点画线	——··——··——	辅助图框线、36V 以下线路等

2. 标高

在电气施工图中，线路和电气设备的安装必要时应标注标高，一般采用与建筑施工图统一的相对标高，或者用相对于本层楼地面的相对标高。若某建筑电气施工图中标注的总电源进线高度为 4m，指的是相对于该建筑的底层基准标高±0.000 的高度；若某插座的安装高度为 1.4m，指的是相对于本层楼地面而言的高度，一般表示为+1.4m。

3. 引出线

在电气施工图中，为了标记和注释图样中的某些内容，需要用指引线在旁边加上简短的方案说明。引出线一般用细实线表示，从被注释处引出，并且根据所注释内容的不同，在引出线起点上标记不同的符号。若引出线从轮廓线内引出，起点画一实心黑点；若引出线从轮廓线上引出，起点画一箭头；若引出线从电路线上引出起点画一段斜线，如图 10.22所示。

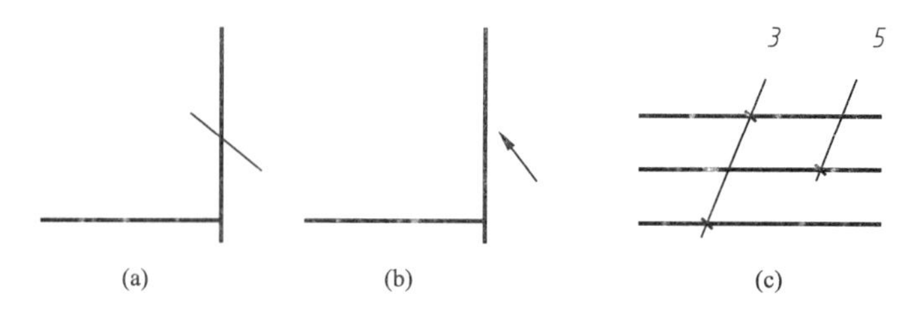

图 10.22 引出线的起点标注

4. 图形符号和文字符号

在建筑电气施工图中，各种电气设备、元件和线路都用统一的图形符号和文字符号表示。我国现已发布了《电气简图用图形符号》(GB/T 4728)、《技术产品及技术产品文件结构原则 字母代码 按项目用途和任务划分的主类和子类》(GB/T 20939—2007)，一般不允许随意乱用，破坏图的通用性。对于标准中没有的符号可以在标准的基础上派生出新的符号，但要在图中加以说明。图形符号的大小和图线的宽度一般不应影响符号的含义。根据图面布置的需要也可以将符号旋转或镜像缩放，但文字符号和方向不能倒置。表 10 - 6 为常用的电气图形符号。

表 10 - 6 常用的电气图形符号

符号	名称	符号	名称	符号	名称
	白炽灯		普通型带指示灯单级开关（暗装）		电话接线箱
	壁灯		普通型带指示灯双级开关（暗装）		落地接线箱
	吸顶灯		单相两孔加三孔插座（暗装）		二分支器
	防水吊线灯		单相两孔加三孔防水插座	TV	电视插座
	单管荧光灯 双管荧光灯		空调用三孔插座	TP	电话插座
	声控灯		排气扇		对讲分机
	配电箱		断路器		放大器
Wh	电度表		负荷开头		分配器
DY	电源		向上配线 向下配线	FD	放大器，分支器箱
	按钮		地线	DJ	对讲楼层分配箱

除了了解常用的电气图形符号外，还应熟悉常用的配电线路的敷设方式及文字代号、配电线路上的标注格式。

配电线路敷设方式的文字代号见表10－7。

表10－7 配电线路敷设方式的文字代号

代号	线路敷设方式	代号	线路敷设方式	代号	线路敷设方式
PC	穿硬塑料管敷设	E	明敷设	CE	沿天棚或顶板面敷设
SC	穿钢管敷设	WC	暗敷设在墙内	BE	沿屋架敷设
TC	穿电线管敷设	K	瓷瓶瓷柱敷设	CLE	沿柱敷设
WL	铝皮长钉敷设	PL	瓷夹板敷设	FC	沿地板或埋地敷设
PRE	塑料线槽敷设	SR	沿钢索敷设	WE	沿墙面敷设
T	电线管配线	M	钢索配线	F	金属软管配线

灯具安装方式的代号见表10－8。

表10－8 灯具安装方式的代号

代号	线路敷设方式	代号	线路敷设方式
Ch	链吊式	CP	线吊式
P	管吊式(吊杆式)	CL	柱上安装
W	壁式	S	吸灯式
R	嵌入式(也适用于暗装配电箱)		

5．单线和多线的表示方法

电气施工图电路的表示方法分为单线表示法和多线表示法。单线表示法是将同方向同位置的多根电线用同一条线表示，因其图形表达简单，所以电气施工图多数采用单线表示法。多线表示法是将每根电线都画出来，其连接方式一目了然，但线条过多，会影响图形的表达。

6．标注方式

配电线路上的标注格式如下式所示：

$$a-b(c\times d)e-f$$

式中：a——回路编号；

b——导线型号；

c——导线根数；

d——导线截面积(mm^2)；

e——敷设方式及穿管管径；

f——敷设部位。

如某配电线路上标注有：WL－2－BV(4×25)×1×16FPC32－WC，BV(4×25)表示有4根截面为25mm^2的铜芯塑料绝缘导线；1×16FPC32表示有1根截面为16mm^2，直径为32mm的塑料管敷设；WC表示暗敷在墙内。

照明灯具的表达式如下所示：

$$a\times b\,\frac{c\times d\times l}{e}f$$

式中：a——灯具数；

b——灯具型号或编号(无则省略)；

c——每盏灯的白炽灯数量或管数；

d——白炽灯或灯管的功率(W)；

l——光源种类；

e——安装高度(m)；

f——安装方式。

表示灯具安装方式的代号有：

CP——自在器线吊式；CP_1——固定线吊式；CP_2——防水线吊式；Ch——链吊式；P——管吊式；W——壁装式；S——吸顶式；R——嵌入式等。

一般灯具标注，常不写型号，如 $5\frac{1\times 40}{2.8}Ch$，表示 5 个灯具，功率为 40W，安装高度为 2.8m，链吊式。

10.3.3 电气施工图及插座施工图的识别(Distinguish of Electric and Socket Working Drawing)

电气照明平面图是在建筑平面图的基础上绘制而成的，其主要表明下列内容：

(1) 电源进户线位置，导线规格、型号、相数，引入方法(架空引入时注明架空高度，从地下敷设引入时注明穿管材料、名称、管径等)。

(2) 配电箱位置(包括主配电箱、分配电箱等)。

(3) 各种电气器材、设备平面位置、安装高度、安装方法、用电功率。

(4) 线路敷设方式，穿线器材名称、管径、导线名称、规格、根数。

(5) 从各配电箱引出回路的编号。

(6) 屋顶防雷平面图及室外接地平面图，选用材料、名称、规格、防雷引下方法，接地极材料、规格、安装要求等。

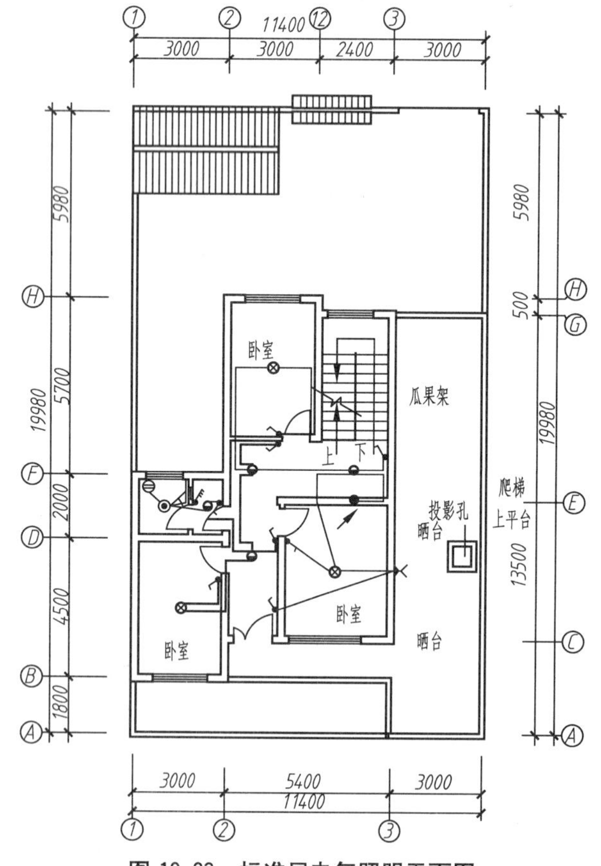

图 10.23　标准层电气照明平面图

图 10.23 是住宅楼底层的电气照明平面图。进户线由低压配电房沿地引入到配电总箱，在总箱处设置总等位箱做等电位连接，图中箭头朝上表示从总箱引至各箱，每间库房设有一个吸顶灯和开关。

图 10.24 是住宅楼标准层的电气

插座平面图。从图中可以看出，空调插座、热水器插座及厨房插座均为单独回路，例如在厨房有一个抽烟机插座、三个普通插座，“W3”表示分箱中第三回路。

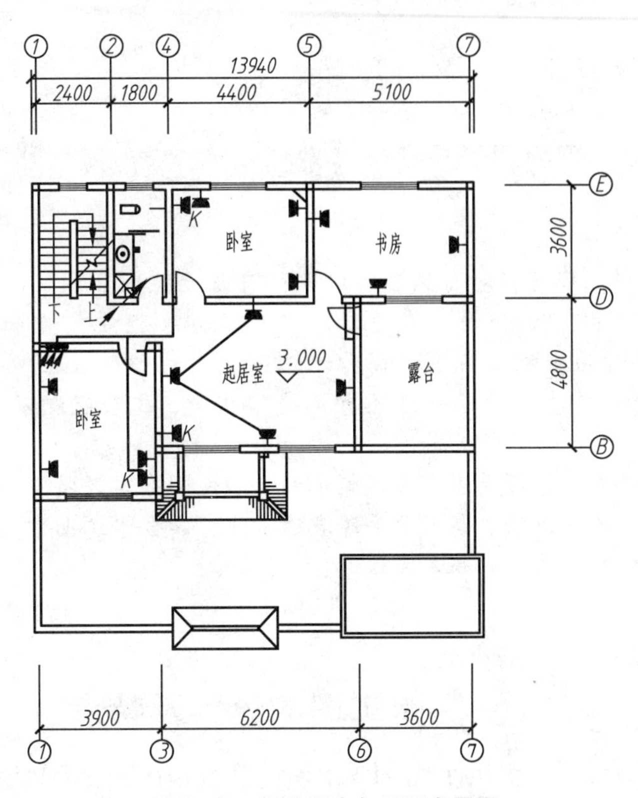

图 10.24　标准层电气平面布置图

思　考　题

1. 如何识读室内给排水施工图？
2. 如何识读采暖与通风施工图？
3. 如何识读建筑电气施工图？

第11章 水利工程图 (Water Conservancy Engineering Drawing)

教学提示：水利工程是指对自然界的水进行有效地控制和调配，达到兴利除害的目的而修建的各项工程措施的统称。表达水利工程规划、枢纽布置和水工建筑物形状、尺寸及结构的图样称为水利工程图，简称水工图。水利工程往往综合性较强，在一套工程图中，除表达水工建筑外，一般还有机械、电气、工程勘测及水土保持等专业的内容。

教学要求：通过本章学习要求学生了解水利工程图的分类及特点、表达方式。掌握简化画法、拆卸画法、连接画法、断开画法等表达方法；学会水工图常见的标注方法；水工图基本读图方法；绘制水工图的基本方法。

11.1 水工图的分类及特点 (Classification and Characteristics of Water Conservancy Engineering Drawing)

11.1.1 水工图的分类(Classification of Water Conservancy Engineering Drawing)

水利工程的兴建一般需要经过勘测、规划、设计、施工和验收五个阶段。各个阶段都要绘制相应的图样，不同阶段对图样有不同的要求。

1. 规划图

规划图是用图例和文字表达水利工程的布局、位置、类别等内容的示意性图样。如流域规划图、灌区规划图等，图 11.1 所示为某灌区规划图。

从图 11.1 中可看出，该灌区有 3 座水库作为取水渠首，总干渠和分干渠总长为 50 多千米，灌溉面积 6 万多公顷，灌区内水库、总干渠及分干渠的位置均以图例为示意性表达。

规划图的主要特点如下：

(1) 规划图为平面图，通常绘制在地形图上，采用制图标准规定的“水工建筑物平面图例”绘制，无须表达建筑物的结构形状。常见的水工建筑物平面图例见表 11-1。

(2) 规划图表达的地域较大，仅反映整个工程的概貌。因此，画图须采用小比例。

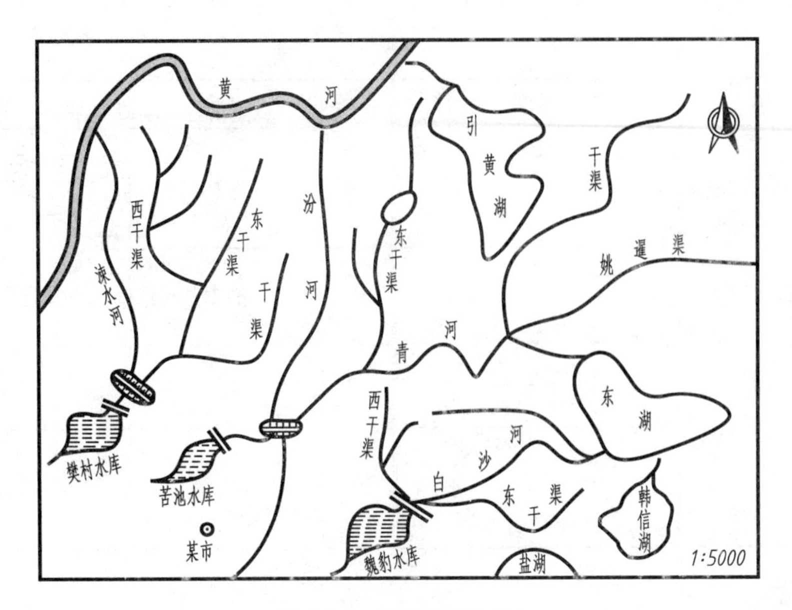

图 11.1 某灌区规划图

表 11-1 常见的水工建筑物平面图例

序号	名称		图例	序号	名称	图例
1	水库	大型		7	船闸	
		小型		8	泵站	
2	混凝土坝			9	水文站	Q
3	土、石坝			10	水位站	G
4	溢洪道			11	隧洞	
5	水闸			12	船闸	
6	水电站	大比例		13	虹吸	(大)
		小比例				(小)

(续)

序号	名称	图例	序号	名称	图例
14	涵洞(管)	(大) (小)	18	分(蓄)洪区	
15	跌水		19	护岸	
16	斗门		20	堤	
17	灌区		21	渠	

2. 枢纽布置图

在水利工程中，由几个水工建筑物有机组合的综合体称为水利枢纽。常见的水利枢纽如水库枢纽(包括挡水坝、输水涵洞、溢洪道等)、泵站枢纽(包括泵站、进水闸等)。

将水利枢纽中各主要建筑物的平面形状和位置画在地形图上，这样的工程图样称为枢纽布置图。

枢纽布置图一般包括以下主要内容：

(1) 枢纽所在地的地形、河流、水流方向和地理方位等。

(2) 枢纽中各建筑物的平面形状及其相互位置关系。

(3) 建筑物与地面相交情况及填挖方坡边线。

(4) 建筑物的主要高程和主要尺寸。枢纽布置图是枢纽中各建筑物定位、施工放线、土石方施工及绘制施工总平面图的依据。

3. 建筑物结构图

用来表达某建筑物形状、大小、结构及建筑材料的工程图样称为建筑物结构图，如图 11.2 所示。

建筑物结构图一般包括下列主要内容：

(1) 建筑物的结构、形状、尺寸及材料。

(2) 建筑物的细部构造。

(3) 工程地质情况及建筑物与地基的连接方式。

(4) 建筑物的工作情况，如特征水位、水面曲线等。

(5) 附属设备的位置。

4. 施工图

按照设计要求绘制的指导施工的图样称为施工图。它主要用于表达施工程序、施工组织、施工方法等内容。常见施工图如施工场地布置图、基础开挖图、混凝土分期分块浇筑图、钢筋图等。

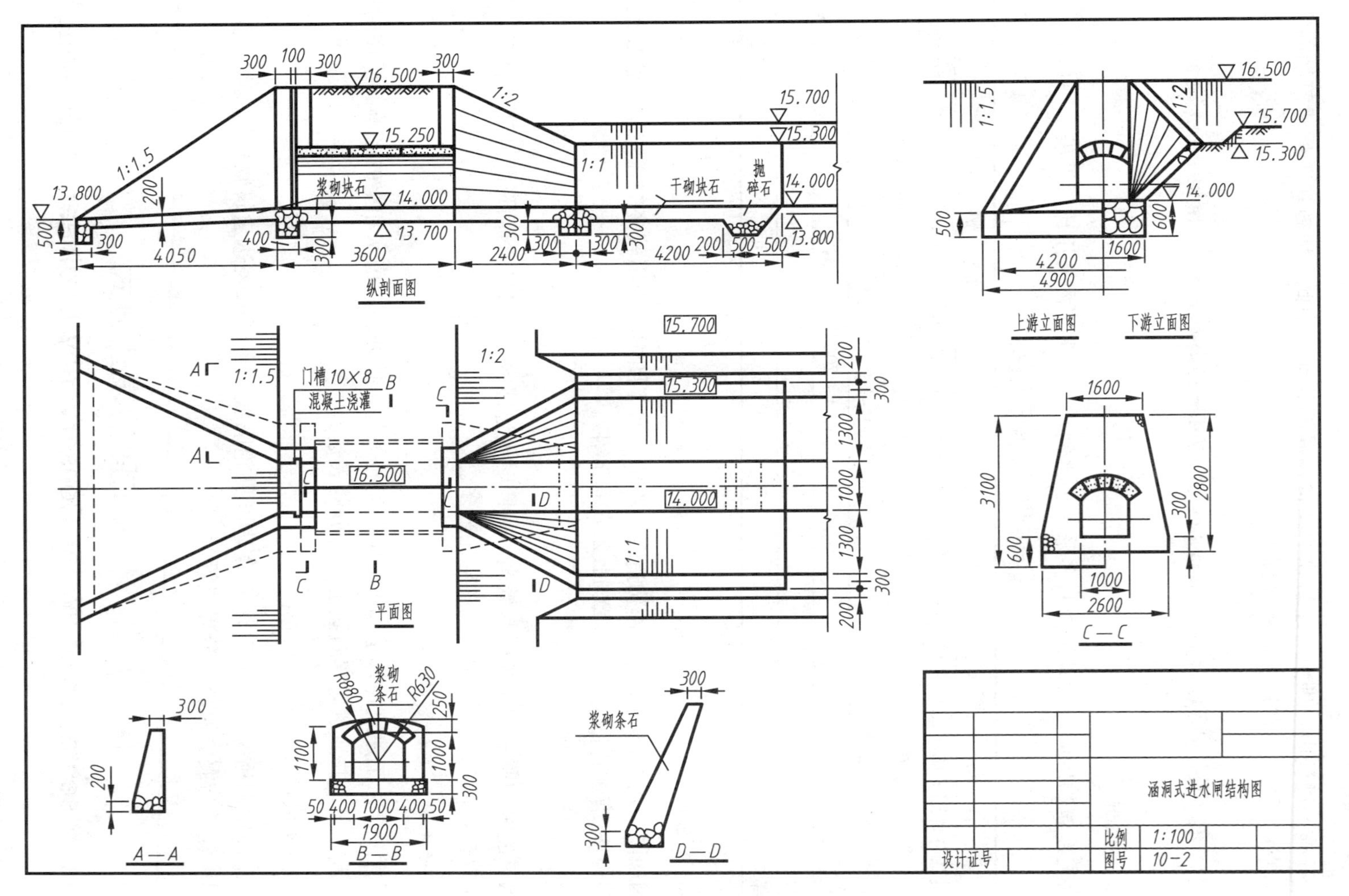

图 11.2 涵洞式进水闸结构图

5. 竣工图

工程施工过程中，难免对建筑物的结构作局部改动。因此，应按竣工后建筑物的实际结构绘制竣工图，供存档和工程管理用。

11.1.2 水工图的特点(Characteristics of Water Conservancy Engineering Drawing)

1. 小比例多

水工建筑物形体庞大，画图时多采用小比例，各类水工图常用比例见表11-2。

表11-2 水工图常用比例

图 类	比 例
枢纽总布置图、施工总平面布置图	1∶5000，1∶2000，1∶1000，1∶500，1∶200
主要建筑物布置图	1∶2000，1∶1000，1∶500，1∶200，1∶100
基础开挖图、基础处理图	1∶1000，1∶500，1∶200，1∶100，1∶50
结构图	1∶500，1∶200，1∶100，1∶50
钢筋图	1∶100，1∶50，1∶20
细部构造图	1∶50，1∶20，1∶10，1∶5

2. 详图多

因画图采用的比例小，细部构造表达不清，水工图中常采用较多的详图来表达建筑物的细部构造(有关详图知识在本章11.2节中介绍)。

3. 断面图多

水工建筑物所用的建筑材料繁多，为同时表达建筑物各部分断面形状及建筑材料，以便施工放样，因此水工图中断面图应用较多。

4. 考虑水和土的影响多

任何一个水工建筑物都是和水、土密切相关的，处处须考虑水和土的影响。绘图时应考虑水流方向，并注意对建筑物上下部分的表达。

5. 粗实线的应用多

水工图中的粗实线，不仅用来表达可见轮廓线，还用来表达建筑物的施工缝、沉陷缝、温度缝、防震缝及材料分界线等。

11.2 水工图的表达方式 (Representation of Water Conservancy Engineering Drawing)

绘制水利工程图样时，应首先考虑便于读图。根据建筑物的结构特点，选用适当的表达方法，在完整、清晰地表达建筑物各部分形状的前提下，力求制图简便。

11.2.1 基本表达方法(Basic Representation Methods)

1. 视图的名称及作用

1）平面图

它表达建筑物的平面形状及布置，表明建筑物的平面尺寸(长、宽)及平面高程、剖面图(断面图)的剖切位置及投影方向。

2）剖面图

在水利工程图中，当剖切面平行于建筑物轴线或顺河流流向时，称为纵剖面图；当剖切面垂直于建筑物轴线或河流流向时，称为横剖面图。

剖面图表达建筑物的内部结构形状及位置关系，表达建筑物的高度尺寸及特征水位，表达地形、地质情况及建筑材料。

3）立面图

正视图、左视图、右视图、后视图可称为立面图或立视图。当视向与水流方向有关时，视向顺水流方向所得立面图，称为上游立面(或立视)图；视向逆水流方向时，称为下游立面(或立视)图。

立面图主要表达建筑物的立面外形。

4）断面图

水工图中多采用移出断面，主要表达建筑物组成部分的断面形状、建筑材料及尺寸大小。

5）详图

将建筑物的部分结构用大于原图形所采用的比例画出的图形，称为详图，如图 11.3

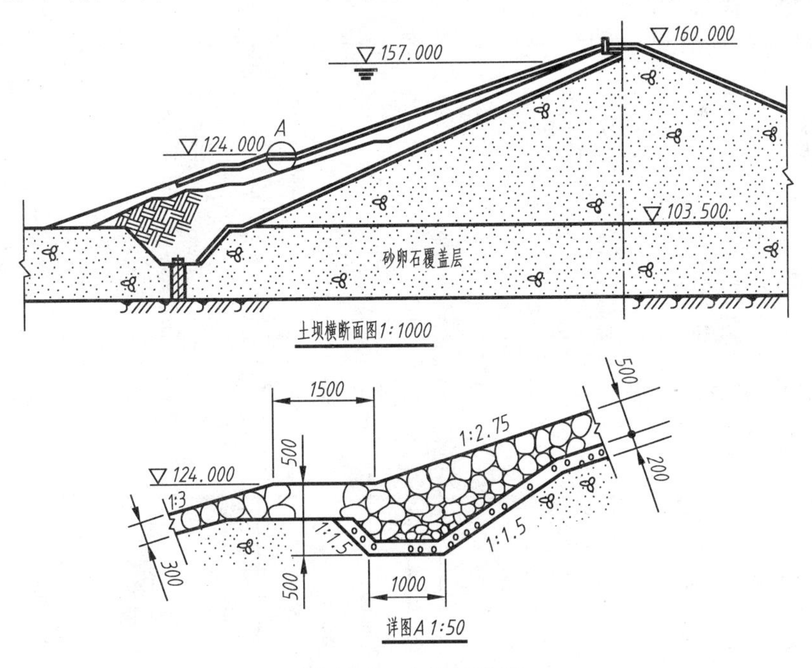

图 11.3 土坝的详图

所示。详图可画成视图、剖面图、断面图，它与被放大部分的表达方式无关。其标注形式为在被放大部分处用细实线画小圆圈，并标注字母。详图用相同的字母标注其图名，并注写比例。

2. 视图的选择及配置

平面图是一个比较重要的视图。绘制挡水建筑物如挡水坝、水电站等的平面图时，应使水流方向为自上而下，并画水流方向符号；绘制过水建筑物如水闸、涵洞等的平面图时，应使水流方向从左向右。对于河流，规定视向顺水流方向时，左边为左岸，右边为右岸。

为便于读图，各视图应尽可能按投影关系配置，但由于建筑物的大小不同，为了合理利用图纸，允许将某些视图配置在图幅内的适当地方。对大型或较复杂的建筑物，也可将每个视图分别画在单独的图纸上。

3. 视图名称及比例的标注

水工图中应将各视图的图名注写在对应图形的下方，并在图名下方画一粗横线。当整张图样中只用一种比例时，比例应注写在标题栏中，否则按如下形式注写：

$$\underline{\text{平面图}\ 1:200} \quad \text{或} \quad \frac{\text{平面图}}{1:200}$$

按以上形式注写时，比例的字高应比图名的字高小一号或二号。

当一个视图中的铅垂和水平两个方向采用不同比例时，应分别标注纵横比例，如图 11.4 所示。

4. 水工图中常用的符号

(1) 图样中表示水流方向的符号，有如图 11.5 所示三种式样供选用。

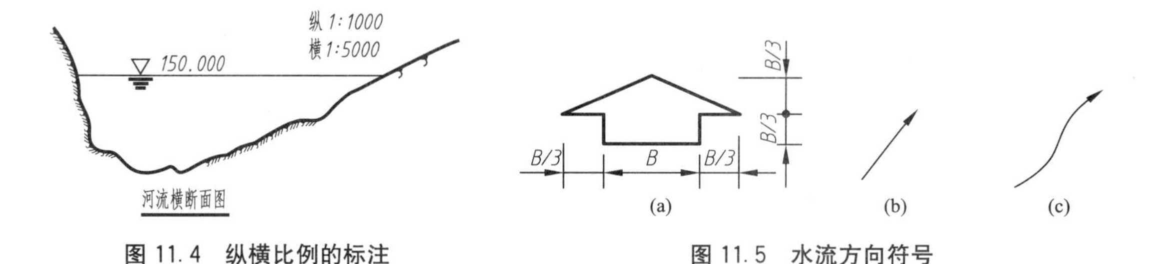

图 11.4　纵横比例的标注　　　图 11.5　水流方向符号

(2) 平面图中指北针有如图 11.6 所示三种式样供选用，其位置一般在图的左上角，必要时也可放在右上角。

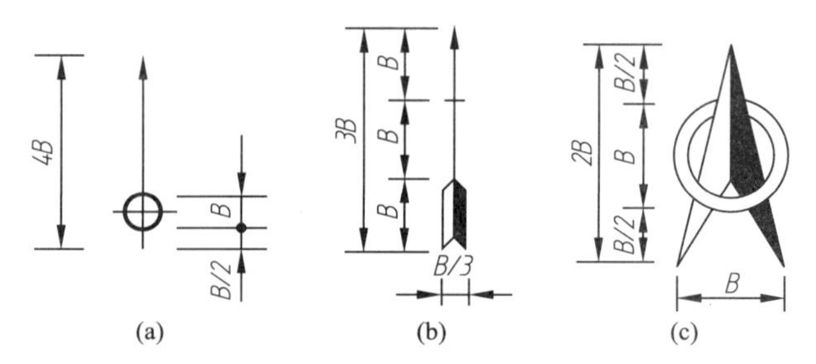

图 11.6　指北针的画法

(3) 图形的对称符号应按图 11.7 所示式样用细实线绘制。对称线两端的平行线长度为 6～8mm，平行线间距为 2～3mm。

(4) 图形的连接符号应以折断线表示需连接的部位，以折断线两端靠图形一侧的大写拉丁字母表示连接编号。两个被连接的图形必须用相同的字母编号，如图 11.8 所示。

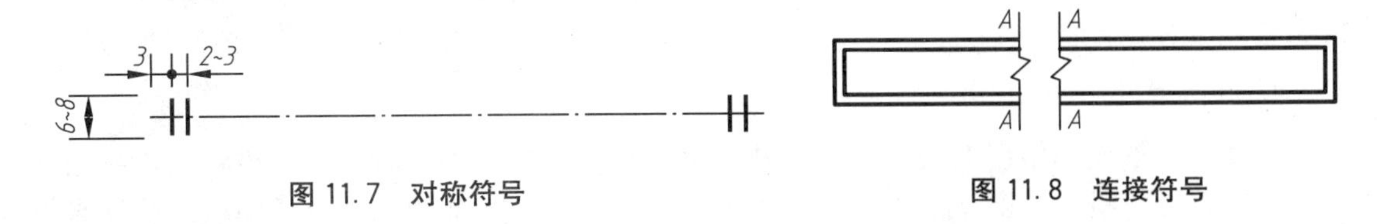

图 11.7 对称符号　　图 11.8 连接符号

5. 文字说明

水工图中可有必要的文字说明，文字应简明扼要，正确表达设计意图，其位置宜放在图样的右下方或适当位置。

11.2.2 规定画法和习惯画法(Rules and Regular Drawing)

1. 展开画法

当构件或建筑物的轴线(或中心线)为曲线时，可将曲线展开成直线后，绘制成视图、剖面图和断面图。这时，应在图名后注写“展开”二字，或写成“展视图”。图 11.9 所示渠道，其剖面图是采用与渠道中心线重合的柱状剖切面剖切后展开而得到的。

展开的方法是：先把柱面后的建筑物投射到柱面上，投射方向一般为径向(投射线与柱面正交)。对于其中的进水闸，投射线平行于闸的轴线，以便真实反映闸墩及闸孔的宽度，然后将柱面展开成平面，即得 A—A(展开)剖面图。

2. 省略画法

当图形对称时，可以只画对称的一半，但须在对称线上加注对称符号，如图 11.10 所示的涵洞平面图。

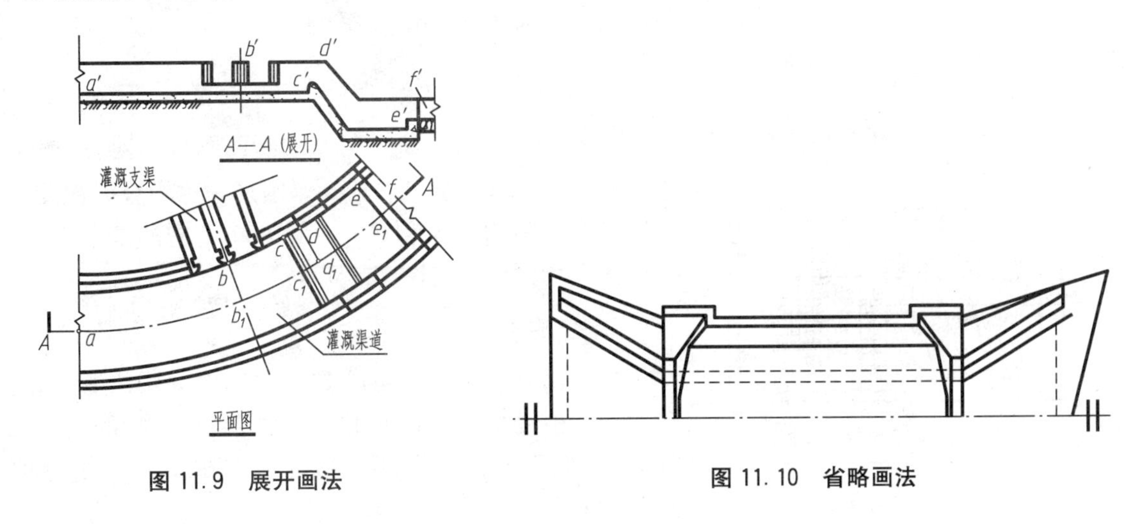

图 11.9 展开画法　　图 11.10 省略画法

3. 简化画法

(1) 对于图样中的一些细小结构，当其规律地分布时，可以简化绘制，如图 11.11 中的排水孔。

(2) 图样中的某些设备(如闸门启闭机、发电机、水轮机调速器、桥式起重机)可以简化绘制。

4. 拆卸画法

当视图、剖面图中所要表达的结构被另外的结构或填土遮挡时，可假想将其拆掉或掀掉，然后再进行投影。图 11.11 所示平面图中，对称线上半部的一部分桥面板及胸墙被假想拆卸，填土被假想掀掉。

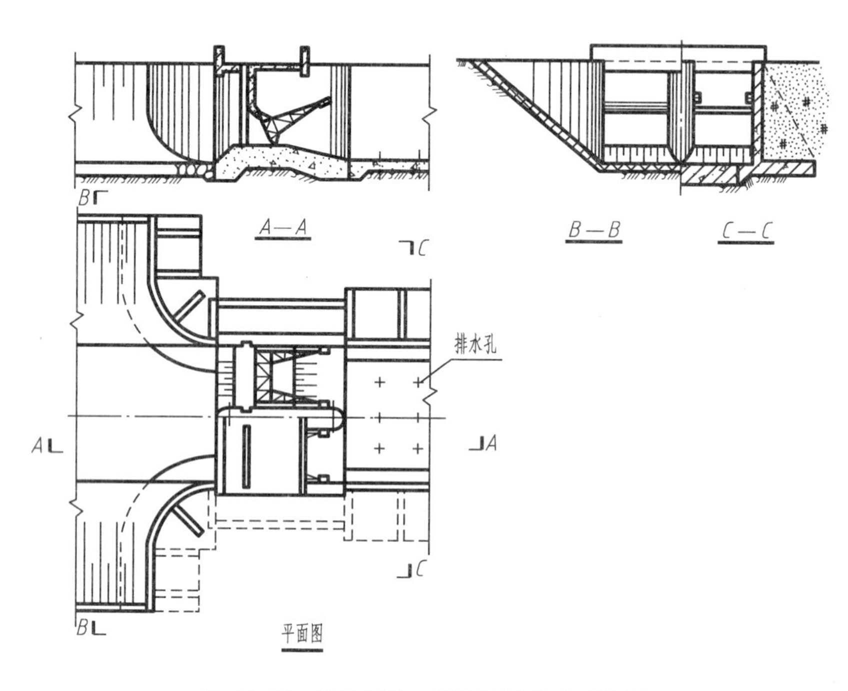

图 11.11 简化画法、拆卸画法和合成视图

5. 合成视图

对称或基本对称的图形，可将两个相反方向的视图或剖面图或断面图各画对称的一半，并以对称线为界，合成一个图形，称为合成视图。如图 11.11 中 B—B 和 C—C、图 11.2 中的“上下游立面图”均为合成视图。

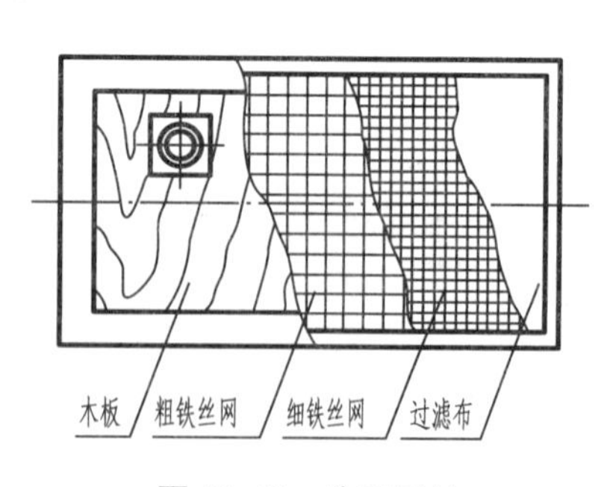

图 11.12 分层画法

6. 分层画法

当结构有层次时，可按其构造层次分层绘制，相邻层用波浪线分界，并可用文字注写各层结构的名称，如图 11.12 所示。分层画法可理解为分层局部剖切的局部剖面图。

7. 连接画法

当图形较长时，可将其分成两部分绘制，再用连接符号相连，并用大写拉丁字母编号，这种画法称为连接画法。如图 11.13 所示为土坝立面图连接画法。

8. 断开画法

对于较长的构件或建筑物，当沿长度方向的形状不变，或按一定的规律变化时，可以断开绘制，这种画法称为断开画法。如图 11.14 所示为渠道断开画法。必须注意连接画法与断开画法的区别。

注意：对原来倾斜的直线当采用断开画法后要相互平行，且按全长尺寸标注。

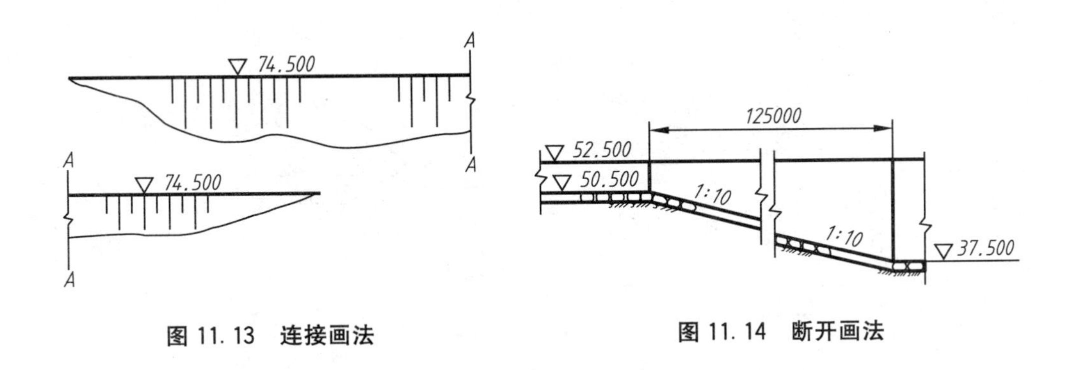

图 11.13 连接画法　　　　图 11.14 断开画法

11.3 水工图的尺寸注法 (Dimensioning of Water Conservancy Engineering Drawing)

本节是在组合体视图及剖面图尺寸标注的基础上，根据水工图的特点及施工测量的要求，介绍水工图尺寸标注的特点与方法。

11.3.1 铅垂尺寸的注法(Dimensioning of Vertical Line)

1. 标高的注法

标高由标高符号和标高数字两部分组成，如图 11.15(a)、图 11.15(b)所示。

1) 标高符号

(1) 在立面图和铅垂方向的剖面图、断面图中，标高符号一般采用如图 11.15(a)所示的符号(为 45°等腰三角形)，用细实线绘制，高度(h)约为数字高度的 2/3。标高符号的尖端可向下指，也可向上指，但尖端必须与被标注高度的轮廓线或引出线接触。标高数字一律注写在标高符号的右边，如图 11.15(e)所示。

(2) 在平面图中，标高符号是采用细实线绘制的矩形线框，矩形线框的长、宽比约为 2∶1(适当时也可按数字的排列长度取长、宽比为 3∶1)，标高数字注写在其中，如图 11.15(b)所示。当图形较小时，可将符号引出绘制，如图 11.15(f)和图 11.15(g)所示。

2）标高数字

(1) 单位：标高数字以 m 为单位，注写到小数点以后第三位，在总布置图中，可注写到小数点以后第二位。

(2) 形式：零点标高注成±0.000 或±0.00；正数标高数字前一律不加"+"号，如图 11.15(e)中的 27.850、28.500 等；负数标高数字前必须加注"－"号，如－2.180、－5.980 等。

3）水面标高(简称水位)

(1) 水位符号：水面标高的注法与立面图中标高注法类似，不同之处是需在水面线以下绘三条渐短的细实线，如图 11.15(c)所示。

(2) 特征水位：特征水位应在标注水位的基础上加注特征水位名称，如图 11.15(d)中的"正常蓄水位"。

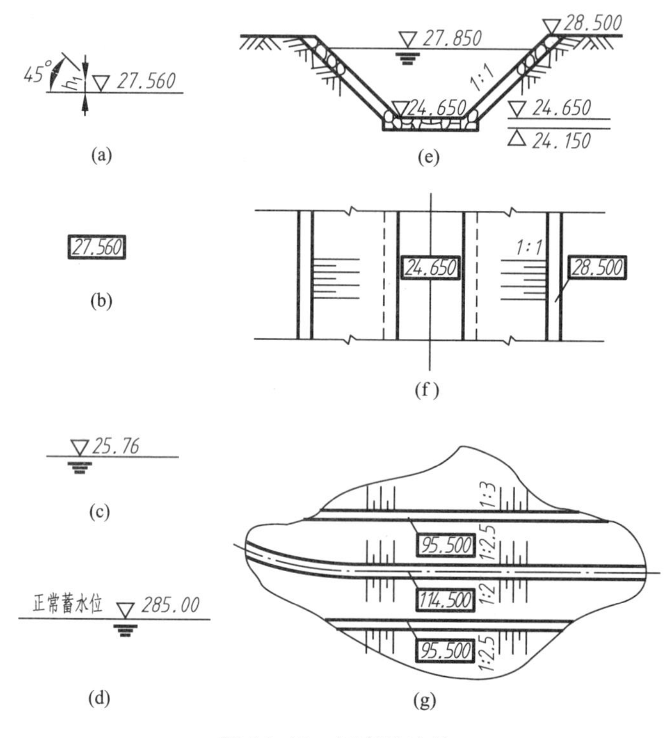

图 11.15 标高的注法

2. 高度的注法

水工图中铅垂方向的尺寸可以只注标高，也可以既注标高又注高度。在标注高度尺寸时，其尺寸一般以建筑物的底面为基准，因为建筑物都是由下向上修建的，以底面作为高度基准，便于随时测量与检验。

11.3.2 水平尺寸的注法(Dimensioning of Horizontal Line)

标注水平尺寸的关键在于选好基准。当建筑物在长度或宽度方向对称时，应以对称轴线(或中心线)为基准，如图 11.2 中进水闸的宽度方向即以对称轴线作为尺寸基准。当建筑物的某一方向无对称轴线时，则以建筑物的主要结构的端面为基准，如图 11.2 中进水闸长度方向即以闸室底板上游端面为基准。

11.3.3 桩号的标注(Dimensioning of Piles)

河道、渠道及隧洞等建筑物的轴线、中心线长度方向的定位尺寸，可采用“桩号”的方法进行标注，如图 11.16 所示。

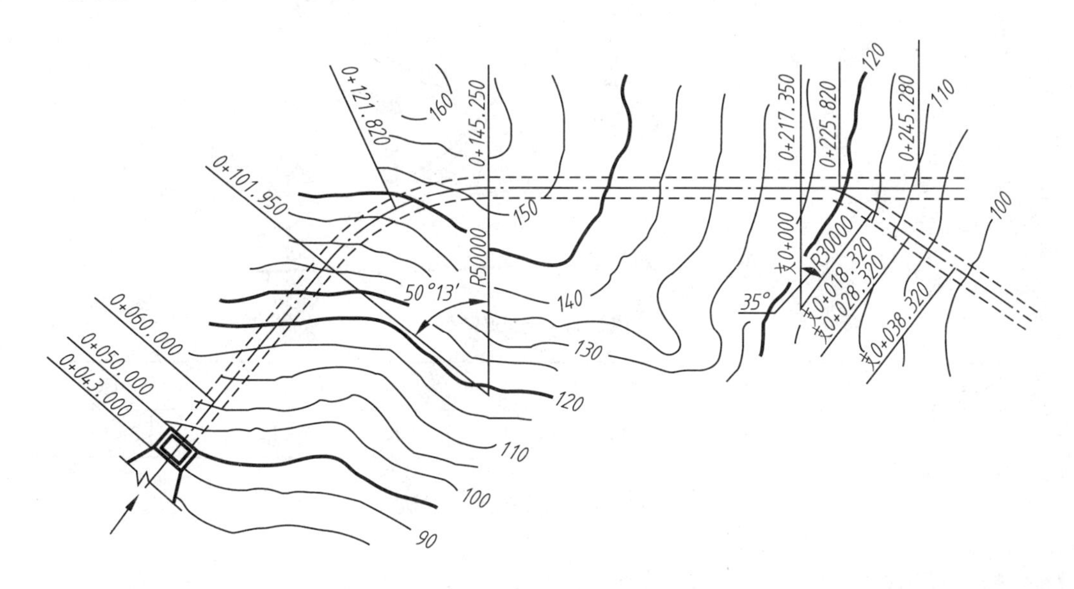

图 11.16 桩号的标注

(1) 桩号的标注形式：标注形式为 $k \pm m$，k 为公里数，m 为米数。起点桩号标注成 0＋000；起点桩号之前(即与桩号的尺寸数字增加的方向相反)标注成 $k - m$，如 0－020；起点桩号之后标注成 $k + m$，如图 11.16 中的 0＋043.000，表示该桩号距起点桩号为 43m；0＋060.000，表示该桩号距起点桩号为 60m，两桩号之间相距 17m。

(2) 桩号的数字注写：桩号数字一般垂直于定位尺寸方向或轴线方向注写，且标注在其同一侧；当轴线为折线时，转折点处的桩号数字应重复标注；当平面轴线为曲线时，桩号沿径向设置，桩号数字应按弧长注写。当同一图中几种建筑物均采用“桩号”标注时，可在桩号数字前加注文字以示区别，如图 11.16 中的“支 0＋018.320”，即表示支线上该桩号距起点桩号为 18.32m，且为弯曲轴线的弧长；而“支 0＋028.320”，则表示支线上该桩号距起点桩号为 28.32m(包含弧长)。

11.3.4 曲线的尺寸注法(Dimensioning of Curved Lines)

1. 连接圆弧的尺寸注法

连接圆弧需标出圆心、半径、圆心角、切点、端点的尺寸，对于圆心、切点、端点除标注尺寸外，还应注上高程和桩号。

2. 非圆曲线的尺寸注法

非圆曲线(如溢流坝面)一般用非圆曲线上各点的坐标来表示，如图 11.17 所示。

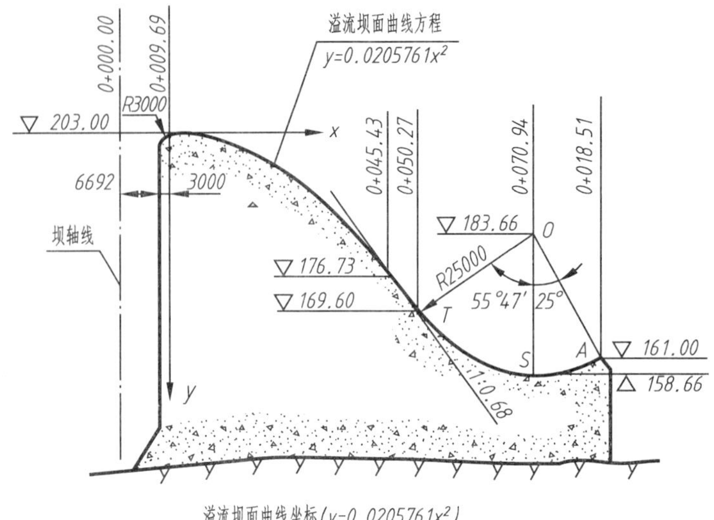

溢流坝面曲线坐标($y=0.0205761x^2$)

x	0.00	1.00	2.00	3.00	5.00	10.00	15.00	20.00	25.00	30.00	35.00	40.00
y	0.000	0.021	0.082	0.185	0.514	2.058	4.629	8.230	12.860	18.518	25.206	32.922

图 11.17　曲线的尺寸注法

11.3.5　简化注法(Simplify)

(1) 多层结构尺寸的注法。注多层结构的尺寸时可用引线引出，引出线必须垂直通过被引的各层，文字说明和尺寸数字应按结构的层次注写，如图 11.18 所示。

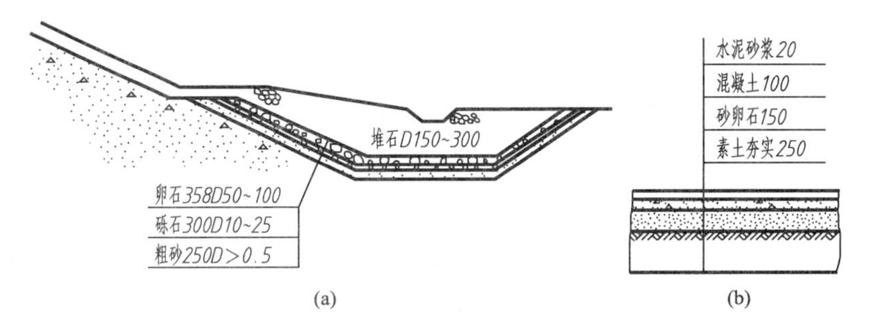

图 11.18　多层结构的尺寸注法

(2) 均匀分布的相同构件或构造，其尺寸可简化标注。如某进水闸结构图，平面图中的尺寸“7×800”，表示排水孔横向间距有 7 个，间距为 800mm。

另外，由于水工建筑物的施工是分段进行的，因此水工图中要求注出各分段尺寸，并且还要标注总体尺寸，这样形成的封闭尺寸链不仅允许而且需要。当同一建筑物的几个视图分别画在不同的图样上时，为了便于读图也允许标注重复尺寸。

11.4 水工图的识读
(Reading of Water Conservancy Engineering Drawing)

11.4.1 读图的目的和要求(Purposes and Requirements of Reading)

读图的目的是了解工程设计的意图，以便按照设计的要求组织施工、验收及管理。通过读图必须达到下列基本要求：

(1) 了解水利枢纽所在地的地形、地理方位和河流的情况以及组成枢纽的各建筑物的名称、作用和相对位置。

(2) 了解各建筑物的结构、形状、尺寸、材料及施工的要求和方法。为了培养和提高识读水工图的能力，还必须掌握一定的专业知识，并在工程实践中继续巩固和逐渐提高。

11.4.2 读图的步骤和方法(Steps and Methods of Reading)

识读水工图一般是由枢纽布置图看到建筑物结构图；由主要结构看到次要结构；由大轮廓看到小构件。对于建筑物结构图应采用“总体→局部→细部→总体”的循环过程。具体步骤如下：

(1) 概括了解。阅读标题栏及有关说明，了解建筑物的名称、作用、制图比例、尺寸单位及施工要求等内容。

(2) 分析视图。从视图表达方法入手，分析采用了哪些视图、剖面图、断面图和详图等，了解剖面图、断面图的剖切位置及投射方向，确定详图表达的部位和各视图的大概作用。

(3) 分析形体。所谓分析形体就是将建筑物分解为几个主要部分来逐一识读。分解时应考虑建筑物的结构特点，有些建筑物可沿水流方向分段(如涵洞、水闸等)，有些可沿高度分层(如水电站)，有些还可按地理位置或结构分为上、下游，左、右岸，以及外部和内部等，读图时须灵活运用。

读图过程中应注意将几个视图或几张图样联系起来同时阅读，不可只盯住一个视图或一张图样。只有灵活运用读图的方法，才易读懂工程图样。

11.4.3 读图举例(Examples)

例 11-1 试阅读如图 11.19 所示水库枢纽设计图(该设计图分为水库枢纽布置图和土坝结构图两部分)。

1. 水库枢纽布置图

(1) 组成及作用。如图 11.20 所示，水库枢纽工程包括三个基本组成部分，即挡水坝、

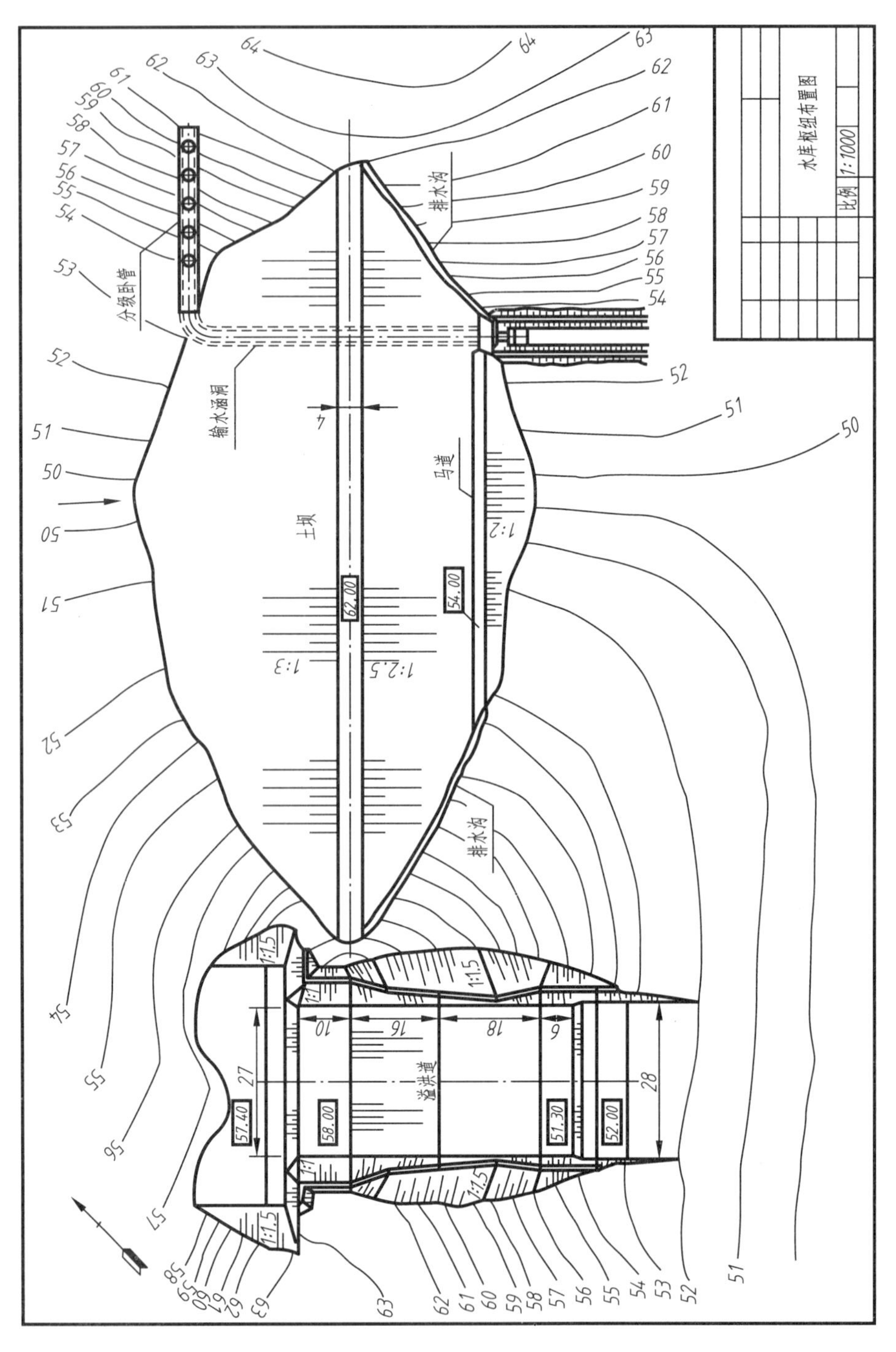

图 11.19　某水库枢纽布置图

输水涵洞、溢洪道等建筑物。其中，坝是挡水建筑物，其作用是拦截水流，抬高水位以形成水库。涵洞是引水建筑物，它的作用是根据下游需水情况引水库水供灌溉、发电及其他目的之用。溢洪道是泄水建筑物，当上游来水过多时，它可以防止洪水从坝顶漫溢而引起溃坝事故。

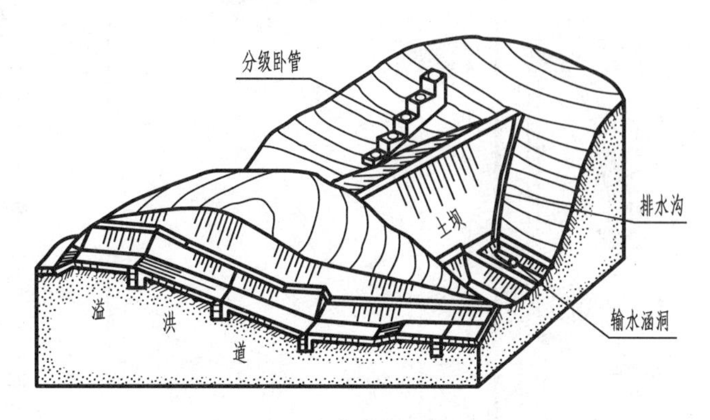

图 11.20　水库枢纽示意图

(2) 读图。图 11.19 所示水库枢纽布置图是将组成水库枢纽的土坝、溢洪道和输水涵洞等几个主要建筑物画在地形图上，以表示其平面形状及位置。

从枢纽布置图上可以看出枢纽所在地区的地形、水流方向及地理方位等。在河道的两边有两座小山，土坝就布置在两座小山之间。输水涵洞在河道的左岸穿过土坝的坝体并与坝轴线垂直通向下游；在上游左岸山坡上筑有分级卧管，它是涵洞的进口建筑物，其下端与输水涵洞相连。在河道右岸山坡上筑有溢洪道，溢洪道的各段底板上都注有高程，各斜坡面上都画有示坡线并注有坡度，四周的曲线为溢洪道的开挖线。

2. 土坝结构图

(1) 分析视图。如图 11.21 所示，土坝由坝身、截水槽、排水体和护坡四部分组成，主要用于挡水。土坝结构图中包括土坝最大横断面图和上游坝脚详图 A。土坝最大横断面图是在河床底部垂直于坝轴线剖切而得到的。

(2) 读图。由土坝横断面图可知，坝身为梯形断面，土坝坝体全部采用壤土堆筑而成，是均质土坝。坝顶高程为 62.00m，坝顶宽为 4m。上游边坡为 1∶3，用干砌块石护坡，先在其底层铺 200mm 厚的粗砂，再铺 200mm 厚的卵石，表层再砌 400mm 厚的干砌块石。下游边坡为 1∶2.5，用草皮护坡，在高程 54m 处设有 2m 宽的马道，并筑有堆石棱体排水。从图中还可以看出上、下游的最高水位和坝体底部清基后挖出截水槽的断面形状。

坝脚详图 A 是将该部分结构用大于原图形所采用的比例画出的图形，较详细地表达了坝脚的构造和尺寸。

例 11-2 阅读涵洞设计图。

1. 涵洞的作用及组成

当渠道或交通道路(公路、铁路)通过沟道时，常常需要填方，并在填方下设一涵洞，以便使水流或道路畅通。可见，涵洞是修建在渠、堤或路基之下的交叉建筑物。

涵洞一般由进口段、洞身段、出口段三部分组成。常见的涵洞形式有盖板涵洞和拱圈

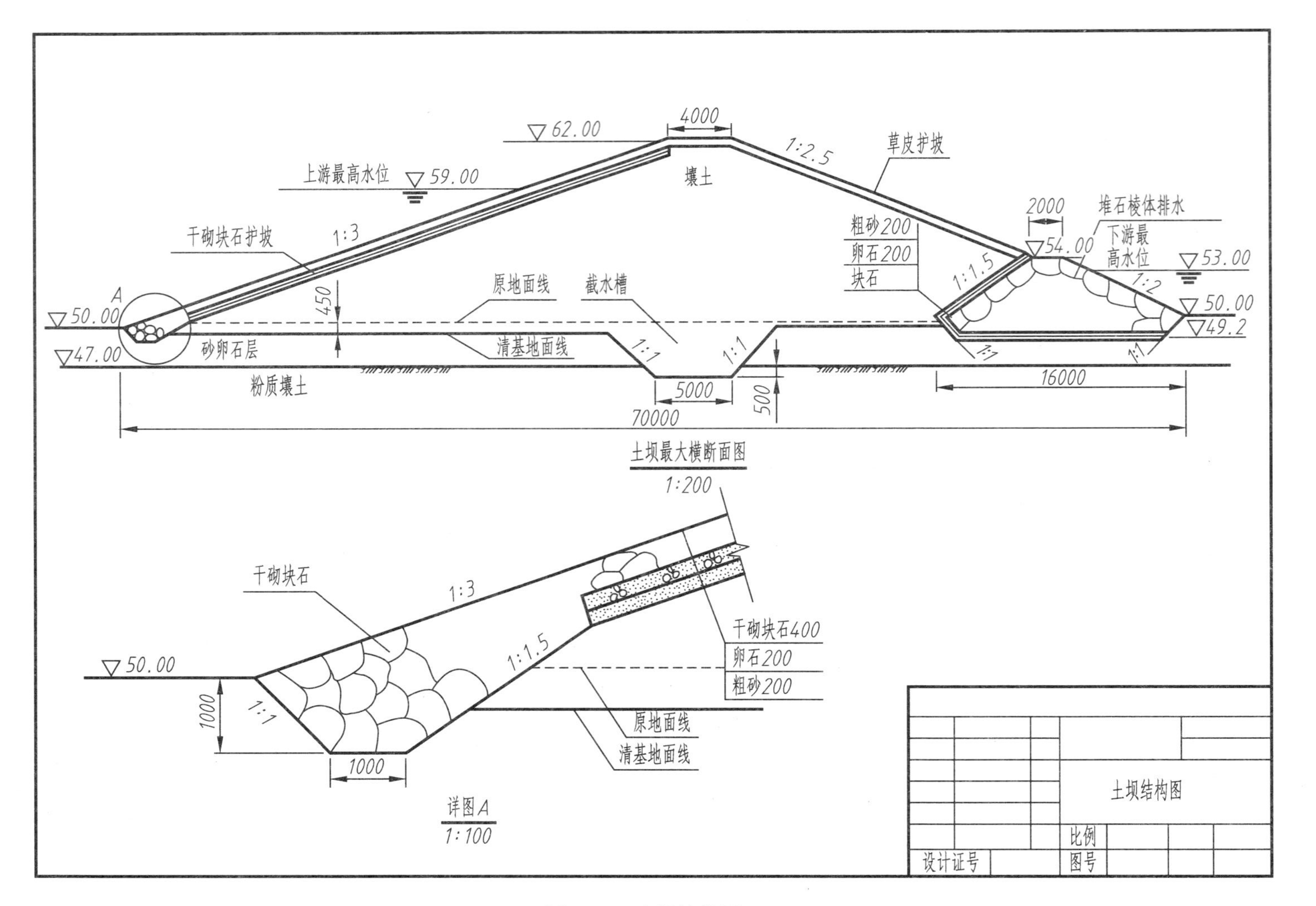
▽62.00
4000
1:2.5
草皮护坡
上游最高水位
▽59.00
壤土
干砌块石护坡
1:3
2000
堆石棱体排水
粗砂200
卵石200
块石
▽54.00
下游最高
高水位
▽53.00
1:1.5
1:2
A
▽50.00
原地面线
截水槽
▽50.00
450
▽49.2
▽47.00
砂卵石层
清基地面线
1:1
1:1
1:1
1:1
粉质壤土
5000
500
16000
70000
土坝最大横断面图
1:200
干砌块石
1:3
▽50.00
1:1.5
干砌块石400
卵石200
粗砂200
1000
1:1
原地面线
清基地面线
1000
详图A
1:100
土坝结构图
比例
设计证号
图号

图11.21 土坝结构图

涵洞等。涵洞和隧洞从施工方法上来看有所不同，隧洞是直接凿岩钻洞，而涵洞则是先开挖筑洞，然后再回填，但二者用途基本相同。

2. 读图

现以图 11.22 涵洞设计图为例，介绍读图步骤如下。

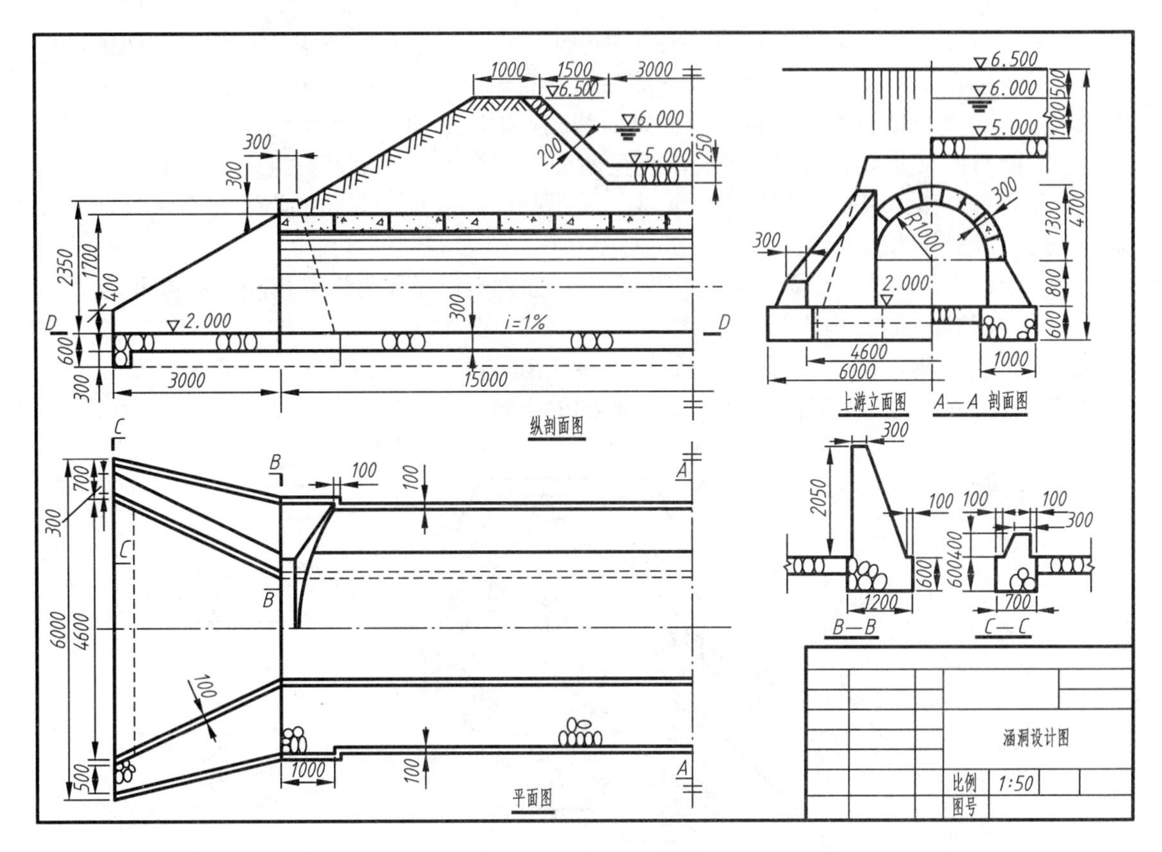

图 11.22 涵洞设计图

1）概括了解

首先阅读标题栏以及有关设计资料，可知图名为涵洞设计图，作用是排泄沟内洪水，保证水渠畅通。画图比例为 1∶50，尺寸单位为 mm。

2）分析视图

表达该涵洞的主要视图有平面图(半剖面图)、纵剖面图、上游立面图和洞身剖面图组合起来的合成视图，此外还有两个移出断面图。

平面图只画了一半，在对称中心线上画有对称符号，为了减少图中的虚线，既采用了半剖面图(*D*—*D* 剖面图)，又采用了拆卸画法。它表达了涵洞各部分宽度，各剖面、断面的剖切位置和剖面方向及涵洞底板的材料。

纵剖面图为沿涵洞对称中心线剖切而得的全剖面，它表达了涵洞的长度和高度方向的形状、大小和砌筑材料，并反映了渠道和涵洞的接触关系。

上游立面图与 *A*—*A* 剖面图以对称中心为界，形成了视向相反的合成视图。前者反映涵洞进口段的外形，后者反映洞身的形状、拱圈厚及各部位尺寸。

B—*B*、*C*—*C* 两个移出断面，分别表达了翼墙右端、左端的断面形状，与进口段底板的连接关系、细部尺寸及材料。

3）分析形体

根据涵洞的构造特点，可沿长度方向将其分为进口段、洞身段、出口段三部分进行分析。

(1) 进口段。从平面图和上游立面图中可知，进口段为八字翼墙，结合纵剖面图，可看出翼墙为斜降式，由 *B*—*B* 断面知翼墙为浆砌石，两翼墙之间为护底，护底最上游与齿墙构成一体，其材料也为浆砌石，而且翼墙基础与护底之间设有沉陷缝。

(2) 洞身段。从合成视图中可看出洞身断面为门洞形式，上部是拱圈，用混凝土砖块筑成，下部是边墙和基础，用浆砌石筑成，从纵剖面图可看出洞底也为浆砌石筑成，且坡降为 1%，以便使水流通畅。

(3) 出口段。由于该涵洞上游与下游完全对称，出口形体与进口相同，不再重述。

4）综合整体

经过以上分析，对涵洞的进口段、洞身段、出口段三大组成部分，先逐段构思，然后按其相互位置关系组装，综合想象出整个涵洞的空间形状，如图 11.23 所示。

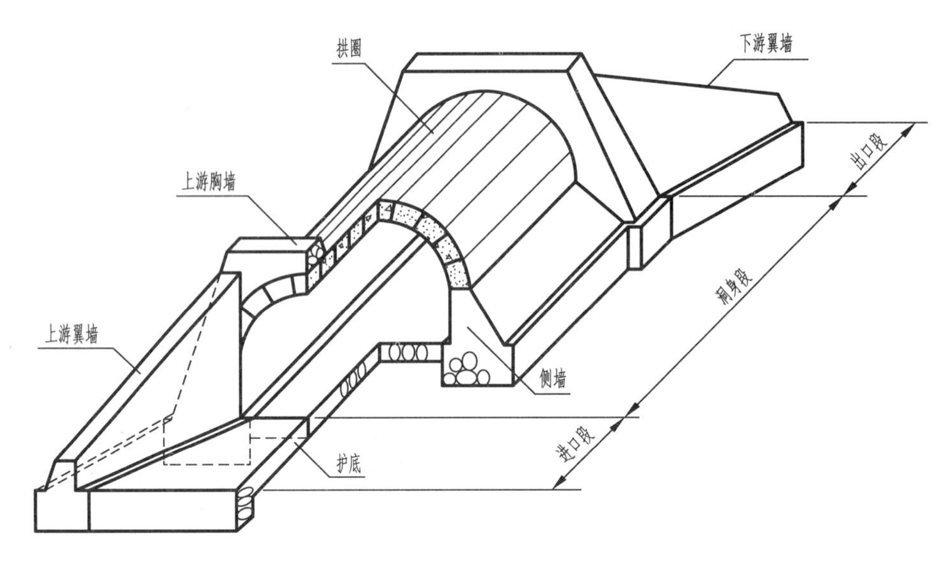

图 11.23 涵洞轴测图

例 11-3 阅读进水闸结构图。

1. 水闸的作用及组成

水闸的作用：水闸是修建在河道或渠道上的建筑物。由于水闸设有可以启闭的闸门，关闭闸门即可挡水，抬高上游水位；开启闸门则可放水，调节闸门开启的大小，可以控制过闸流量。因此，水闸的作用可概括为控制水位、调节流量。水闸按其在水利工程中的功用不同可分为进水闸、节制闸、分洪闸、泄水闸等几种。

水闸一般由上游连接段、闸室、下游连接段三部分组成。各部分的结构及作用如下。

(1) 上游连接段。闸室以左的部分为上游连接段。上游连接段由护底、护坡、铺盖和上游翼墙等组成。它的作用主要有三点：一是引导水流平顺进入闸室；二是防止水流冲刷河床；三是降低渗透水流在闸底和两侧对水闸的影响。水流过闸时，过水断面逐渐缩小，流速增大，上游河底和岸坡可能被水冲刷，工程上经常采用的防冲手段是在河底和岸坡上用干砌块石或浆砌块石予以护砌，称为护底、护坡。

自护底而下，紧接闸室底板的一段称为铺盖，它兼有防冲与防渗的作用，一般采用抗渗性能良好的材料浇筑。

引导水流良好地收缩并使之平顺地进入闸室的结构，称为上游翼墙。翼墙还可以阻挡河道两岸土体坍塌，保护靠近闸室的河岸免受水流冲刷，减少侧向渗透的危害。翼墙的结构形式一般与挡土墙相同。上游翼墙平面布置形式为八字形。

(2) 闸室。水闸中闸墩所在的部位为闸室。它由底板、闸墩、岸墙(或称边墩)、闸门、交通桥及工作桥等组成。闸室是水闸起控制水位、调节流量作用的主体。

(3) 下游连接段。闸室以右的部分称为下游连接段。这一段由消力池、海漫、护底及下游翼墙和护坡等组成。下游连接段的主要作用是消除出闸水流的能量，防止其对下游渠底(或河床)的冲刷，即防冲消能。为了降低渗透水压力，在海漫部分留有冒水孔，下垫反滤层。下游翼墙平面布置形式为扭面翼墙。

2. 读图

1) 概括了解

如图 11.24 所示，阅读标题栏，可知建筑物名称为“进水闸”，是渠首建筑物，作用是调节进入渠道的灌溉水流量，由上游连接段、闸室、下游连接段三部分组成。

2) 分析视图

为表达水闸的主要结构，共选用平面图，纵剖面图，上、下游立面图和三个断面图。其中前三个图形表达进水闸的总体结构，断面图的剖切位置标注于平面图中。它们分别表达了翼墙、闸墩、护坡的断面形状、材料以及连接关系。

(1) 平面图。水闸各组成部分的平面布置情况在图中反映得比较清楚，如翼墙的布置形式、闸墩的形状等。冒水孔的分布情况采用了简化画法；闸室段采用了拆卸画法。标注 A—A、B—B、C—C 剖切位置线，说明该处有剖面图或断面图。

(2) 纵剖面图。剖切平面经闸孔中心沿水流方向剖切而得，图中表达了铺盖、闸室、消力池、海漫等底板部分的断面形状和各段的长，还可看出上、下游设计水位和各部分高程等。

(3) 上游立面图和下游立面图。这是两个视向相反的视图，因为它们形状对称，所以采用各画一半的合成视图，图中还可以看出水闸全貌。工作桥、交通桥和启闭机等均采用了简化画法。

3) 分析形体

分析了视图表达的总体情况之后，读图就需要更深入细致地分析形体。对于进水闸仍按三段分析，一般宜从水闸的主体部分闸室开始进行分析识读。

(1) 闸室段：首先从平面图中找出闸墩的视图。借助于闸墩的结构特点，即闸墩上有闸门槽、闸墩两端有利于分水的柱面形状，先确定闸墩的俯视图，再结合 A—A 断面图并参照岸墙的主视图，可想象出闸墩的形状是上游端为三棱柱(上部为三棱锥)、下游端为半圆柱(上部为半圆锥)的长方体，其上有闸门槽，闸墩顶面左高右低，分别是工作桥和交通桥的支撑，闸墩长 7200mm、宽 800mm，材料为钢筋混凝土。

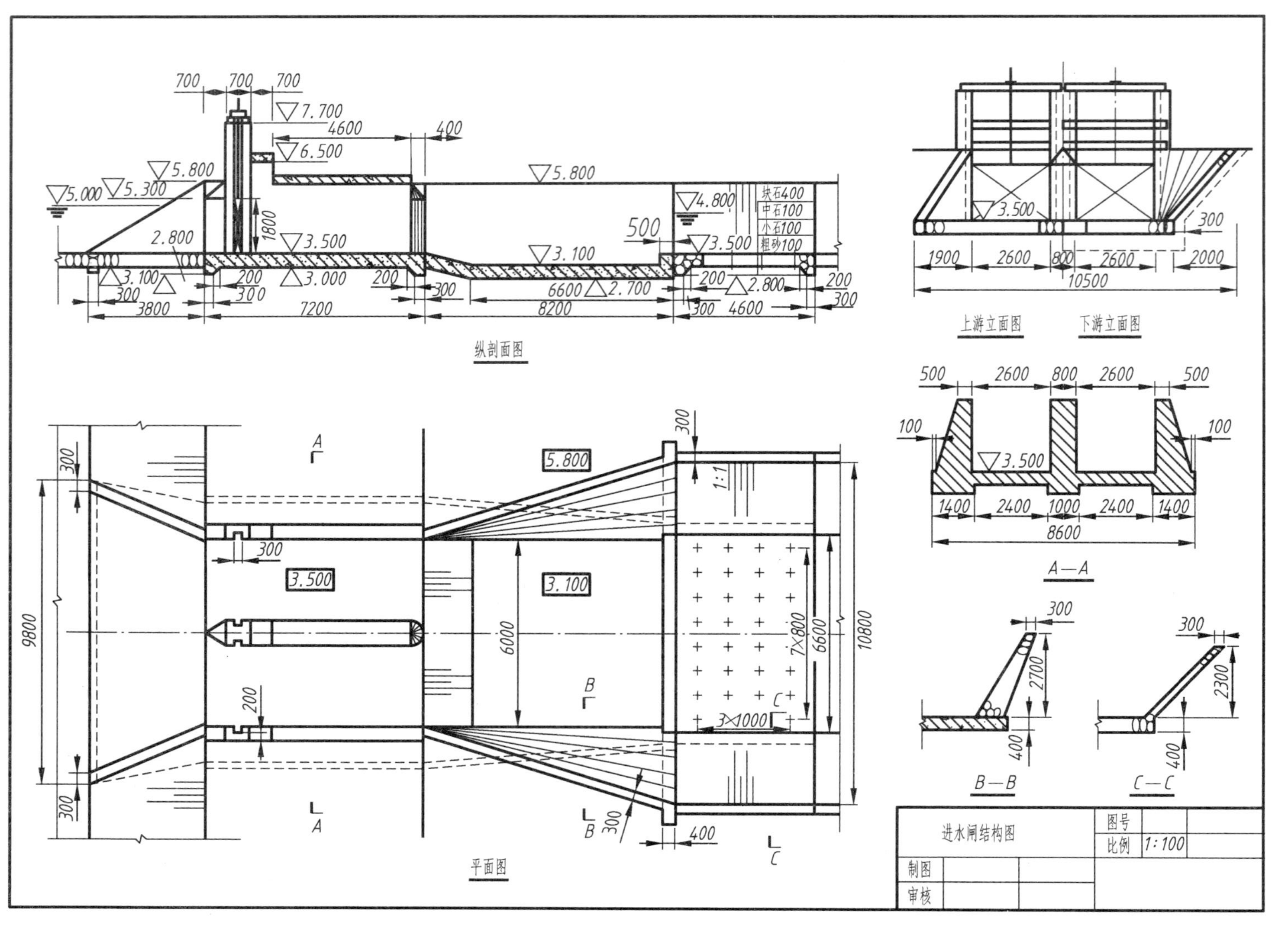

图11.24 进水闸结构图

闸墩下部为闸底板，纵剖面图中闸室最下部两端带有齿墙的矩形框为其主视图。结合 $A—A$ 断面图可知，闸底板结构形式为带有闸墩基础的底板，闸底板与闸墩同长度，其厚度为 500mm，闸底板是闸室的基础部分，承受闸门、闸墩、桥等的质量和水压力，然后传递给地基，因此闸墩基础厚度设为 700mm，建筑材料较好。

岸墙是闸室与两岸连接处的挡土墙，平面位置、迎水面结构(如门槽)与闸墩相对应。将平面图、纵剖面图和 $A—A$ 断面图结合识读，可知岸墙、闸墩和闸底板形成山字形钢筋混凝土整体结构。从上、下游立面图中可看出闸门为平面闸门，由于“进水闸结构图”只是该闸设计图的一部分，闸门、桥等部分另有图样表达。

(2) 上游连接段：顺水流方向自左向右先识读上游护坡和上游护底。将纵剖面图和上游立面图结合识读，可知上游护底为浆砌石。与闸室底板相连的铺盖，长 3800mm、厚 400mm，材料为浆砌石；上游翼墙的平面布置形式为八字形，最高端形状与岸墙相同，最低端落在铺盖上，可知为斜降式八字翼墙。

(3) 下游连接段：采用同样的方法，可读出闸室以右的消力池、扭面翼墙、海漫和护坡，请读者自行分析识读。

4) 综合整体

将上述读图的成果对照总体图综合归纳，想象出其整体形状如图 11.25 所示。进水闸为两孔闸，每孔净宽 2600mm，总宽度 6000mm，设计引水的水位 5.00m，灌溉水位 4.80m。

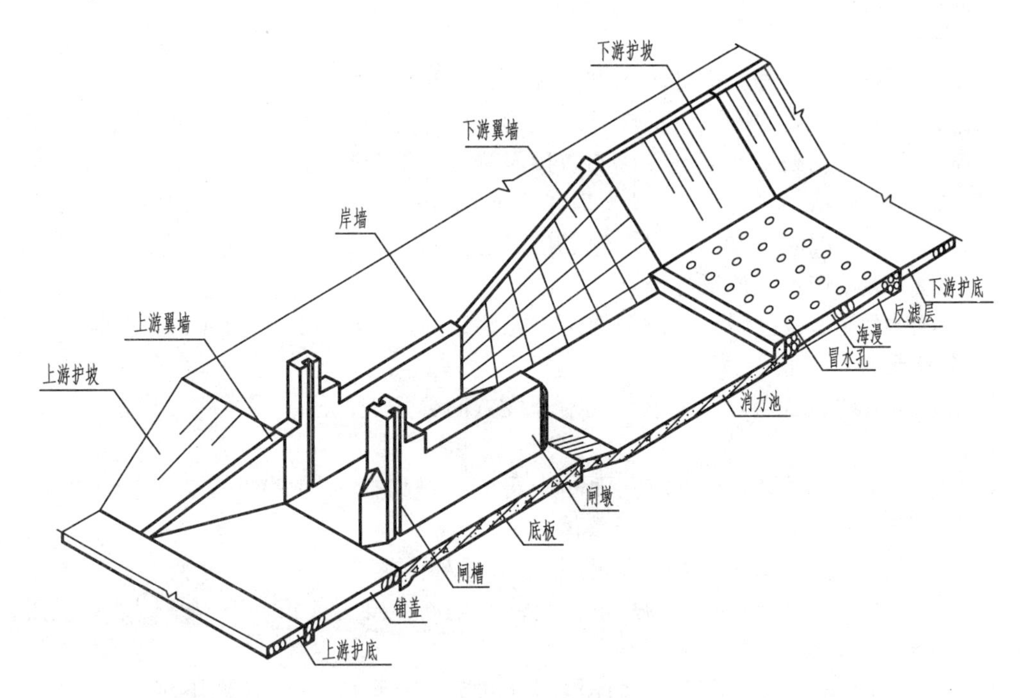

图 11.25　水闸轴测图

上游连接段材料为浆砌块石，以斜降式八字翼墙与闸室相连。

闸室为山字形整体结构，材料为钢筋混凝土。闸门为升降式平面闸门。闸室上部有工作桥、交通桥，其盖板均为预制钢筋混凝土构件。

下游连接段的翼墙为扭曲面，材料为浆砌块石，与闸底板相连的为消力池，长度为8200mm、深度为400mm，以消除出闸水流大部分能量，材料为钢筋混凝土。下游护坡、海漫、下游护底分别用浆砌块石、干砌块石护砌，长度为4600mm，海漫部分设排水孔，其下铺设反滤层。

例 11-4 阅读斗门设计图。

1. 斗门的作用及组成

当斗渠从支渠引水时，就需要在斗渠的渠首设置斗门，以便控制进入斗渠的水流量。可见，斗门须从支渠的渠堤下交叉穿过，是斗渠的渠首建筑物。

斗门可分为进口段、洞身段、出口段三部分。进口段由圆弧锥翼墙、铺盖组成。洞身段由浆砌石侧墙，底板，钢筋混凝土盖板及上、下游胸墙组成。出口段又分两段：一段由浆砌石扭曲面翼墙、护坡组成；另一段由干砌石护坡、护底组成。

2. 读图

现以图 11.26 为例，介绍读图步骤如下。

1）概括了解

首先阅读标题栏以及有关设计资料，可知图名为斗门设计图，画图比例为 1：50，尺寸单位为 mm。该建筑物的作用同进水闸，结构形式也类似于涵洞。因此，该斗门即为最常见的涵洞式进水闸。

2）分析视图

由于本例是一个涵闸，因此可参照上述两例来读图。下面只作简略读图。

表达该斗门的主要视图有平面图，纵剖面图，上、下游立面图和洞身剖面图。平面图采用了掀土画法，反映了斗门的平面布置以及进口、洞身、出口三段的位置关系。

纵剖面图中表示了洞身上的渠堤(为夯实土)，并可看出各底部的建筑材料浆砌石与天然土的接触关系，同时也看出洞身的钢筋混凝土盖板。上、下游立面图组成合成视图，并用素线表示了圆弧锥及扭曲面。

A—A 剖面图是通过洞身的横剖面图，完整地表达了洞身的断面形状及材料。

3）分析形体

根据涵闸的构造特点，可将该斗门沿长度方向分为进口段、洞身段、出口段三部分进行分析。

(1) 进口段。从平面图和上游立面图中可知，进口段为圆弧锥翼墙，结合纵剖面图，可看出两翼墙之间为铺盖，并构成一整体。

(2) 洞身段。从纵剖面图和平面图可看出洞身两端有胸墙，上游胸墙设有闸槽。从 A—A 剖面图中可看出洞身断面为矩形，上部有钢筋混凝土盖板，下部是侧墙和基础，用浆砌石筑成。

(3) 出口段。出口段为用扭曲面连接洞身的矩形断面和斗渠的梯形断面。

4）综合整体

经过以上分析，对斗门的进口段、洞身段、出口段三大组成部分，先逐段构思，然后按其相互位置关系，综合想象出整个斗门的空间形状，如图 11.27 所示。

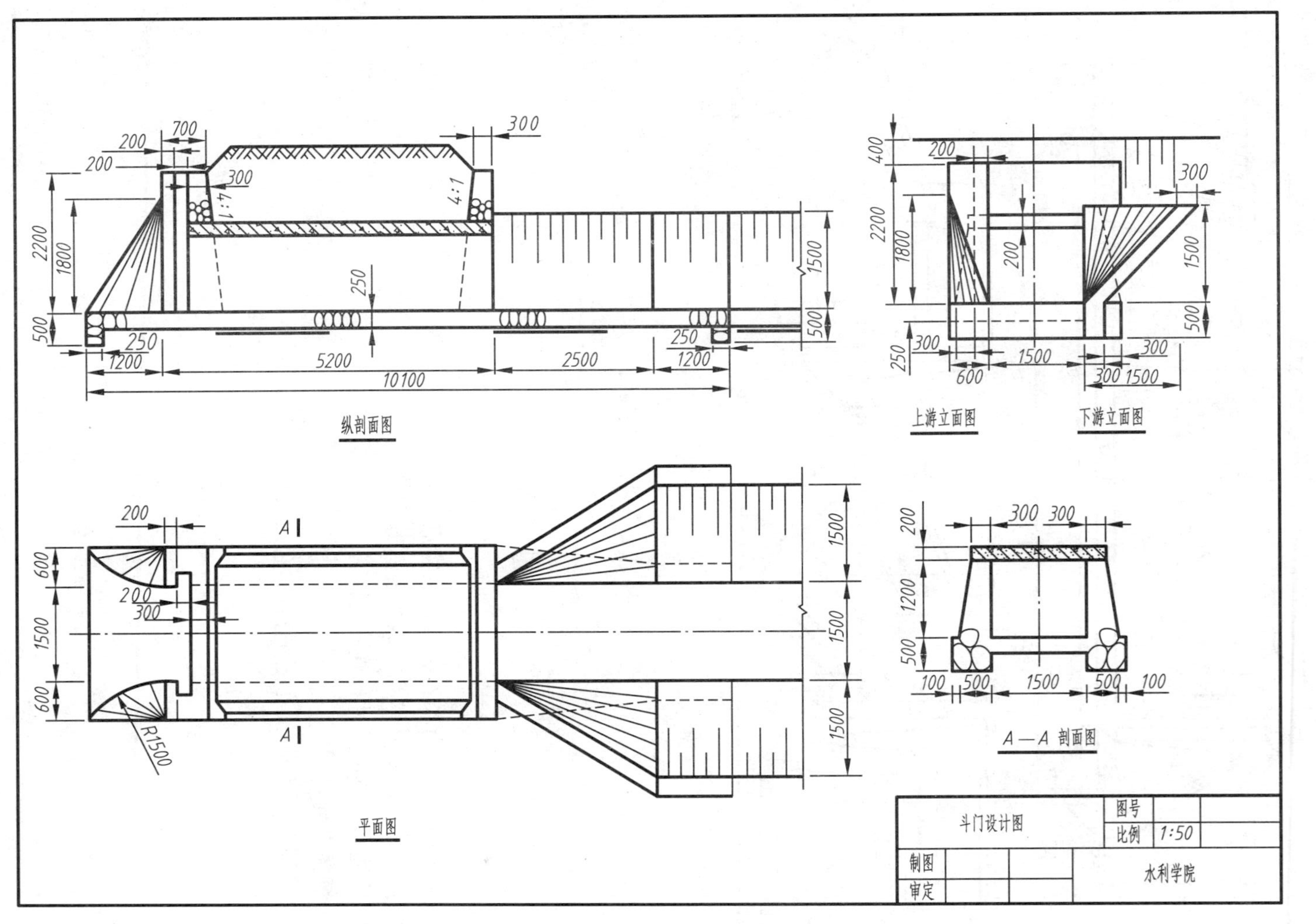

图11.26 斗门的设计图

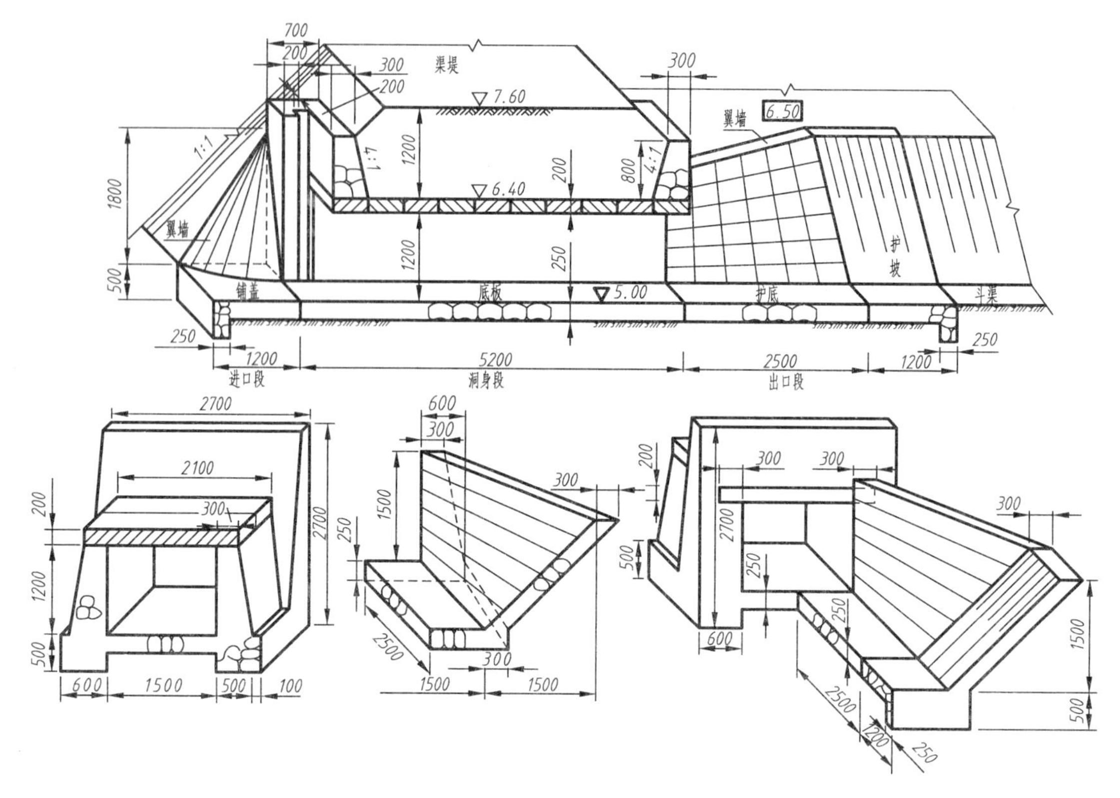

图 11.27　斗门的轴测图

思　考　题

1. 水工图按什么分类？各有什么特点？
2. 简述水工图的基本及特殊的表达方式。
3. 简述水工图的尺寸标注的方法。
4. 解释下列名词：

(1)规划图；(2)枢纽布置图；(3)合成视图。

第12章 道路、桥梁、涵洞、隧道工程图（Roads，Bridges，Tunnels，Culvert Engineering Drawing）

教学提示： 交通建设在国家经济发展中起着十分重要的先行作用，在公路、铁路和城市交通建设中，为跨越江河、深谷和海峡或穿越山岭和水底都需要建造各种桥梁、涵洞、隧道等结构构造物。桥梁、涵洞、隧道是道路的基本组成部分，本章主要介绍道路、桥梁、涵洞、隧道工程图。

教学要求： 通过本章的学习要求学生掌握道路、桥梁工程图的组成和特点、表达方式以及建筑工程图的区别；了解涵洞和隧道工程图的阅读方法。

12.1 道路路线工程图概述(Overview of Road Alignment Drawings)

道路是保证车辆和行人安全、顺利通行而人为修建的带状工程结构，其基本组成部分包括路基、路面、桥梁、涵洞、隧道、防护工程、排水设施等构造物。道路沿长度方向的行车道中心线称为道路路线。由于地形、地物和地质条件的限制，道路路线为一条曲直起伏的空间曲线。道路是主要承受移动荷载车辆通行和行人步行的带状结构，它是人们生产生活所需的工程结构物。根据性质、组成和作用的不同，道路可以分为公路、城市道路、厂矿道路和农村道路。

道路的路线工程图主要由路线平面图、路线纵断面图和路基横断面图所组成，用来表达表面路线的平面位置、线型状况、沿线的地形地物、纵断面标高与坡度、土壤地质情况、路基宽度和边坡、路面结构以及路线上的附属建筑物的位置及其与线路的相互关系。

12.2 道路路线工程图(Road Alignment Drawings)

12.2.1 路线平面图(Route Plans)

公路路线平面图的作用是表达路线的方向和水平线型(直线和左右弯道曲线)以及路线两侧一定范围内的地形地物情况。由于道路是修筑在大地表面一段狭长地带上，其起落和平面弯曲情况都与地形紧密相关，因此一般无法把完整的整条路线画在一张图纸内，通常分段画在多张图纸上，每张图样上注明序号、张数、指北针和凭借标记。

1. 地形部分

(1) 比例。为了使图样表达清晰合理，不同的地形采用不用的比例。一般在山岭重丘区采用 1∶1000～1∶2000，在平原丘陵地区采用 1∶2000～1∶5000，城市道路平面采用 1∶500～1∶1000。图 12.1 采用 1∶2000。

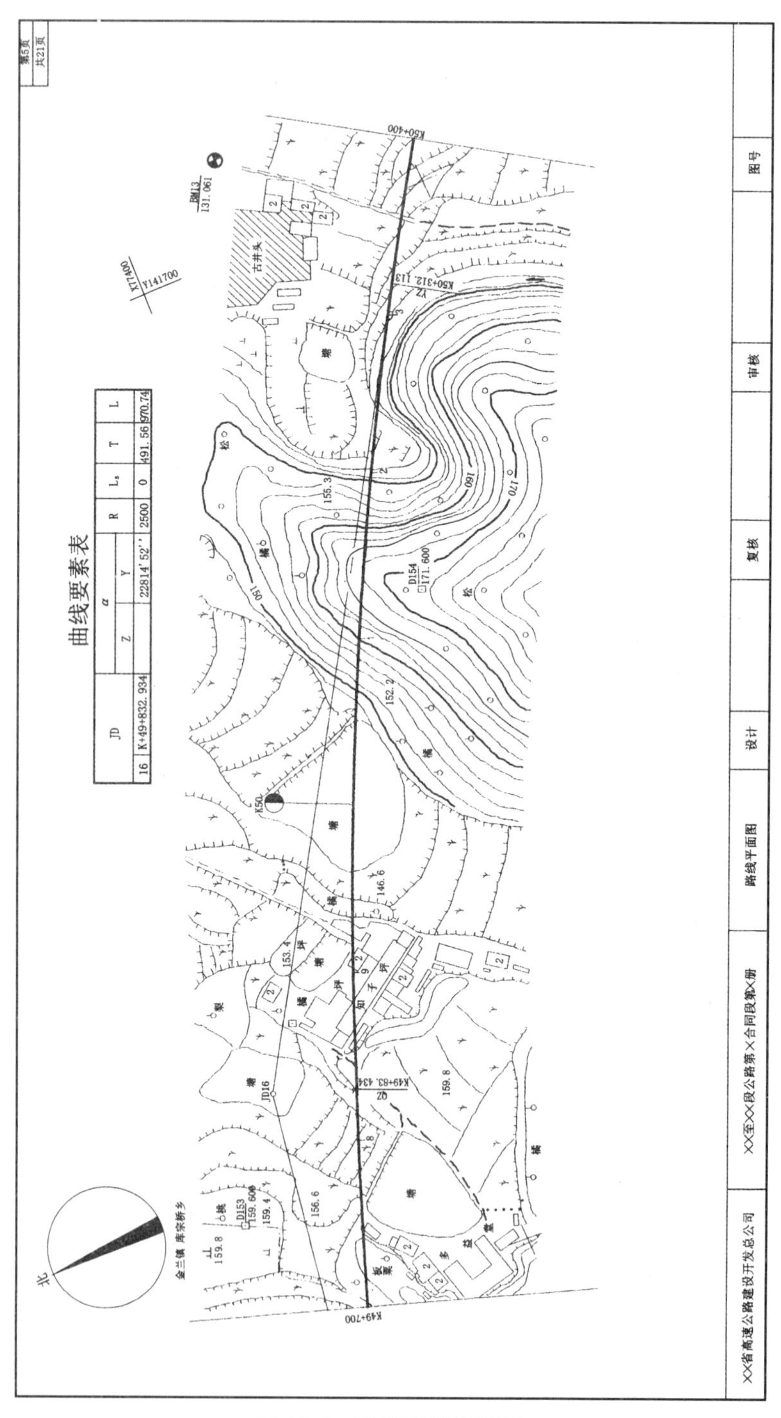

图 12.1　道路路线平面图

(2) 方向。为了表示公路所在地区的方向和路线的走向，也为拼接图纸时提供核对依据，地形图应画出指北针(风向玫瑰图)或测量坐标网。表示两互相垂直的直线的交点坐标为在坐标网原点之北 77400m，之东 141700m。指北针和坐标网都是拼接图纸的主要依据。

(3) 等高线。图中所表示的路线所在地域的等高线之间的高差为 2m。为了看图方便，每隔四条等高线之间就有一条线形较宽的等高线，并且标注高程成为计曲线。计曲线用中实线表示，其他等高线用细线表示。等高线越密集，表示地形越陡，等高线越稀疏，表示地形越平坦。

(4) 地形、地物。地物用图例来表示，常用的图例和符号见表 12-1，有水田、房屋、电线、水库、大车道以及经济林、堤等。

表 12-1 路线平面图中的常见图例和符号

图例						符号	
路中心线		房屋	独立 成片	用材林	松	交角点	JD
						半径	R
水准点	BM编号 高程	高压电线		围墙		切线长度	T
						曲线长度	L
导线点	编号 高程	低压电线		堤		缓和曲线长度	L_s
						外距	E
交角点	JD编号	通信线		路堑		偏角	α
						曲线起点	ZY
铁路		水田		小路		曲线中点	QZ
						曲线终点	YZ
公路		旱田		坟地		第一缓和曲线起点	ZH
						第一缓和曲线终点	HY
大车道		菜地		变压器		第二缓和曲线起点	YH
						第二缓和曲线终点	HZ
桥梁及涵洞		水库鱼塘	塘	经济林	油茶	东	E
						西	W
水沟		坎		等高线	60 50	南	S
						北	N
河流		晒谷坪	谷	石质陡崖		横坐标	X
						纵坐标	Y

2. 路线部分

由于绘图比例尺的问题，路线宽度无法用实际尺寸绘出，所以路线由粗实线沿公路的路中心表示，路线长度表示里程，分段画出。设计时，如果有比较路线，可同时加粗粗虚线表示。该部分主要表示路线的水平曲直走向状况、里程及平面要素。

(1) 路线的走向。图 12.1 为 k49＋700 至 k50＋400 段的路线平面图，里程按规定由左向右递增。

(2) 里程桩号。为表示路线的总长度及各段的长度，在路线上从路线起点到终点沿前进方向(从左至右)，在路线左侧每隔 1km 设公里桩，以“◑”表示里程数，如图 12.1 中的 k50，公里数值朝向公里符号的法线方向：同时沿路线前进方向的右侧在公里桩中间设百里桩“1”至“9”，数字写在短细线的端部，字头朝上。

(3) 曲线。由于受自然条件影响，道路在平面上有转折。在转折处，需用一定半径的圆弧连接，路线转弯处的平面曲线称为平曲线，用交角点编号“JD_x”表示。如图 12.1 中 JD_{16}表示第 16 号交角点；路线在交角点处有一段平面曲线。路线平面中的常用符号可查阅表 12－1。平面曲线要素如图 12.2 所示，α 为偏角，α_z 表示左偏角，α_y 表示右偏角，表示沿路线前进方向的向左或向右偏转的角度；R 为曲线弯曲圆弧半径；还有切线长度 T，曲线长度 L，外距 E，以及设有缓和曲线路线的缓和曲线长度 L_s，都可以在曲线要素表中查得。图中要标出曲线起点 ZY(直圆)、HY(缓圆)、YH(圆缓)、HZ(缓直)点的位置。

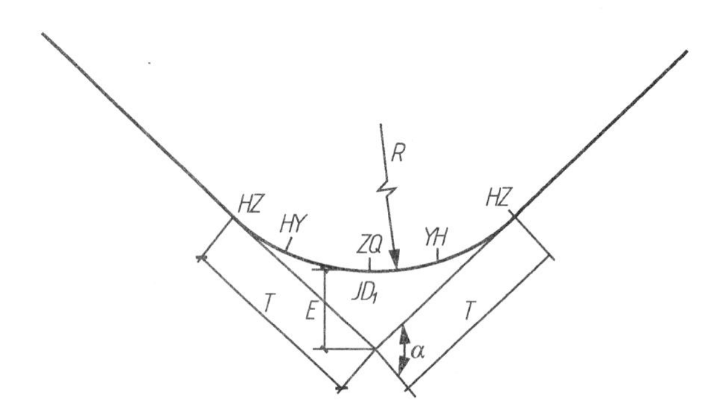

图 12.2　平面曲线要素

图 12.1 中还标出了用于导线测量的导线点⊡和控制标高的水准点⊗的位置和编号，如图中的⊡$\frac{D153}{159.600}$表示第 153 号导线点，⊗$\frac{BM13}{131.061}$表示第 13 号水准点，标高为 131.061m。

3. 路线平面图的画法

(1) 先画地形图。等高线按先粗后细的顺序依次徒手画出，线条流畅，计曲线适宜用 0.5b，细等高线可用 0.25b。

(2) 后画路线中心线。路线中心线用圆规和直尺按先曲后直的顺序从左至右绘制，其线宽为(1.4～2.0)b。

(3) 平面的植被。地面上生长的各种植物统称为植被。平面中的植被应朝上或朝北绘制。

(4) 路线的分段。路线平面图按从左向右的顺序绘制，桩号按从左小到右大的顺序编排。由于路线狭长，需将整条路线分段绘制在若干图纸上，使用时再拼接起来。分段处应尽量在直路段整数桩号处，每张图纸上只允许画一个线路段，断开的两端用实线画出垂直于路线的接图线。

（5）角标和图标。每张图纸应该在右上角用线宽 0.25mm 的细实线绘制出角标，标注图纸的总张数、本张图纸的序号以及路段起止桩号。在最后一张图纸的右下角应绘制图标，图标外边框的线宽宜为 0.7mm，图标内分隔线的线宽宜为 0.25mm。

12.2.2　路线纵断面图(Route Profile View)

路线纵断面图如图 12.3 所示，是用假想的铅垂面沿路中心线剖切，然后展开成平行于投影面的平面，向投影面做正投影所获得的。由于路中心线由曲线和直线组合而成，所以剖切面既有平面，又有曲面(柱面)，都顺次连续展开成平行于投影面的一个平面后，再投影成路线纵断面图，其作用是表达路线纵向线型以及地面起伏、地质和沿线设置构造物的情况。

图 12.3　路线纵断面图

图 12.3 是某公路 K49＋700 至 K50＋400 段的路线纵断面图，包括图样与资料表两部分。下面结合该图说明这两部分内容和路线纵断面图的画法。

1. 图样部分

（1）比例。山岭地区：横向 1∶2000，纵向 1∶200；平原地区：横向 1∶5000，纵向 1∶500。纵横比例标注在图样部分左侧的竖向标尺处。由于路线与地面竖直方向的高差比水平方向的长度小很多，为了更加清晰地表达路线与地面垂直方向的高差，图 12.4 水平方向采用 1∶2000，竖直方向采用 1∶200。

（2）地平线。根据水准测量的结果，将地面一系列中心桩的高程，按纵向比例逐点绘制在水平方向相应的里程桩号上，用细实线依次连接各点成不规则折线，即为路线中心线的地面线。

（3）设计线。为保证一定车速的汽车安全、流畅通过，地面纵坡要有一定的平顺性，因此应该按照道路等级，依据《公路工程技术标准》(JTG B01—2014)合理设计出坡度线。图 12.4 线与曲线相间的粗实线即为设计坡度线，简称设计线，它表达的是路基边缘的设计高程。比较设计线与地面线的相对位置，可决定填、挖地段和填、挖高度。

（4）桥涵构筑物。当道路沿线上有桥梁、涵洞、隧道、立体交叉和通道等构造物时，应在设计线上方，对准构造物的中心位置，画出细竖直引出线，线的左侧标注中心桩号，线右侧或水平线上方标注构造物的名称、规格等。图 12.4 中标绘出了沿线的四个圆管涵，圆管涵的构造和尺寸需另绘设计图纸。

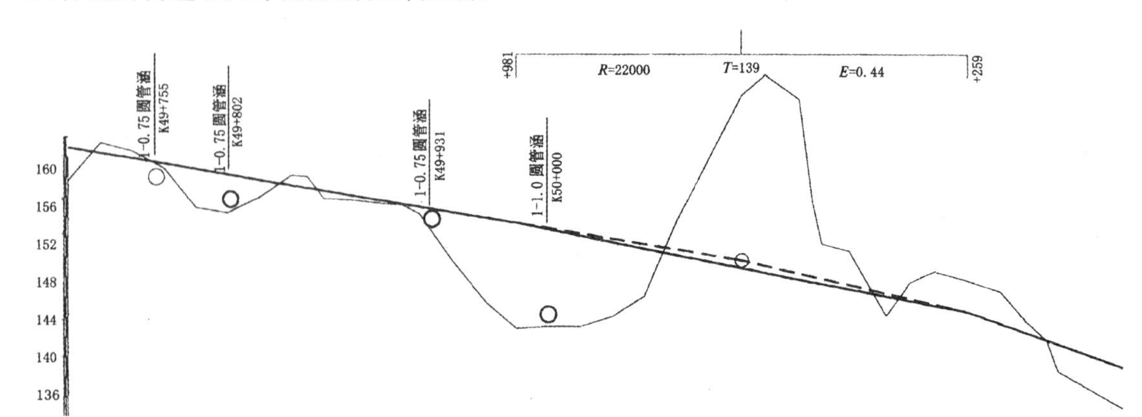

1	泥盆系泥质灰岩,灰岩,节理裂隙较发育,强风化,表层残,坡积土,厚0.5~2.0 m,局部部分软土																																						
2		160.398	159.890	159.382	158.874	158.366	157.858	157.350	157.096	156.766	156.677	156.309	155.826	155.597	155.267	154.683	154.251	153.794	153.278	152.744	152.192	151.622	151.033	150.426	149.801	149.158	148.664	147.955	147.679	147.741	146.871	146.039	145.484	144.918	144.158	143.398	142.638	141.878	141.206
3		161.42	160.55	158.83	154.93	154.43	155.96	158.21	158.09	155.88	155.88	155.71	155.36	155.29	154.37	149.92	145.52	143.00	143.20	143.20	144.20	146.20	153.75	160.02	166.13	168.16	165.75	155.74	151.44	150.72	144.30	147.65	150.91	150.00	149.00	144.37	140.63	138.84	137.56
4	-2.54% 420																							+120 150.238	-3.80% 238														
5	K49+700	720.00	740.00	760.00	780.00	800.00	820.00	840.00	850.00	863.00	866.50	881.00	900.00	909.00	922.00	945.00	962.00	980.00	K50	20.00	40.00	60.00	80.00	100.00	120.00	140.00	155.00	176.00	184.00	190.00	207.00	230.00	245.00	260.00	280.00	300.00	320.00	340.00	358.00
6	JD16 α=22°14′52″ R=2500 L_s=0																																						

图 12.4　路线纵断面图示例

2. 资料表部分

为了便于对照查阅，资料表与图样应上下竖直对正布置，不能错位。资料表的内容可根据不同设计阶段和不同道路等级的要求而增减，通常包括下述内容：

(1) 地质概况。在该栏中标出沿线各段的地质情况，为设计施工提供简要的地质资料。

(2) 坡度/距离。坡度/距离是指设计线的纵向坡度及其水平投影长度。该栏中每一分格表示一种坡度，对角线表示坡度方向，先低后高为上坡，反之为下坡。对角线上边的数值为坡度数值，正值为上坡，负值为下坡。对角线下边的数值为该坡路段的长度(即距离)，单位为 m。若为平坡时，应该在该分格中间画一条水平线。注意各分格竖线应与各变坡点的桩号对齐。

(3) 设计高程。在该栏中对正各桩号将其设计高程标出，单位为 m。

(4) 地面高程。在该栏中对正各地面中心桩号将其高程标出，单位为 m。

(5) 挖深与填高。在该栏中对正各填(挖)方路段的桩号。将设计高程与地面高程两者的差值标出，“+”表示填土，“−”表示挖土。

(6) 里程桩号。按测量所得的数据，一一将各点的桩号数值填入该栏中，单位为 m。桩号就是各桩点在路线上的里程数值，各个桩的里程就是各个桩的桩号。对于平、竖曲线的各特征点、水准点、桥涵中心点以及地形突变点等，还需增设桩号。

(7) 平曲线。该栏是路线平面图的示意图，表示该路段的平面线形。直线段用水平细实线表示，向左或向右转弯的曲线段分别用下凹“┌─┴─┐”或上凸“└─┬─┘”的细折线表示。如图 12.4 在 K50＋120 处有边坡点，设凸型曲线。

路线纵断面图和路线平面图一般安排在两张图纸上，由于高等级公路的平曲半径较大，路线平面图与纵断面图长度相差不大，则可以放在一张图纸上，阅读时便于相互对照。

3. 路线纵断面图的画法

(1) 路线纵断面图常常画在透明的方格纸上，方格规格为纵横都是 1mm 长，每 5mm 处印为粗线，可加快绘图速度，且便于检查。绘图时宜画在方格纸的反面，用橡皮擦拭或修刮图线时，不会将线格擦去或刮掉。

(2) 第一张图纸应有图标，标注路线名称、纵横比例、资料表等内容，以后的各张图纸可略，但右上角应有角标，标注纸张序号及总张数。

(3) 与路线平面图相同，画路线纵断面图也是从左至右按里程画出。

12.2.3 路基横断面图(Roadbed Section View)

假设通过路线中心桩用一垂直路线中心线的铅垂剖切面进行横向剖切，画出该剖切面与地面的交线及其与设计路基的交线，则得到路基横断面图。路基横断面图主要表达路线沿线各中心桩处的横向地面起伏状况和路基横断面形状、路基宽度、填挖高度、填挖面积等。工程上要求每一中心桩处，根据测量资料和道路要求顺次画出每一个路基横断面图，作为计算公路的土石方量和路基施工的依据。路基横断面图应在图样下方标注桩号；在图样的右侧或下方标注填高 h_t，挖深 h_w，填方挖方面积 A_t、A_w。

如图 12.5 所示，路基横断面的形式基本上有三种情况：填方路基(路堤式)、挖方路基(路堑式)、半填半挖路基。

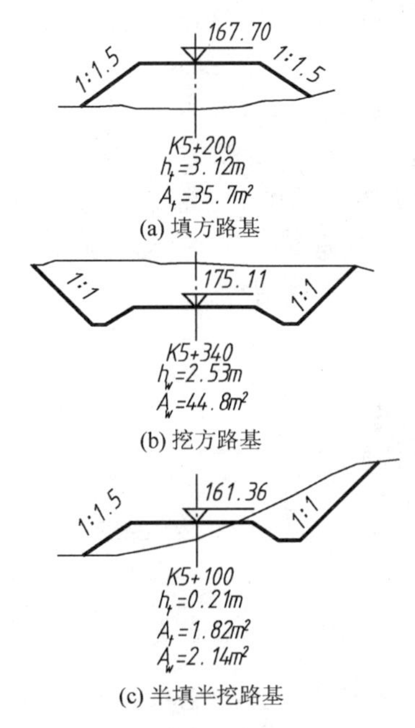

图 12.5 路基横断面图的基本形式

路基横断面图的画法如图 12.6 所示。

(1) 路基横断面图常绘制在透明方格纸的背面，这样既便于计算断面的挖填方面积，又便于施工放样。

(2) 路基横断面图的布置顺序：按桩号从下至上、从左至右的顺序画出。

(3) 路基横断面图的纵横方向采用同一比例。一般为 1∶200，也可用 1∶100 和 1∶50。要求路面线(包括路肩线)、边坡线、护坡线等均采用粗实线绘制；原有地面线应采用细实线绘制，设计或原有道路中心线应采用细单点长划线绘制。

(4) 每张图纸右上角应有角标，标注图纸的序号和总张数：在最后一张图纸的右下角绘制图标。

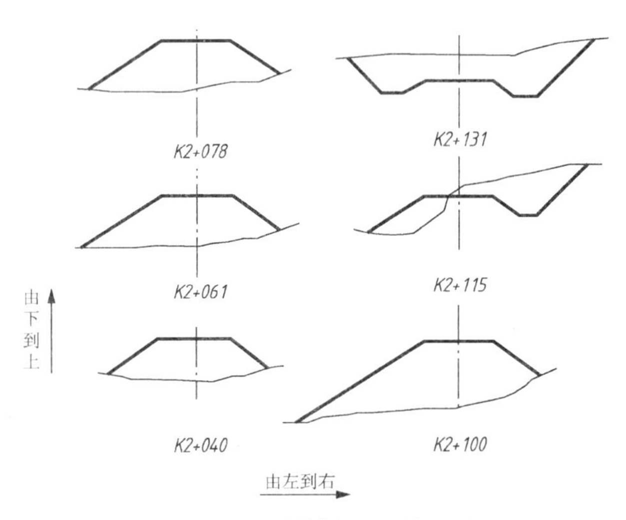

图 12.6　路基横断面图的画法

12. 2. 4　城市道路路线工程图(Urban Road Alignment Drawings)

凡位于城市范围以内，供车辆及行人通行的具备一定技术条件设施的道路，称为城市道路。与公路相比，它具有组成复杂、功能多样、行人和车辆交通量大、交叉点多等特点。城市道路主要包括：机动车道、非机动车道、人行道、分隔带、绿化带、交叉路口和交通广场，以及各种设施等。在交通繁忙的现代化城市中，还需修建高架桥及地下道路等。城市道路标准横断面图如图 12.7 所示。

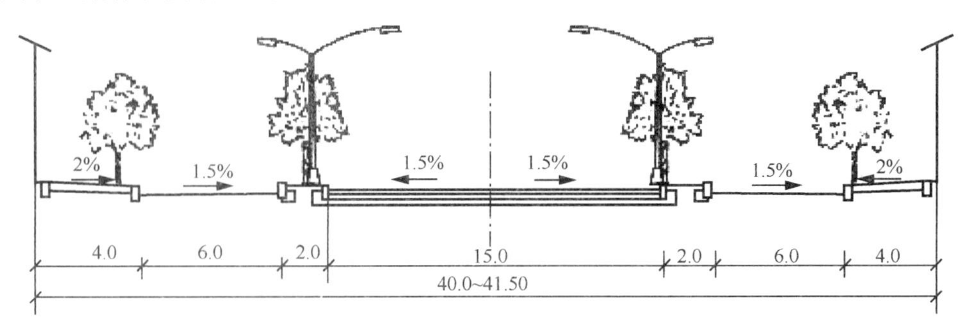

图 12.7　城市道路标准横断面图

城市道路横断面图的形成与公路横断面图相同，但功能与各部分的组成情况都比公路复杂得多，它的主要组成部分有车行道、人行道、绿化带和分隔带等，布置的基本形式按路面板块划分，有一块板、两块板、三块板、四块板等断面形式，按交通流量、组织往返车辆有序、车人分离、机动车和非机动车各行其道等因素进行设计。图 12.8 表达了两道路平面交叉设计方案及道路的标准横断面设计，反映了横断面图的各组成部分及其相互利用关系，使机动车和非机动车分道行驶，图中还表示了各组成部分的宽度和路面厚度。《道路工程制图标准》(GB 50162—1992)规定路线横断面的路面厚度应采用实线表示。

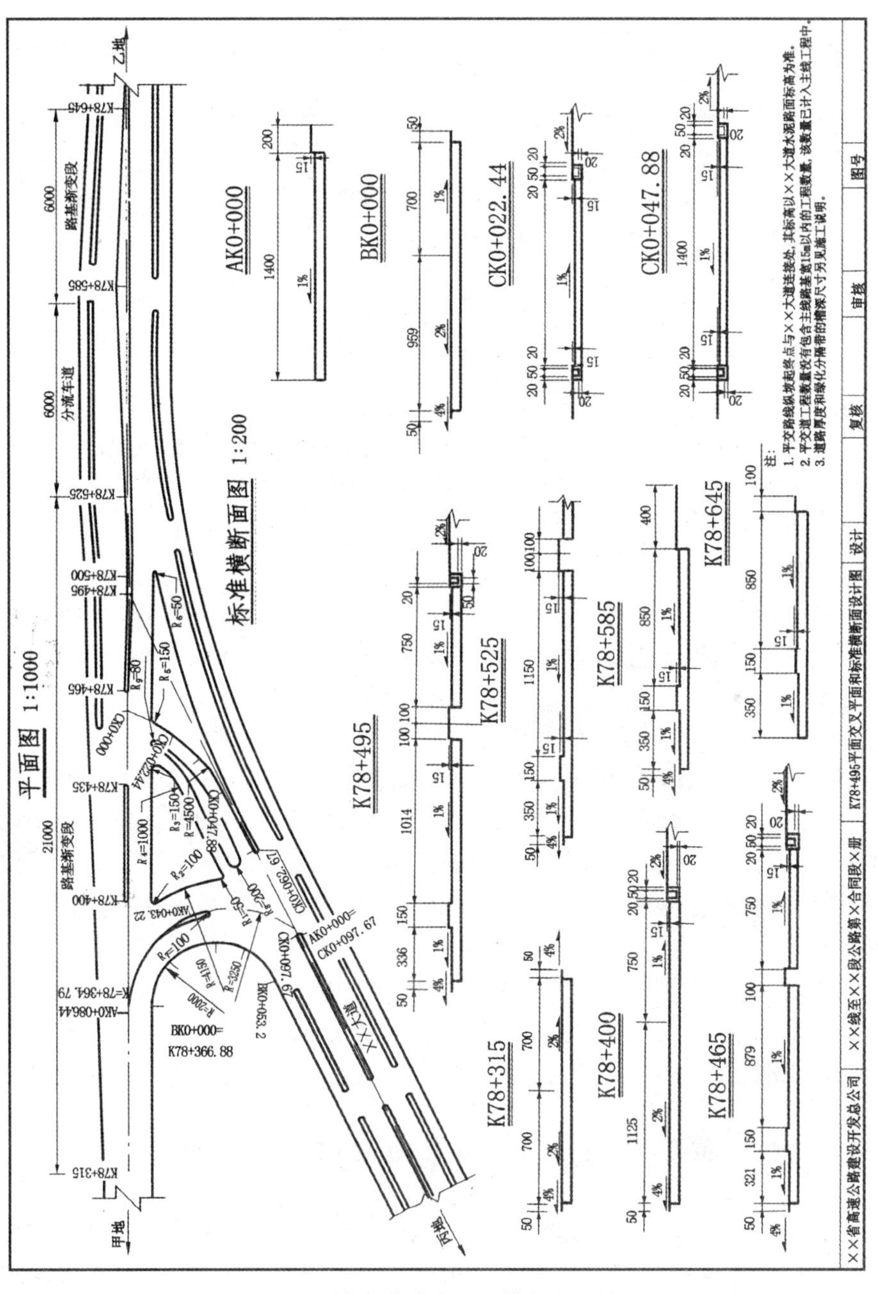

图 12.8 城市道路交叉及横断面设计图

12.3 桥梁工程图(Bridge Engineering Drawings)

桥梁是人类借以跨越江河、湖海、峡谷等障碍，保证车辆行驶和宣泄水流，并考虑船只通航的工程构筑物。桥梁由上部结构(主梁或主拱圈和桥面系等)，下部结构(基础、桥墩和桥台)，附属结构(护栏、灯柱、锥体护坡、护岸等)三部分组成，如图 12.9 所示。

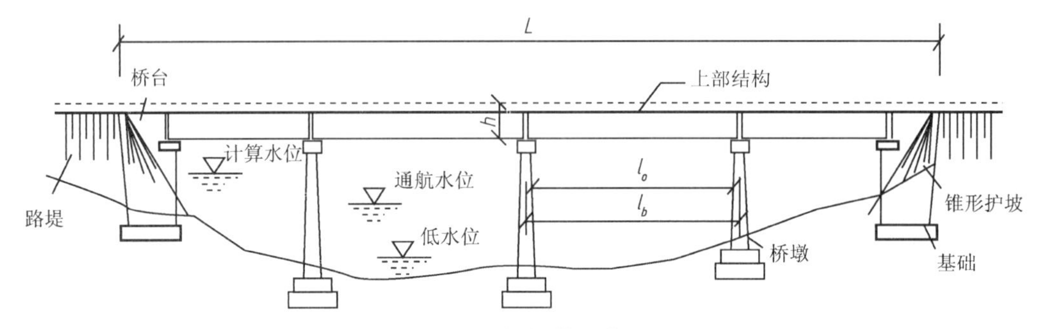

图 12.9　桥梁的组成图

桥梁按结构形式和受力情况分为梁桥、拱桥、钢架桥、斜拉桥、悬索桥；按跨径大小和多跨总长分为小桥、中桥、大桥、特大桥；按行车道位置分为上承式桥、中承式桥、下承式桥；按其上部结构所用的材料可分为钢桥、钢筋混凝土桥、石桥、木桥等。虽然各种桥梁的形式或建筑材料有所不同，在绘制设计图样时，都按照前面所讲的投影理论和绘图方法绘图，并具有相同的图示特点。

12.3.1　桥梁工程图概述(Overview of Bridge Engineering Drawings)

桥梁工程图是桥梁施工的主要依据，它是运用正投影的理论和方法并结合桥梁专业图的图示特点绘制的，主要包括桥位平面图、桥位地质断面图、桥梁总体布置图、构件构造图等。

桥位平面图主要表示道路路线通过江河、山谷时建造桥梁的平面位置，采用较小的比例绘制，如 1∶500、1∶1000、1∶2000 等，桥梁用图例“ ═══ ”表示，桥位平面图要将桥梁和桥梁与路线连接处的地形、地物、河流、水准点、地质钻探孔等表达清楚，与路线平面图差不多。

桥位地质断面图是根据水文调查和地质钻探所得的水文地质资料绘制的在桥位处河床的水文地质断面图，包括河床断面图、最高水位线、常水位线和最低水位线，作为设计桥梁、桥台、桥墩的计算土石方量的依据。

12.3.2　桥梁总体布置图(The Overall Layout of the Bridge)

桥梁总体布置图主要表示桥梁的形式、总跨径、孔数、桥道标高、桥面宽度、桥跨结构横断面布置和桥梁平面线形，作为施工时确定桥墩台位置、安装构件和控制标高的依据。它是表达桥梁上部结构、下部结构和附属结构三部分组成情况的总图。

图 12.10 是一座总长 125.04m，中心桩为 K24＋114.00 的六孔钢筋混凝土公路桥的总体布置图，包括立面图、平面图和横剖面图，立面图和平面图用 1∶500 画出，横剖面图用 1∶100 画出。下面以图 12.10 为例，阐述立面图、剖面图和横剖面图的内容和图示特点，并说明桥梁总体布置图的画法。

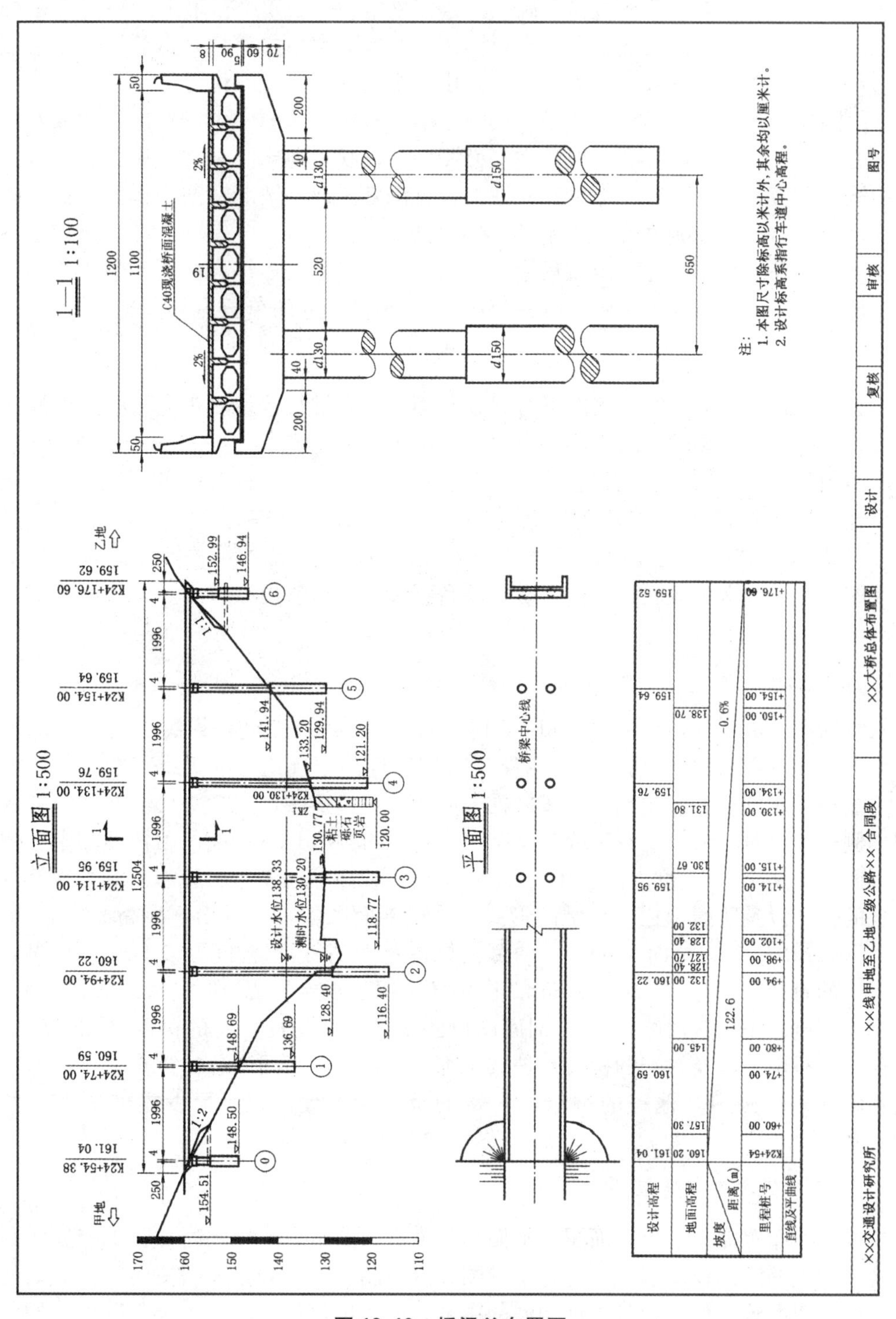

图 12.10 桥梁总布置图

1. 立面图

立面图是采用半立面和半纵剖视图的合成图，图中反映了桥梁的特征和桥型，共有六孔，每孔跨径为20m，全长125.04m，因绘制比例较小，图中未画出防撞护栏。上部结构为预应力钢筋混凝土空心简支板，一跨一跨连续地铺设，在每个桥墩上两端间留有4cm间隙。下部结构为两端是钢筋混凝土桥台；河床中布置五个单排双柱式钢筋混凝土桥墩，由立柱与承台组成，立柱下部尺寸大于上部，由标高尺寸反映截面位置。

立面图左侧设有高度标尺，便于阅读或绘图时参照。从图中可以看出，桥的左端面高程大于右端，说明该桥设计有纵坡。在立面图中还反映了河床的水文地质情况，以及桥台处的护坡坡度值，根据标高尺寸可知立柱的埋置深度。地质情况在图中作为示例，画出了在里程桩号K24＋130.00处的1号钻孔(ZK_1)钻探获得资料。

尺寸标注采用定形尺寸、定位尺寸、标高尺寸和里程桩号综合注法，便于绘图、阅读与施工放样。图中的尺寸单位为cm，里程桩号与标高尺寸的单位为m。

2. 平面图

平面图按长对正配置在立面图下方，在平面图下方继续按长对正列出路线纵断面图的资料表，这样清晰地表明了路线和桥梁之间的联系。

平面图采用掀层画法绘制，表达桥面宽度和护栏、立柱、桥台的平面位置。左侧主要表明桥面系、护坡的形式，以及与路线的连接情况，桥面净宽11m，防撞护栏宽度为0.5m。在从左向右第三孔处用折断线断开，假想将桥梁的上部结构掀去，显示各个桥墩和桥台的布置：桥墩为双立柱单排桥墩；桥台背部填土通常也被掀去，两边的锥形护坡省略不画。

3. 横剖面图

从立面图中可看出，在K24＋114.00至K24＋134.00之间，设编号为1的侧平面为剖切面，按剖视方向向右投影(按《道路工程制图标准》规定，剖切线和断面线一律采用一组粗短线，在剖视方向线端部应按剖视方向画出单边箭头，在箭头处或断面线的剖视方向向一侧标注成对的阿拉伯数字或英文字母的编号)，画出1—1剖面图，即图中右侧所画的横剖面图，这个1—1剖面图采用1∶100画出，较详尽地表达出各片预应力钢筋混凝土空心板的位置以及防撞护栏、桥墩的形式。从横剖面图中可以看出：板高90cm，桥面铺设混凝土，横坡2%；桥面宽11m，两侧护栏各宽0.5m；立柱间距6.50m，每根立柱上部和下部的直径分别为1.3m和1.5m。图中还标明了承台的结构形状及其部分尺寸。

为了使剖面图表达清晰，1—1剖面图仅画出所剖切的这一跨的横剖面图，剖切面右边的第二个桥墩，以及右端的桥台、护坡，都不是这个剖面图表达的重点，所以习惯上都省略不画；如需画出其他跨的桥墩或右端的桥台和护坡，则可再设置剖切面，另画剖面图。

4. 桥梁总体布置图的画法

桥梁总体布置图一般由立面图、平面图和横剖面图组成。绘图时，应先布置图画，画出各视图或剖面图的作图基线，将各个视图或剖面图均匀地分布在图框内，立面图与平面应按长度对正配置；然后画各配件构件的主要轮廓线，再从大到小画全各构件的投影；最后，校核底稿后铅笔加深或上墨，标绘尺寸、符号和有关说明，并作复核。

12.3.3 构件结构图(Structural Components Drawings)

在总体布置图中，桥梁的各个构件都没有全面详尽地表达清楚，因此单凭总体布置图是不能进行施工的。为此，还必须用较大的比例将各个构件的形状、构造、尺寸都完整地表达出来，这种图称为构件结构图或构件图，也称详图。构件图通常画出桥台图、桥墩图、主梁图或主板图、护栏图等，常用的比例是 1∶10 至 1∶50，如对构件的某一局部需全面、详尽地完整表达时，可按需采用 1∶3 至 1∶10 的更大比例画出这一局部的局部放大图。

从图 12.11 所示的中板构造图可以看出：中板长 19.96m，宽 1.24m，高 0.9m；板的中间有八棱柱空腔，两端是 C40 混凝土封端，由说明中可知，封端预留通气孔；板的上方两侧设铰缝，安装时两板并列，在铰缝内设铰缝钢筋，板端断面为长方形。立面图和平面图为了减少幅面，采用习惯画法，只画出左边一半，而且还在所画的一半中用两条折断线折断，以缩短图形所占的图面的长度，但尺寸仍按实际长度标注。在立面图的右侧画出了中板在跨中和支点各处各一个断面图，为了使图形清晰，省略不画建筑材料图例。

图 12.11 中还表明了预应力钢筋混凝土空心板铰缝构造及铰缝钢筋的配置情况，画出了在两板之间铰缝处的局部构造钢筋配置明细表。在《道路工程制图标准》(GB 50162—1992)中规定的钢筋构造图上的钢筋编号有三种格式：除了该图中所示的编号标注在引出线右侧直径 4～8mm 的圆圈内，以及将冠以字母 N 的编号标注在钢筋的侧面(如需表示根数，根数应标注在字母 N 之前)以外，还可在构件的横断面图旁边画出与钢筋断面图相对应的方格，将编号标注在对应方格内，需用这种格式标注时，可查阅《道路工程制图标准》(GB 50162—1992)。

12.3.4 斜拉桥(Cable-stayed Bridge)

斜拉桥是我国近几年来大跨径桥梁常用的一种桥型，它是由主梁、索塔和拉索组成。主梁一般采用钢筋混凝土结构、钢混凝土组合结构或钢结构；索塔大多采用钢筋混凝土结构；而拉索则采用高强钢丝或钢绞线制成。斜拉桥具有桥型独特、跨度大、造型美观等优点。

图 12.12 是一座双塔单索面钢筋混凝土斜拉桥的总体布置图。

1. 立面图

由图 12.12 中的立面图可知，主跨 185m，两侧边各跨 80m，两边引桥部分用折线断开后省略不画。采用 1∶2000 的较小比例绘制，故仅概括地表达桥梁结构的主要外形轮廓，而未画剖切符号。梁高用两条粗实线表示，上加细实线表示桥面，横隔梁、人行道、护栏都省略不画。

主跨的下部结构由承台和钻孔灌注桩构成，承台和主塔固结成一体，使荷载能稳妥地传递到地基上。立面图还反映了河床的断面轮廓、桥面中心，以及桩基础的埋置深度、梁底、通航水位的标高尺寸。

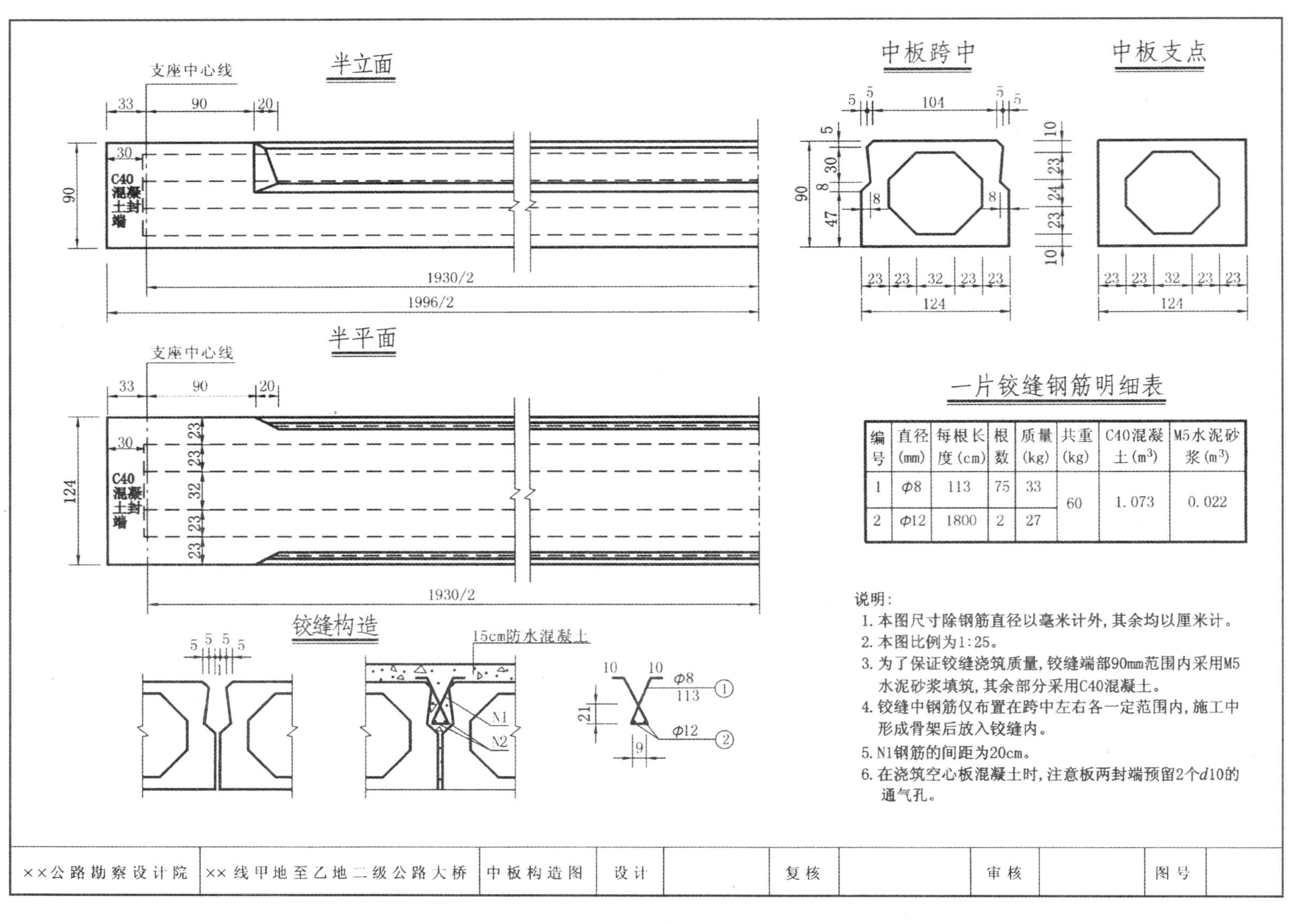

编号	直径(mm)	每根长度(cm)	根数	质量(kg)	共重(kg)	C40混凝土(m^3)	M5水泥砂浆(m^3)
1	φ8	113	75	33	60	1.073	0.022
2	φ12	1800	2	27			

说明：
1. 本图尺寸除钢筋直径以毫米计外，其余均以厘米计。
2. 本图比例为1:25。
3. 为了保证铰缝浇筑质量，铰缝端部90mm范围内采用M5水泥砂浆填筑，其余部分采用C40混凝土。
4. 铰缝中钢筋仅布置在跨中左右各一定范围内，施工中形成骨架后放入铰缝内。
5. N1钢筋的间距为20cm。
6. 在浇筑空心板混凝土时，注意板两封端预留2个$d10$的通气孔。

图12.11　中板构造图

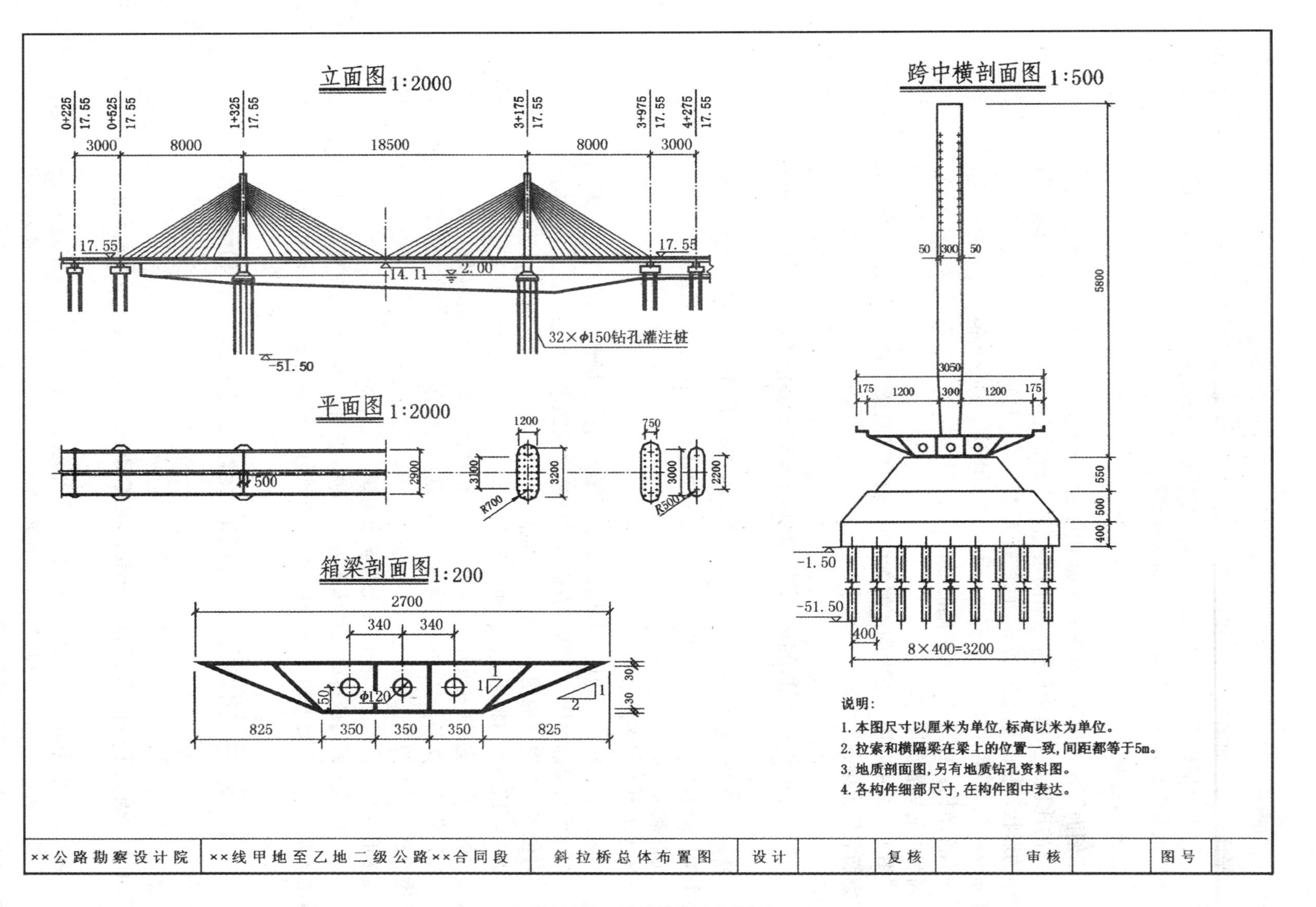

图12.12 斜拉桥总体布置图

2. 平面图

平面图与立面图采用相同的比例 1：2000 绘制，以中心线为界，左边画外形，显示桥面、人行道、塔柱断面轮廓状态；右半掀去桥的上部结构，显示桥墩的平面布置情况，以及桥墩承台外形轮廓形状和桩的平面布置情况。

3. 横剖面图

横剖面图常采用比立面图和平面图大一些的比例画出，图中所示的跨中横剖面图采用 1：500 的比例。从跨中的横剖面图可以看出桥的上部结构：显示了箱梁的断面形状和横隔梁的形状，桥面总宽共 29m，两侧行人道连同护栏宽 1.75m，车行道宽 11.25m，中央分隔带宽 3m，塔柱高 58m，还显示了拉索在塔柱上的分布情况与尺寸；此外，也可看出桥的下部结构：桥墩承台、基础的形状和高度尺寸，钻孔灌注桩的直径大小与数量，基础标高和桩的埋置深度等。

图 12.12 中还用了更大的比例 1：200 画出了箱梁比例放大的剖视图，显示出单箱三室钢筋混凝土梁各部分的主要尺寸。

12.3.5 桥梁工程图的阅读方法(Reading Method of Bridge Drawing)

桥梁虽然庞大复杂，但也是由许多构件组合而成，因此，读图时应先按投影关系看懂各个构件的形状和大小，按形体分析法通过总体布置图将它们联系起来，从而了解整座桥梁的形状和大小。

阅读桥梁工程图的步骤如下：

(1) 先看图纸的标题栏和说明，了解桥梁的名称、桥型、主要技术指标等。

(2) 看桥梁的总体布置图，看懂各个图样之间的投影联系，以及各个构件之间的关系与相对位置。先看立面图，了解桥梁的概貌：桥型、孔数、跨径、墩台数目、总长、总高，以及河床断面与地质状况；再对照看平面图、侧面图或横剖面图，了解桥梁的宽度、人行道的尺寸、主梁(主板)的断面形状，对整座桥梁有一个初步了解。

(3) 分别阅读各构件的构件结构图，包括一般构造图和钢筋构造图，了解各组成部分所用的材料，并阅读工程数量表、钢筋明细表以及说明等，看懂各个构件的形状和构造，看懂图形后再复核尺寸，查核有无错误和遗漏。

(4) 最后返回阅读桥梁的总体布置图，进一步理解各构件的布置与定位尺寸，如有不清楚之处，再复查有关构件的结构图，反复进行，直至清晰、全面地读懂这座桥梁。

12.4 涵洞工程图(Culvert Engineering Drawings)

12.4.1 涵洞工程图概述(Overview of Culvert Engineering Drawing)

涵洞是宣泄小量水流、横穿路堤的工程构筑物，它与桥梁的区别在于跨径的大小。根据《公路工程技术标准》规定，凡单孔跨径小于 5m 以及管圆、箱涵不论管径或跨径大小、孔径多少，均称为涵洞。

涵洞按建筑材料可分为石涵、混凝土涵、钢筋混凝土涵等；按断面形式可分为圆形涵、拱形涵、矩形涵等；按构造形式可分为圆管涵、盖板涵、拱涵、箱涵等；按孔数可分为单孔涵、双孔涵、多孔涵等。

涵洞虽然有多种类型，但其组成部分基本相同，都是由基础、洞身和洞口组成，洞口包括端墙、翼墙、护坡、截水墙或缘石等部分。

1. 基础

基础在地面以下，起防止沉陷和冲刷的作用。

2. 洞身

洞身建筑在基础之上，挡住路基填土，形成流水孔道的部分。洞身是涵洞的主要组成部分，其截面形式有圆形、矩形(箱型)、拱形三大类。

3. 洞口

洞口是设在洞身两端，用以保护涵洞基础和两侧路基免受冲刷，使水流通畅的构造，包括端墙、翼墙、护坡等。一般进、出水口均采用同一形式，常用的洞口形式有端墙式和翼墙式(又名八字墙式)两种。

12.4.2 涵洞工程图的图示特点(Characteristics of Culvert Drawing)

由于涵洞是一种洞穴式水利设施，故以水流方向为纵向，从左向右用纵剖视图代替立面图，为了使平面图表达清楚，画图时不考虑洞顶的覆土，常用掀土画法，需要时可画出半剖视图，水平剖切面通常设在基础顶面处。侧面图也就是洞口立面图，若进、出口形状不同，两个洞口的侧面图都要画出，也可以用点划线分界，采用各画一半合成的进出口立面图，需要时也可以增加横剖视图，或将侧面图画为半剖视图，横剖视图应垂直于纵剖视图。除了以上所说的投影图之外，还需按需画出翼墙断面图、钢筋构造图等。

12.4.3 涵洞工程图示例(Culvert Drawing Examples)

如图12.13是常用的盖板涵构造图，以该图为例进一步说明涵洞工程图的图示特点和表达方法。

1. 绘图比例

总体布置图(纵剖面图、平面图和洞口立面图)采用1∶200，洞身断面图采用1∶150。

2. 图示特点和表达方法

立面图从左向右以水流方向为纵向，用纵剖面图表达，表示了洞身(包括缘石、盖板、洞身、洞底，由于比例较小，盖板未画出分块，平面图中也未画出分块)，洞口，路基以及它们之间的相互关系。由于剖切平面是前后对称面，所以省略剖切符号。洞顶上部为路基填土，边坡1∶1.5，路基设横坡，用标高尺寸表示。洞口设八字翼墙，坡度与路基边坡相同；翼墙与洞身交接处设沉降缝，交接处应画双线(在纵剖面和平面图中画加粗线)；洞身全长28m，设计流坡0.01，洞高4m，盖板厚44cm。用实线画出了地面的断面轮廓线，中心地桩标高为 80.57m，还画出了挖方处的地质情况。从图中还可以看出有关的尺寸，如缘石的断面为 40cm×25cm，截水墙高 1m 等。

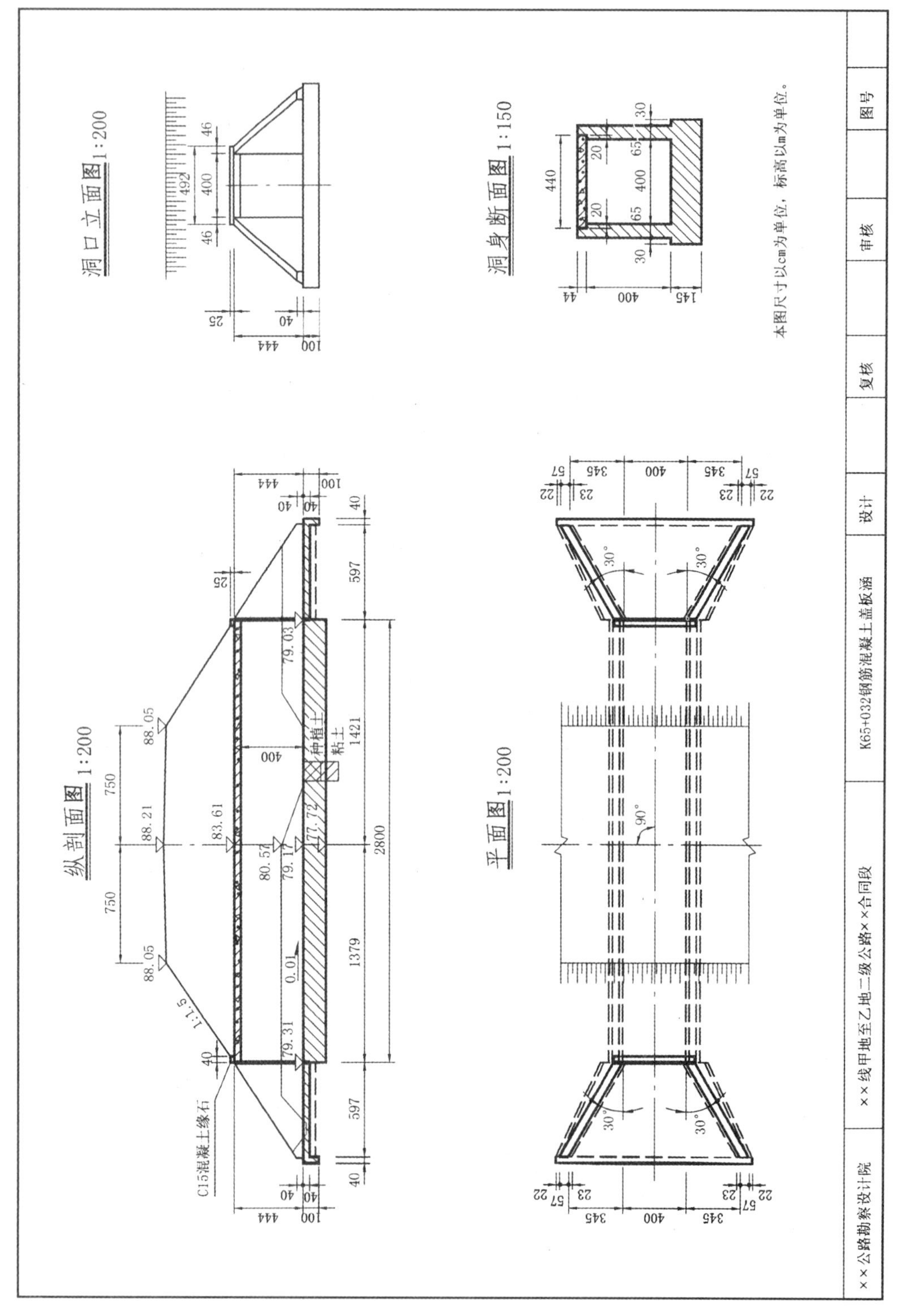

图 12.13 盖板涵构造图

平面图表达了进出水口的形式和形状、大小，缘石的位置，翼墙角度，路基与边坡的情况等。被覆土遮盖的构件都用虚线表示，可见的轮廓线用粗实线表示。从图中还可以看出：涵洞轴线与路中心线正交，洞口两端宽度方向尺寸一致，表明进出水口的形式相同，形状与大小基本相同。

洞口立面图主要表示管涵孔径和壁厚，洞口端墙基础、墙身，缘石的侧面形状和尺寸，锥形护坡的横向坡度，以及路基边缘线的位置和路基边坡的坡向等。为使图形清晰可见，把土壤作为透明体处理，并且某些虚线未画出，如路基边坡与缘石背面的交线和防水层的轮廓线等。

图中的图名都是常见的习惯称谓，由于盖板涵比较简单，这样表达已经能比较完整地表达出它的构造，所以没有采用掀土画法，也没有画半剖面图。

12.5 隧道工程图(Tunnel Engineering Drawings)

12.5.1 隧道工程图概述(Overview of Tunnel Engineering Drawings)

为了减少土石方数量，建造在山岭、江河、海峡和城市地面以下，保证车辆平稳行驶和缩短里程的工程构筑物，称为隧道。隧道按长度分：有短、中、长、特长隧道；按用途分：有铁路隧道、公铁两用隧道、卵形隧道、矩形隧道等；按断面形状分：有傍山隧道、越岭隧道、水底隧道和地下隧道等；按隧道内铁路路线数分：有单线隧道、双线隧道和多线隧道等。

隧道主要由主体结构(洞门和洞身衬砌)和附属结构(通风、防水排水、照明、安全避让等)两大部分组成。

洞门位于隧道出入口处，主要用来保护洞口土体和边坡稳定，防止落石，排除仰坡流下来的水和装饰洞口等，由端墙、翼墙以及端墙背部的排水系统组成。隧道洞门大体上可分为环框式、端墙式、翼墙式和柱式。

洞身是隧道结构的主体部分，是列车通行的通道。洞身衬砌的主要作用是承受地层压力，维持岩体稳定，阻止坑道周围地层变形，由拱圈、边墙组成。拱圈位于坑道顶部，呈半圆形，为承受地层压力的主要部分。边墙位于坑道两侧，承受来自拱圈和坑道侧面的土体压力，边墙可分为垂直形和曲形两种。

附属建筑是指为工作人员、行人及运料小车避让列车而修建的避人洞和避车洞，为防止和排除隧道漏水或结冰而设置的排水沟和盲沟，为机动车排出有害气体的通风设备，电气化铁道的接触网、电缆槽等。

12.5.2 隧道工程图的图示特点(Characteristics of Tunnel Drawing)

隧道工程图除了用平面图表示其地理位置外，表示结构的主要图样有进出口洞门图、横断面图(表示断面形状和衬砌)，以及隧道中的有关交通工程设施的样图。

下面分别简要介绍隧道进口洞门设计图和建筑界限及净空设计图。

12.5.3 隧道进口洞门设计图示例(Tunnel Entrance Portal Design Examples)

图 12.14 是隧道的端墙式进口洞门设计图，主要用立面图、平面图和剖面图表达。

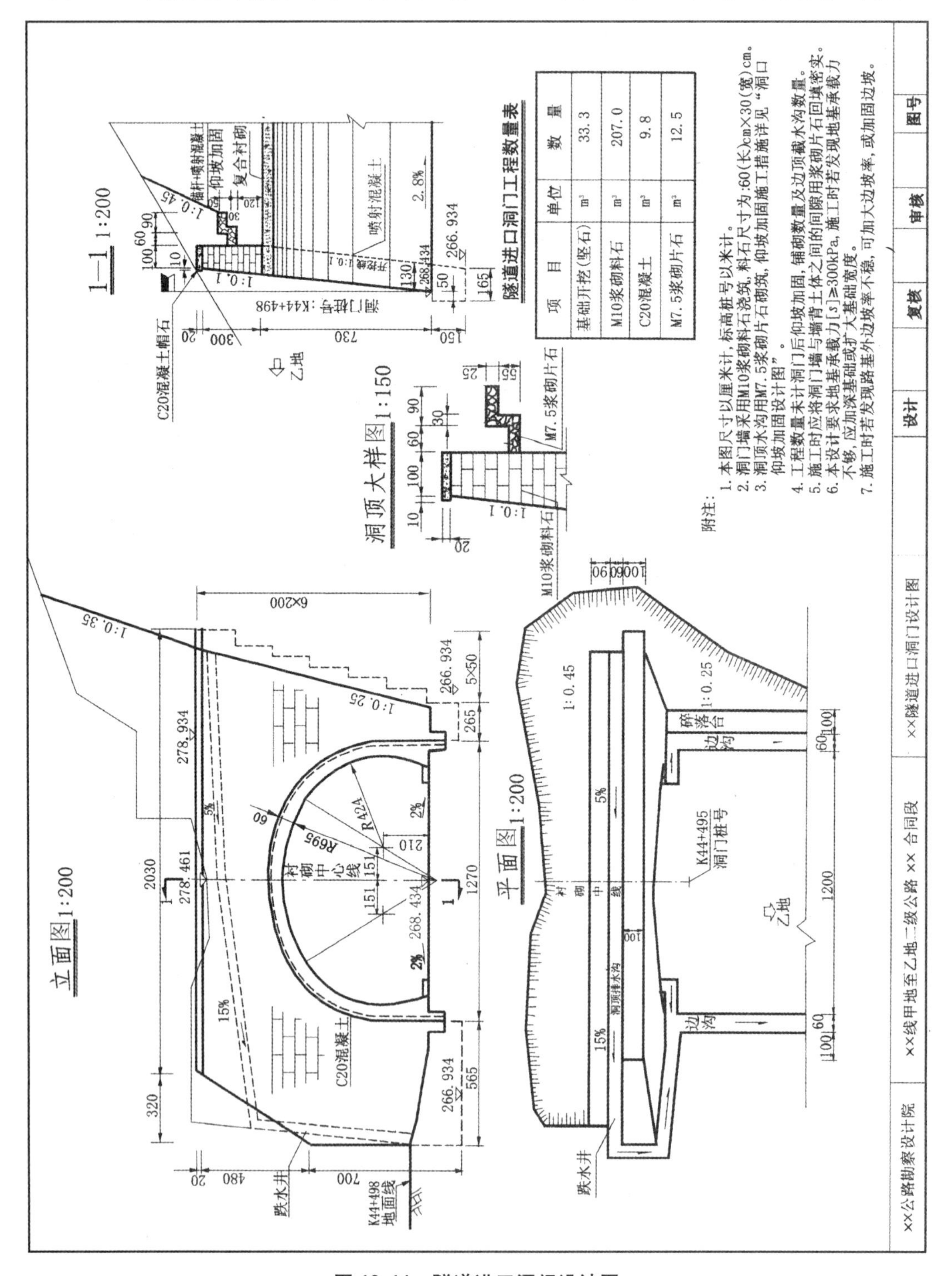

项　目	单位	数　量
基础开挖(坚石)	m³	33.3
M10浆砌料石	m³	207.0
C20混凝土	m³	9.8
M7.5浆砌片石	m³	12.5

图 12.14　隧道进口洞门设计图

1. 立面图

立面图是隧道进口洞门的正立面图，不论洞门是否左右对称，两边都应画全。它反映了洞门形式，洞门墙及其顶帽、洞口衬砌曲面的形状。从图 12.14 中可以看出，衬砌曲面的断面轮廓由两段半径为 424cm 和一段半径为 695cm 的圆弧组成，拱圈厚 60cm。用虚线表示洞口端墙后部的排水沟与跌水井，从右向左，排水坡度分别为 5%和 15%；另有虚线表示开挖基础的情况。此外，还用细实线画出了原地面线和用粗实线画出了隧道洞口两侧的边沟，由所注尺寸可知各部分的宽度和高度。

2. 平面图

平面图是隧道进口洞门的水平投影图，仅画出洞门以及前后的外露部分，显示了顶帽、端墙、洞顶排水沟、跌水井、排水沟、边沟和碎落台，以及开挖线、挖方坡度、洞门桩号等。

3. 1—1 剖面图

由立面图中编号为 1 的剖切符号可知，1—1 剖面图是用沿隧道轴线的侧平面剖切后，向左投影而获得的，由向乙地的方向可知公路的去向，仅画出洞口处的一小段。它表明了洞口端墙的坡度、厚度以及基础底面的高程 266.934m，隧道复合衬砌、隧道拱顶曲面和隧道路面坡度等。

洞顶大样图实际上就是 1—1 剖面图中洞顶部分的局部放大图，用较 1—1 剖面图大一些的比例(1∶50)画出洞顶部分，更详细地补充说明顶帽和排水沟的构造、材料和大小。

12.5.4 建筑限界及净空设计图示例(Construction Clearance and Headroom Design Examples)

建筑限界及净空设计图包括隧道净空断面和建筑限界两部分。图 12.15 是某公路隧道的建筑限界及净空设计图，以此为例作简要说明如下。

1. 隧道净空断面

图 12.15 中表示隧道衬砌形式为三圆心圆曲线式衬砌，衬砌断面轮廓的三圆心圆曲线由两段半径为 424cm 和一段半径为 695cm 的圆弧相切所组成；隧道两侧为宽 75cm 的人行道，车行道宽 9m，人行道下面有排水沟，排水沟的断面尺寸为 40cm×30cm；虚线表示建筑限界，在建筑限界内不能设置任何设备，交通工程设施如照明、供电线路和消防设备等，都应安装在建筑限界外。

2. 建筑限界

由图中的附注可知：隧道的建筑限界是根据交通部颁发的《公路工程技术标准》和《公路隧道设计规范》拟定的。图中主要标明人行道和车行道的断面轮廓以及位于它们上面的建筑限界，并详尽地标注出尺寸。

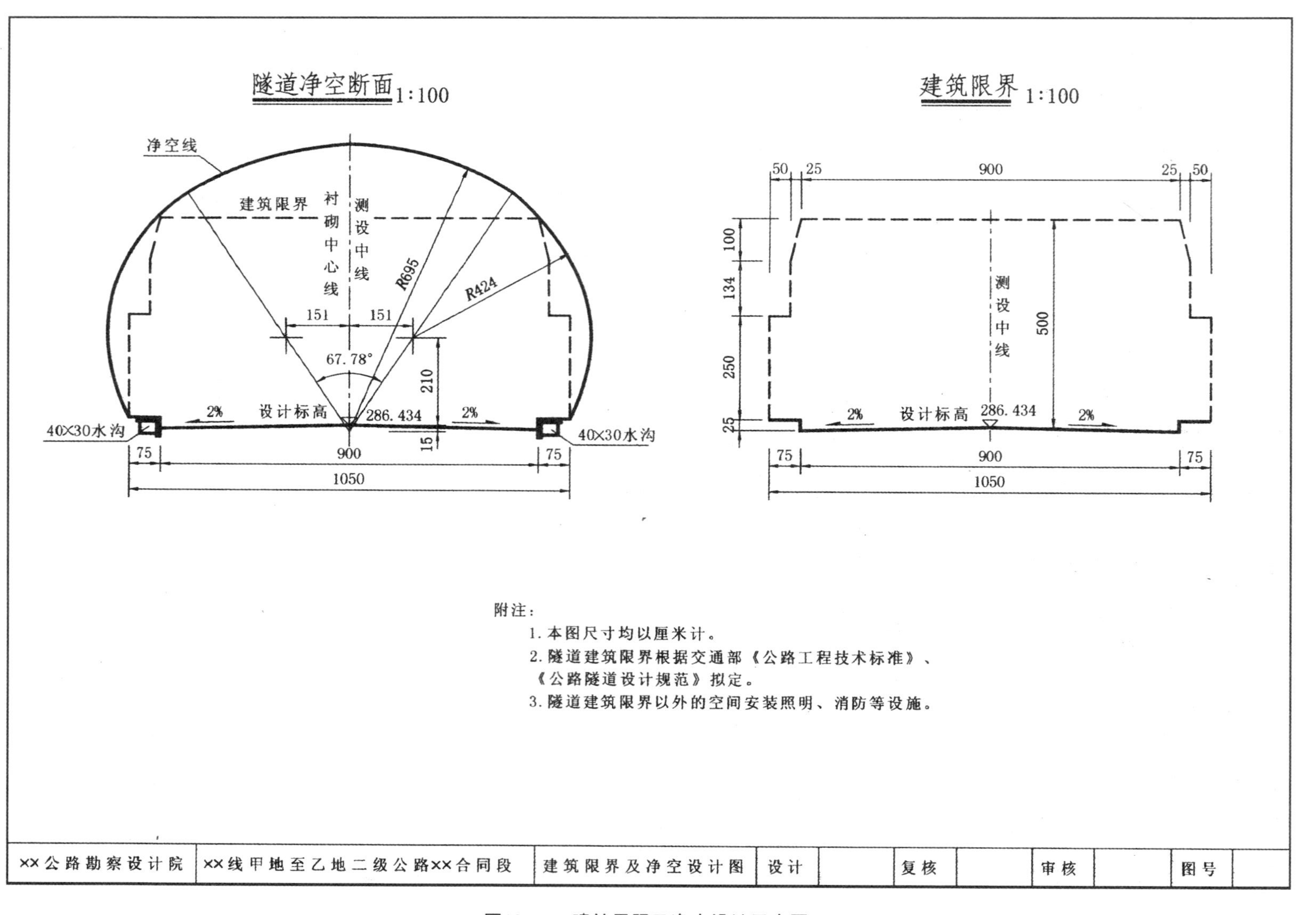

图12.15 建筑界限及净空设计示意图

思 考 题

1. 简述道路路线施工图与房屋建筑施工图图示方法的异同之处。
2. 道路路线工程图样包括哪些？图样表达的内容分别是什么？
3. 路线平面图中的曲线要素表包含了哪些内容？
4. 路线纵断面图的纵横向比例如何？为什么不采用同一比例？
5. 路基横断面图的形式有哪几种？
6. 桥梁总体布置图和构件图各自的图示内容及图示特点是什么？
7. 简述涵洞工程图的图示特点。
8. 简述隧道工程图的图示特点。

参考文献

[1] 黄水生，姜立军，李国生. 土建工程图学 [M]. 广州：华南理工大学出版社，2009.
[2] 王永智，齐明超，李学京. 建筑制图手册 [M]. 北京：机械工业出版社，2006.
[3] 张英，郭树荣. 建筑工程制图 [M]. 北京：中国建筑工业出版社，2009.
[4] 丁宇明，黄水生，张竞. 土建工程制图 [M]. 3版. 北京：高等教育出版社，2012.
[5] 杜廷娜，蔡建平. 土木工程制图 [M]. 北京：机械工业出版社，2009.
[6] 周静卿，孙嘉燕. 工程制图 [M]. 北京：高等教育出版社，2004.
[7] 何斌，陈锦昌，陈坤. 建筑制图 [M]. 北京：高等教育出版社，2008.
[8] 唐人卫. 画法几何及土木工程制图 [M]. 南京：东南大学出版社，2009.
[9] 陈永喜，任德记. 土木工程图学 [M]. 武汉：武汉大学出版社，2004.
[10] 林国华. 画法几何与土建制图 [M]. 北京：人民交通出版社，2001.
[11] 万建武. 建筑设备工程 [M]. 北京：中国建筑工业出版社，2007.
[12] 赵景伟，宋琦. 土木工程制图 [M]. 北京：中国建材工业出版社，2006.
[13] 魏金成，等. 建筑电气 [M]. 重庆：重庆大学出版社，2004.
[14] 吴成东. 建筑电气工程设计：CAD技巧与应用 [M]. 北京：机械工业出版社，2007.
[15] 樊振旺. 水利工程制图 [M]. 郑州：黄河水利出版社，2007.
[16] 孙靖立，王成刚. 画法几何及土木工程制图 [M]. 武汉：武汉理工大学出版社，2008.
[17] 何铭新，李怀健. 画法几何及土木工程制图 [M]. 武汉：武汉理工出版社，2013.
[18] 刘勇，董强. 画法几何与土木工程制图 [M]. 北京：国防工业出版社，2013.
[19] 王万德，王旭东. 土木工程制图 [M]. 沈阳：东北大学出版社，2011.
[20] 李怀健，陈星铭. 土建工程制图 [M]. 上海：同济大学出版社，2012.

北京大学出版社土木建筑系列教材(已出版)

序号	书名	主编	定价	序号	书名	主编	定价
1	工程项目管理	董良峰 张瑞敏	43.00	50	工程财务管理	张学英	38.00
2	建筑设备(第2版)	刘源全 张国军	46.00	51	土木工程施工	石海均 马 哲	40.00
3	土木工程测量(第2版)	陈久强 刘文生	40.00	52	土木工程制图(第2版)	张会平	45.00
4	土木工程材料(第2版)	柯国军	45.00	53	土木工程制图习题集(第2版)	张会平	28.00
5	土木工程计算机绘图	袁 果 张渝生	28.00	54	土木工程材料(第2版)	王春阳	50.00
6	工程地质(第2版)	何培玲 张 婷	26.00	55	结构抗震设计(第2版)	祝英杰	37.00
7	建设工程监理概论(第3版)	巩天真 张泽平	40.00	56	土木工程专业英语	霍俊芳 姜丽云	35.00
8	工程经济学(第2版)	冯为民 付晓灵	42.00	57	混凝土结构设计原理(第2版)	邵永健	52.00
9	工程项目管理(第2版)	仲景冰 王红兵	45.00	58	土木工程计量与计价	王翠琴 李春燕	35.00
10	工程造价管理	车春鹂 杜春艳	24.00	59	房地产开发与管理	刘 薇	38.00
11	工程招标投标管理(第2版)	刘昌明	30.00	60	土力学	高向阳	32.00
12	工程合同管理	方 俊 胡向真	23.00	61	建筑表现技法	冯 柯	42.00
13	建筑工程施工组织与管理(第2版)	余群舟 宋会莲	31.00	62	工程招投标与合同管理(第2版)	吴 芳 冯 宁	43.00
14	建设法规(第2版)	肖 铭 潘安平	32.00	63	工程施工组织	周国恩	28.00
15	建设项目评估	王 华	35.00	64	建筑力学	邹建奇	34.00
16	工程量清单的编制与投标报价	刘富勤 陈德方	25.00	65	土力学学习指导与考题精解	高向阳	26.00
17	土木工程概预算与投标报价(第2版)	刘 薇 叶 良	37.00	66	建筑概论	钱 坤	28.00
18	室内装饰工程预算	陈祖建	30.00	67	岩石力学	高 玮	35.00
19	力学与结构	徐吉恩 唐小弟	42.00	68	交通工程学	李 杰 王 富	39.00
20	理论力学(第2版)	张俊彦 赵荣国	40.00	69	房地产策划	王直民	42.00
21	材料力学	金康宁 谢群丹	27.00	70	中国传统建筑构造	李合群	35.00
22	结构力学简明教程	张系斌	20.00	71	房地产开发	石海均 王 宏	34.00
23	流体力学(第2版)	章宝华	25.00	72	室内设计原理	冯 柯	28.00
24	弹性力学	薛 强	22.00	73	建筑结构优化及应用	朱杰江	30.00
25	工程力学(第2版)	罗迎社 喻小明	39.00	74	高层与大跨建筑结构施工	王绍君	45.00
26	土力学(第2版)	肖仁成 俞 晓	25.00	75	工程造价管理	周国恩	42.00
27	基础工程	王协群 章宝华	32.00	76	土建工程制图(第2版)	张黎骅	38.00
28	有限单元法(第2版)	丁 科 殷水平	30.00	77	土建工程制图习题集(第2版)	张黎骅	34.00
29	土木工程施工	邓寿昌 李晓目	42.00	78	材料力学	章宝华	36.00
30	房屋建筑学(第2版)	聂洪达 郄恩田	48.00	79	土力学教程(第2版)	孟祥波	34.00
31	混凝土结构设计原理	许成祥 何培玲	28.00	80	土力学	曹卫平	34.00
32	混凝土结构设计	彭 刚 蔡江勇	28.00	81	土木工程项目管理	郑文新	41.00
33	钢结构设计原理	石建军 姜 袁	32.00	82	工程力学	王明斌 庞永平	37.00
34	结构抗震设计	马成松 苏 原	25.00	83	建筑工程造价	郑文新	39.00
35	高层建筑施工	张厚先 陈德方	32.00	84	土力学(中英双语)	郎煜华	38.00
36	高层建筑结构设计	张仲先 王海波	23.00	85	土木建筑 CAD 实用教程	王文达	30.00
37	工程事故分析与工程安全(第2版)	谢征勋 罗 章	38.00	86	工程管理概论	郑文新 李献涛	26.00
38	砌体结构(第2版)	何培玲 尹维新	26.00	87	景观设计	陈玲玲	49.00
39	荷载与结构设计方法(第2版)	许成祥 何培玲	30.00	88	色彩景观基础教程	阮正仪	42.00
40	工程结构检测	周 详 刘益虹	20.00	89	工程力学	杨云芳	42.00
41	土木工程课程设计指南	许 明 孟茁超	25.00	90	工程设计软件应用	孙香红	39.00
42	桥梁工程(第2版)	周先雁 王解军	37.00	91	城市轨道交通工程建设风险与保险	吴宏建 刘宽亮	75.00
43	房屋建筑学(上：民用建筑)	钱 坤 王若竹	32.00	92	混凝土结构设计原理	熊丹安	32.00
44	房屋建筑学(下：工业建筑)	钱 坤 吴 歌	26.00	93	城市详细规划原理与设计方法	姜 云	36.00
45	工程管理专业英语	王竹芳	24.00	94	工程经济学	都沁军	42.00
46	建筑结构 CAD 教程	崔钦淑	36.00	95	结构力学	边亚东	42.00
47	建设工程招投标与合同管理实务(第2版)	崔东红	49.00	96	房地产估价	沈良峰	45.00
48	工程地质(第2版)	倪宏革 周建波	30.00	97	土木工程结构试验	叶成杰	39.00
49	工程经济学	张厚钧	36.00	98	土木工程概论	邓友生	34.00

序号	书名	主编	定价	序号	书名	主编	定价
99	工程项目管理	邓铁军　杨亚频	48.00	130	土工试验原理与操作	高向阳	25.00
100	误差理论与测量平差基础	胡圣武　肖本林	37.00	131	理论力学	欧阳辉	48.00
101	房地产估价理论与实务	李　龙	36.00	132	土木工程材料习题与学习指导	鄢朝勇	35.00
102	混凝土结构设计	熊丹安	37.00	133	建筑构造原理与设计(上册)	陈玲玲	34.00
103	钢结构设计原理	胡习兵	30.00	134	城市生态与城市环境保护	梁彦兰　阎　利	36.00
104	钢结构设计	胡习兵　张再华	42.00	135	房地产法规	潘安平	45.00
105	土木工程材料	赵志曼	39.00	136	水泵与水泵站	张　伟　周书葵	35.00
106	工程项目投资控制	曲　娜　陈顺良	32.00	137	建筑工程施工	叶　良	55.00
107	建设项目评估	黄明知　尚华艳	38.00	138	建筑学导论	裘　鞠　常　悦	32.00
108	结构力学实用教程	常伏德	47.00	139	工程项目管理	王　华	42.00
109	道路勘测设计	刘文生	43.00	140	园林工程计量与计价	温日琨　舒美英	45.00
110	大跨桥梁	王解军　周先雁	30.00	141	城市与区域规划实用模型	郭志恭	45.00
111	工程爆破	段宝福	42.00	142	特殊土地基处理	刘起霞	50.00
112	地基处理	刘起霞	45.00	143	建筑节能概论	余晓平	34.00
113	水分析化学	宋吉娜	42.00	144	中国文物建筑保护及修复工程学	郭志恭	45.00
114	基础工程	曹　云	43.00	145	建筑电气	李　云	45.00
115	建筑结构抗震分析与设计	裴星洙	35.00	146	建筑美学	邓友生	36.00
116	建筑工程安全管理与技术	高向阳	40.00	147	空调工程	战乃岩　王建辉	45.00
117	土木工程施工与管理	李华锋　徐　芸	65.00	148	建筑构造	宿晓萍　隋艳娥	36.00
118	土木工程试验	王吉民	34.00	149	城市与区域认知实习教程	邹　君	30.00
119	土质学与土力学	刘红军	36.00	150	幼儿园建筑设计	龚兆先	37.00
120	建筑工程施工组织与概预算	钟吉湘	52.00	151	房屋建筑学	董海荣	47.00
121	房地产测量	魏德宏	28.00	152	园林与环境景观设计	董　智　曾　伟	46.00
122	土力学	贾彩虹	38.00	153	中外建筑史	吴　薇	36.00
123	交通工程基础	王富	24.00	154	建筑构造原理与设计(下册)	梁晓慧　陈玲玲	38.00
124	房屋建筑学	宿晓萍　隋艳娥	43.00	155	建筑结构	苏明会　赵　亮	50.00
125	建筑工程计量与计价	张叶田	50.00	156	工程经济与项目管理	都沁军	45.00
126	工程力学	杨民献	50.00	157	土力学试验	孟云梅	32.00
127	建筑工程管理专业英语	杨云会	36.00	158	土力学	杨雪强	40.00
128	土木工程地质	陈文昭	32.00	159	建筑美术教程	陈希平	45.00
129	暖通空调节能运行	余晓平	30.00				

如您需要更多教学资源如电子课件、电子样章、习题答案等，请登录北京大学出版社第六事业部官网 www.pup6.cn 搜索下载。

如您需要浏览更多专业教材，请扫下面的二维码，关注北京大学出版社第六事业部官方微信（微信号：pup6book），随时查询专业教材、浏览教材目录、内容简介等信息，并可在线申请纸质样书用于教学。

感谢您使用我们的教材，欢迎您随时与我们联系，我们将及时做好全方位的服务。联系方式：010-62750667，donglu2004@163.com，pup_6@163.com，lihu80@163.com，欢迎来电来信。客户服务 QQ 号：1292552107，欢迎随时咨询。